KB213691

개정판

외식서비스 마케팅

외식사업 성공원리와 실제

FOODSERVICE MARKETING

개정판 머리말

예상하지 않았던 코로나19 대유행은 외식시장에도 큰 변화를 가져왔다. 강제적인 사회적 거리두기로 오프라인 외식시장은 큰 타격을 입은 반면 배달·테이크아웃시장, 밀키트·HMR 시장이 급성장했다. 또한 무인 주문 결제, 로봇 서비스 등 비대면 서비스의 보편화와 점포 운영 효율화를 위해 혁신적인 푸드테크 기술에 대한 관심과 투자도 모든 영역에서 빠르게 증가하고 있다.

코로나19는 외식시장의 절대적인 위협인 듯 보였으나 또 다른 사업의 기회를 제공했다고 본다. 코로나19가 가져온 변화는 예상했던 것보다 빨리 왔을 뿐 전혀 새로운 것은 아니며, 미래 변화를 미리 예측하고 준비해 온 기업은 코로나 위기를 기회로 바꾸며 더 빠르게 성장했고, 준비가 미흡한 기업은 큰 위기를 맞았다.

외식시장도 온·오프라인 통합과 업종·업태 경계가 사라지면서 무한 경쟁 시대로 진입하고 있다. 푸드테크 기술은 식자재 생산부터 유통, 구매, 조리, 서비스 등 먹거리 가치 사슬 전반에 영향을 미치며 새로운 먹거리 환경을 만들어 내고 있다.

이러한 무한 경쟁 시대에도 여전히 대기라인이 길고 예약이 어려운 음식점들이 있으며, 혁신적인 서비스 개발로 매출이 오히려 코로나 전보다 늘어난 기업들도 많다는 사실에 우리는 주목해야 한다. 이들은 철저한 고객 중심 마인드로 고객 경험 향상을 위해 끊임없는 서비스메뉴와 서비스 전달 과정 혁신을 해왔으며, 서비스의 디지털화를 통해 차별적이고 독특한 고객 경험을 제공함으로써 브랜드 충성도를 높이고자 했다는 것이 공통적인 특징이다. 디지털 시대에 맞게 외식업業을 새롭게 정의하며 혁신적인 기술로 고객 경험을 강화했던 외식 기업들은 마켓 5.0 시대에도 최대 매출을 달성하고 있고 그 결과로 서비스 생산성 및 수익성이 향상된 것이다.

우리는 외식서비스 마케팅 제1판에서 제시했던 '외식사업의 성공 원리'가 지금 위드코로나 시대에도 변하지 않는 원리임을 확인하였고, 성공을 갈망하는 외식업 경영자들에게 명확한 해답을 제시하고 있다고 생각한다. 다시 말하면, 아무리 시대가 변해도 외식사업 성공의 핵심은 '고객이 정의한 혁신적인 서비스'에 있으며, 기술은 새로운 고객 경험을 만드는 데 필요한 도구일 뿐 외식서비스 마케팅의 궁극적인 목표는 브랜드에 대한 강한 충성심을 가지는 단골고객 확보에 있다는 사실이다.

외식서비스 마케팅 제1판에서 [서비스 품질—고객 만족—고객 충성도]의 관계와 [서비스 품질—서비스 혁신—서비스 생산성] 개념 간의 불가분 관계를 강조했고, 외식서비스 마케팅에서의 마케팅 개념은 기존 마케팅 서적에서 다루었던 마케팅 커뮤니케이션과는 완전히 다르다고 소개했었다. 그러나 기존 마케팅 교재와 유사한 내용을 예상했던 독자들에게는 외식서비스 마케팅의 개념과 범위가 너무 넓고 생소하여 내용을 이해하는 데 어려움이 있었던 것 같다. 또한 다소 이론적이고 추상적인 서비스 품질 개념이나 서비스 혁신 및 서비스 생산성과의 관계도 독자들에게는 개념이 쉽게 와닿지 않았던 것 같다. 특히 저자들이 가장 강조하고 싶었던 '고객이 정의한 혁신'이라는 개념을 독자들에게 충분히 이해시키기 못한 아쉬움도 있었다. 그 외 교재 분량이 너무 많고 난이도가 높다는 지적과 함께 외식 분야의 구체적이고 다양한 사례에 대한 니즈도 많았다.

개정판은 제1판의 부족했던 부분들을 수정·보완하였고, 특히 독자의 소중한 의견을 최대한 반영하고자 노력했다. 구체적인 개편 내용은 다음과 같다.

첫째, 서비스마케팅 교재 정체성을 강화하기 위해 외식서비스 마케팅 삼각형상호작용 마케팅, 내부 마케팅, 외부 마케팅을 중심으로 부와 장을 재구성했다. 이를 위해 기존 제14장의 통합 서비스마케팅 내용을 제2장으로 이동시키고, 내용이 갭 모델과도 논리적으로 연계되도록 기술하였다.

둘째, 외식서비스 마케팅 삼각형 안에 기술technology를 배치시킴으로써 기술 혁신의 중요성을 강조하였고, 외식서비스 운영 전반에 다양한 기술서비스 혁신 및 마케팅 사례를 본문 전체에 걸쳐 추가하고자 했다.

셋째, '고객이 정의한 혁신 서비스' 개발의 중요성을 강조하고자 제2부의 제목을 혁신적인 외식서비스 개발로 수정하고, 제4장에서는 외식서비스에서의 혁신의 의미를 설명하였다. 이후 장 제목은 혁신적인 메뉴 개발제5장, 혁신적인 서비스 프로세스 디자인제6장, 혁신적인 브랜드 개발제7장로 수정하고 '혁신'이라는 주제를 중심으로 다양한 사례와 함께 다시 정리했다.

넷째, 제14장에 통합적으로 들어가 있던 내부 마케팅과 외부 마케팅은 제12장과 제13장의 별도 장으로 새롭게 추가하였다.

다섯째, 외식기업의 미래 경쟁력은 서비스의 디지털화에 있다고 해도 과언이 아니다. 제14장은 미래 전략 장으로 다시 정리하였으며, 특별히 디지털 트랜스포메이션의 중요성을 언급하고 대표적인 성공사례인 도미노피자와 스타벅스의 디지털 혁신 사례를 소개하였다.

여섯째, 너무 이론적인 내용이나 내용이 명확하지 않은 부분은 쉽게 풀어 쓰려고 했고, 외식업 사례를 추가하여 이해를 돕고자 했다.

일곱째, 실태 조사나 트렌드 자료는 최신 내용으로 업데이트하였으며, 조사 자료는 구체적인 표나 그림은 넣지 않고 QR코드를 활용해 독자들이 최신 자료에 쉽게 접근할 수 있도록 했다. 매년 업데이트되는 내용은 강의 PPT를 통해 전달하고자 했다.

여덟째, 본문 내용의 이해를 돕기 위해 최대한 많은 마케팅 사례를 추가하려고 노력했으며, 자세한 내용은 QR코드와 유튜브 링크로 독자들이 직접 확인할 수 있게 하였다.

아홉째, 분량을 줄이기 위해 중복되거나 반복되는 내용, 설명이 너무 긴 내용, 덜 중요한 내용은 덜어 내거나 삭제하였다.

제1판보다 더 완성도 높은 교재를 만들겠다는 일념으로 개정 작업에 최선을 다했지만 그래도 부족한 부분이 있을 것이다. 부족한 부분은 외식산업에 대한 변함없는 관심과 외식경영 관련 지속적인 학문 연구로 채워 나가고자 한다. 마지막으로 지금도 오미크론 확산으로 인해 영업에 많은 어려움을 겪고 계시는 외식업 경영주들을 응원하며, 하루빨리 일상으로 돌아가길 소망한다.

2022년 3월
저자 일동

머리말

국내 외식업체 수는 2014년 기준 65만 개, 종사자 수 190만 명, 그리고 매출액은 84조 원으로 국내 외식산업은 지속적으로 성장해오고 있다. 하지만 이런 엄청난 규모의 시장과 고용창출 기여에도 불구하고 자영업 중심의 영세한 산업구조는 외식산업 선진화의 걸림돌이 되고 있다. 외식산업의 경쟁력은 외식점포 경쟁력에 있고, 외식점포의 경쟁력은 경영자의 역량에서 나온다고 해도 과언이 아니다. 외식업 경영자들의 경쟁력을 강화함으로써 충분한 수익을 창출하고 지속가능한 성장을 이루는 것이 우리의 과제이고 국내 외식산업의 체질을 개선하는 방법이라 생각한다.

외식 창업자들을 포함한 모든 사업가들의 사업 목표는 영업을 잘 해서 수익을 많이 내는 것이다. 서비스 기업의 수익은 어디서 오고 어떻게 만들어지는지 그 원리를 안다면 외식사업을 하는 것이 그리 어렵지 않다. 먼저 수익을 많이 내기 위해서는 충분한 수의 고객이 방문해야 하며, 특히 단골고객 확보가 매우 중요하다. 단골고객이 된다는 것은 방문한 외식업소에서 받은 서비스에 대해 '매우 만족'하기 때문이며, 고객을 '매우 만족'시키기 위해서는 고객 기대 이상의 서비스를 제공해야 한다. 그럼, 고객 기대 이상의 서비스를 제공하는 사람은 누구인가? 그들은 바로 서비스 접점에서 근무하는 종사원들과 파트 타이머들로서 이들의 탁월한 서비스 제공능력에 따라 서비스 품질 평가와 고객 만족도가 달라진다. 이들이 창의적이고 혁신적이며 생산성 높은 서비스를 제공하는 것은 결국 기업문화와 서비스 문화에 달려 있고, 기업문화는 바로 외식업 경영주의 경영철학과 리더십에 의해 만들어진다. 결국 서비스업에서 영업 활성화는 판매 촉진이나 홍보마케팅보다는 외식업 경영주가 외식사업의 본질적 특성을 이해하고 사업 역량을 갖추는 것이 중요함을 의미한다. 특히, 서비스 기업의 마케팅은 일반 제품 마케팅과는 달리 다양한 마케팅 채널을 통해 고객과 커뮤니케이션 했던 약속들을 현장에서 종사원으로부터 전달받아야 하므로 경영자는 외부 마케팅을 하기 전에 점포 현장에서 제대로 서비스할 준비가 되어 있는지를 살피고 종사원의 행복을 고객의 행복보다 더 우선시해야 한다. 이 책의 구성은 이러한 단순한 원리에서 출발했으며, 특히 서비스 품질의 갭 모델GAP model을 바탕으로 고객이 만족하는 탁월한 서비스를 달성하는 방법을 국내 실정에 맞게 체계적으로 설명하려고 노력하였다.

지난 15여 년간 외식 마케팅을 강의해오면서 외식산업의 특성에 적합한 마케팅 교재의 필요성을 절실히 느껴왔다. 우리 분야에서는 제품 중심의 기존 마케팅 교재가 아직까지 많이 활용되고 있고, 외식점포 현장에서 당면하는 문제점이나 외식점포가 성장하기 위해 꼭 알아야 하는 서비스 마케팅 원리를 명확히 이해하지 못해 배운 지식이 점포의 경영성과로 이어지지 못하는 한계점이 있었다. 이 책은 이러한 문제점을 보완하기 위해서 외식서비스의 본질을 바탕으로 고객 만족 달성을 위한 통합적인 외식서비스 마케팅 커뮤니케이션의 개념을 소개하고 있다. 지금까지 마케팅하면 일반 홍보나 판매촉진 전략을 떠올렸다면 이 책에서 이야기하는 서비스 마케팅은 외식업 경영자의 서비스 경영철학으로부터 시작된 서비스 문화와 종사원의 만족, 서비스 품질, 고객 만족, 고객충성도 등의 개념을 포함한다.

최근 업계와 학계의 화두는 4차 산업혁명이 가져올 변화이다. 외식사업도 예외는 아니며 빅데이터, 인공지능, 사물인터넷 등 4차 산업혁명 기술의 발달 속도는 산업 전반에 엄청난 변화의 바람을 불러일으키고 지금까지의 마케팅 패러다임을 통째로 흔들고 있다. 미래의 외식경영자는 이러한 기술의 변화를 자연스럽게 받아들이고 마켓 4.0 시대에 적합한 마케팅 패러다임을 준비해야 한다. 전문가들은 저부가가치 단순 서비스 업무의 대부분이 자동화될 것으로 예측하고 있다. 이미 로봇이 음식을 만들고 서비스를 하는 레스토랑이 등장하는 현실에서 외식서비스는 단순하고 기계적인 서비스를 벗어나 고객 경험을 극대화하는 고부가가치 서비스가 필요하다. 4차 산업혁명이 세상을 흔들어도 창의적이고 혁신적인 외식서비스는 '사람'이 만든다는 말에 희망을 가져본다. 자동화가 모든 서비스 업무를 대체할 수는 없을 것이다. 외식서비스업에 종사하는 모든 이들은 '고객이 원하는 서비스'가 무엇인지 끊임없이 고민하며 고객 요구사항을 충족시키는 새로운 서비스와 상품을 창의적이고 혁신적인 방법으로 설계함으로써 불확실한 외식시장에서 새로운 사업의 기회를 찾기를 바라는 마음이다. 이러한 관점에서 이 책은 외식서비스의 상품을 단순히 메뉴에 국한시키지 않고 서비스 프로세스, 서비스 경험, 외식 브랜드 창업까지 확장시켜 연구 개발하고 설계하는 구체적인 방법을 제시했다. 외식서비스 상품의 개념을 새롭게 정의하고 서비스 디자인 방법론을 제시한 것도 기존 외식 마케팅 책과 차별화된 부분이라고 생각한다.

마지막으로 외식서비스 마케팅 실무에 도움이 되는 내용을 담으려고 최선을 다해 노력했지만 여전히 부족함과 아쉬움이 많이 남는다. 그럼에도 불구하고 이 책이 외식경영을 전공하는 학생들에게는 외식사업에 대한 관심과 새로운 비전을 심어주고, 현업에 계신 분들에게는 점포 영업 활성화의 해답을 얻을 수 있는 작은 실마리가 되길 소망해본다. 이 책을 집필하면서 앞으로 변화될 외식시장과 고객을 생각하면 연구자로서 학문적 연구의 부담감도 커진 것이 사실이며 우리 스스로도 성장하고 발전하는 계기가 되었다. 이러한 계기를 만들어주신 파워북 김재광 상무님과 관계자 여러분들께도 감사드린다.

2017년 9월
저자 일동

Contents

차례

Chapter 09 외식서비스 고객 관리 269

Part 4 외식서비스 내·외부 마케팅과 미래

Chapter **12** 내부 마케팅 커뮤니케이션 **337**

외식서비스 마케팅
Part 1

외식서비스 마케팅의
기초 개념

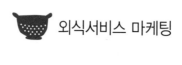
외식서비스 마케팅

Chapter

01

외식서비스의
기본 이해

 학 습 목 표

1. 외식, 외식사업에 대한 개념을 이해한다.

2. 성공적인 외식사업을 위한 서비스마케팅 기본 원리를 이해한다.

3. 레스토랑 콘셉트를 이해하고 콘셉트별 차이를 설명한다.

4. 외식사업의 독특한 특징을 이해하고 설명한다.

5. 외식소비 트렌드를 이해한다.

CHAPTER

01

외식서비스 마케팅을 이해하기 위해서는 외식사업
및 외식서비스의 기본 특성을 알아야 한다. 본 장에
서는 외식경영의 기초가 되는 개념들을 학습하고 국
내 외식산업의 특징과 외식소비 트렌드를 바탕으로
외식산업에 주는 시사점을 알아본다.

1. 외식사업의 기본 개념

1) 외식사업의 정의

소득 수준의 향상과 라이프 스타일 변화로 현대 소비자들의 식사 해결 방법은 매우 다양해져 가고 있다. 과거에는 가족들과 함께 가정에서 식사하는 내식內食이 주를 이루었다면, 지금은 가정 이외의 다양한 장소급식소, 음식점, 편의점, 백화점 등에서 식사를 해결하는 외식外食이 보편화되고 있으며, 코로나19 이후로 테이크아웃이나 배달 등을 통해 외부에서 조리된 음식을 구입해 가정에서 식사를 해결하는 빈도도 급증하였다.

넓은 의미에서 외식의 개념은 가정 밖에서 만들어져서 구매되는 식사 형태 전체를 의미할 수 있지만, 협의의 개념으로는 일정한 장소에서 조리 가공된 음식을 서비스와 함께 구매하며 식사하는 것을 말한다. 결국, 영리를 목적으로 소비자들에게 음식과 서비스를 함께 제공하는 사업을 외식사업外食事業이라 정의할 수 있으며, 본 서에서는 오프라인으로 운영되는 레스토랑 점포 운영을 중심으로 외식서비스 마케팅의 원리를 설명하고자 한다.

그림 1-1 | 소비자들의 식사 형태

😊 **외식산업진흥법에서의 정의**

• '외식'이란 가정에서 취사(炊事)를 통하여 음식을 마련하지 아니하고 음식점 등에서 음식을 사서 이루어지는 식사 형태를 말한다.
• '외식상품'이란 외식을 위하여 판매가 가능하도록 생산한 제품 및 외식과 관련된 서비스, 교육 훈련, 운영 체계, 상표·서비스표 등을 말한다.
• '외식산업'이란 외식상품의 기획, 개발, 생산, 유통, 소비, 수출, 수입, 가맹사업 및 이에 관련된 서비스를 행하는 산업과 그 밖에 대통령령으로 정하는 산업을 말한다.
• '외식사업'이란 외식산업과 관련된 경제 활동을 말한다.

2) 외식사업의 목표

외식 창업을 하는 사람들의 공통된 사업 목표는 돈을 많이 버는 것이며, 수익을 많이 내야 점포를 확장하고 프랜차이즈 시스템도 구축할 수 있다. 하지만 수익이 많이 나는 것은 사업을 '잘'했을 때 따라오는 결과이다. 어떻게 하면 사업을 잘하는 것일까? 그림 1-2의 외식사업 수익 모델은 외식사업의 성공 원리를 잘 설명하고 있다.

먼저 외식사업의 수익을 극대화하기 위해서는 충성심 높은 단골을 많이 확보해야 하는데, '찐' 충성고객은 레스토랑을 방문할 때마다 받은 서비스에 대해 만족하거나 감동한 고객으로부터 만들어진다. 하지만 서비스를 받은 모든 고객을 만족시킬 수 있을까? 만족했다고 진짜 충성고객이 되는가? 절대 그렇지 않다. 만족한 고객보다 오히려 불평하는 불만족 고객이 많을 수도 있다. 만족이라는 것은 서비스를 받기 위해 고객 자신이 투입한 비용과 시간 대비 레스토랑으로부터 받는 음식과 서비스가 자신

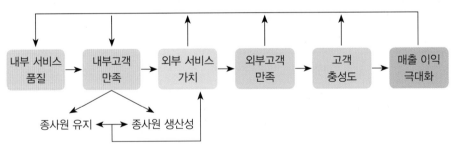

그림 1-2 | 외식사업의 수익 창출 모델

출처 : Heskett, Jones, Loveman, Sasser Jr., & Schlesinger(2008).

이 기대했던 것보다 높을 경우, 다른 말로 표현하면 '서비스 가치'가 높을 경우, 탁월한 서비스를 받았다고 인식하며 만족하게 된다. 그럼, 탁월한 서비스는 누가 제공하는가? 서비스의 탁월성은 직무 만족도가 높은 현장 종사원들의 접점 서비스 수준에 의해 결정된다. 결국은 외식사업 성공의 비결은 현장 종사원들의 직무 만족도를 높여서 고객에게 탁월한 서비스를 제공하도록 내부 서비스 품질관리를 잘 해야 한다는 결론이다.

그리고 외식업 경영자에게는 두 종류의 고객이 있음을 알려주고 있다. 하나는 현장 종사원인 '내부고객'과 흔히 고객이라 부르는 '외부고객'이다. '고객 만족'하면 보통 '외부고객 만족'을 의미했지만 성공적인 외식사업을 위해서는 외부고객 만족보다 '내부고객 만족'이 더 우선하고 있음을 알 수 있다. 이는 종사원이 해피happy해야 고객을 해피하게 만들 수 있다는 말이다.

따라서 외식사업의 목표를 다시 정리해 본다면 사업자의 영리만을 추구하는 것이 아니라 종사원 만족과 고객 만족을 통해 궁극적으로 사업자 이익을 추구하는 것이라 할 수 있으며, 이는 적정 매출과 이익을 달성하기 위해서는 고객이 만족하고 감동할 만한 고품질 서비스, 탁월한 서비스, 혁신적인 서비스를 제공하는 것에 외식사업 운영의 초점을 맞추어야 함을 의미한다.

본 서에서는 외식업체가 탁월한 서비스 품질 제공을 통해 종사원 및 고객 만족을 달성하는 방법을 자세히 소개하고 있으며, 궁극적으로 외식업의 수익을 극대화하기 위한 통합 서비스 마케팅 커뮤니케이션 전략을 소개하고자 한다. 이번 장은 외식사업 관련 기본 개념들과 외식산업 현황 및 소비 전망에 대해 알아보고자 한다.

3) 외식시장과 레스토랑 콘셉트

외식시장market은 외식기업과 고객 간에 서비스 상품의 거래transaction가 이루어지는 물리적 장소이며, 구매 욕구가 있는 소비자들의 집합을 의미한다. 여기서 거래는 각 당사자 간 가치의 교환, 즉 가치의 매매를 의미하며, 거래가 성공적으로 이루어지기 위해서는 외식기업은 고객이 원하는 외식서비스 상품을 파악하여 준비하고 고객이 이를 기꺼이 구매하고자 할 때 성사된다.

외식시장에 존재하는 모든 외식사업체들은 자신만의 레스토랑 콘셉트concept를 가지고 있다. 콘셉트란 흔히 개념概念이라고도 하는데, 개념만으로는 의미가 충분히 전달되지 않아 국내에서는 콘셉트 자체로 사용하는 경우가 더 많다. 어원은 '함께'라는 뜻의 라틴어 접두사 'CON—'에 '잡다'라는 뜻의 접미사 '—CEPT'로 이루어져 있다. 여럿을 붙잡아 하나로 만든 것이라는 뜻처럼 콘셉트는 제품과 서비스가 고객에게 전달될 때 제품이나 서비스를 구성하고 있는 여러 요소들을 하나로 묶는 기능을 한다.

콘셉트를 좀 더 구체적으로 표현해 보면 CON은 '꿰는 것'으로 CEPT는 '꿰어지는 것'이라고 표현할 수 있다. '꿰는 것'은 업의 개념, 본질, 의미, 목적 등 보이지 않는 것들이라면, '꿰어지는 것'은 물리적 제품이나 시설디자인, 상징물, 현상, 수단 등 보이는 것들이다. 모든 일에는 세부적인 요소가 모여서 업의 본질 또는 사업 전체를 관통하는 하나의 의미를 이루듯이 레스토랑을 운영하는 것도 꿰는 것과 꿰어지는 것이 잘 조합되어 고객들에게 하나의 메시지를 전달하게 된다.

레스토랑 콘셉트 안에는 메뉴 콘셉트, 서비스 콘셉트, 인테리어 콘셉트 등 하위 콘셉트가 존재하며, 더 나아가 마케팅 활동에서의 포지셔닝 콘셉트, 크리에이티브광고, 홍보 콘셉트 등이 있다. 각 콘셉트는 소비자들에게 '차별화된 가치'를 제공하는 것이 목적이며, 제품이나 서비스의 차이를 설명할 때 유용한 도구로 활용된다. 콘셉트 도출 과정은 그림 1-3의 순서대로 꼭 이루어져야 하는 것은 아니며 때에 따라 크리에이티브 콘셉트가 제품이나 서비스 콘셉트를 이끌어 나가기도 한다. 좋은 콘셉트가

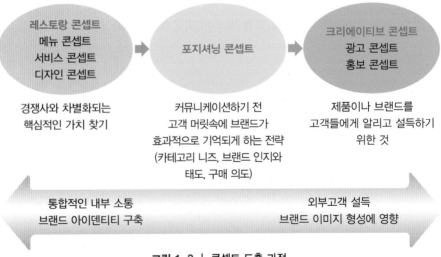

그림 1-3 | 콘셉트 도출 과정

중요한 이유는 고객들의 머릿속에 자신의 레스토랑에 대해 하나의 강력한 이미지를 심어주기 위한 개념이 필요하기 때문이다.

결국 레스토랑 콘셉트restaurant concept는 한마디로 표현하면 '경쟁 점포말고 내 점포를 방문해야 할 이유'를 하나의 메시지에 담아 고객에게 명확하게 제시하여 방문 동기를 자극하는 것이다. 특정 레스토랑을 방문해야 할 이유란 소비자에게 제공하는 차별화된 가치가 레스토랑의 콘셉트에 명확하게 담겨질 때 생겨난다.

외식업에서 '꿰어지는 것'의 사례로는 메뉴 종류, 서비스 스타일, 분위기, 데코, 가격, 서비스 전달방식, 점포 위치 및 규모, 디자인 등의 요소가 있으며, 이러한 요소들의 최적 조합optimal mix을 통해 각 음식점만의 독특한 콘셉트를 완성하게 된다. 이때 중요한 것은 하나의 콘셉트가 시장에 있는 모든 고객을 만족시킬 수 없으므로 레스토랑마다 자신의 강점이 최대한 활용될 수 있는 최적 시장목표고객 집단을 파악하는 것이 중요하다. 콘셉트가 방향성을 가진 힘이라면, 목표고객은 콘셉트가 나아가야 할 목적지이다그림 1-4. 따라서 레스토랑 콘셉트를 만드는 것은 '특정 목표 시장target customer'의 욕구를 충족시키기 위해 '꿰어지는 것'들의 최적의 조합을 찾는 것이며, 콘셉트가 없는 레스토랑은 사업의 목표가 불분명하고, 특히 고객들에게 방문해야 할 이유를 명확히 제시하지 못하므로 성공하기 어렵다.

국내 외식시장에는 매우 다양한 콘셉트의 레스토랑이 존재하는 것처럼 보이지만 '메뉴'만 다를 뿐 목표고객, 운영방식, 서비스 수준 등이 유사한 콘셉트의 레스토랑

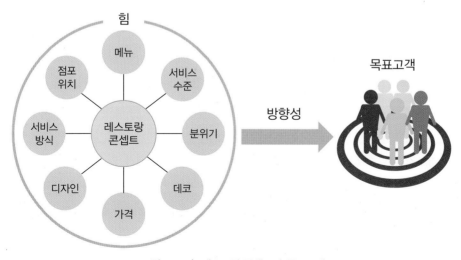

그림 1-4 | 레스토랑 콘셉트와 목표고객

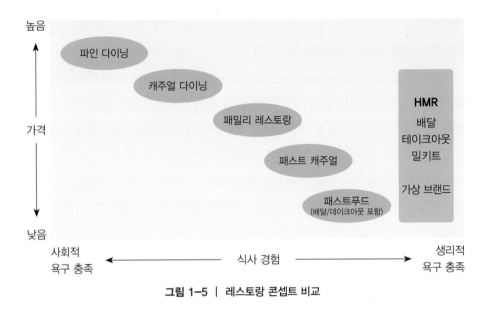

그림 1-5 | 레스토랑 콘셉트 비교

을 많이 볼 수 있다. 레스토랑 콘셉트를 메뉴 가격과 식사 경험을 바탕으로 분류해 보면 다음의 5가지 콘셉트로 설명할 수 있다그림 1-5.

(1) 패스트푸드 콘셉트

맥도날드, 버거킹, 롯데리아, KFC, 파파이스 같은 패스트푸드fast food 콘셉트는 셀프서비스self-service를 기본으로 고객들에게 제한된 메뉴limited menus를 매우 저렴한 가격에 신속하고 편리하게 제공한다. 운영 시스템이 완전하게 표준화되어 있는 것이 특징이며 24시간 영업하는 곳이 많다. 시간에 쫓기는 바쁜 현대인들이나 저렴한 식사를 원하는 고객들이 주로 이용한다. 메뉴 콘셉트에 따라 햄버거 전문, 치킨 전문 패스트푸드점으로 구분된다. 국내의 경우 식사 경험이나 가격대를 고려하면 분식점과 우동, 국수, 죽 전문점처럼 음식이 핵심 상품이면서 소형 매장으로 운영되는 콘셉트들이 대표적인 한국형 패스트푸드점에 해당된다. 문화적 차이로 셀프서비스가 아닌 경우가 대다수였으나 코로나19 발생 이후 비대면 주문 결제 키오스크 이용이 보편화되면서 셀프서비스가 기본이 되어가고 있다. 또한 점포에서 식사하지 않고 배달 또는 테이크아웃하는 가정식사 대용식home meal replacement 형태의 외식업체도 포함된다. 패밀리 레스토랑 및 캐주얼 다이닝이라도 식사 자체를 목적으로 테이크아웃이나 배달이 되는 식사들은 가정식사 대용식에 포함할 수 있다.

(2) 패스트 캐주얼 콘셉트

패스트 캐주얼fast casual은 5가지 콘셉트 중 가장 늦게 출현한 콘셉트로 소득 증가 및 건강식에 대한 관심 증가, 패스트푸드를 대체할 만한 더 높은 품질의 건강한 패스트푸드를 원하는 고객층이 늘어나면서 패스트푸드와 캐주얼 다이닝의 중간 형태 콘셉트로 등장했다. 서비스 형태는 셀프서비스이지만, 가격은 패스트푸드보다 높고 캐주얼 다이닝보다는 저렴하며, 메뉴도 패스트푸드보다는 다양하나 캐주얼 다이닝보다는 적은 것이 특징이다. 서비스 품질과 레스토랑 분위기는 패스트푸드보다 한 단계 업그레이드되고, 캐주얼 다이닝보다는 식사 제공 시간이 단축되어 간편하게 고품질의 패스트푸드를 즐기는 콘셉트이다. 주요 고객은 시간 제약을 많이 받는 고객들과 패스트푸드와 캐주얼 다이닝 시장에서 이탈한 고객들이다. 대표적인 브랜드로는 미국의 파네라 브레드Panera Bread, 치폴레Chipotle 등이 있으며 국내의 경우 파리크라상 키친, 투썸플레이스와 같은 베이커리 카페 브랜드가 이에 속한다. 바르다김선생, 로봇김밥 등의 프리미엄 분식 브랜드와 쉑쉑shake shack 등 수제버거 브랜드 등도 포함될 수 있다.

(3) 패밀리 레스토랑 콘셉트

대중음식점 개념의 패밀리 레스토랑family restaurant 콘셉트는 이웃처럼 편안한 서비스를 테이블서비스와 함께 제공받는 것과 아침식사 메뉴부터 스테이크까지 다양한 메뉴를 제공하는 것이 특징이다. 표준 운영 시스템에 의해 운영되고 있으며, 영업 비중은 저녁보다 아침과 점심 영업이 더 중요하다. 맥주와 같은 간단한 알코올과 자체 생산하는 베이커리 제품을 함께 판매하며 24시간 영업하는 것이 특징이다. 격식을 차리지 않고 방문할 수 있는 친근한 동네 음식점의 이미지가 강하다. 국내에 진출했던 해외 패밀리 레스토랑 브랜드는 코코스Coco's, 스카이락Skylark 등이 있으나 전부 철수한 상태이며, 국내 외식시장에서는 캐주얼 다이닝 콘셉트가 패밀리 레스토랑으로 불리면서 이름만 남아 있다.

우리나라 국민들이 가족들과 즐겨 찾는 한국형 패밀리 레스토랑 콘셉트는 가족 외식의 대표적인 장소인 고기구이 전문점이나 특정 재료나 일반 한식 메뉴를 전문으로 하는 한식당이라고 할 수 있다. 해외 브랜드의 표준화된 운영 시스템에 비하면 브랜딩이나 운영 역량은 전반적으로 미흡한 수준이며, 일상식보다는 특별한 외식을 위해

01
2021년 식품소비
행태조사 결과
발표자료

찾는 고객이 많다는 점이 다르다.

(4) 캐주얼 다이닝 콘셉트

캐주얼 다이닝casual dining 콘셉트는 세련된 분위기 속에서 차별화된 음식과 서비스를 제공하는 것이 특징이다. 방문 동기가 식사 자체보다는 비즈니스 모임이나 사회적 교류를 위한 경우가 많아 객단가가 높은 편이며 머무는 시간도 패밀리 레스토랑 콘셉트에 비해 길다. 주로 점심과 저녁에만 영업을 하고 분위기에 어울리는 와인을 비롯한 다양한 알코올 서비스가 제공되며 레스토랑 안에 바bar가 설치되어 있는 것이 특징이다. 대표적인 브랜드로는 우리나라에서만 패밀리 레스토랑이라 불리는 아웃백 스테이크 하우스, 베니건스, TGIF 등이 있으며, 국내 브랜드로는 불고기 브라더스, VIPS 등이 이 콘셉트가 속한다. 미국의 아웃백 스테이크 하우스는 오후 4시에 오픈하여 다음 날 새벽까지 영업을 하는 경우도 많으며, 식사보다는 주류 판매 비중이 높은 것이 특징이다.

(5) 파인 다이닝 콘셉트

최고급 음식점인 파인 다이닝fine dining 콘셉트는 요리사셰프 이름을 걸고 최상의 창작創作요리를 최고의 서비스와 함께 제공하는 고품격 레스토랑을 말한다. 요리의 독창성, 예술성 및 서비스 직원들의 전문성이 매우 중요하며, 메뉴나 서비스의 고객화 정도가 매우 높은 것이 특징이다. 주요 고객은 음식을 즐기는 미식가들이다. 대표적인 사례로는 미쉘린 스타를 받은 레스토랑이나 오너셰프owner chef 레스토랑, 그리고 특급 호텔의 식음료 브랜드들이 이에 속한다.

(6) 가상 브랜드 콘셉트

가상 브랜드virtual brands는 배달앱상에만 존재하는 온라인 배달 전용 레스토랑 브랜드로서, 코로나19 이후 새롭게 등장한 레스토랑 카테고리라고 할 수 있다. 오프라인의 점포 매장이나 간판 등이 존재하지 않고, 디지털 세상 속에만 존재하는 레스토랑으로 배달 사업만 한다. 공유 주방이나 기존의 외식업체 주방에서 배달앱을 통해 주문을 받아 음식이나 음료를 만들어 고객에게 전달하는 서비스 콘셉트이다. 가상 레스토랑 브랜드를 만들어 라이센싱하고 있는 기업들로는 미국의 넥스트바이트Nextbite,

딜리버루Deliveroo, 도어대쉬Doordash, 키친 유나이티드Kitchen United, 국내의 잇브랜드 Eatbrand 등이 있다.

가상 브랜드 콘셉트를 제외한 나머지 위의 레스토랑 콘셉트는 미국 외식업을 기준으로 정리했다면, 국내 한식당의 경우 표 1-1과 같이 분류해 볼 수 있다. 국내 한식당들은 판매하는 음식메뉴이 다를 뿐 서비스의 수준이나 시설, 분위기 등은 매우 유사하고 소규모의 영세한 음식점들이 많은 것이 특징이다. 한식당 콘셉트는 미국보다는 덜 세분화되어 있지만, 최근 들어 미쉐린 스타 레스토랑 인증으로 한식당의 파인다이닝 콘셉트가 생겨났고, 대중 분식이나 HMR 시장의 프리미엄화가 시작되면서 패스트 캐주얼 한식의 콘셉트도 주목받고 있다. 표 1-1은 기존 한식당 콘셉트를 서비스 수준, 음식의 전문성, 분위기, 객단가 등을 바탕으로 고급 한식당, 전문 한식당, 대중 한식당 등 크게 세 가지 유형으로 분류한 것이다.

표 1-1 | 한식당 콘셉트 분류

구분	내용 및 사례
고급 한식당	• 최고의 식재료를 사용하고 고품질의 서비스를 제공하는 높은 객단가의 한식당 • 표준화된 시스템이나 매뉴얼 서비스보다는 고객화된 메뉴, 창작요리 및 최고의 서비스 등이 특징 • 최상의 음식과 서비스가 제공되면서 셰프의 명성, 요리의 독창성과 예술성, 전문성이 돋보이는 한식당 • 사례 : 정식당, 밍글스, 라연 등 미쉐린 스타 한식당과 오너셰프 한식당
전문 한식당	• 전문화된 음식과 차별화된 인적 서비스를 위생적이고 깔끔한 분위기에서 제공하는 것이 특징 • 숯불갈비, 설렁탕, 삼계탕 등 특정 메뉴를 인적 서비스와 함께 차별화된 분위기에서 판매하는 전문점 형태의 한식당 • 다양한 한식 메뉴 및 백반을 쾌적한 분위기에서 캐주얼한 인적 서비스와 함께 제공하는 한식당 • 캐주얼한 인적 서비스와 표준화된 메뉴를 제공하는 한정식당
대중 한식당	• 대체로 규모가 작지만 시스템에 의해서 운영되는 음식점(예 : 체인화된 죽 전문점, 분식점, 치킨 전문점 등) • 청결한 환경에서 간단한 메뉴들을 저렴하게 판매하고 분위기나 서비스보다는 표준화된 메뉴를 신속하게 제공하는 것이 중요 • 셀프서비스나 배달, 테이크아웃 전문점 등도 포함

출처 : 김태희(2009).

4) 외식사업은 무엇을 판매하는가

외식사업은 유형화된 속성음식과 무형화된 속성인적 서비스 모두를 가지고 있으며 직접 '방문'하여 외식을 할 경우는 일정 시간을 레스토랑에 머물며 음식과 서비스를 소비한다. 반면, '포장'이나 '배달'을 할 때는 유형화된 음식이 핵심 상품이 되기도 하나 여전히 배달이나 포장의 신속성, 배달 종사원의 친절성, 포장을 기다리는 공간의 쾌적성 등도 중요하기 때문에 외식업에서는 100% 순수한 유형적 상품만 판매하는 경우는 드물며, 레스토랑 콘셉트에 따라 속성의 중요도에 차이가 있을 뿐이다. 외식사업이 판매하는 상품을 다양한 관점에서 정의해 보는 것은 외식사업을 경영하는 데 도움이 될 수 있다.

(1) 메뉴 상품

외식사업의 대표적인 상품은 '음식' 또는 '메뉴'이다. 유형화된 판매상품으로 음식점의 콘셉트를 설명하는 중요한 요소이기도 하다. 외식사업에서 신상품을 개발한다고 하면 신메뉴 개발을 떠올리는 이유도 메뉴가 그만큼 중요한 상품이기 때문이다. 경쟁사와 차별화되고 고객들에게 매력적으로 어필할 수 있는 '혁신적인 메뉴 개발'은 서비스 품질 인식 및 고객 만족에 직접적으로 영향을 미칠 수 있어 신메뉴 개발 역량은 외식사업 성공에 중요한 요소이다. 자세한 내용은 제5장에서 다룬다.

(2) 서비스 프로세스

서비스는 프로세스가 곧 상품이다. 외식서비스는 유형적인 메뉴 상품 이 외에도 서비스를 전달하는 무형적인 과정도 고객들에게 독특하고 차별화된 경험과 서비스 품질 지각에 영향을 미칠 수 있어 '혁신적인 서비스 프로세스'가 곧 차별화 상품이 되기도 한다. 예를 들어, 동일한 가격과 맛의 피자를 배달해주는 두 개의 피자 점포가 있다고 가정하자. A라는 피자점은 배달 시간이 들쑥날쑥하여 평균 40분 정도이며, 일반 아르바이트 학생이 배달하는 반면, B라는 피자점은 항상 '30분 내 배달' 약속을 모토로 한 번도 약속을 어긴 적이 없으며, 배달 종사원도 서비스교육을 철저히 받아서 친절하게 피자를 전달하고 계산도 정확하게 해준다면 여러분들은 어느 피자점을 이용하겠는가? B라는 피자점은 피자 맛과 가격보다는 배달하는 서비스 과정service process을 전략적으로 설계design하여 차별화된 고객 경험을 제공함으로써 경쟁 우위를 확보하고 있다. 따라서 외식사업에서 신상품을 개발하는 것은 긍정적 고객 경험을 창출할 수 있는 '혁신적이고 창의적인 서비스 전달 과정 설계'가 포함되어야 한다. 경쟁사보다 더 빠르고, 더 정확하며, 더 편리한 서비스 프로세스를 개발하는 것은 매우 창조적인 과정이며, 로봇 기술 등의 발달로 매력적인 서비스 프로세스 혁신이 기대된다. 구체적인 설계 방법은 제6장에서 다룬다.

(3) 외식 브랜드

레스토랑 선택 시 브랜드는 중요한 선택 속성이다. 여기서 말하는 브랜드는 단순하게 이름, 상표를 의미하기보다는 다른 경쟁사와 차별되고 경쟁 우위에 있는 독특한 브랜드 이미지와 브랜드 충성도를 말한다. 브랜드를 구성하는 요소들은 브랜드 네이밍naming부터 메뉴, 인적 서비스, 분위기, 마케팅 커뮤니케이션까지 모든 영역에서의 활동이 브랜드 이미지를 만들게 되고, 특별하거나 비범非凡한 브랜드로 고객들에게 각인시켜야 진짜 브랜드가 될 수 있다. 따라서 단순한 제품메뉴 경쟁력 차원을 넘어서 브랜드 차원에서의 브랜드 개발과 브랜드 마케팅 커뮤니케이션 활동이 함께 수반되어야 한다. 여기에서 핵심은 브랜딩이다. 평범한 것을 비범한 것으로 바꿀 수 있는 혁신적인 아이디어가 외식 브랜드를 구성하는 모든 요소들에 녹아들어 가야 한다. 고객들에게 강력하게 호감을 주는 긍정적인 이미지의 브랜드를 만들 수 있다면 매출과 이익에 크게 기여할 수 있다. '혁신적인 브랜드 개발'에 대한 구체적인 방법과 사례는 제7장에서 자세히 다룬다.

(4) 좌석을 파는 사업

외식서비스는 시간대별, 시즌별로 고객 수요와 서비스 공급능력의 불일치가 발생하여 이로 인해 경영상 많은 어려운 점이 있다. 지속 가능한 외식사업을 영위하기 위해서는 충분한 매출과 이익이 확보되어야 하는데, 수익 경영 관점에서 보면 외식사업은 '좌석'을 판매하는 사업이라고 정의할 수 있다. 고객이 좌석을 차지하고 있을 때만 매출이 일어나기 때문에 고객이 없는 시간 동안은 매출 발생 없이 인건비와 수도광열비 등이 지출된다. 따라서 외식기업의 영업 활성화를 위한 모든 마케팅 활동은 먼저 '빈 좌석을 채우기 위해' 이루어져야 하며, 이때 시간대별, 시즌별로 수요와 공급 상황을 면밀히 분석하여 수요와 공급이 최대한 일치하도록 가격 할인정책이나 이벤트, 운영방식 등을 전략적으로 관리해야 한다. 자세한 내용은 제11장에서 다룬다.

2. 외식사업의 특징

1) 피플 비즈니스

인적 의존도가 높은 외식사업은 전형적인 피플 비즈니스people business이다. 점포 현장에서 종사원에 의해 제공되는 고객 접점 서비스 품질 수준이 고객 만족과 기업 성과에 결정적으로 영향을 미치므로 역량 있는 인재를 찾아내고 다룰 줄 아는 최고 경영자의 역할이 매우 중요하다. 품질 학자인 데밍Deming은 "서비스가 나쁜 원인은 85%가 조직의 시스템제도이 갖추어져 있지 않기 때문이며, 종사원의 잘못은 15%에 불과하다"고 말한다. 종사원의 서비스가 나쁜 이유를 종사원 개인 문제로 보는 것이 아니라 조직의 문제로 보고 있다. 이는 현장에서 서비스를 잘하는 종사원들의 '자발적 서비스 행동'은 개인적인 성향만으로 결정되는 것이 아니라 경영주의 서비스 마인드 및 서비스 경영철학에 의해 만들어진 조직문화에 의해 영향을 받는다는 것을 의미한다. 따라서 외식업 경영주는 외식기업의 수익이 내부고객직원 만족에서 비롯된다는 사실을 명확히 인지하고, 서비스 품질관리를 위해 서비스업에 적합한 역량 있는 인재를 발굴하고, 교육과 훈련, 배치, 평가, 보상하는 인사제도를 구축해야 한다. 자세한 내용은 제12장에서 다룬다.

2) 재방문 비즈니스

외식사업은 재방문 비즈니스repeat business이다. 서비스 기업의 수익은 절대적으로 '충성고객'으로부터 만들어진다고 했다. 충성고객이라 함은 단골고객, 재구매 또는 재방문고객을 의미하며, 한 번 방문한 고객이 꾸준히 재방문해 준다면 점포의 매출은 증가할 수밖에 없기 때문에 성공적인 외식사업을 위해서는 재방문 고객이 매우 중요하다. 점포를 다시 방문한다는 것은 경험했던 음식과 서비스에 크게 만족했다는 것을 말하며, 이는 '고객 기대 수준 이상의 품질 좋은 서비스'를 받았다는 것을 의미한다. 여기서 좋은 품질의 서비스를 제공한다는 것은 '고객이 원하는, 고객이 기대하는 것'을 제대로 전달하여 고객에게 긍정적 경험을 제공하는 것이다. 제3장에서는 고객이 기대하는 서비스 품질 속성을 파악하는 방법과 고객 만족도를 측정하는 방법에 대해 자세히 소개한다. 이벤트나 프로모션을 통해 고객들을 한 번쯤 오게 만드는 것은 어렵지 않지만, 한 번 온 고객이 다시 오고 싶도록 만드는 것이 외식서비스 마케팅의 핵심이라는 사실을 기억하자. 충성고객 관리에 대한 자세한 내용은 제9장에서 다룬다.

3) 시스템 비즈니스

외식사업은 시스템 비즈니스system business이다. 외식사업의 품질관리는 고객 만족도 및 고객 충성도 확보를 위해 매우 중요하다. 음식을 만들 때마다 매번 맛이 달라진다면 고객들은 외식업체를 신뢰할 수 없듯이 항상 일관된 품질의 서비스를 제공하기 위해서 외식서비스를 표준화하고 시스템화해야 한다. 시스템화는 '고객이 원하는 서비스의 표준'을 명확히 설정하고 이를 홀과 주방의 서비스 업무 전 과정에 적용하여 매뉴얼화하는 것부터 시작되며, 매뉴얼은 가능한 구체적이면서 이해하기 쉽도록 제작하여 현장 종사원들이 완벽한 서비스를 제공하도록 해야 한다. 특히, 동일한 브랜드로 여러 개 직영 점포를 동시에 운영하거나, 프랜차이즈가맹 사업을 전개하고자 할 때 시스템화는 필수 조건이며, 해외 진출 시에도 매우 중요한 요소이기도 하다. 제8장에서 고객이 원하는 외식서비스를 표준화하는 구체적인 방법과 현장 서비스 품질을 점검하는 방법을 소개한다.

4) 쇼 비즈니스

외식사업은 쇼 비즈니스show business이다. 서비스가 일반 제품과 다른 독특한 특성 중 하나는 서비스는 생산과 소비가 동시에 일어난다는 것이다. 제품은 미리 생산해서 재고를 쌓아 두었다가 필요할 때 판매할 수 있지만, 서비스는 서비스 제공자가 현장에서 유·무형의 서비스를 고객에게 바로 전달하기 때문에 서비스를 미리 생산하거나, 불량 서비스를 사전에 제거하거나, 재고를 쌓아 둘 수 없다. 이는 제품 생산을 '녹화 방송'이라고 한다면 서비스 제공은 '생방송'과 비교할 수 있다.

외식서비스를 제공하는 것은 생방송 쇼show를 진행하는 것과 같다. 실수 없는 방송 진행을 위해서는 무대 위에 있는 출연자 또는 연기자들이 자신의 역할을 정확히 이해하고 주어진 대본을 철저히 암기해야 한다. 무대 위에 설 때마다 완벽한 연기표정, 대사, 행동 등를 해야 하듯 완벽한 서비스 제공을 위해서는 서비스를 제공하는 순간마다 종사원들이 자신의 역할을 충실히 수행해야 한다. 생방송 쇼에서 완벽한 연기는 철저한 프로정신과 꾸준한 '역할 연습'에서 나오며, 이것을 다른 말로 표현하면 서비스 매뉴얼에 적힌 대로 고객에게 서비스해야 함을 의미한다. 서비스 제공 과정에서 발생하는 종사원의 서비스 실수나 서비스 실패는 고객 불만족을 야기하게 되고 고객 이탈의 직접적인 원인이 된다.

5) 푼돈 비즈니스

외식사업은 푼돈 비즈니스penny business이다. 수고와 노력에 비하면 수익률이 그리 높지 않기 때문이다. 외식사업은 1달러 매출을 올리고 인건비, 식재료비, 마케팅비, 소모품비, 임대료, 수도 광열비 등을 모두 빼면 이익이 고작 5센트 정도밖에 되지 않는다고 해서 페니 비즈니스라고도 한다. 5,000원짜리 식사를 팔아 500원 정도 남는다면 한 달에 몇 그릇을 팔아야 경영주 인건비를 제외하고 충분한 이익을 남기겠는가? 그만큼 큰돈 벌기가 쉽지 않은 사업이라는 것을 의미한다. 점포의 소소한 비용이나 식재료의 짜투리까지 아껴 가며 한 푼 두 푼 푼돈을 모아야 돈을 벌 수 있는 사업이다. 주방기기 예열 시간을 관리하고, 피크 시간대가 지나면 최소한의 주방기기만

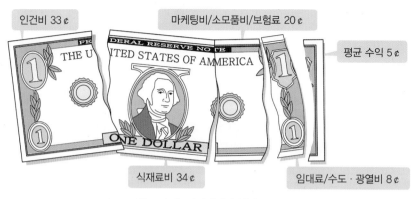

인건비 33¢ 마케팅비/소모품비/보험료 20¢ 평균 수익 5¢

식재료비 34¢ 임대료/수도·광열비 8¢

그림 1-6 | 외식사업의 원가 구성비

출처 : www.restaurant.org

남기고 모든 기기의 전원을 끄며, 냉방기기를 선택할 때도 에너지 비용 절감 효과를 고려하고, 냅킨도 예산 범위 내에 비용이 유지되도록 철저히 관리하며, 메뉴 개발을 할 때도 '닭가슴살구이' 1인 제공량을 썰고 남은 짜투리 닭고기를 활용하여 '팝콘 치킨 샐러드' 메뉴를 만드는 등 작고 사소한 관리가 이익률을 증대시키는 데 크게 기여할 수 있음을 기억해야 한다.

6) 디테일 비즈니스

외식사업은 디테일 비즈니스detail business이다. 실생활에서는 100에서 1을 빼면 99인데, 서비스에서는 100에서 1을 빼면 0이다. 이 말은 서비스가 전체적으로 좋았다 하더라도 음식물에서 머리카락이 나온다거나 종사원의 불친절한 응대 등 하나라도 실수를 하게 되면 형편없는 서비스로 평가받기 때문이다. 하나가 깨지면 모든 것이 무너지듯이 작고 사소한 서비스 실수가 서비스 품질 평가에 절대적인 영향을 미칠 수 있으므로 작고 사소한 것부터 철저하게 관리하는 노력이 필요하다. 이는 '깨진 유리창 이론broken windows theory'으로 설명할 수 있는데, 낡은 메뉴판, 매장 내 죽어 있는 화초, 깨어진 그릇, 구석에 쌓여 있는 먼지, 때가 묻어 있는 조리사 복장, 지저분한 화장실 등 점포 내에서 발견되는 이러한 깨진 유리창들은 고객들에게 점포가 잘 관리되고 있지 않다거나 장사가 안 된다는 인상을 줄 수 있어 세심한 관리가 필요하다.

크고 원대한 비전보다는 작고 사소한 디테일을 먼저 철저히 관리할 때 외식사업은 성공할 수 있다.

> ### 😊 깨진 유리창 이론
>
> 깨진 유리창 이론은 미국의 범죄학자인 제임스 윌슨과 조지 켈링이 1982년 3월에 공동 발표한 '깨진 유리창(Fixing Broken Windows : Restoring Order and Reducing Crime in Our Communities)'이라는 글에 처음으로 소개된 사회 무질서에 관한 이론이다. 깨진 유리창 하나를 방치해 두면, 그 지점을 중심으로 범죄가 확산되기 시작한다는 이론으로, 사소한 무질서를 방치하면 큰 문제로 이어질 가능성이 높다는 의미를 담고 있다.

7) 고객 경험 비즈니스

외식사업은 고객 경험 비즈니스CX business이다. 유형화된 메뉴 상품만으로 고객을 만족시켜 재방문하게 하는 것은 한계가 있다. 맛있는 음식을 먹은 것도 기억에 오래 남지만 종사원들의 자발적 행동에서 나오는 작은 배려나 관심, 공감 등의 서비스 행동은 레스토랑에서의 '고객 경험customer experience'을 특별하게 만든다.

두드러지지 않는 것은 보이지 않는 것과 같다는 말이 있듯이, 동기 부여된 종사원들의 자발적 행동으로 인한 차별화되고 독특한 서비스를 통해 '고객에게 잊지 못할 경험'을 판매한다면 치열한 경쟁시장에서 성공 가능성이 높아질 것이다. 그 이유는 '잊지 못할 경험'과 '만족스러운 서비스'는 다르기 때문이다. 서비스에 대한 기억은 짧고 경험에 대한 기억은 긴 것처럼 앞으로는 고객 만족경영을 넘어 고객 경험관리가 필요하며, 음식을 판매하는 것이 아니라 기억에 남을 경험을 판매하고, 돈을 벌기 위해서보다는 고객의 마음을 얻기 위해서 외식사업을 한다면 성공할 것이다. 고객 경험을 설계하는 구체적인 방법과 브랜딩을 통해 특별한 브랜드 경험을 만드는 방법은 제6장과 제7장에서 소개한다.

8) 접점 비즈니스

외식사업은 접점 비즈니스MOT business이다. 서비스를 받은 고객들의 서비스 품질에 대한 만족도 평가는 서비스 종사원과 고객이 만나는 서비스 접점service encounter에서 결정된다. 서비스 접점은 고객이 서비스 제공자를 만나는 지점 또는 순간moment을 의미하며, 진실의 순간moment of truth이라고 불리기도 한다. 스페인의 투우 용어인 'Momento De La Verdad'를 영어로 옮긴 것으로 투우사가 소의 급소를 찌르는 짧은 순간을 의미하며, 피하려 해도 피할 수 없는 순간 또는 서비스 품질 인식에 결정적으로 영향을 미치는 매우 중요한 순간으로 해석할 수 있다.

고객은 서비스를 받는 동안 다양한 형태의 접점을 만나게 되는데, 서비스 종사원으로부터 직접 서비스를 받는 '대면對面 접점', 인적 접촉 없이 서비스 기업과 만나는 '원격遠隔 접점', 전화 또는 실시간 채팅과 기술 기반 커뮤니케이션을 통해 고객과 실시간으로 만나는 '기술 매개 접점technology-mediated encounter' 등이 있다. 대면 접점은 직원들의 언어적·비언어적 행동, 복장이나 외모 등이 중요한 품질 평가 요소인 반면, 은행 ATM기나 자동 티켓 발매기 등의 원격 접점은 서비스의 물리적 요소, 기술적 프로세스 및 시스템 등이 품질 평가의 중요한 요소이다.

외식서비스가 수행되는 전 과정에 걸쳐 다양한 접점이 존재하므로 이러한 접점들을 최대한 구체적으로 파악하여 관리하는 것은 외식서비스 품질관리 및 고객 만족도 제고에 매우 중요하다. 접점의 서비스 품질관리에 대해서는 제8장에서 다룬다.

9) 위생안전 비즈니스

외식사업은 위생안전 비즈니스sanitation & safety business이다. 다른 서비스업과 차별화되는 외식사업만이 가지는 독특한 특성 중에 하나는 핵심 상품이 직접 섭취하는 '음식'이라는 것이며, 음식의 신선도와 안전성은 고객 건강과 직결된다. 따라서 외식서비스에서 위생과 안전관리는 강조해도 지나치지 않을 만큼 매우 중요한 사항이고, 위생적이고 안전한 음식을 제공하는 환경을 구축하는 것은 외식사업의 기본이며, 되도록 글로벌 표준global standard을 지향하는 것이 바람직하다. 아무리 외식업체의 음식이 맛

그림 1-7 | 식품의약품안전처의 음식점 위생 등급제 인증 마크

출처 : www.mfds.go.kr

있고 유명한 집이라 해도 식중독이 한 번 발생하면 영업정지나 폐업까지 갈 수 있기 때문이다.

고객들은 외식업체의 주방을 볼 수 없기 때문에 내가 먹는 음식이 어떤 환경에서 만들어지는지 알 기회가 없었으나, 그림 1-7과 같이 레스토랑 주방의 위생 상태를 등급화하여 음식점 출입문에 부착하도록 하는 제도가 도입되면서 음식점 선택에 영향을 미칠 수 있는 요소로 작용하고 있다. 위생적이고 안전한 주방을 보유한 레스토랑들은 최고 점수를 받은 인증서를 마케팅 도구로 활용하기도 하는데, 무엇보다도 고객의 건강을 생각한다면 고객이 요청하지 않아도 위생적이고 안전한 환경에서 조리한 음식을 판매해야 한다. 외식 브랜드를 걸고 사업을 할 때 브랜드는 곧 신뢰의 증표이자 고객과의 약속이므로 식품위생안전관리는 철저히 해야 할 것이다.

10) 소셜 비즈니스

02
2021년
식품외식통계(국내편)

마지막으로 외식사업은 소셜 비즈니스social business라 말하고 싶다. 우리나라 국민의 외식화율가구당 전체 식료품비 지출액에서 외식비가 차지하는 비율은 2019년 기준 이미 선진국 수준인 50.1%에 달하고 있고, 소득 수준 증가 및 라이프 스타일의 변화 등으로 식사를 해결하는 방법이 다양해지면서 이제는 식생활로 인한 소비자 건강에 대한 책임이 단순히 개인의 문제가 아니라 기업과 사회의 책임으로까지 확대될 수 있다. 서울시를 비롯한 지자체가 추진하고 있는 '먹거리 마스터 플랜푸드 플랜'은 시민들의 먹거리 기본

권 보장을 위한 공공 식정책의 대표적 사례이다. 외식소비가 보편화되어감에 따라 소비자 건강에 대한 외식기업의 사회적 책임 또한 점점 중요해져 갈 것으로 예상되지만, 현실은 외식업체 경영주들이 이러한 사명을 감당하기에는 사업 규모가 매우 영세하고 현장 상황 또한 매우 열악하다. 그럼에도 불구하고 착한 소비자가 착한 생산자를 늘리듯이 외식소비자의 현명한 선택은 착한 외식 업소를 지지하게 될 것이며, 외식을 통해 건강한 먹거리를 즐기고, 의미 있는착한 소비를 경험하게 하는 것도 중요한 마케팅 포인트가 될 것이다.

03
서울먹거리
마스터플랜

3. 외식산업 현황[1]과 외식소비 전망

04
국내 외식산업관련
통계보고서

1) 외식산업 현황

(1) 외식시장 규모는 지속적으로 성장세

통계청서비스업조사에 따르면 2019년 외식업음식점업 및 주점업 매출액 규모는 약 144조 원으로 2015년의 약 108조 원 대비 33.3% 증가하며 꾸준히 성장해 왔다. 외식업 사업체 수는 2019년 총 72만 7,377개이며, 총 219만 1,917명이 종사하는 것으로 나타나 업체 수도 2015년 대비 10.7%, 종사자 수는 12.7% 증가하며 꾸준히 성장하고 있다. 국민 소득의 증가, 여성 경제활동 인구 증가, 1인 가구 증가, 소비 패턴 변화 등으로 국내 외식산업 규모는 앞으로도 성장세를 이어갈 것으로 예상된다.

(2) 생계형 중심의 영세한 산업 구조

2019년 전체 음식점업 중 종사자 5인 미만 소규모 사업체 수는 61만 5,498개로 전체의 84.5%를 차지하고 있고, 종사자 10인 이상 대규모 사업체는 2.9%를 차지했다. 매출액 기준으로 보아도 연간 매출 1억 원 미만인 사업체가 전체의 39.7%를 차지하

---

1 국내 외식산업 관련 최신 통계 자료는 식품산업 통계 정보 시스템인 'The외식' 사이트를 참조하라.

고 있고, 매출액 1~5억 원 사이인 업체는 전체의 44.7%로 나타났다. 이는 국내 외식산업의 규모에 비해 외식사업체 대부분이 생계형 중심의 영세한 구조임을 알 수 있다. 영세한 생계형 외식산업은 한식을 세계화하는 데 장애 요인으로 작용하므로 외식산업의 부가가치 창출을 위해서는 경쟁력 있는 기업형·법인형 외식기업 육성과 준비된 창업으로 외식사업 성공을 지원하는 정책이 필요하다.

(3) 한식당이 가장 높은 비중 차지

2019년 기준 음식점업 사업체 수 51만 8,794개 중 한식 음식점업이 31만 7,225개로 61%를 차지하고 있다. 매출액의 경우 음식점업 매출액120조 원에서 한식 음식점업 매출65조 9480억 원이 55%를 차지하였다. 다양한 메뉴 콘셉트의 음식점이 많이 생겨나고 있지만 국내 외식산업에서 가장 큰 비중을 차지하는 음식점은 바로 한식당임을 알 수 있다.

(4) 인구수 대비 외식업체 수 과다

05
韓 외식업체,
인구 1만명당 125.4개…
홍콩 6배 '많아도
너무 많다'

2018년 기준 인구 1만 명당 외식업체 수는 125.4개로 나타났으며, 중국 66.4개, 일본 58.3개, 미국 20.8개 등 다른 나라들과 비교할 때 국내 외식업체 수는 과잉 공급 상황이다. 이는 다른 말로 표현하면 국내 외식업 경쟁이 매우 치열하다는 것을 의미하고 외식업의 높은 폐업률과도 밀접한 연관이 있다.

(5) 외식소비 행태

06
2021년 식품소비
행태조사 결과
발표자료

2021년 가구당 1회 평균 외식비용은 4만 7,013원으로 전년대비 4,164원 증가했으며, 코로나19 전과 비교했을 때 음식점 식사 횟수가 감소했다고 응답한 사람은 전체의 60%를 차지했고 2주에 1회35.4%, 1개월에 1회31.2% 외식하는 비중이 가장 높았다.

배달 및 테이크아웃 소비의 경우 가정 내 배달 음식과 테이크아웃 음식 섭취 횟수가 증가했다고 응답한 비율이 각각 41%, 27%로 코로나19 발생 이후 배달과 테이크아웃 시장은 커졌음을 알 수 있다. 이용빈도는 가구의 경우 2주에 1회39% 성인의 경우 1개월에 1회32% 청소년의 경우는 1주에 1회30% 이용자가 가장 많은 것으로 나타났다. 또한 배달 및 테이크아웃 이용 비용은 코로나19 전의 경우 보통 음식점 이용 비용의 절반 수준이었으나 2021년에는 음식점 이용 비용을 넘어서는 수준으로 급격히

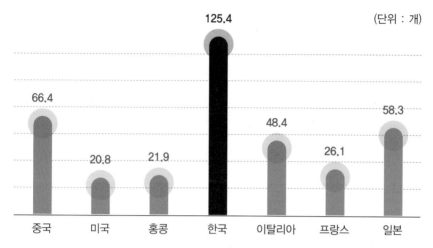

(단위 : 개)

그림 1-8 | 주요국 인구 1만 명당 외식업체 수
출처 : 한국농촌경제연구원(2018년 기준).

증가하였다.

가족 구성원과 외식할 때 주로 찾는 메뉴는 한식음식점32%과 고기구이 전문점35% 비중이 가장 높아 두 유형의 음식점은 한국형 패밀리 레스토랑이라 할 수 있다. 다음으로 많이 찾는 메뉴는 일식요리 전문점9.8%으로 나타났다. 하지만 청소년의 경우 분식점 및 김밥 전문점29.6%과 피자 · 햄버거 · 샌드위치 전문점27.3%을 가장 많이 선호하는 것으로 나타났다.

가정에서 가장 많이 주문하는 배달 및 테이크아웃 음식 메뉴는 배달의 경우 치킨 · 강정 · 찜닭33.6%, 보쌈 · 족발 · 삼겹살 · 곱창 등 육류 메뉴18.3%, 중화요리17.2%, 피자15.5% 순이었으며, 테이크아웃의 경우 김밥 및 분식류23%, 햄버거 · 샌드위치 · 빵류16.9%, 치킨 · 강정 · 찜닭14%을 가장 선호했다. 청소년이 선호하는 배달 및 테이크아웃 음식 메뉴로는 배달은 치킨34.4%과 피자20.1%, 테이크아웃은 햄버거 샌드위치25.4%와 김밥 및 분식류24.8%인 것으로 나타났다.

2) 외식소비 전망

미래 트렌드는 기존의 트렌드가 변화하고 발전하는 것이다. 잠시 등장했다가 사라

2012	2013	2014	2015	2016	2017	2018	2019	2020	2021
25.3	25.9	24.5	27.2	27.9	28.6	29.3	30.2	31.7	1인가구비율(%)

1인 외식	먹방 신드롬	미각 노마드	나홀로열풍	가심비	비대면 서비스화	Buy me For me	홀로만찬
매스티지	로케팅소비	푸드 플랫폼	반(牛)외식의 다양화	빅블러 (Big blur)	편도족의 확산	멀티스트리밍 소비	진화하는 그린슈머
홈메이드	한식의 재해석	나홀로 다이닝	패스트 프리미엄	반(牛)외식의확산	뉴트로 감성	편리미엄 외식	취향소비
복고	HMR	SNS외식경험	모던한식의 리부팅	한식 단품의 진화	간편식	그린오션	안심 푸드테크
슬로푸드, 웰빙	가치소비	1인가구, HMR	쿡방, 먹방, SNS	골목상권 체크슈머	친환경	온라인 체험소비	동네상권의 재발견

| •IT기술 발전 •스마트기기 대중화 •SNS 사용자 증가 | •메르스('15) •IOT, 각종 어플 •골목길문화 확대 •쿡방, 셰프 | •3低 지속 (금리/성장/물가) •개인화 | •3低 지속 (금리/성장/물가) •AR, VR, O2O •개인화 •경험공유 | •경제회복 기조 •빅데이터, 인공지능, 무인점포, 비대면 •심리경제 | •친환경, 공유경제 •푸드테크, 홈코노미 •SNS, 감성, 개인화 •프리미엄 가치소비 | •COVID19('20) | |

그림 1-9 | 국내 외식 트렌드의 흐름

출처 : 2022 식품·외식산업전망대회 발표 자료.

07
2021년 국내외
외식 트렌드 보고서

지는 트렌드도 있지만 사라지지 않고 지속적으로 변화해 가는 메가트렌드도 있다그림 1-9. 본 절에서는 미래 외식시장에 지속적으로 영향을 미치는 트렌드를 중심으로 주요 이슈와 외식업계에 주는 시사점을 알아본다. 자세한 내용은 한국농수산식품유통공사가 매년 발간하는 외식 트렌드 보고서를 참고한다.

(1) 1인 외식의 성장

우리나라 전체 가구 중 1인 가구 비중은 2015년 27.2%에서 2020년 기준 31.7%로 지속적으로 성장하고 있다. 1인 가구 증가는 혼밥, 혼술, 혼영, 혼행, 혼코노, 혼캠, 혼펜2 등 새로운 소비 트렌드를 만들어 내며 소비재 시장 전반에 영향을 미치고 있다. 특히 외식시장에서는 1인 피자부터 1인 정식, 1인 샤브, 1인 배달 음식 등 다양한 1인 메뉴가 출시되었고, 배달앱에도 1인분 카테고리가 등장하며 배달 메뉴 영역도 확대되고 있다.

코로나19의 영향으로 혼밥이 일상화되면서 한 끼 외식을 하더라도 여유 있게 즐기거나 자신의 취향을 표현하여 나만의 식탁을 차리고자 하는 소비자 니즈를 충족시키기 위해 간편식 시장도 프리미엄 간편식으로 진화하며 홀로 만찬 트렌드도 등장했다.

---

2 혼자 밥 먹고, 술 마시고, 여행하고, 영화 보고, 코인노래방 가고, 캠핑하고, 펜션 가는 사람들을 말한다.

1인 외식시장은 지속적으로 성장할 것으로 예상되어 솔로 다이너solo diner를 위한 혁신적인 1인 메뉴와 서비스 개발, 혼밥족을 위한 1인 간편식, 밀키트 상품의 수요는 계속 증가될 것으로 예상된다.

(2) 간편식의 진화

가정 간편식 시장도 최근 몇 년 동안 빠르게 성장하고 있으며, 코로나19로 인해 성장이 가속화되었다. 가정 간편식 시장 규모는 2016년 2조 2700억 원에서 2021년 5조 원추정치으로 120% 성장을 하였다. 간편식 제품도 RMRrestaurant meal replacement 상품, 유명 맛집이나 셰프들의 메뉴, 식품기업들과의 콜라보 제품 등 가성비와 가심비를 모두 잡은 프리미엄 간편식 시장도 빠른 속도로 커져 가고 있다. 유명 외식 브랜드부터 지자체까지 가정 간편식과 밀키트 시장에 진출하고 있어 경쟁은 더욱 치열해질 것으로 예상된다. 수많은 간편식 제품으로부터 차별화하기 위해서는 '뻔하지 않으면서 고객 마음을 잡을 수 있는' 혁신적인 메뉴 아이디어와 서비스, 그리고 브랜드 커뮤니케이션 전략이 필요해 보인다. 또한 B2B단체급식 시장에서도 인건비 절약과 브랜드 제품을 통한 고객 만족 제고를 위해 간편식 및 밀키트 활용이 늘어날 것으로 전망되어 간편식 시장도 계속 확대될 것으로 보인다.

그림 1-10의 수백당 돼지국밥 밀키트좌와 중는 냄비 모양을 고려하여 동그란 모양의 냉동 돼지국밥을 출시해 조리 편의성 제고 및 경쟁 브랜드와 차별화했다. 기장끝집의 전복죽 밀키트우는 전기 압력밥솥에 물을 붓고 취사 버튼만 누르면 전복죽이 완성된다. 번거로운 조리 과정 제거 및 전문점의 죽 맛까지 재현해 내어 재구매율이 매

그림 1-10 | 수백당 돼지국밥(좌, 중)과 기장끝집 전복죽 밀키트(우)
출처 : 각 업체의 홈페이지.

\# 08
수백당 홈페이지

\# 09
기장끝집 홈페이지

우 높다.

(3) MZ세대 취향 저격 메뉴와 캠페인 증가

MZ세대가 주 소비계층으로 떠오르면서 이들 세대의 취향을 저격하는 외식서비스 캠페인들이 인기를 끌고 있다. 고객이 메뉴 개발에 직접 참여하도록 레시피 대결 형식으로 재미를 더한 스타벅스의 'YES or No, Sandwich' 캠페인, 마이셰프×유튜버 허챠밍의 콜라보로 탄생한 MZ세대 취향의 밀키트 상품, 보다 빠르고 편리하게 할인 행사나 외식 메뉴 정보를 제공 받으면서 실시간으로 소통하는 외식업체의 라이브 방송 등이 예이다. '단순하고, 예쁘고, 재미있고, 실시간 소통 및 직접 참여하고, 공유할 수 있는 콘텐츠들'에 반응하는 소비자들을 위해 특별한 브랜드 경험을 제공하는 혁신적인 상품과 서비스 개발이 필요하다.

(4) 개념 있는 외식소비 증가

기후 온난화로 환경문제가 더욱 심각해지는 가운데 개념 있는 MZ세대들이 핵심 소비계층으로 등장하면서 개인을 위한 소비보다는 사회적, 윤리적, 도덕적, 환경적 가치 소비를 중시하고 있다. 친환경 용기나 패키지를 사용하거나 일회용품을 줄이기 등으로 환경을 생각하는 외식기업들이 늘어나고 있고, 친환경, 로컬푸드, 대체육 사용과 채식 메뉴 및 채식 전문 음식점도 증가하는 추세이다. 푸드 테크 스타트업인 지구인컴퍼니의 언리미트unlimeat는 2019년 국내 곡물을 활용한 식물성 고기 개발에 성공하였고, 이로 인해 식품·외식업체의 선택 가능한 채식 메뉴도 매우 다양해져 가고 있다. 또한 지자체는 채식 식당을 선정하여 소개하고 있으며, 국내·외 채식 식당을 검색하는 애플리케이션도 등장하고 있다. 국내 채식 인구는 2020년 기준 150만에서 200만 정도로 추정되고 있는데, 그 숫자는 계속 증가할 것으로 예상됨에 따라 채식 시장도 지속적으로 성장할 것으로 예상된다.

(5) 배달 및 테이크아웃 서비스는 선택이 아닌 필수

코로나19 영향으로 급증한 배달 수요는 배달시장을 빠르게 성장시켰다. 2020년 기준 음식 배달앱 시장 규모는 17조 3800억 원이었으며, 2021년은 20조 원이 넘을 것으로 예상되어 2018년 대비 500% 넘는 성장률을 기록하고 있다. 하나의 주방에서

10
스타벅스 'YES or NO, 샌드위치'…고객이 푸드 개발 참여 "이번엔 샌드위치다!"

11
마이셰프, 유튜버 '허챠밍' 협업 밀키트로 MZ세대 공략 나서

12
지구인컴퍼니 언리미트 홈페이지

13
내 주변 채식식당 어디? 948곳 온라인 공개

여러 브랜드를 배달하는 OKMBone kitchen multi brands 점포가 늘어나는가 하면, 오프라인 점포가 없는 온라인 전용 배달 전문 레스토랑인 가상 브랜드virtual brand를 개발하여 일반 자영업자에게 라이센싱 계약을 맺고 레시피와 브랜드 사용을 허가하고 온라인 마케팅 지원까지 해주는 플랫폼 기업예, Eatbrand도 등장하고 있다. 또한 기존의 오프라인 점포에 배달 및 테이크아웃 전용 입구와 픽업존을 구분하여 배달 종사원나 고객의 편리성을 더한 점포들도 생겨나고 있어, 배달 및 테이크아웃 서비스는 이제 선택이 아니라 필수라고 할 수 있다.

14
한 가게에 간판 10
개…多브랜드 배달점
떴다

(6) 푸드 테크의 진화

외식업소에서 키오스크를 활용해 비대면으로 주문 결제하는 서비스도 보편화되고 있다. 코로나19로 인해 전 세대에 걸쳐 비대면 서비스에 대한 수용도가 매우 높아졌으며 관련 불만이나 클레임이 많이 줄어들고 있다. 따라서 대면 서비스가 꼭 필요한 경우가 아니라면 외식업계 인력 운영의 효율화를 위해 조리 및 서비스 인력을 대체할 수 있는 조리 로봇, 서빙 로봇, 바리스타 로봇 등의 도입이 늘어날 것으로 예상된다. 또한 스마트 벤딩머신을 이용한 24시간 무인 운영 카페 프랜차이즈커피에반하다 등가 생겨나고 있다. 인력난의 문제를 해결하고 창업자들의 삶의 질을 올려 줄 수 있어 무인 매장 운영은 인기 창업 아이템이 될 수 있다. 앞으로는 스마트팜에서 식재료를 생산하고, AI가 창의적인 맛과 재료의 조합을 찾아내어 혁신적인 메뉴를 개발하고, 로봇이 조리하거나 푸드 프린터로 음식을 만드는 시대가 멀지 않았다고 본다. 외식업의 경쟁력을 갖추기 위해서는 푸드 테크 기술의 발전에 지속적인 관심과 적절한 투자도 필요하다.

15
커피에 반하다
홈페이지

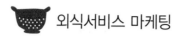
외식서비스 마케팅

Chapter

02

외식서비스 마케팅의
기본 이해

학 습 목 표

1. 서비스의 정의 및 왜 서비스 마케팅이 필요한지 이해한다.

2. 마케팅의 기본 개념과 발전 단계를 이해한다.

3. 확장된 서비스 마케팅 믹스에 대해 이해한다.

4. 외식서비스 삼각형과 세 가지 유형의 마케팅을 이해한다.

5. 통합 서비스 마케팅 커뮤니케이션의 중요성을 이해한다.

CHAPTER

02

서비스 경제 시대에 살고 있는 지금 서비스 마케팅이
갈수록 중요해져 가고 있다. 서비스의 독특한 특성으
로 인해 서비스 마케터는 기존 마케터들과는 전혀 다
른 문제에 직면하게 되는데, 통합 서비스 마케팅 커
뮤니케이션이라는 서비스 중심의 마케팅 패러다임이
필요함을 강조한다.

1. 서비스의 개념 및 본질적 특성

서비스라는 단어는 우리 일상생활에서 자주 사용되어 왔다. 레스토랑에서 주인이 덤으로 주는 음식을 서비스라고 말하기도 하고, 미소 띤 얼굴로 고객을 맞이하는 것을 서비스로 보기도 한다. 서비스 학자들Valarie, Zeithaml, Bitner, & Gremler, Lovelock & Wright 이 정의한 개념은 서비스는 '하나의 주체가 다른 주체에게 제공하거나 공동으로 생산하는 행동, 과정, 성과'이고 '한 집단이 다른 집단에게 제공하는 행위, 혜택 또는 만족으로서 본질적으로 무형성을 가지고 있으며, 소유권의 변경을 가져오지 않는 것'이라 하였다. 한 단어로 서비스를 정의하는 것은 쉽지 않지만 서비스의 본질적 특성인 무형성, 이질성, 생산과 소비의 동시성, 시간 소멸적 특성을 공통적으로 말하고 있다.

외식사업을 성공적으로 해내기 위해서는 외식사업의 본질적 특성을 먼저 이해하는 것이 매우 중요하다. 외식사업은 서비스 산업의 대표적인 업종으로서, '서비스'가 가지는 독특한 특성은 사업 전략 수립 및 경영관리 측면에서 마케팅적 시사점을 준다. 다음에서는 제품과는 다른 서비스만이 가지는 본질적 특성에 대해 구체적으로 살펴보고, 이에 따른 문제점과 시사점을 살펴보고자 한다.

1) 무형성

서비스가 가지는 대표적인 특징은 형태가 없다는 것이다. 제품은 구매하기 전에 눈으로 보거나 만질 수 있고 경험할 수 있으나 서비스는 물체처럼 보이는 형태로 제시할 수 없어 그 가치를 파악하거나 평가하기 매우 어렵다. 컨설팅 서비스나 교육 서비스 등이 이런 특성을 잘 반영하고 있다. 그러나 대부분의 제품과 서비스는 무형성intangibility과 유형성tangibility이라는 두 가지 속성을 모두 가지는 경우가 많으며 무형성이 지배적일 경우 서비스로, 유형성이 지배적일 경우 제품으로 분류한다. 외식서비스의 경우 유형적인 상품인 '음식'과 무형적인 상품인 '서비스'가 결합되어 제공되고 있다.

서비스의 무형적 특성으로 인해 서비스는 저장하거나 보관할 수 없고, 특허 보호를 받을 수 없으며, 사전에 고객에게 보여 주고 설명할 수도 없으며, 원가 계산이 어려워 가격 책정이 어렵다. 무형적인 서비스를 유형화하는 과정은 다양한 마케팅 커뮤니케이션 도구를 활용하여 서비스 기업에 대해 강렬하고 분명한 이미지를 가지도록 하는 것이 중요하다.

2) 이질성

보통 서비스는 서비스 제공자와 제공받는 자 모두 '사람'으로서 서비스를 서로 주고받는 상황에 따라 서비스 품질이 달라질 수 있다. 동일한 직무교육을 받은 종사원이라 할지라도 서비스 현장에서 제공하는 서비스의 차이가 있고, 같은 종사원이라 할지라도 오전에 고객을 대하는 태도와 오후에 고객을 대하는 태도가 다를 수 있다. 또한 같은 레스토랑을 이용하는 고객이라도 고객의 기대 수준에 따라 서비스에 대한 만족도가 달라질 수 있다. 이러한 이질적heterogeneity 특성으로 인해 서비스는 표준화와 일관된 품질을 제공하는 것이 매우 어려워 좋은 서비스 품질을 제공하기 위해서는 종사원의 끊임없는 교육과 훈련이 필요하다.

3) 생산과 소비의 동시성

제품은 생산과 소비가 분리되어 수요가 많을 때를 대비해 창고에 재고를 준비해 두고 수요에 탄력적으로 대응할 수 있는 반면, 서비스는 생산과 동시에 그 자리에서 소비가 이루어져야 하는 특징inseparability이 있다. 서비스가 생산되고 전달되는 과정에 고객이 직접 참여함으로써 고객은 공동 생산자의 역할을 수행하기도 한다. 제한된 시간과 좌석으로 인해 식사를 위해 몰려드는 고객을 모두 수용하기 어려워 고객들은 대기라인을 만들게 된다. 이러한 특성은 서비스의 대량생산을 어렵게 하고, 고객이 생산 과정에 참여하므로 서비스를 제공하는 공간의 물리적 환경이 매우 중요하다.

4) 소멸성

서비스는 저장하거나 보관할 수 없는 시간 소멸적perishability 특성을 가진다. 레스토랑이나 항공사 등은 좌석을 팔아 매출을 올리는데, 오늘 팔지 못하고 빈 좌석으로 남길 경우 내일이면 사라지게 된다. 예를 들어, 레스토랑 좌석이 50석이라고 할 때 오늘 방문한 고객이 30명밖에 안되었다면 30석만 판 것이다. 팔지 못한 나머지 20석은 오늘로서 사라지는 자원이며, 내일 몰아서 70석을 팔 수는 없다. 이러한 특성은 고객 수요 변동에 따라 서비스 공급능력이 한계에 도달하거나 최적 수준에 미달될 수 있어, 효과적인 수요와 공급 관리 전략이 매우 중요하다.

2. 서비스 마케팅의 이해

1) 마케팅의 기본 개념

마케팅을 정의해 보라고 하면 어떤 사람들은 마케팅을 영업 활성화를 위한 광고나 프로모션, 물건을 파는 기술이라고 생각하기도 하고, 어떤 사람들은 마케팅을 사업의 성공열쇠 또는 기업 경영철학이라고 말하기도 한다. 전자는 마케팅을 기업이 행하는 여러 가지 활동 중의 일부로 보는 '마케팅 관리' 관점을 설명하고 있고, 후자는 기업의 최고 경영자가 가지는 경영철학 중 '마케팅적인 경영철학마케팅 콘셉트'의 의미로 설명된다.

'마케팅 관리'란 기업이 시장에서 생존하고 성장하기 위해 고객이 원하는 것상품이나 서비스을 경쟁자보다 더 잘 충족시켜 줄 수 있도록 상품, 가격, 촉진, 유통을 계획, 실행, 통제하는 활동을 의미하는 반면, '마케팅적인 경영철학'으로서의 의미는 최고 경영자의 마인드나 조직문화가 기업의 주주나 직원보다 '고객'을 더 중시하는 것을 당연하게 생각하는 것으로, 마케팅 콘셉트의 핵심은 고객 욕구를 잘 충족시켜 주어 고객만족을 달성하는 것이 기업의 가장 중요한 사명이며, 그 결과로 이익이 달성된다고 보는 것이다.

마케팅의 학술적인 정의를 살펴보면 한국마케팅학회는 "마케팅을 조직이나 개인이 자신의 목적을 달성시키는 교환을 창출하고 유지할 수 있도록 시장을 정의하고 관리하는 과정"이라고 정의했고, 미국마케팅학회에 따르면 "마케팅은 조직과 그 이해 관계자들을 위해서 고객들에게 가치를 창조하고, 커뮤니케이션하며, 전달하고 또 고객과의 관계를 관리하기 위한 조직 내 기능 및 일련의 과정"이라고 정의하고 있다.

두 정의에서 마케팅의 핵심 개념을 나타내는 단어는 '교환', '가치', '과정'이다. 마케팅은 다른 말로 표현하면 '교환'을 촉진하려는 모든 노력과 활동이라고 할 수 있으며, 이를 위해서 고객의 욕구에 맞는 적절한 제품product을 계획하고 생산하여 적절한 가격price, 적절한 유통경로place, 적절한 광고나 촉진물promotion을 활용하며, 이것을 마케팅 믹스marketing mix[3] 4Ps라고 한다. 또한 기업과 고객 사이에 활발한 '교환'이 일어나기 위해서는 그 교환으로부터 고객이 얻는 혜택이 지불하는 비용보다 높아야 하는데, 이는 교환을 통해 '가치'가 창출되어야 함을 의미한다. 두 정의에서 공통적으로 등장하는 마지막 단어는 바로 '과정'으로, 계획-실행-통제의 절차를 반복적으로 수행하며 마케팅 관리 활동이 이루어짐을 말한다.

기업의 마케팅 철학은 시장의 경쟁 상황과 시대의 흐름에 따라 지속적으로 발전해 왔다. 가장 오래된 경영철학으로는 수요가 공급을 초과하는 상황에서 대량생산하는 것이 경쟁력으로 여겨지는 '생산 콘셉트'가 있으며, 이후 제품의 품질을 가장 중요한

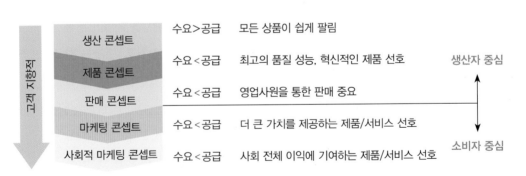

그림 2-1 | 마케팅 콘셉트의 발전 단계

---

3 마케팅 믹스란 목표로 하는 고객의 욕구를 충족시키는 데 활용하는 네 가지 마케팅 수단(4P)의 최적 조합을 말한다.

철학으로 여겼던 '제품 콘셉트', 영업사원을 통한 판매와 촉진을 중시하게 되면서 마케팅 철학은 '판매 콘셉트'로 발전해 왔다. 이들 콘셉트를 생산자 중심의 마케팅 철학이라고 한다면, 현대에 들면서 소비자 중심, 고객 중심의 경영철학이 도입되었다. 기업의 성장은 만족한 고객으로부터 온다는 경영철학이 반영된 '마케팅 콘셉트'로 발전하였고 제조업 시대에 생겨난 '마케팅 콘셉트'는 고품질 서비스 제공을 통한 고객 만족 달성이 중요한 지금의 서비스 경제시대에도 동일하게 적용된다. 최근에는 기업이 익뿐만 아니라 기업의 사회적 책임을 생각하는 공익 지향적 기업 경영철학이 중요해지며 '사회적 마케팅 콘셉트'가 등장하고 있다.

2) 서비스 마케팅의 목표

서비스 마케팅의 목표는 기업과 소비자 사이의 교환 과정의 생산성을 높이는 것으로 기업은 수익을 올리고 소비자는 만족하는 거래가 이루어지도록 하는 것이다그림 2-2. 교환 과정의 생산성을 높이기 위해서는 고객의 기대와 욕구에 초점을 맞추고 서비스 접점에서 타깃 고객이 기대하는 고품질 서비스를 제공함으로써 고객이 만족하여 재방문하게 되고 거래 관계를 지속적으로 유지하게 하는 것이다. 궁극적으로 기업 매출과 이익을 증대시키는 것이라고 할 수 있다. '고객이 기대하는 고품질 서비스'라 함은 고객이 기대하는 것 이상의 음식 품질, 인적 서비스, 서비스 절차, 분위기, 가격, 프로모션 혜택 수준 등의 최적의 조합을 찾아 제공하는 것을 말한다.

그림 2-2 | 서비스 마케팅의 목표

3) 왜 서비스 마케팅인가?

지금 우리가 살고 있는 시대를 '서비스 경제사회'라고 말한다. 선진국으로 갈수록 경제에서 농업 부분이 차지하는 비중은 줄어들고 서비스 부분이 차지하는 비중은 커지게 되는데, 우리나라 서비스업의 부가가치 비중은 62.4%를 차지하고, 서비스업에 종사하는 고용인구는 70.8%에 달하고 있다. 미국의 서비스업 고용 비중 79.9%에 비하면 9.1% 낮지만 국내 서비스 산업은 서비스 중심 경제사회로 이미 진입했다고 볼 수 있다.

앞서 언급했듯이 서비스는 재화와는 본질적으로 다른 특성무형성, 이질성, 생산과 소비의 동시성, 소멸성을 가지고 있기 때문에 기존 산업경제사회에서 활용되었던 제품 중심의 마케팅으로는 서비스 기업이 당면한 이슈와 과제를 해결하기 어려워 서비스업에 특화된 마케팅이 필요하다. 또한 서비스 산업이 발전하고 고객의 기대나 욕구도 지속적으로 상승하면서 지금은 모든 산업에 걸쳐서 서비스 중심, 고객 중심 마케팅의 중요성을 인식하기 시작했고, 좋은 제품만으로는 장기적인 성공을 보장하지 못한다. 따라서 지금은 모든 기업이 서비스 마케팅 관점에서의 마케팅 경영 활동이 필요하다고 할 수 있다.

3. 서비스 마케팅 믹스

마케팅 믹스는 고객을 만족시키기 위해 기업이 통제할 수 있는 주요 요소로서 서비스업에서는 전통적 마케팅 믹스 4Psproduct, price, place, promotion 이외에 서비스 특성을 고려하여 사람people, 물리적 증거physical evidence, 프로세스process를 추가한 '확장된 서비스 마케팅 믹스'를 고려해야 한다. 다음은 서비스 마케팅 믹스 7Ps에 대해 구체적으로 설명한다.

1) 상품

현대의 소비자는 자기 나름의 방식으로 자신의 개성과 라이프 스타일을 지지할 수 있는 상품product을 원하고 소비하고자 한다. 따라서 외식 목표시장으로 지정한 특정 고객집단의 기호와 요구에 일치하는 서비스 상품을 규명하고 이를 구체화시키는 일이 무엇보다도 중요하다. 레스토랑의 콘셉트에 따라 고객이 기대하는 서비스 상품의 차이가 있고, 동일한 메뉴라도 고객층에 따라 선호하는 메뉴 요소가 다르듯이 핵심 고객의 요구사항을 파악하여야 한다.

외식사업은 식음료라는 유형재 이외에 서비스가 결합된 복합적인 형태의 상품을 소비자에게 제공하고 있고, 레스토랑을 방문할 때 실제로 기대하는 것은 제품과 서비스 그 자체보다는 음식과 서비스를 이용하는 모든 과정에서 겪은 총체적 경험total experience을 구매하고자 한다. 따라서 협의의 상품은 유형적인 음식 또는 음료이나 광의의 상품은 독특한 서비스나 서비스 제공 방식, 매력적인 시설 디자인과 분위기, 호감 가는 브랜드 등 레스토랑 선택에 영향을 미치는 모든 요소라고 정의할 수 있다. 혁신적인 메뉴와 서비스 프로세스 개발에 대한 자세한 내용은 제6장과 제7장에서 소개하고 있다.

2) 가격

가격price이란 판매한 서비스의 대가로서 고객이 서비스 기업에게 지불하는 금전적 가치이다. 일반적으로 고객은 가능한 한 저가격에 사기를 원하고 기업은 고가격에 팔기를 원한다. 그러나 가격은 쌍방이 원만히 수용할 수 있는 수준에서 결정되고, 경쟁사 가격과 비교한 상대적인 측면도 고려해야 한다. 또한 가격은 레스토랑 선택 시 절대적 기준은 아니나 구매 결정에 큰 영향을 미치며 기업의 이익과 밀접하게 연관되어 있어 전략적으로 결정되어야 한다. 가격은 다른 마케팅 믹스에 비해 변화를 주기가 쉬워 신속하고 적절한 외부 대응이 가능하며 가시적인 고객 반응이 가장 **빠르게** 나타나는 특성이 있다.

3) 촉진

촉진promotion이란 외식기업이 최종 소비자에게 서비스 상품 또는 기업에 관해서 정보를 전달하는 기능을 말한다. 촉진은 서비스 상품을 개발하여 적절한 가격을 책정한 후에 이를 잠재 고객에게 구매를 유도할 목적으로 서비스 상품의 가치에 대해서 알리기 위하여 경쟁사의 제품과 비교하여 장점을 인식시키기도 하고, 기존의 구매 성향을 바꾸도록 유도하며 새로운 서비스를 경험해 보도록 설득하는 모든 마케팅 노력광고, 판매 촉진, 홍보 등을 포함한다. 기업이 마케팅 목표를 달성하기 위해서는 끊임없이 고객과 커뮤니케이션해야 하므로 촉진을 마케팅 커뮤니케이션marketing communication이라고도 한다. 자세한 내용은 제13장에서 소개한다.

4) 유통

고객의 욕구를 정확히 파악한 상품이 준비되었다 할지라도 고객이 원하는 시간과 장소에 제공되지 않는 한 고객에게는 아무런 효용이 없다. 상품은 유통place 경로를 통해 고객에게로 전달되는데, 유통경로란 특정 제품이나 서비스의 흐름을 돕기 위하여 참여하는 일련의 중간 상인 및 매개인으로 이루어지는 유기체적 통로를 말한다. 하지만 외식산업은 대부분 중간상을 거치지 않고 일정한 장소에서 음식과 서비스가 생산되고 소비되는 특성이 있어 고객이 편리하고 쉽게 접근할 수 있는 입지에 관한 결정이 중요하다. 외식업체에 따라서 하나의 점포에서 고객을 만나기도 하고 여러 개의 체인점직영점으로 또는 프랜차이즈 가맹점으로 고객에게 접근할 수 있기 때문에 이에 대한 전략적 의사 결정도 고객 만족도에 영향을 미칠 수 있다.

5) 사람

사람people은 서비스를 전달하는 과정에 참여하여 고객의 서비스 품질 지각에 영향을 미치는 모든 행위자를 말한다. 서비스를 제공하는 순간에 존재하는 종사원, 고객, 그리고 서비스 공간에 함께하는 다른 고객들이 해당된다. 서비스 전달 과정에 참여하는 외식업체 종사원의 태도와 행동, 복장 등은 고객으로 하여금 서비스의 수준을 가늠하게 하는 중요한 단서가 되며, 서비스 접점에서의 이들의 행동이나 태도는 서비스 품질 평가에 결정적 원인이 되기도 한다. 또한 외식업체에서 서비스를 받는 순간, 고객 자체도 서비스 제공 과정에 관여하거나, 다른 고객들이 인식하게 되는 서비스 품질에 영향을 주게 된다. 서비스 전달 과정에서 고객이 자신의 역할을 충실히 수행하지 않아 서비스 결과가 나빠졌다면 고객들은 그 결과의 원인이 자신에게 있다고 생각하여 불만을 덜 가지게 된다. 또한 같은 공간에서 서비스를 받는 다른 고객들의 외모, 태도, 옷차림 등도 서비스 품질 평가와 서비스 만족도에 영향을 줄 수 있어 통제 가능한 마케팅 믹스로 관리가 필요하다. 자세한 내용은 제9장과 제12장에서 다룬다.

6) 물리적 증거

물리적 증거physical evidence는 서비스 마케팅 믹스에서 매우 중요한 요소이다. 왜냐하면 서비스는 일정 공간에서 일정 시간을 머물면서 서비스를 제공 받기 때문에 머무는 공간의 분위기나 물리적 시설이 서비스 품질 평가에 중요하게 작용한다. 식사가 주 목적인 음식점보다 특별한 모임이나 만남이 주요 방문 동기일 경우에 물리적 환경의 품질은 더욱 중요하다. 외식업의 경우는 고객들이 서비스를 받기 위해 방문하는 레스토랑 그 자체가 물리적 증거가 되며 이를 서비스스케이프servicescape라고 부르기도 한다. 이렇게 물리적 증거가 중요한 이유는 아직 서비스 경험 전인 고객의 입장에서는 어떤 서비스를 받게 될 것인지 예측해 보기 위해 가능한 다양한 실마리를 찾고자 노력하게 된다. 따라서 레스토랑의 목적과 콘셉트와 잘 맞게 설계된 물리적 증거들은 고객들에게 어떤 서비스를 제공받을 수 있을 것인지에 대한 메시지를 전달하게 된다. 특히 SNS 마케팅의 역할이 더욱 중요해지면서 레스토랑의 물리적 환경이나 분위기를 매력적으로 보여 주는 이미지 사진은 고객들의 방문을 유도하는 데 매우 효과적이다. 자세한 내용은 제10장에서 다룬다.

7) 프로세스

서비스 프로세스process란 서비스가 제공되는 절차, 메커니즘, 그리고 활동의 흐름flow, 즉 서비스 전달 시스템을 말한다. 서비스는 시작부터 종료까지의 모든 서비스 과정이 하나의 상품이라고 할 수 있다. 따라서 경쟁자와 차별화하기 위한 수단과 고객의 만족을 이끌어 내기 위하여 고객이 경험하는 서비스 전달 과정의 적절한 설계는 고객이 서비스 품질을 평가할 때 중요한 요소로 작용한다. 복잡하거나 번거로운 이용 절차는 고객에게 불편을 주고, 시간이 오래 걸리는 서비스는 고객 불만족의 원인이 될 수 있기 때문이다. 자세한 내용은 제6장에서 소개한다.

결론적으로 서비스 마케팅 믹스에 추가된 사람, 물리적 증거 그리고 프로세스 요소는 기존의 마케팅 믹스와 마찬가지로 기업이 통제할 수 있는 요소들이며, 기업이 타깃으로 하는 목표고객층이 선호하는 최적의 조합을 찾아내어 서비스를 제공했을 때 고객의 서비스 평가가 좋아지고 고객 만족도도 높아질 것이다.

4. 외식서비스 마케팅 삼각형

1) 외식사업의 고객

외식사업은 세 명의 핵심 플레이어가 삼각형의 각 꼭짓점에 위치하며 서로 균형을 잘 맞춰 서로의 역할을 잘 수행할 때 성공적으로 운영될 수 있다그림 2-3. 첫 번째 꼭짓점에는 외식서비스 기업 또는 외식업체 경영주가 있고, 다른 꼭짓점에는 기업이 고객에게 제공하기로 한 서비스를 전달하는 현장 종사원내부고객이, 마지막 꼭짓점에는 서비스를 제공받는 고객외부고객이 존재한다. 외식사업을 하는 기업이나 경영주는 내부고객과 외부고객 모두를 전략적으로 관리해야 한다.

외부고객에게 약속한 서비스를 제대로 전달하기 위해서는 내부고객인 현장 종사원이 좋은 서비스를 전달할 수 있도록 현장 근무환경 및 직원 복지제도 등에 신경을 먼저 써야 한다. 직무 만족도가 높은 종사원들은 서비스 접점에서 최고의 서비스를 전달할 수 있게 되어 외부고객의 만족도가 높아진다. 두 고객 중 외식기업 경영주가 더 중요하게 생각해야 하는 고객은 바로 내부고객인 현장 종사원임을 잊어서는 안 된다.

2) 외식서비스 마케팅 삼각형

그림 2-4의 외식서비스 마케팅 삼각형은 외식기업이 성공하기 위해 수행해야 할 마케팅의 세 가지 유형을 설명하고 있다. 서비스의 특성상 기업이 약속한 서비스는 실제 현장 직원과의 대면을 통해 제공받기 때문에 서비스에는 세 가지 형태의 마케팅 커뮤니케이션이 존재한다.

먼저 첫 번째 마케팅 유형인 '외부 마케팅'은 전통적인 마케팅 커뮤니케이션 경로로서 광고 및 홍보, 온·오프라인 마케팅, 모바일 광고, DM, SNS 마케팅 등 커뮤니케이션 채널이 매우 다양하다. 두 번째 유형은 '상호작용 마케팅'으로 접점 마케팅이라고도 한다. 서비스 접점에서 종사원들이 직접 고객들과 접촉하면서 실제로 서비스를 제공하게 된다. 외부 마케팅을 통해 고객과 약속했던 서비스를 이행하는 지점이다. 세 번째 유형인 '내부 마케팅'은 외식기업이 종사원들을 교육 훈련하고 동기 부여하고 보상하는 활동을 말한다.

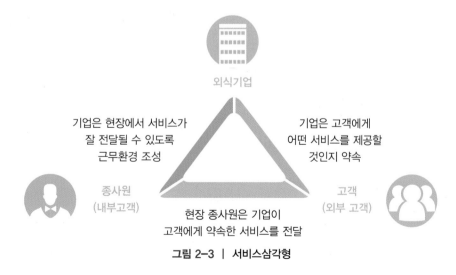

외식기업

기업은 현장에서 서비스가
잘 전달될 수 있도록
근무환경 조성

기업은 고객에게
어떤 서비스를 제공할
것인지 약속

종사원
(내부고객)

고객
(외부 고객)

현장 종사원은 기업이
고객에게 약속한 서비스를 전달

그림 2-3 | 서비스삼각형

점포 현장에서 기업이 고객에게 약속한 서비스를 제대로 제공하기 위해서는 어떤 마케팅이 우선되어야 할까? 행복한 직원이 고객을 행복하게 해줄 수 있다고 했듯이 서비스 접점에서 최고의 서비스 품질이 제공되려면 종사원들이 최고의 서비스를 제공할 수 있도록 기업_{최고 경영자}이 먼저 직원 만족도를 높이기 위해 노력해야 한다. 따라서 성공적인 상호작용 마케팅은 내부 마케팅이 성공적으로 이루어졌을 때 가능하다고 할 수 있다. 내부 마케팅은 직원들을 적절히 교육하고, 동기 부여하고, 보상하고, 인정해 주는 것에서부터 시작되며, 삼각형이 온전한 모습을 유지하기 위해서는 세 개의 면 모두가 중요하듯이 어느 한쪽이 희생을 하거나 불만족하다면 고품질의 서비스는 제공되기 어렵다는 것을 기억해야 한다.

예를 들어 설명하면, 외식기업이 신메뉴를 개발하여 특별 프로모션을 진행하는 것은 외부 마케팅에 해당하고, 프로모션을 통해 약속한 음식과 서비스를 종사원이 고객에게 제대로 서비스하는 것은 상호작용 마케팅이며, 프로모션 메뉴 사진과 동일하게 조리하여 서비스하도록 접점 직원들을 충분히 훈련하고 부서_{간상품기획팀, 마케팅팀, 조리팀, 매장 등} 소통하는 것은 내부 마케팅 커뮤니케이션에 해당된다. 이 세 가지 마케팅의 통합적 관리는 고품질 서비스를 제공하고 고객 만족도를 높이기 위한 필수적인 활동이다.

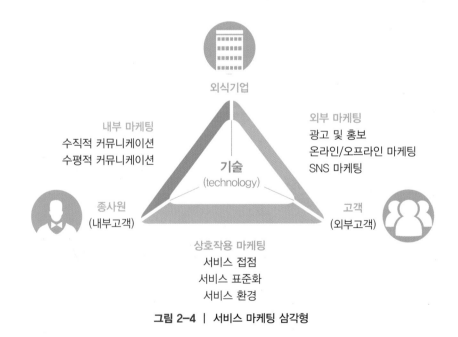

그림 2-4 | 서비스 마케팅 삼각형

최근에는 서비스업에서도 기술technology의 중요성이 날로 높아지고 있다. 푸드 테크와 같은 새로운 기술은 새로운 서비스 제공을 가능하게 하고 서비스 제공 방식도 다양하게 해준다. 셀프서비스 이외에 푸드 프린터food printer로 음식을 만들거나, 세포를 배양하거나 곡물로 고기를 만들고, 로봇이 커피를 내리고 음식을 조리하며, 생체 인식 기술을 활용해 결제하고, AI가 메뉴를 짜거나, 고객 맞춤형 서비스를 제안하는 등 새로운 기술의 등장은 서비스의 혁신을 더욱 가속화하고 있다. 이처럼 기술 없이는 고품질 서비스와 고객 만족을 달성하기 어렵고 기술 발전이 서비스에 미치는 영향이 커지고 있기 때문에 서비스 마케팅 삼각형 안에 기술이 포함되어야 한다.

3) 통합 서비스 마케팅 커뮤니케이션의 필요성

외부 마케팅은 본부의 마케팅부서가 담당하고 상호작용 마케팅은 점포 현장의 종사원들에 의해 전달되기 때문에 약속한 서비스와 실제 서비스의 불일치 가능성이 존재한다. 이는 내부 부서 간 소통이 원활하지 않기 때문이며, 결국 고객은 실망하거나 불만족하게 되고, 이로 인해 재방문이 이루어지지 않을 수 있다.

고객을 한 번 오게 하는 외부 마케팅은 누구나 할 수 있으나, 점포에서 서비스를 경험하고 나서 다시 오고 싶도록 만드는 것은 생각보다 쉽지 않다. 제1장에서부터 강조했듯이 고객의 재방문 없는 점포 매출은 성장하기 어렵기 때문에 외식서비스 마케팅 커뮤니케이션은 세 가지 마케팅의 통합적 관리가 절대적으로 필요하다. 이것을 '통합 서비스 마케팅 커뮤니케이션Integrated Service Marketing Communication'이라고 한다. ISMC는 기존의 '통합 마케팅 커뮤니케이션Integrated Marketing Communication'인 IMC와는 다른 개념임을 기억해야 한다.

통합 마케팅 커뮤니케이션은 외부 마케팅에서의 온·오프라인 등 다양한 마케팅 커뮤니케이션 채널의 통합만을 의미하지만, 통합 서비스 마케팅 커뮤니케이션은 서비스 마케팅 조직 안에서 나타나는 모든 내·외적 커뮤니케이션 경로를 주의 깊게 통합하고 이를 조직화하는 것을 의미한다. ISMC가 원활하게 이루어지기 위해서는 조직 내부의 수직적 커뮤니케이션과 수평적 커뮤니케이션의 활성화가 필요하다.

(1) 수직적 커뮤니케이션의 활성화

서비스 종사원은 서비스 접점에서 일하기 때문에 서비스 현장 상황과 고객의 반응을 누구보다도 더 잘 알고 있다. 현장에서 일어나는 일을 경영자가 정확히 알고 전략적 의사 결정을 내리기 위해서는 서비스 접점 직원으로부터 상위 경영자까지 수직적 커뮤니케이션이 활성화되어야 한다.

(2) 수평적 커뮤니케이션의 활성화

많은 외식업체에서 마케팅 커뮤니케이션이 통합되지 못하는 이유는 외부 커뮤니케이션과 내부 커뮤니케이션을 담당하는 부서가 하나로 통합되지 못했기 때문이다. 예를 들어, 판매부서는 판매 촉진 커뮤니케이션을 기획하고, 마케팅부서는 광고를 기획하며 홍보부서는 PRPublic Relations을 책임지고 있고, 서비스 접점 직원의 채용과 교육은 인적자원관리부서 또는 영업부서가 담당한다. 문제는 담당 부서들이 각자의 맡은 업무만 할 뿐 타 부서와의 협의하거나 조정하지 않는다는 것이다.

ISMC는 커뮤니케이션에 참여하는 모든 부서가 조직의 마케팅 전략과 기업이 고객에게 한 약속을 분명하게 이해해야 함을 강조한다. 외식기업은 실제 제공되는 서비스와 외부 커뮤니케이션이 일치되기 위해 마케팅부서와 운영부서를 비롯한 여러 부서를 통합해야 한다. 외식기업이 실행하는 광고는 접점 종사원이 하는 일에 대한 약속이므로 조직 내 여러 부서 사이에서는 효과적인 수평적 커뮤니케이션이 자주 이루어져야 한다. 만약 현장의 의견을 반영하지 않고 프로모션이나 광고를 한다면, 현장 접점 종사원은 회사가 원하는 서비스를 제대로 제공할 수 없을 것이다. 외부 마케팅은 고객의 서비스에 대한 기대를 더 증가시킬 수 있으므로 고객이 과장된 약속으로 인해 지나친 기대를 하지 않도록 모든 커뮤니케이션을 관리해야 한다. 수평적 커뮤니케이션이 제대로 이루어질 때, 고객에게 약속한 서비스가 현장에서 제대로 전달되어 고객 기대를 충족시킬 수 있다. 각 마케팅의 실천 전략은 제3부와 제4부에서 자세히 다룰 예정이다.

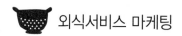
외식서비스 마케팅

Chapter

03

서비스 품질과
고객 만족의 이해

 학 습 목 표

1. 고객의 기대와 기대에 영향을 미치는 요인을 이해한다.

2. 서비스 품질의 개념과 구성요소 세 가지에 대해 이해한다.

3. 레스토랑 콘셉트에 따라 서비스 품질요소의 차이를 설명할 수 있다.

4. 고객 만족의 개념을 이해하고 서비스 품질과 충성도와의 관계를 설명한다.

5. 서비스 품질관리를 위한 갭(GAP) 모델을 이해한다.

6. 고객 갭과 제공자 갭이 발생하는 원인과 갭을 줄이는 방법에 대해 이해한다

7. 서비스 품질, 서비스 생산성, 서비스 혁신 간의 관계의 중요성을 이해한다.

C H A P T E R

03

탁월한 외식서비스를 제공하기 위해서는 고객 만족
에 결정적으로 영향을 미치는 서비스 품질 구성요소
를 정확히 파악하는 것이 서비스 품질관리의 첫 단계
이다. 그러나 서비스 품질 개념은 추상적이어서 측정
하거나 관리하기 어려워 구체적이고 실무적인 단어
로 전환하는 작업이 필요하다. 그래야만 서비스 품질
은 현장에서 관리될 수 있고 고객 만족을 달성할 수
있다. 본 장에서는 외식기업의 생산성 향상의 핵심은
탁월한 서비스 품질에 있음을 강조하고 있다.

1. 고객 기대의 이해

우리는 '기대가 높으면 실망이 크다'라는 말을 자주한다. 기대 이상의 서비스를 받으면 사람들은 만족하거나 감동하고, 기대 이하의 서비스에 대해서는 실망하거나 불만족하게 된다. 햄버거 가게에 갔다고 가정하자. 메뉴판에 있는 그림 3-1의 햄버거_좌 사진을 보고 주문을 했다. 그런데 실제 받은 햄버거는 우측에 있는 사진과 같았다면 여러분은 만족할까? 기대했던 햄버거_좌와 실제받은 햄버거_우가 너무 차이가 나서 매우 실망하게 되고, 이 가게의 햄버거 품질에 대해 매우 부정적으로 평가할 것이며, 전반적인 이용 만족도 역시 매우 낮은 점수를 줄 것이다.

그림 3-1 | 기대한 햄버거 모습(좌)과 실제 받은 햄버거(우)

또 다른 사례로 대기 고객이 많은 음식점에 도착해서 종사원에게 몇 분 정도 기다려야 하는지 질문했다. A 고객은 30분 정도 대기해야 한다고 안내받고 10분쯤 지났을 때 좌석 안내를 받게 되었고, B 고객은 5분을 안내받고 10분쯤 지나서 좌석을 안내받았다면 두 고객의 좌석 안내 서비스에 대한 평가는 어떨까? 두 고객 모두 실제 대기시간은 10분이었지만 대기시간에 대한 기대가 달랐기 때문에 평가는 완전히 다를 수 있다. A 고객은 신속한 서비스라고 인식하여 매우 만족했고, B 고객은 5분 약속을 지키지 않은 것에 대한 실망과 함께 기대했던 시간보다 서비스가 느리다고 판단

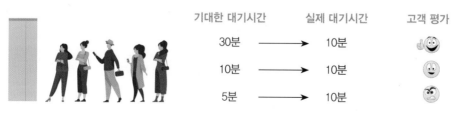

그림 3-2 | 기대한 대기시간과 실제 대기시간

해 불만족으로 평가했을 것이다.

따라서 외식기업은 서비스 마케팅의 목표인 고품질 서비스와 고객 만족을 달성하기 위해 고객이 기대하는 서비스가 무엇인지 정확하게 알아야 고객을 실망시키지 않을 수 있으며, 기대 수준 이상의 서비스로 고객을 감동시킬 수 있다. 고객이 서비스의 어떤 특성을 중요하게 생각하는지, 중요하게 생각하는 부분에 대해 어느 정도의 기대 수준을 가지는지, 고객을 만족시키기 위해 어느 정도의 서비스를 제공해야 하는지 구체적으로 알 수 있다면 고객이 중요하게 생각하는 서비스에 집중함으로써 자원의 낭비를 줄이고 고객 만족도를 더 높일 수 있다. 본 장에서는 고객 기대의 개념과 유형, 그리고 고객 기대에 영향을 미치는 원인에 대해 살펴보고자 한다.

1) 고객 기대 개념과 기대 유형

기대는 서비스 제공에 대해 고객이 사전에 가지는 신념pretrial belief으로서, 고객이 서비스를 평가할 때 비교 기준이 되는 표준standard 또는 준거reference이다. 그림 3-3

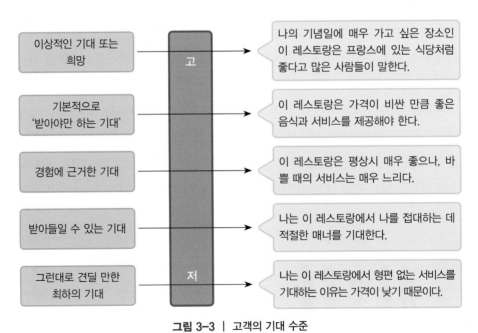

그림 3-3 | 고객의 기대 수준
출처 : 전인수·배일현 옮김(2013).

은 레스토랑에 방문한 고객의 다양한 기대 사례를 보여 주고 있다.

하지만 실제 고객들은 서비스를 이용할 때 그림 3-3에서 보여 주는 다양한 기대를 개별적으로 활용하는 것이 아니라 일정 구간이나 범위의 형태로 사용하는 편이다. 고객의 서비스 기대는 희망 서비스desired service, 적정 서비스adequate service, 그리고 허용 구간zone of tolerance으로 구성되며, 그림 3-4는 이들의 관계를 보여 준다.

(1) 희망 서비스

희망 서비스는 제공 받을 서비스에 대한 희망 수준을 뜻하며, 고객이 받을 수 있고 받아야만 한다고 믿는 수준의 서비스이다. 희망 서비스와 관련된 개념으로 이상적 서비스ideal service가 있으며 이상적 서비스는 바람직한 서비스 수준을 말한다. 희망 서비스 수준은 일반적으로 이상적 서비스 수준보다 낮다. 예를 들어 미슐랭 레스토랑을 방문할 경우 음식과 종사원의 서비스, 식사 분위기 등 모든 면에서 동급의 레스토랑 브랜드 가운데 가장 최고의 서비스를 바라는 것을 이상적인 서비스라면, 지불한 가격 수준에 적합한 최상의 서비스를 기대하는 것은 희망 서비스라고 할 수 있다. 희망 서비스 수준은 일반적으로 이상적 서비스 수준보다는 낮다.

(2) 적정 서비스

적정 서비스는 고객이 불만 없이 받아들일 만한 최소한의 허용 가능한 기대 수준

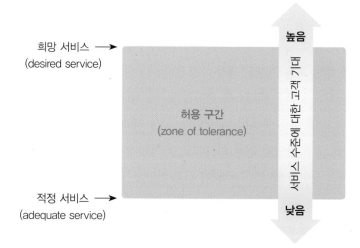

그림 3-4 | 서비스 기대와 허용 구간

minimum tolerable expectation을 의미한다. 서비스를 이용할 때 희망하는 서비스 기대가 있지만 희망한 대로 서비스가 제공되는 것은 아니라는 것을 알고 있다. 예를 들어, 패스트푸드점 방문 시 희망하는 서비스 기대는 대기 고객 없이 도착하자마자 바로 주문하는 것이라면, 적정 서비스는 주문하기 위해 불만 없이 기꺼이 기다려 줄 수 있는 시간을 말한다. 호텔 레스토랑을 방문할 때는 일반 레스토랑보다는 더 높은 수준의 희망 서비스를 가지게 되고, 적정 서비스는 최상은 아니지만 불만 없이 받아들일 수 있는 수준의 호텔 레스토랑 서비스를 말한다.

(3) 허용 구간

서비스가 허용 구간인 희망 서비스와 적정 서비스 사이에서 제공된다면 서비스의 문제는 발견되지 않는다. 하지만 제공된 서비스가 적정 서비스 수준 이하가 되면 고객은 불만족하며, 희망 서비스 수준 이상이면 감동할 수 있다.

허용 구간의 넓이는 희망 서비스보다 적정 서비스 기대 수준의 변화에 의해 영향을 주로 받는다. 희망 서비스는 잘 변하지 않는 반면, 적정 서비스 기대 수준은 다양한 요인들에 의해 쉽게 변하기 때문이다. 그 이유는 희망 서비스 수준은 과거 경험에 의지하여 상대적으로 안정적인 반면, 적정 서비스 기대 수준은 고객에 따라, 상황에 따라, 경쟁 수준에 따라 높아졌다 낮아졌다 하기 때문이다. 예를 들어, 가격이 상승하게 되면 적정 서비스 기대 수준이 높아지므로 허용 구간은 줄어드는 경향이 있다. 레스토랑의 경우 평일보다 주말 대기시간이 더 길 것이라고 예상하면 주말 대기시간의 허용 구간이 더 넓어질 것이다. 시간적인 압박을 많이 받는 고객들은 약속 시간의 허용 구간이 좁아지고, 폭설이나 태풍 등의 자연재해로 인해 통신 장애가 생겼을 때 복구 시간에 대한 허용 구간은 평상시 통신 장애보다 더 넓어질 수 있다. 또한 넓은 허용 구간을 가진 고객은 서비스의 편차가 있어도 쉽게 불만족하지 않고, 허용 구간이 좁은 경우 기대 수준 충족이 더 어렵다. 고급 레스토랑일수록 허용 구간이 좁아 작은 실수라도 고객 불만을 쉽게 야기하고, 가격대가 저렴한 곳은 고객의 허용 구간이 넓어 서비스 실수가 있어도 그러려니 하고 불만을 갖지 않는 경우가 많다.

또한 고객의 허용 구간은 서비스 속성 또는 차원에 따라 달라진다. 서비스의 여러 특성들 중 고객이 중요하다고 판단하는 서비스 속성에 대해서는 허용 구간이 상대적으로 줄어든다. 고객은 가장 중요한 서비스 속성에 대해 더 높은 기대 수준을 가지고 있으며 허용 구간의 범위가 좁아져 작은 실수도 고객 불만을 야기하기 쉬워진다.

2) 고객 기대에 영향을 미치는 요인

서비스 기대 수준을 설정하는 데 영향을 미치는 요인으로는 내적 요인, 외적 요인, 상황적 요인, 기업 요인으로 구분된다.

(1) 내적 요인

내적 요인에는 개인적 욕구, 관여도, 과거의 경험이 포함된다. 매슬로우의 욕구 단계설에 따르면 사람은 낮은 단계의 욕구가 충족되거나 어느 정도 만족되면 그보다 상위의 욕구 단계로 이행하고 상위의 욕구를 충족하고자 한다. 레스토랑 고객의 욕구는 음식을 통해 배고픔을 해결하는 '생리적 욕구'를 가지고 있고, 사람들과의 만남이나 교류를 위해 레스토랑에서 식사하는 '사회적 욕구'도 가지고 있다. 외식서비스를 통해 즐거운 체험이나 경험을 원하기도 한다. 어떤 고객은 회원제 레스토랑 이용을 통해 만족감과 성취감을 추구하는 '자아실현의 욕구'도 있을 것이다. 이러한 고객들의 욕구가 레스토랑에 바라는 서비스 기대가 된다.

또한 고객이 중요하다고 생각하는 서비스, 즉 관여도가 높은 서비스일수록 희망 서비스와 적정 서비스 기대 사이의 간격허용 구간이 좁아지게 된다. 고객의 과거 서비스 경험 또한 고객의 기대에 영향을 미친다. 과거 경험은 특정 레스토랑에 대한 경험을 포함할 수도 있고, 동일한 서비스를 제공하는 다른 레스토랑에 대한 경험을 포함하기도 하며, 그 레스토랑과 관련된 유사한 서비스에 대한 경험을 포함하기도 한다. 일반적으로 과거 경험이 많을수록 기대 수준이 높아지는 경향이 있다.

(2) 외적 요인

외적 요인으로는 경쟁적 대안, 사회적 상황, 구전 효과 등이 있으며 희망 서비스 및 적정 서비스 기대 수준 모두에 영향을 미칠 수 있다.

첫째, 고객이 이용할 수 있는 여러 대안은 고객이 어떤 특정한 레스토랑에 기대하는 수준에 영향을 미친다. 가 볼 만한 경쟁 레스토랑이 많은 경우 서비스 기대의 허용 구간은 좁아지고, 반대로 다른 선택 대안이 별로 없는 경우 서비스가 마음에 들지 않아도 받아들여야 하므로 적정 서비스 기대 수준의 허용 구간은 넓어진다. 레스토랑은 고객의 대안이 될 수 있는 타 레스토랑과 자신을 대조한다면 고객의 기대 수준을 변화시킬 수도 있다. 고객의 기대에 경쟁적 대안의 대조 효과contrast effect가 영향을 미치는 사례를 들어보자. 맥도날드는 경쟁사 버거킹에 비해 매장 수가 압도적으로 많은 점을 앞세워 고객에게 가장 가까이 있는 매장임을 인식시키기 위한 광고를 하였다. 프랑스 맥도날드의 한 지면 광고는 258km나 멀리 떨어져 있는 버거킹이 표시되어 있는 표지판과 단지 5km만 가면 맥도날드에 도착할 수 있다고 표시된 표지판을 대조하여 보여 준다. 이는 버거킹과 달리 맥도날드는 매장 수가 많아 접근성이 버거킹보다 좋다는 점을 앞세운 광고이다.

둘째, 고객들은 다른 사람들과 함께 있는 사회적 상황에 처해 있을 때, 다른 사람들의 기대 수준까지 고려하여 희망 서비스 기대 수준을 높이기도 한다. 예를 들어, 중요한 가족 모임을 위해 레스토랑을 예약하는 고객은 가족들의 기대 수준까지 고려해 서비스 기대 수준이 높아지고 평소보다 허용 구간이 좁아져 서비스 과정의 작은 실수에 대해서도 민감하게 반응한다.

셋째, 레스토랑을 방문하기 전에 다른 고객들의 추천이나 이용 후기는 고객의 서비스 기대에 가장 강하게 영향을 미친다. 다른 고객으로부터 얻은 정보는 서비스 기대를 형성하거나 또는 강화하는 역할을 한다. 특히, 서비스에 대한 지식이나 경험이 부족할 경우 구전은 희망 서비스 수준에 영향을 미친다.

(3) 상황적 요인

상황적 요인에는 먼저 구매동기가 고객 기대에 영향을 미칠 수 있다. 회식할 때는 여러 명이 편하게 이야기를 나눌 수 있는 레스토랑을 선택하지만, 연인과 둘이서 식사를 할 때는 분위기 있는 조용한 레스토랑을 선호한다. 동일한 소비자일지라도 구매동기에 따라 기대하는 서비스가 다르다. 소비자의 기분 상태도 기대에 영향을 미친다. 사람들은 기분이 좋을 때 관대해지는 경향이 있어 적정 서비스 기대 수준이 낮아지게 되고 허용 구간이 넓어진다. 기분 좋은 날은 종사원의 실수도 허용 구간 내에 있지만, 예민해져 있는 경우 허용 구간은 매우 좁아진다.

(4) 기업 요인

기업 요인으로는 외식기업이 제공하는 판매 촉진, 가격, 다점포, 유형적 단서, 브랜드 이미지 등이 포함된다.

첫째, 레스토랑의 판매 촉진 활동은 고객의 서비스 기대에 직·간접적으로 영향을 준다. 외식기업의 광고는 서비스에 대한 고객의 희망 서비스 기대 수준에 영향을 미치게 되어 지키지 못할 과잉 약속은 주의해야 한다. 둘째, 가격도 영향을 미치는데, 높은 메뉴 가격은 고객의 서비스 기대 수준을 높이고, 허용 구간을 좁히는 역할을 한다. 셋째, 다점포로 운영되는 레스토랑의 경우 고객은 모든 점포에서 동일한 수준의 서비스를 기대하게 될 것이다. 넷째, 고객은 여러 가지 유형적 단서tangible cues들을 통해 제공받게 될 서비스에 대한 정보를 간접적으로 추론한다. 물리적 환경은 서비스 품질 수준의 단서가 되기도 하는데, 허름한 백반집과 화려하고 세련된 인테리어를 갖춘 레스토랑에 대한 서비스 기대 수준은 다를 수밖에 없다. 고급스러운 분위기의 레스토랑을 방문한 고객은 그에 준하는 높은 품질의 전문 서비스를 기대하게 될 것이다. 허름한 백반집이라도 그곳을 다녀간 유명인들의 사인을 액자로 만들어 벽에 걸어 놓았다면 그것을 본 고객의 보고 레스토랑에 대한 생각과 서비스 기대 수준은 바뀔 수 있다. 마지막으로 브랜드 이미지가 좋은 경우, 해당 레스토랑에 대한 고객들의 기대는 상승하게 된다. 브랜드 이미지는 허용 구간에도 영향을 미치는 데 긍정적인 이미지를 가지고 있을 때 서비스 실패에 대해 더 관대해지며 허용 구간이 커지는 경향이 있다. 그 이유는 평상시에 서비스가 탁월한 레스토랑이라고 알고 있기에 어쩌다 발생한 서비스 실수를 관대하게 받아 주는 것이다. 하지만 고객에 따라서는 오히려 높은 기대 수준을 가지고 있어서 서비스 실수를 용납하지 않을 수도 있다.

2. 서비스 품질과 고객 만족의 이해

고객이 서비스 품질service quality에 대해 긍정적으로 인식할수록 고객 만족도customer satisfaction는 증가한다. 서비스 품질이 좋으면 기업의 이익은 증대되므로 탁월한 서비스는 수익성의 원천이 된다. 그러므로 외식기업은 탁월한 서비스 제공을 위해 서비스 품질관리에 중점을 두어야 한다. 그러나 서비스 품질이 뭐냐고 물어보면 다 아는 것 같아도 개념을 정확히 설명하는 사람은 많지 않다. 그 이유는 서비스 품질이 눈에 보이지 않는 매우 추상적인 개념이기 때문이다. 그렇다면 '눈에 보이지 않는 것'을 어떻게 관리할 수 있을까? 그리고 서비스 품질은 한 단어로 표현하기 어려운 특징이 있고, 고객에게 품질 좋은 서비스가 무엇을 말하는지 물어보면 각자 다양한 단어음식의 맛, 친절한 서비스, 신속한 서비스, 좋은 분위기, 가성비 등로 표현한다.

따라서 레스토랑마다 주 이용 고객들이 원하고 기대하는 중요한 서비스 품질 구성요소를 정량적으로 측정하여 찾아낼 수 있다면 서비스 품질은 관리될 수 있다. 본절에서는 막연히 알고 있었던 서비스 품질 개념에 대해 정확히 이해하고, 다면적 특성을 가진 외식서비스 품질 구성요소를 찾아내어 고객 만족도를 향상시키는 방법에 대해 알아본다.

1) 서비스 품질 개념과 구성요소

(1) 서비스 품질 개념

품질 개념은 제조업에서부터 사용되기 시작했다. 제조업에서 말하는 품질quality은 제품의 '우수성/탁월성excellence'을 의미하며, 기업이 정한 객관적인 품질 규격이나 기준에 일치한 제품이 우수한 품질로 평가를 받는다. 서비스 품질service quality 개념도 '탁월한 서비스'를 의미하나 제조업 중심의 품질 개념과 다른 세 가지 독특한 특징을 가진다.

첫째, 철저하게 고객의 '주관적 평가'에 근거한 지각된 서비스 품질perceived service quality로 서비스의 우수성이나 탁월성을 판단한다. 고객이 느끼는 서비스에 대한 생각이 서비스 품질이므로 평가하는 고객에 따라 달라진다는 것을 의미한다.

둘째, 고객의 지각된 품질 수준은 고객 기대 대비 실제로 받은 서비스 성과의 '상대적인 비교'에 의해 결정된다. 개별 고객들은 서로 다른 욕구와 필요를 가지고 있으므로 그들의 다양한 선호를 가장 잘 충족하는 서비스가 곧 고품질 서비스라고 볼 수 있다.

세 번째 특징은 서비스 품질은 한 단어로 표현하기 어려운 '다차원적인 속성'을 가진 개념이다. 레스토랑 콘셉트와 서비스 종류에 따라 품질을 구성하는 속성이 달라질 수 있다. 예를 들어, 대면 서비스는 인적 서비스 품질이 서비스 품질 평가에 매우 중요한 요소이나, 비대면 서비스의 경우 인적 서비스 요소는 불필요하고 오히려 키오스크의 디자인이나 이용 편리성, 고장이 났을 때 신속한 문제 해결 등이 중요하다. 외식서비스 품질 구성요소를 찾아내는 구체적인 방법은 다음에서 설명하고자 한다.

(2) 외식서비스 품질 측정 모형

1980년대 말부터 시작된 서비스 품질 연구PZB(1998)에서는 서비스 품질을 아래 다섯 가지 서비스 품질 속성으로 구성되어 있다고 밝혔으며, 서비스 기업이 고객 대상으로 서비스 품질을 평가할 수 있는 22개 문항의 표준화된 설문지SERVQUAL를 제안하였다. 다섯 가지 차원 중에 유형성을 제외하고 네 가지는 모두 무형적인 인적 서비스와 관련된 요소들이다. 5차원 모형의 한계점은 일반서비스업을 대상으로 연구되다 보니 외식서비스의 핵심 상품인 '음식' 관련 품질 측정 항목이 빠져 있다는 것이다.

- 유형성tangibles : 서비스가 제공되는 물리적 환경 요소들
- 신뢰성reliability : 믿을 수 있고 정확하고 일관된 서비스
- 응답성responsiveness : 신속하고 빠른 고객 대응 서비스
- 확신성assurance : 서비스의 전문성, 안전성, 진실성 등
- 공감성empathy : 고객에 대한 배려와 이해, 원활한 의사소통 등

이후 러스트와 올리버1994는 수정된 서비스 품질 모형으로 '결과 품질outcome quality', '상호작용 품질interaction quality', '환경 품질environment quality'의 3차원 모형을 제안하였으며, 3차원 모형은 다면적인 서비스 속성을 포괄하면서 직관적이고 실용적이여서 더 우수한 모형으로 평가받고 있다. 외식산업에 적용해 보면 결과 품질요소는 고객들에게 제공되는 서비스 결과물을 말하므로 레스토랑에서는 음식 품질food quality에 해당하며, 상호작용 품질은 서비스가 전달되는 과정 및 인적 서비스 품질을 나타내고, 환경 품질은 분위기 및 물리적 시설의 품질을 의미한다.

하지만 현장에서 서비스 품질을 관리하기 위해서는 포괄적이고 추상적인 3차원 개

서비스 전달 과정 및 상호작용 품질
예) 음식이 제공되는 과정의 품질, 직원들의 서비스 품질

상호작용 품질

결과 품질　서비스 품질　환경 품질

핵심 상품의 결과 품질
예) 레스토랑의 음식 품질

서비스 환경 및
물리적 환경 품질
예) 레스토랑 인테리어 품질

그림 3-5 | 서비스 품질의 3차원 모형
출처 : Rust & Oliver(1994).

념을 실무적인 단어로 구체화하는 작업이 요구된다. 각 품질 차원결과 품질, 상호작용 품질, 환경 품질을 구성하고 있는 세부 품질요소를 다시 파악해야 한다. 예를 들면, 상호작용 품질 개념보다는 '서비스의 신속성'이 더 구체적이고, 서비스의 신속성보다는 '음식 제공의 신속성', '고객 응대의 신속성', '계산의 신속성' 등이 더 구체적인 것처럼 서비스 품질관리를 위해 구체적인 품질요소를 찾아야 한다. 추상적인 서비스 품질 개념을 서비스 현장에서 제공되는 서비스 구성요소로 구체화하는 과정을 그려 보면 그림 3-6과 같은 위계 구조로 그려 볼 수 있다.

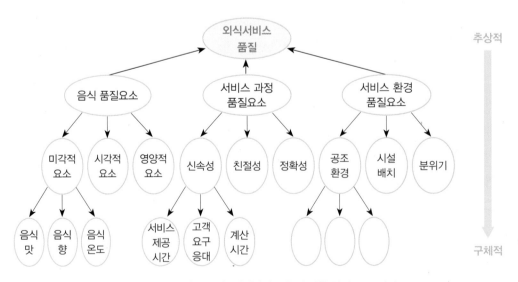

그림 3-6 | 외식서비스 품질 차원 위계 구조 예시

표 3-1 | 외식서비스 품질 구성요소

품질 구성요인	하위 품질 속성 예시
음식 품질	• 음식의 맛 • 음식의 프레젠테이션 • 메뉴의 다양성 • 신선한 음식 • 건강 메뉴 • 적절한 음식의 온도 • 위생적인 음식
서비스 과정 품질	• 친절한 서비스 • 손님의 요구에 즉각적으로 응대 • 서비스 종사원의 메뉴에 대한 지식 • 신속한 서비스 • 주문한 음식이 정확하게 전달 • 정확한 계산서 • 서비스의 일관성
서비스 환경 품질	• 인테리어 디자인 • 조명 • 음악 • 적절한 실내 온도 • 향기 • 서비스 종사원의 유니폼 • 깨끗한 공간
기타 품질 요소	• 적절한 가격 • 부가적 서비스 • 이벤트나 프로모션 등

출처 : Liu & Jang(2009).

외식산업에서 연구되어온 세 가지 품질 차원을 구성하는 서비스 하위 요소들을 정리해 보면 표 3-1과 같다. 하지만 레스토랑 콘셉트에 따라 고객이 인식하는 서비스 품질 속성의 중요도가 다르기 때문에 서비스 품질을 구성하는 하위 요소는 언제든지 달라질 수 있다. 또한 레스토랑 방문고객마다 중요하게 생각하는 서비스 품질 속성이 다르므로 각 레스토랑은 그들의 콘셉트에 따라 고객이 중요시하는 서비스 품질 속성을 정확하게 파악해야 한다.

제한된 메뉴limited menus를 저렴한 가격에 신속하고 편리하게 제공하는 패스트푸드점은 '신속하고 정확한 서비스'가 고객 만족에 중요하게 영향을 미친다. 패스트 캐주얼 레스토랑에서는 신속한 서비스를 제공하지만 신선하고 건강한 음식을 함께 제공하는 것이 더 중요하고, 패밀리 레스토랑은 메뉴의 다양성과 친절한 서비스, 그리고 편안한 분위기가 중요시된다. 고급 레스토랑은 세련된 분위기 속에서 차별화된 음식과 서비스를 제공하므로 물리적 환경, 셰프의 창작 요리, 고품격 서비스 제공이 핵심적인 서비스 품질 속성이 될 수 있다. 배달을 하는 업장에서는 배달시간과 음식의 질이 중요하고 HMRHome Meal Replacement의 경우 조리의 간편함 등이 중요할 수 있다.

맥도날드나 롯데리아 등 패스트푸드 업계의 셀프서비스 기술 도입이 확산되고 있는 가운데 셀프서비스를 이용하는 과정에서 고객들의 기대나 요구사항이 무엇인지, 불편한 경험이 무엇인지 등을 찾아내어 키오스크나 서빙 로봇 등의 고객 중심적인 설계가 필요하다. 배달이나 주문 애플리케이션의 경우도 음식을 주문하는 접점부터 배달이 완료되는 시점까지의 서비스 전 과정에서 서비스 품질요소를 찾아야 한다. 온라인이나 모바일 서비스를 이용하는 고객들의 중요한 서비스 품질 속성으로는 관련된 정보를 신속하게 찾을 수 있는 효율성efficiency, 직관적이고 심미적인 배치와 디자인layout & design, 다양한 메뉴와 약속한 시간에 배달할 수 있는 실행성fulfillment, 기술적 기능이나 제대로 작동될 거라는 믿음을 의미하는 신뢰성reliability, 그리고 개인정보나 개인정보 유출로부터 안전한 보안성privacy 등을 예로 들 수 있다.

(3) 핵심 서비스 품질 구성요소 도출하기

운영하고 있는 레스토랑의 핵심 서비스 품질 구성요소를 도출하고 검증하는 절차를 간단히 소개하면 다음과 같다.

① 운영하는 레스토랑 이용 고객의 소리voice of customer 자료를 먼저 확인한다. 고객 클레임, 인터뷰, 빅데이터 분석 등을 활용하여 고객이 원하고 바라는 서비스, 고객이 중요하게 생각하는 서비스 요소를 찾아 정리한다.

② 찾은 서비스 품질요소를 상위 개념과 하위 개념으로 구분하여 위계 구조로 분석해 보고 현장에서 관리 가능한 실무적인 서비스 항목을 정리한 후 이를 바탕으로 설문지를 작성한다. 문항 형식은 '내가 기대했던 것보다 이 레스토랑의 음식은 맛있다', '내가 기대했던 것보다 이 레스토랑의 서비스는 신속하다' 등으로 표현하며 5점 척도전혀 그렇지 않다, 1점—매우 그렇다, 5점나 7점 척도전혀 그렇지 않다, 1점—매우 그렇다, 7

점로 질문 내용에 대해 동의한 정도를 측정한다. 설문지에는 서비스 품질요소 외에 '전반적인 고객 만족도'와 '충성도' 문항을 꼭 포함하여 통계 분석 시 고객 만족

😀 외식서비스 품질요소 파악하기

자신이 직접 경험한 서비스의 품질요소를 단어로 적어보고 그림 3-6과 같은 품질요소의 위계 모형을 만들어 본다.

• 준비물 : 여러 색깔의 포스트잇, 굵은 펜

• 진행 방법
① 4~5명이 한 팀이 되어 팀원 각자가 주어진 시간(2~3분) 동안 다른 사람과 얘기하지 않고 아래 첫 번째 주제에 대해 자신의 생각을 포스트잇에 먼저 적는다.
② 모두가 잘 볼 수 있도록 포스트잇 한 장에 단어나 개념을 각각 하나씩만 적는다.

③ 각자가 메모한 포스트잇을 모두 내놓고 단어나 개념이 유사한 것끼리 분류해 본다.
④ 유사하게 분류된 포스트잇의 공통적인 특징(예 : 음식 맛, 음식 향, 음식의 온도)을 포괄하는 상위 차원 개념(예 : 음식의 미각적 요소)을 포스트잇에 적는다.
⑤ 그룹별로 주제별 핵심 서비스 품질요소(상위 차원)를 발표한다.
⑥ 두 번째 주제도 같은 방법으로 서비스 품질요소를 찾아서 발표한다.

• 주제
① (선택 요소) 손님과 식사할 레스토랑을 선택할 때 고려하는 요소들을 생각나는대로 포스트잇에 적어 보세요.
② (만족 요소) 만족했던 레스토랑 경험을 떠올려 보고 무엇(만족 요소)이 기분을 좋게 하거나 만족하게 했는지 단어를 적어 보세요.
③ (불만족 요소) 불만족했던 레스토랑 경험을 바탕으로 '무엇(불만족 요소)'이 기분을 나쁘게 하거나 불만족하게 했는지 단어를 적어 보세요.
④ (필수 요소) 레스토랑이 기본적으로 제공해야 할 서비스 요소들을 적어 보세요.
⑤ 레스토랑의 종류(패스트푸드, 패밀리 레스토랑, 최고급 레스토랑 등)에 따라 고객이 중요하게 생각하는 서비스 품질요소가 어떻게 다른지 비교해 보세요.

에 영향을 미치는 서비스 품질요소를 파악할 수 있다표 3-2 참조.

③ 이용 고객 대상으로 설문 조사를 실시하되 적어도 200부 이상의 자료를 수집한다.

④ 통계 분석탐색적 요인 분석과 다중 회귀 분석을 통해 고객 만족도에 통계적으로 유의한 영향을 미치는 품질요소가 무엇인지 확인한다.

또한 박스에 소개된 그룹 활동을 통해 고객 입장에서 만족과 불만족을 가져오는 서비스가 무엇이었는지 찾아보도록 한다. 불만족을 가져오는 서비스 요소는 현장에서 실수가 없도록 완벽하게 관리해야 하며, 만족을 가져오는 서비스 요소들은 서비스 품질요소 중 핵심적으로 관리해야 할 요소이므로 항상 고객 기대 수준을 뛰어넘는 서비스가 전달되도록 노력해야 한다. 그리고 레스토랑을 선택할 때 고려하는 요소와 실제 서비스를 받고 난 다음에 만족도에 영향을 미치는 품질요소는 같거나 다를 수 있다. 레스토랑의 위치나 메뉴는 중요한 선택 요소 중에 하나이나 위치는 선택 요소로만 작용하고, 메뉴는 실제 제공받은 음식의 맛과 플레이팅 등에 의해 서비스 만족도에도 영향을 미칠 수 있다. 이번 장에서의 핵심은 고객 만족에 영향을 미치는 서비스 요소를 하나도 빠짐없이 찾아내고 정확히 측정하여 관리하는 것이다.

2) 고객 만족의 이해

고객은 모든 사업에서 가장 중요한 사람이며, 모든 사업은 고객에게 의존한다. 따라서 고객을 만족시키는 것은 사업 성공에 절대적인 요소이며, 고객 만족은 서비스 기업에 대한 충성도를 향상 시킨다. 만족한 고객의 입소문은 신규 고객을 확보하는 데 많은 도움이 되며, 충성고객 5%를 증가시키면 기업의 이익은 25~85% 증가한다. 기업은 지속적으로 고객 기대 수준을 만족시키려고 노력해야 경쟁 우위를 확보할 수 있다. 본 절에서는 고객 만족의 개념과 서비스 품질—고객 만족—충성도의 관계에 대해 살펴본다.

(1) 고객 만족의 개념

모든 기업은 고객 만족을 위해 영업을 하고 있지만 고객이 만족한다고 판단하는 것은 생각보다 매우 복잡한 과정을 거치며, 고객이 생각하는 만족한다는 의미도 다양하다. 리차드 올리버Richard Oliver는 "만족은 소비자가 제품이나 서비스의 소비로 얻게 된 결과가 즐거운 수준이라고 판단하는 것"이라고 했다. 만족은 고객이 서비스를 통해 원하는 것을 성취fulfillment(맛있는 식사 등)하거나, 서비스가 고객의 욕구나 기대를 충족contentment(신속한 서비스, 친절한 서비스 등)하거나, 서비스 경험을 통해 행복감을 느끼는 것처럼 서비스에 대해 기쁨을 느끼는 상태pleasure(식사 경험을 통해 긍정적인 감정 상태 도달 등)이거나, 고객을 깜짝 놀라게 하는 감동delight(깜짝 이벤트를 통해 느끼는 긍정적 놀라움 등)의 느낌, 또는 걱정거리나 예상한 부정적 경험을 제거함으로써 느끼는 안도감relief(치아 통증으로 치과 서비스를 이용할 경우 통증이 제거되었을 때 만족 등)으로도 사용되어 왔다. 이러한 개념을 정리해 보면 만족은 경험한 서비스에 대해 고객이 기대했던 서비스 대비 실제 받은 서비스 결과물을 비교하는 '인지적 판단'과 고객의 감정이 긍정적인 상태인 '감정적 판단'이 모두 포함되어 있다.

동일한 서비스를 받았더라도 고객마다 서비스에 대한 만족 정도가 다를 수 있는 것은 고객의 기대 수준이나 성향, 고객 감정이나 기분 상태, 서비스 과정의 공정성, 과거 경험, 같은 공간에 있는 다른 고객 등이 만족도를 판단하는 과정에 최종적으로 영향을 미치기 때문이다.

본 교재에서는 고객 만족을 '고객의 기대된 서비스' 대비 '지각된 서비스'에 대한 인지적 평가로 보고 고객 만족 향상을 위한 서비스 품질요소 관리 방안을 구체적으로 다루고 있다. 그림 3-7을 보면 고객은 기대했던 서비스보다 실제 받은 서비스에 대한 지각이 더 클 경우 '만족'하고, 반대의 경우 '불만족'한다. 지각된 서비스 수준이 기대

그림 3-7 | 인지적 평가 개념의 고객 만족 판단

했던 것을 훨씬 초과 할 경우 고객은 '감동'한다. 하지만 앞으로는 고객 소비 경험의 중요성이 커지면서 각 요소별 인지적 평가보다 전반적인 소비 경험에 대한 감정적 평가가 점차 중요해지고 있는데 여기서는 인지적 평가 측면에서 고객 만족을 설명한다.

서비스 품질 및 고객 만족 모두 〈기대된 서비스―지각된 서비스〉라는 평가 과정을 거쳐 만족을 판단하기 때문에 두 개념이 같아 보이지만, 서로 다른 개념이다. 서비스 품질은 구체적으로 서비스 차원에 대한 고객 평가라면, 만족은 좀 더 넓은 개념이다. 지각된 서비스 품질은 고객 만족을 위해 꼭 필요한 구성요소 중 하나이며, 만족은 서비스 품질 외에 상황적 요인, 개인적 요인, 가격 등에 의해 최종적으로 영향을 받는다. 서비스 품질은 서비스 접점에 대한 지각된 성과인 반면, 전반적인 고객 만족은 전체 서비스 경험의 누적된 평가라고 할수 있다.

(2) 서비스 품질―고객 만족―충성도의 관계

서비스 품질, 고객 만족, 충성도의 관계를 도식화하면 그림 3-8과 같다. 레스토랑 콘셉트나 목표시장에 따라서 서비스 품질요소와 품질요소별 고객 만족에 영향을 미치는 정도는 다를 수 있고, 전반적인 고객 만족도는 앞 절에서 설명한 개인적인 요인이나 서비스 상황 등에 의해 결과가 조절될 수 있다.

고객 만족과 불만족의 결과는 고객 충성도의 개념으로 설명된다. 고객은 만족하면 좋은 입소문긍정적 구전을 내주고 지속적으로 거래재방문 의도하고자 하며, 장기적으로 매출 증대로 이어진다. 반대로, 고객이 불만족하면 나쁜 입소문부정적 구전을 퍼뜨리고 거래를 중단하고자 할 것이며, 이는 장기적으로 매출 감소의 결과를 가져올 수 있다. 고객 만족도 조사를 할 때는 일반적으로 재방문 의도와 구전 의도 개념을 통해 고객 충성도를 측정하고 있다. 구체적인 설문문항 예시는 표 3-2를 참조한다.

많은 기업들은 전반적인 고객 만족도를 측정할 때 일반적으로 그림 3-9와 같은 5점 척도를 사용하여 고객의 만족 정도를 묻는다. 고객 만족도가 높을수록 고객 충성도와 기업의 수익이 높아진다는 사실은 맞지만, 한 가지 기억해야 할 것은 많은 연구 결과 '만족4점'보다 '매우 만족5점'이 충성도에 미치는 영향력이 6배나 더 높은 것으로 나타났다. 이는 그냥 '만족'한 수준의 서비스는 충성고객을 확보하기에 충분하지 않다는 것을 의미하며 '매우 만족'한 고객이 진정한 충성고객이 될 수 있음을 의미한다. 따라서 고객 만족의 관리 목표를 설정할 때는 '만족4점'한 수준에 안주하지 말고 '매

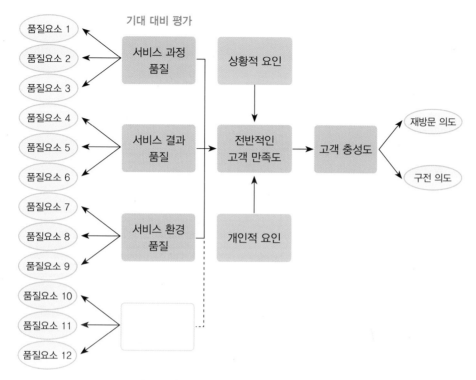

그림 3-8 | 서비스 품질, 고객 만족, 충성도의 관계

우 만족'한 수준인 5점 만점에 가까운 서비스를 제공하도록 노력해야 한다.

스타벅스는 고객 경험 설문 조사customer experience survey 시 7점 척도매우 동의 7점—보통 4점—전혀 동의하지 않음 1점를 사용하고 있으며 매장별 고객 경험 점수는 전체 응답자 중 '매우 동의7점'를 선택한 고객의 비율을 환산하여 반영하고 7점을 제외한 나머지 평가 점수는 반영되지 않는다. 지금은 모바일 애플리케이션으로 설문하기 때문에 고객의 솔직한 의견이 반영되는데 점포별 평균 60% 이상의 성과를 내고 있다. 이것은

16
'커피시장 넘사벽'
스타벅스, 매출
첫 2조 돌파

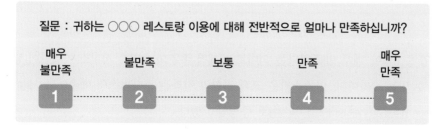

질문 : 귀하는 ○○○ 레스토랑 이용에 대해 전반적으로 얼마나 만족하십니까?

매우 불만족	불만족	보통	만족	매우 만족
1	2	3	4	5

그림 3-9 | 전반적인 고객 만족 측정 방법

17
"커피 시장 압도적
1위"…한국인
스타벅스서 한해 2조
원 긁었다

표 3-2 | 고객 만족도 설문지 예시

품질 요인	설문 문항	전혀 그렇지 않다 … 보통 이다 … 매우 그렇다		
음식 품질	내가 기대했던 것보다…			
	이 레스토랑의 음식은 맛있다	①…②…③…④…⑤		
	이 레스토랑의 메뉴는 다양하다	①…②…③…④…⑤		
	이 레스토랑의 음식 재료는 신선하다	①…②…③…④…⑤		
	이 레스토랑의 음식 양은 적절하다	①…②…③…④…⑤		
서비스 품질	내가 기대했던 것보다…			
	이 레스토랑은 내가 주문한 음식을 정확하게 제공한다	①…②…③…④…⑤		
	이 레스토랑의 서비스는 신속하다	①…②…③…④…⑤		
	이 레스토랑 종사원들은 친절하다	①…②…③…④…⑤		
	이 레스토랑 종사원들은 고객을 먼저 생각한다	①…②…③…④…⑤		
물리적 환경 품질	내가 기대했던 것보다…			
	이 레스토랑의 분위기는 편안하다	①…②…③…④…⑤		
	이 레스토랑의 인테리어는 매력적이다	①…②…③…④…⑤		
	이 레스토랑은 쾌적하다	①…②…③…④…⑤		
	이 레스토랑 시설은 깨끗하다	①…②…③…④…⑤		
전반적인 고객 만족도	이 레스토랑의 음식에 전반적으로 만족한다	①…②…③…④…⑤		
	이 레스토랑의 서비스에 전반적으로 만족한다	①…②…③…④…⑤		
	이 레스토랑의 분위기에 전반적으로 만족한다	①…②…③…④…⑤		
	레스토랑을 방문한 것에 대해 전반적으로 만족한다	①…②…③…④…⑤		
충성도	나는 이 레스토랑을 다시 방문할 것이다	①…②…③…④…⑤		
	나는 이 레스토랑을 다른 사람에게 추천할 의향이 있다	①…②…③…④…⑤		
	경쟁 레스토랑에서 더 좋은 가격을 제시해도 이 레스토랑을 방문할 것이다	①…②…③…④…⑤		

10명 중 6명이 '매우 만족'한다는 의미로 세계적 수준의 초일류 서비스 기업만이 달성할 수 있는 숫자이며, 만족스러운 고객 경험의 결과는 스타벅스의 매출2019년 매출 1조 8천여억 원으로 국내 외식업계 매출 1위 달성로 증명되고 있다.

3. 갭 모델을 활용한 고품질 서비스 달성

그렇다면 고품질 서비스는 어떻게 달성할 수 있을까? 그림 3-10의 서비스 품질 갭
GAP 모델은 탁월한 서비스 품질 달성을 저해하는 요인을 다양한 갭으로 표현하여 갭
을 줄이는 방법을 실무적으로 제시하고 있다. 고객이 기대했던 서비스와 실제 받은
서비스의 차이를 고객 갭customer gap이라 하고 고객 갭을 발생시키는 원인을 서비스
제공자의 갭service provider gap 네 가지로 설명한다.

1) 고객 갭

고객 갭customer gap은 고객의 서비스에 대한 기대와 고객의 서비스에 대한 인식 간
의 차이를 의미한다. 고객 기대는 고객이 서비스를 경험할 때 사용하는 기준 또는 준
거점이며, 반면 고객의 서비스에 대한 인식은 실제 서비스 경험에 대한 주관적인 평

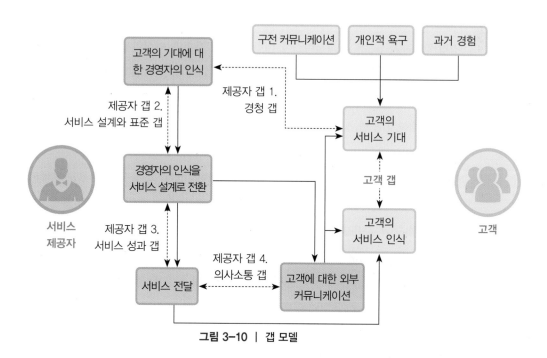

그림 3-10 | 갭 모델

표 3-3 | 제공자 갭의 유형과 원인

구분	이름	원인
제공자 갭 1	경청 갭(listening gap)	고객의 기대를 제대로 파악하지 못함
제공자 갭 2	서비스 설계와 표준 갭(service design and standards gap)	고객 기대 수준에 맞는 적합한 서비스 설계와 표준을 선택하지 못함
제공자 갭 3	서비스 성과 갭(service performance gap)	서비스 표준을 현장에서 제대로 제공하지 못함
제공자 갭 4	의사소통 갭(communication gap)	실제 서비스가 약속(광고)과 다름

가이다. 탁월한 서비스를 제공하기 위해서는 우선 고객의 기대를 파악하고 고객의 기대와 고객의 지각 간의 차이를 줄이는 것이 중요하다. 고객 갭은 다음의 네 가지 서비스 제공자 갭으로부터 발생한다. 서비스 제공자 갭provider gaps이란 서비스를 제공하는 조직 내에서 발생하는 것으로 제공자 갭을 줄이도록 노력한다면 고객 갭은 자동적으로 줄어들게 된다. 다음은 제공자 갭 네가지에 대해 자세히 알아본다.

2) 제공자 갭 1 : 경청 갭

경청 갭listening gap은 외식서비스에 대한 고객의 기대와 외식기업이 이해하는 고객의 기대 수준 차이를 말한다. 많은 외식기업들은 고객이 정말 원하는 것이 무엇인지 어떤 서비스를 기대하는지 정확히 알지 못하고 영업을 한다. 고객의 서비스 기대를 정확히 이해하지 못한 상태에서는 아무리 열심히 노력해도 서비스 품질은 저하될 수밖에 없다.

경청 갭을 일으키는 핵심 요인은 고객 니즈를 파악하는 고객 조사가 불충분해서이다. 고객 기대에 관한 정보는 고객 인터뷰, 설문 조사, 고객 불만, KANO 분석, 빅데이터 분석 등과 같은 다양한 마케팅 조사 방법으로 얻어질 수 있다. 또한 상향 커뮤니케이션upward communication의 부족도 경청 갭을 발생시킨다. 경영자는 현장에서 무슨 일이 일어나고 있는지 현장 종사원을 통해 고객 정보를 듣고 전략적인 의사 결정을 해야하는데, 소통의 채널이 막혀 있는 경우가 그 원인이다. 경청 갭은 고객과 장기적인 거래 관계를 유지하면 고객의 풍부한 정보를 얻을 수 있는데 관계 마케팅

relationship marketing의 부족도 한 이유가 될 수 있다. 또한 부적절한 서비스 회복service recovery도 경청 갭과 관련이 있다. 서비스 회복 과정에서 왜 사람들이 불만을 제기하는지, 그들이 불만을 제기할 때 기대하는 것은 무엇인지를 파악할 수 있기 때문이며, 고객 불만에는 고객의 요구사항을 알 수 있는 매우 중요한 정보가 담겨져 있다.

3) 제공자 갭 2 : 서비스 설계와 표준 갭

서비스 설계와 표준 갭service design and standards gap이라고 불리는 제공자 갭 2는 외식기업이 알고 있는 고객 기대와 실제 서비스를 제공하기 위해 마련한 서비스 표준, 절차 및 시설 설계 간의 차이 때문에 생긴다. 외식기업이 파악한 고객 기대를 충족시키기 위해 고객 요구사항을 서비스 전달 시스템으로 전환시키는 과정에서 발생한다. 서비스 프로세스의 설계와 물리적 환경의 설계도 고객의 기대가 반영되지 않는다면 서비스 품질 인식이 낮아지며, 표준화된 실무 매뉴얼도 고객 기대를 충족시켜 줄 수 있는 서비스 내용이 담겨져 있어야 서비스 품질이 좋아질 수 있다. 서비스 표준은 접점에 있는 직원에게 서비스 실행 과정에서 경영층이 우선시하는 요소가 무엇이고 실제 인사고과에 반영하는 성과의 유형이 무엇인지 알리는 신호signal이다. 제공자 갭 2를 메우기 위해서는 '고객이 원하는' 메뉴 상품, 서비스 프로세스, 물리적 환경의 적절한 설계가 매우 중요하다. 다음 장부터 고객 기대를 뛰어넘는 혁신적인 외식상품 및 프로세스를 개발하는 방법제4장—제7장과 고객이 바라는 서비스를 표준화제8장하고 물리적 환경을 설계제10장하는 방법을 구체적으로 소개한다.

4) 제공자 갭 3 : 서비스 성과 갭

서비스 성과 갭service performance gap은 표준화한 서비스 내용 및 기업이 설계한 서비스 절차나 시설과 실제 제공된 서비스 성과 간의 차이를 말한다. 현장에서 전달된 서비스가 서비스 설계와 표준에 일치하지 않는 경우이다. 서비스 매뉴얼에 고객의 기대가 정확히 반영되어 있을지라도, 현장 종사원이 매뉴얼에 있는 서비스를 제대로 전달하지 못한다면 서비스 품질은 낮아질 수 있다.

서비스 성과 갭을 벌리는 핵심적인 요인에는 직원이 접점에서 자신이 수행해야 할 역할을 명확히 이해하지 못하거나, 부적절한 인력 채용, 종사자에 대한 부적절한 보상과 평가, 부적합한 권한 위임, 팀워크의 부족 등이 해당된다. 이는 채용, 교육 훈련, 피드백, 직무 설계, 동기 부여, 조직 구조 등과 같은 인적자원관리와 관련성이 높다.

서비스 성과 갭에 있어 접점 종사원이 일관성을 가지고 서비스를 제공한다 하더라도 고객이 서비스 제공 과정에서 변수 역할을 할 수 있다. 예를 들어, 서비스 제공자에게 꼭 알려야 할 고객 정보를 말해 주지 않거나, 고객이 지시사항에 대해 알거나 따르기를 소홀히 하는 등 서비스 전달 과정에서의 고객 역할을 적절히 수행하지 않는다면 서비스 품질이 저하될 수 있다. 또한 다른 고객의 행동에 의해 서비스 품질 인식에 영향을 미친다. 고객의 역할을 이해하는 것과 서비스의 제공과 성과에 막대한 영향을 끼칠 수 있다. 제9장에서는 서비스 표준에 적합하게 서비스가 제공되도록 하기 위해 고객의 역할이 무엇인지 소개한다.

또한 서비스는 소멸성이 있어 재고로 보관할 수 없기 때문에, 서비스 기업은 초과 수요나 수요부족의 상황에 자주 직면하게 된다. 초과수요에 대처할 만한 재고가 없다는 것은 서비스 기업에 있어 고객의 욕구를 다룰 만한 제공 역량이 없다는 것인데, 이 경우 기업은 매출을 놓치게 된다. 반면, 수요가 부족한 상황은 기업의 공급 역량이 제대로 활용되지 않고 있다는 것을 의미한다. 성과의 갭을 메꾸기 위한 수요와 공급을 관리 방법은 제11장에서 자세히 소개한다.

5) 제공자 갭 4 : 의사소통 갭

의사소통 갭communication gap은 외식기업의 광고나 홍보 내용과 실제 제공된 서비스의 차이를 나타낸다. 외식기업이 고객에게 약속한 서비스 내용은 고객이 서비스 품질을 평가할 때 그 기준으로 사용하여 고객 기대를 설정하게 된다. 따라서 약속된 서비스와 실제 서비스 간의 차이는 고객 갭을 확대할 수 있다. 고객에게 과잉 약속을 하거나 현장에서 제공할 수 없는 서비스 약속을 하게 되는 경우는 마케팅부서와 영업부서 간의 커뮤니케이션의 부족이 원인 중 하나이며 과장된 광고 사진 등 고객의 기대를 과도하게 부풀리는 경우도 문제가 된다. 기존의 마케팅 커뮤니케이션marketing communication을 말하는 외부 마케팅external marketing과 함께 종사원과 고객 간의 접촉으로 이루어지는 접점에서의 상호작용 마케팅interactive marketing이 조화를 이루어야 서비스 기업은 비로소 고객이 만족할 만한 서비스를 제공할 수 있다. 서비스를 제공하는 종사원이 제공해야 할 서비스를 해낼 수 있는 능력이 없다면, 외부 광고는 지킬 수 없는 약속이 된다. 따라서 외식기업의 외부 커뮤니케이션과 실제 서비스 제공을 제대로 조화시킬 때 의사소통 갭은 줄어들고 이에 따라 고객 갭도 감소하게 된다. 제2장에서는 의사소통 갭을 줄이기 위한 내부 마케팅, 상호작용 마케팅, 외부 마케팅의 통합적 접근을 소개하였고, 구체적인 외부 마케팅 커뮤니케이션 실천 전략은 제13장에서 소개한다.

아래 박스는 갭 모델을 맥도날드 서비스를 예시로 설명해 놓은 것이다. 결론적으로 갭 모델의 목표는 외식업체 경영주들에게 실무적으로 서비스 품질을 관리하는 방법을 소개함으로써 최종적으로 고객에게 탁월한 서비스를 제공하도록 하고 있다.

😀 맥도날드 사례로 설명하는 갭 모델

만약 맥도날드 고객이 가장 중요하게 생각하는 서비스 요소 중 하나가 '신속한 서비스'라면…,

- GAP 1 : 고객들이 가장 중요하게 생각하는 것이 '신속한 서비스'임을 서비스 경영자가 제대로 파악하지 못하고 다른 서비스에 집중. 다양한 고객 조사를 통해 목표고객이 기대하는 서비스, 요구사항을 정확히 파악해야 함.
- GAP 2 : 고객 요구사항이 '신속한 서비스'임을 정확히 파악했으나 어느 정도 빠른 서비스가 신속한 서비스인지 '서비스 표준'을 정확히 알지 못하여 신속한 서비스가 제공될 수 있는 프로세스를 설계하지 못해 발생. '신속한 서비스' 개념을 좀 더 구체적으로 정의해야 함. (예) 3분 이내 음식 제공이 중요한 요구사항이라면 3분을 서비스 표준으로 설정한 후 가장 바쁜 시간대에도 3분 내에 서비스가 완료될 수 있도록 주문/조리/서비스 프로세스를 설계하고 조리 및 서비스 과정을 메뉴얼화
- GAP 3 : 3분 내에 음식이 서비스 되도록 조리 서비스 매뉴얼을 구축했음에도 종사원들의 실수로 서비스가 3분 내에 전달되지 못하는 경우 발생. 조리 종사원들을 충분히 훈련시켜 일관된 서비스가 제공되도록 함.
- GAP 4 : 경쟁이 치열하다 보니 고객들에게 1분 안에 음식 서비스가 제공된다고 외부 광고

를 할 경우 실제 서비스 시간과의 차이가 발생. 실제 제공되는 서비스 속도를 감안하여 현실적으로 고객에게 홍보. 오히려 고객에게 '4분 안에 서비스 제공' 약속을 하고 3분 안에 음식을 제공한다면 만족이나 감동하게 됨.

위의 네 가지 갭 중에 어느 하나라도 발생하면 고객 갭이 발생하게 되므로 네 가지 갭을 모두 제거하는 완벽한 서비스만이 서비스 품질관리의 해답임

4. 서비스 품질, 서비스 혁신, 생산성의 관계

서비스 산업 고용 비중은 높아지고 있지만 서비스업 생산성부가가치은 투입되는 것에 비해 생산되는 부가가치가 제품보다는 매우 낮은 것이 현실이다. 단순히 노동집약적인 서비스업의 특성 때문에 생산성 향상에 한계가 있다고 설명하기는 어렵다. 서비스업의 생산성을 높이는 것은 정말 어려운 일일까? 여기서 외식업의 생산성은 고객이 경험하는 서비스 품질과 밀접하게 연관되어 있음을 다시 강조하고 싶다. 제조업 생산성 계산 방식과는 달리 서비스 기업의 생산성은 기업과 고객 모두의 관점에서 생산성을 평가해야 한다는 사실을 기억해야 한다. 이는 본 교재에서 일관되게 강조하고 있는 '서비스 품질'과 '고객 만족'이라는 두 개념이 결국 외식기업의 서비스 생산성, 다른 말로 수익성 향상의 솔루션이며 서비스 마케팅의 핵심이기 때문이다.

전통적인 생산성의 개념은 제품 생산이나 서비스 제공에 있어 '투입input 요소' 대비 얼마만큼의 '산출output'이 이루어졌는지를 나타내는 지표를 말한다. 기업의 투입 요소로는 인력, 자본, 기계 설비 등이 포함되고, 산출요소는 성과 지표인 매출, 이익, 시장점유율 등이 있다. 하지만 서비스는 서비스 기업과 고객이 공동으로 서비스를 생산하기 때문에 '기업'과 '고객' 모두의 관점에서 투입한 비용 대비 얻는 성과로 측정이 되어야 한다. 우리는 지불한 금액보다 더 많은 것을 얻었을 때 가치 있다고 이야기하는 것처럼, '기업'도 투입한 자원 대비 높은 성과매출과 이익를 얻고자 하고, '고객'도 역시 투입한 비용과 시간, 노력 대비 제공받는 서비스가 매우 만족스럽기를 원하므로 모

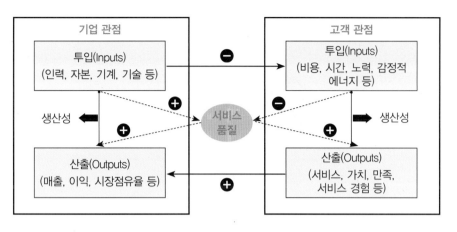

그림 3-11 | 서비스 생산성과 서비스 품질의 관계

출처 : Parasuraman(2011).

두 높은 생산성을 희망하는 것을 알 수 있다. 서비스 기업의 생산성을 높이기 위해서는 기업과 고객 모두의 관점에서 생산성을 높이기 위해 노력해야 한다. 고객 관점에서 투입은 고객이 서비스를 얻기 위해 투입한 비용과 시간과 노력과 감정적 에너지가 포함되고, 산출은 고객이 느끼는 서비스가치, 만족도, 서비스 경험 등으로 설명할 수 있다. 이 모든 개념을 도식화하면 그림 3-11과 같다.

서비스 제공을 위해 서비스 기업이 투입 요소를 늘리면서비스 인력 증원 등 고객의 투입은 줄어들고(-) 서비스 품질 인식은 향상(+)된다. 또한 고객 투입이 늘어나면 고객 기대가 증가하면서 고객의 서비스 품질 인식은 낮아지는(-) 경향이 있다. 서비스 품질이 향상되면 고객 산출서비스 가치, 만족, 경험 등은 높아지고(+), 결과적으로 기업의 산출매출, 이익, 시장점유율 등은 향상되는(+) 원리이다. 따라서 서비스 기업의 생산성과 고객의 생산성을 높이는 것은 결국 '탁월한 서비스 품질관리'를 통해 달성할 수 있음을 알수 있다. 또한 서비스 생산성이나 서비스 품질은 창의적이고 혁신적인 서비스 경험 디자인으로 향상될 수 있다. 기술 혁신을 통한 비용 절감 및 운영 효율성을 개선하고, 뻔하지 않은 창의적이고 혁신적인 메뉴와 서비스 개발로 서비스 품질 인식이 높아지면 다시 생산성이 향상된다. 따라서 서비스 품질, 서비스 생산성, 서비스 혁신은 불가분의 관계이며, 다음의 제4장부터 제7장에서는 혁신적인 서비스 디자인에 대해 자세하게 다룬다. 본 교재에서 말하는 '혁신의 의미'는 미래 기술을 활용한 신기한 서비스가 아니라 철저하게 고객 중심적으로 생각하여 '고객이 진짜 원하고 바라고 기대

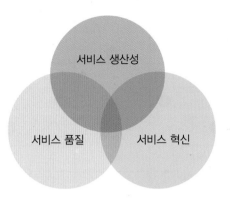

그림 3-12 | 서비스 생산성, 서비스 품질, 서비스 혁신의 관계

하는 수준을 넘어서는 감동 서비스'를 말하며 다음과 같은 단어들로 표현되는 서비스라면 바로 혁신적인 서비스에 해당된다.

> 😎 **혁신적인 서비스란?**
>
> 신뢰와 믿음이 가고,
> 뻔하지 않고, 새롭고, 특별하고,
> 매력적이고, 개념 있고
> 희망/감동/웃음을 주고, 공감되고,
> 기대감/신비감을 가지게 하고,
> 어디에도 없는 대체 불가/모방 불가한
> 그래서 남들에게 자랑하고 추천하고 싶은 서비스!

혁신적인 서비스를 제공하지 않고는 높은 고객 서비스 평가와 만족도 달성은 어렵다. 지금 여러분들이 제공하는 서비스는 과연 혁신적인 서비스인가? 혁신적인 서비스는 어떻게 만들 수 있는지 다음 장에서 소개한다.

외식서비스 마케팅
Part 2

혁신적인
외식서비스 개발

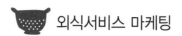
외식서비스 마케팅

Chapter

04

외식서비스 혁신과 상품 개발

 학 습 목 표

1. 외식서비스 혁신의 의미를 이해한다.

2. 외식서비스 혁신과 상품 개발의 관계를 이해한다.

3. 외식서비스 상품 개발의 필요성을 이해한다.

4. 외식서비스 상품 개발의 분류와 내용을 파악한다.

5. 외식서비스 상품 개발의 기본 프로세스를 익힌다.

04

외식서비스 품질은 고객과 기업의 생산성으로 표현된다. 이 중 고객의 생산성과 품질 평가를 결정짓는 것은 어디에서도 볼 수 없는 창의적이고 혁신적인 메뉴와 서비스에 달려 있다. 본 장에서는 외식서비스에서 혁신의 의미를 파악해 보고 고객이 가치 있게 여기는 혁신적인 외식서비스 상품은 무엇이며, 이를 개발하기 위하여 어떤 절차가 필요한지 이해해 보고자 한다.

1. 외식서비스 혁신과 상품 개발의 이해

1) 현대사회에서의 혁신

현대 소비자를 대상으로 하는 모든 제품 및 서비스 판매 기업들은 경쟁 심화와 고객 니즈의 세분화, 다양화 등에 따른 급변하는 시장환경으로 인해 전에 없이 경쟁력 있고 차별화된 생존 전략이 요구되고 있다. 이에 가장 부각되고 있는 전략적 경쟁 우위competitive advantage 방안은 혁신성innovativeness이다. 일반적으로 혁신은 복잡한 기술과 관련되어야만 하는 것으로 여겨진다. 분야에 따라서는 '혁신'이 R&D의 독점적 영역이라고 단정하며 보통 혁신에 따른 결과물은 새로운 제품과 기술이 결합된 서비스만으로 한정하는 경우가 많다.

그러나 혁신이 고객 가치를 창출하여 사업이 지속 가능하도록 만들어 주는 전략이라고 한다면 혁신은 단지 새롭고 복합적인 기술과 연관된 것만이 아닌, 업체가 가진 기존의 기술을 새로운 관점으로 이용함으로써 더 많은 가치를 만들어 내는 것을 포함하고 있기 때문에 조직 안에서 일을 하는 새로운 방식이나 진행 과정, 또는 서비스나 비즈니스 모델이 될 수도 있다. 또한 혁신은 R&D 부서에서만 할 수 있는 일이 아니라 마케팅, 영업부서, 그 외 조직에 있는 어떤 분야에서든지 또는 누구나 혁신을 이룰 수 있다. 이러한 맥락에서 볼 때, 현대의 혁신은 아이디어의 발상이 중요 포인트가 아니라 아이디어를 이끌어 내기 위해 조직 내·외부와 소비자를 관찰하는 과정

표 4-1 | 과거와 현대의 혁신에 대한 인식 변화

과거 혁신에 대한 인식 방식	현대 혁신에 대한 인식 방식
기술에 관한 것	가치에 관한 것
제품에 관한 것	가치를 전달할 수 있는 모든 것
관리, 위험 요소 계산이 필요한 것	창조력, 기업가 정신, 비전에 관한 것
R&D 부서에 소속된 개념	조직문화의 일부가 되는 개념
조직 내부에서 발생하는 것	조직 내·외부 모두에서 발생하는 것
어렵고, 위험하고, 골칫거리인 것	어렵고, 위험하지만, 재미있는 것

출처 : Abbing(2020).

과 이를 통해 얻는 통찰, 즉 탐색exploration 과정이 더욱 중요하게 여겨진다. 따라서 우리가 다뤄야 하는 혁신은 과거의 그것과는 다른 관점에서 이해해야 함을 강조하고자 한다.

2) 외식서비스에서의 혁신

앞서 설명한 것처럼 현대사회에서 혁신의 의미는 기술에 국한되지 않고 고객 가치 창출을 위한 조직의 모든 활동이다. 이에 외식서비스 분야에서의 혁신 개념도 좀 더 넓은 시각과 다른 방식으로 이해할 필요가 있다.

외식업체는 메뉴라는 제품이 없으면 존재의 이유가 없다. 그러나 이 메뉴를 둘러싼 서비스와 경험을 따로 떼어놓고는 생각할 수 없는 상품이기도 하다. 고객이 외식업체를 방문할 때에는 단지 음식만을 따지는 경우가 드물며 분위기, 서비스 형태와 수준 등 본인이 원하는 요소들을 폭넓게 갖춘 외식서비스 상품을 선택하게 된다. 따라서 외식서비스 상품을 통해 고객의 니즈를 충족시키고 경쟁 구도를 유지하여 지속 가능한 사업을 영위하기 위해서는 외식경영에서도 혁신은 매우 중요한 키워드이다.

하지만 대부분의 외식업체에서는 혁신을 최첨단 기술과 융합된 아이디어로 시작해 그것을 시장에 선보이는 과정으로 여기기 때문에 외식업체에서 혁신을 하기란 비용이 많이 들고 복잡한 과정이라고 인식하는 경우가 많고, 대규모 업체가 아닌 경우에는 시도할 엄두조차 내지 않는다. 따라서 대부분 외식업체들은 적극적으로 혁신을 생각하지 않으며 그저 시장 변화를 어쩔 수 없이 따라가는 대응 차원과 눈에 보이는 기회를 잡기 위한 정도의 시도를 하며 선제적으로 혁신을 이룬 경쟁사들을 고민 없이 모방하는 데에만 급급하게 된다. 이렇게 되면 그 외식업체는 고객 가치와 미래의 지속 가능성을 염두에 둔 혁신을 한 것이 아니라 시장 변화에 불가피한 대응을 한 것에 불과하게 된다. 그러므로 본 교재를 통해 강조하고 싶은 외식서비스 혁신은 어쩔 수 없이 해야 하는 것, 당장 해결해야 하는 것이 아니라 미래의 지속 가능한 성장을 위해서 외식업체가 고객에게 약속한 가치를 어떻게 제대로 전달할 수 있을지에 대한 외식업체 전체 구성원이 함께 기회를 탐색하고 가치를 창출하는 참신한 변환 과정이라고 할 수 있다.

가치를 창조하기 위한 혁신은 기회 요인의 탐색에서 시작되며, 기회 요인은 외부와 내부로 구분될 수 있다. 내부적 기회 요인은 메뉴나 서비스에 새로운 기술 도입, 새로운 셰프나 매니저 고용 등 조직 내부의 변화를 말하며 외부적 기회 요인은 고객의 니즈 변화, 인구 특성 변화, 경쟁업체 증가 및 관련 분야의 새로운 움직임 등이 포함된다. 이 중 외식업체의 혁신은 기술 기반보다는 마케팅 기반의 혁신이 많이 이루어지는 분야로 볼 수 있으며, 이 경우 면밀한 시장 조사와 경쟁자 탐색을 통해 기회를 포착해야 한다.

기회를 포착한 후 외식업체에서는 '우리가 이용하고자 하는 새로운 기술이 고객을 위해 어떤 가치를 만들어 낼 수 있는가?', '외식 분야의 새로운 움직임이 우리 업체의 관점과 신념에서 바라본다면 무엇을 의미하는가?' 등의 질문을 던지고 이에 대한 해결 방안을 찾아 나가는 것이 혁신을 이루는 기본이라고 할 수 있다. 해결 방안을 찾기 위한 본격적인 혁신 프로세스에서의 주요 키워드는 다양하고 새로운 '조합'과 '응용'이다. 이를 이용하여 조직의 다양한 자원과 역량을 연결시켜 시장에 적용할 수 있는 혁신을 이끌어 내야 한다. 외식업체에서 혁신을 통한 고객 가치는 외식서비스를 위한 새로운 기술의 응용, 과거에 충족되지 않았거나 완전히 새로운 고객 니즈의 충족, 경쟁업체와의 차별화, 내부 프로세스 개선 등을 통해 만들어질 수 있다. 따라서 외식업체마다 혁신의 범위는 매우 다르고 주관적이다. 즉, A 외식업체에서의 혁신이 B 외식업체에게는 매우 하찮은 것일 수도 있다. 또한 혁신의 결과는 메뉴나 서비스 각각에 나타날 수도 있고 메뉴와 서비스를 통합한 종합적 외식서비스 상품을 통해서도 드러날 수 있다. 내부 혁신이 이루어진 경우는 고객의 눈에 보이지 않을 수도 있다.

어떤 경우라도 외식업체의 혁신은 통합적 관점에서 논의되고 이루어져야 한다. 외식업체는 고객에게 그들이 본질적으로 가치 있게 생각하는 것이 무엇인지 정확하게 파악하고 있음을 알리는 것브랜드 약속과, 그 가치를 고객들이 느낄 수 있도록 제품, 서비스, 또는 경험과 같은 실질적 대상으로 전환하여 제공하는 것브랜드 약속의 실현으로 고객과의 관계를 이어간다. 이러한 고객 간의 관계 속에서 혁신을 통한 외식서비스 상품의 경험을 창출함으로써 고객에게 더욱 의미 있는 외식 브랜드로 자리잡게 되며, 이것이 지속 가능한 외식업체를 만들게 되는 것이다. 이에 혁신은 브랜드 약속을 유발하는 요인들에 부응할 수 있어야 하고, 브랜드 약속에 의해 고객의 마음에 형성된 기대감을 만족시키거나 넘어서야 한다. 혁신을 통해 브랜드 약속으로 형성된 고객의 기대를 만족시키기 위해서는 혁신이 물리적 제품의 영역에 한정적이라는 생각을 벗어나야 한다. 고객들은 외식업체에서 얻게 되는 가치를 경제적 가치뿐만 아니라 서비스와 경험 모두를 염두에 두고 있기 때문이다. 혁신을 통해 고객들에게 브랜드 약속을 이행하려면 내·외부적인 소통과 연결 또한 중요하다. 내부적으로는 혁신을 위한 움직임을 만들어야 하며, 외부적으로는 고객에게 기대감을 유발시켜야 한다. 더불어 혁신을 통해 업체의 브랜드 약속을 실현하고자 할 때에는 어떤 부분의 혁신이 중점이 되더라도 고객에게 의미 있는 경험을 남길 수 있도록 디자인되어야 한다.

3) 외식서비스 혁신과 상품 개발

앞서 언급한 것처럼 근본적으로 혁신이 새로운 제품, 서비스, 경험을 통해 레스토랑의 가치를 고객에게 전달하는 것이라는 측면에서 고객이 외식업체에서 만나고 느끼게 되는 모든 유·무형적 상품이 혁신의 결과물이 되고, 이 결과물의 경험을 통해 가치가 창출된다. 따라서 혁신적인 외식서비스 상품 개발이란 단편적인 서비스 제공 기술의 차별화를 이루거나 편리성을 증가시키는 것을 의미하는 것이 아니라 외식서비스 상품인 메뉴와 서비스, 경험을 통합하여 고객에게 제공함으로써 고객 가치를 창출하는 데 필요한 외식기업 내의 모든 요소와 프로세스의 변화를 포함하고 있다.

또한 외식업체에서 혁신을 통해 얻게 되는 새로운 상품이 반드시 기존에 볼 수 없었던 완전히 새로운 것이 아닐 수도 있으며 기존의 상품에 일정 부분 변형과 개선을 한 형태가 될 수도 있다. 즉, 외식업체의 신상품이란 고객 관점에서는 새로운 메뉴와 서비스를 포함하여 과거에 볼 수 없었던 새로운 제공물 모두를 의미하며, 업체 관점에서는 기존 상품을 개선하였거나 업계에는 존재하지만 특정 레스토랑에서 처음으로 생산, 제공하게 되는 모든 외식서비스 상품을 말한다. 따라서 외식서비스의 상품 개발에는 신상품 개발과 상품 리뉴얼 영역을 포함하고 있으며, 메뉴 상품의 경우 메뉴 크리에이션과 메뉴 리뉴얼, 서비스 상품의 경우 '뉴 서비스 프로세스 디자인'과 '서비스 프로세스 리디자인' 부분이 포함되며, 이러한 상품 개발로 인해 고객 관점에서 외식 경험에 대한 가치가 상승되었다면 개발 영역이나 수준에 상관없이 특정 외식업체의 외식서비스 혁신을 이룬 것으로 간주할 수 있다. 'JW 메리어트 호텔 서울'의 뷔페 레스토랑 서비스의 사례를 살펴보자. 호텔의 뷔페 레스토랑은 메뉴 앞에 놓여 있는 간단한 메뉴명을 보고 셀프서비스로 음식을 가져오는 콘셉트라는 것은 누구든지 알고 있는 사실이다. 매우 고급스러운 분위기는 테이블서비스를 받는 여느 파인다이닝과 다를 바 없지만 셀프서비스 콘셉트라는 고정 관념으로 인해 모르는 메뉴가 있어도 적극적으로 낯선 메뉴나 먹는 방법에 대해서 스태프에게 물어보기보다는 익숙한 음식을 주로 선택하게 되는 경우가 많다. 이처럼 고객들의 불편한 점을 파악한 뷔페 레스토랑은 일명 '부설남_{뷔페를 설명해 주는 남자}'라는 닉네임을 가진 매니저가 각 테이블을 돌며 이 레스토랑의 음식을 어떤 조합으로 먹어야 하는지, 메뉴의 특징이 무엇인지 등을 설명해 준다. 종종 음식이나 대기의 문제가 생기는 경우에도 신속히 불편함이 해소되도록 고객을 돕기도 한다. SNS에 이 레스토랑의 후기를 보면 음식을 설명해 준 '최초'의 뷔페 레스토랑이라는 글이나 이 서비스에 매우 감동한 고객들의 리뷰도 눈에 띈다. 음식에 대한 설명은 너무나도 당연한 레스토랑의 서비스일 것이다. 그런데 음식의 설명을 듣지 못하는 것이 당연해 보이는 뷔페 레스토랑에서의 메뉴에 대한 설명 서비스는 고객이 감동할 만한 혁신적 서비스가 된 것이다.

교재의 다음 부분은 혁신의 결과물로서 외식서비스 상품을 좀 더 체계적이고 효과적으로 개발할 수 있는 구체적인 방법과 프로세스에 대해서 다루기로 하겠다.

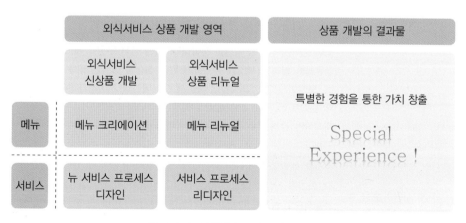

그림 4-1 | 외식서비스 상품 개발의 의미

2. 외식서비스 상품 개발의 개요

1) 외식서비스 상품 개발의 필요성

외식산업은 고객 니즈의 변화에 민감하게 반응하는 산업 분야 중 하나로서 고객의 특성과 니즈 변화에 따라 신속한 대응이 요구된다. 외식업체들은 이러한 고객 니즈 변화를 충족시키기 위해 혁신이 필요함을 인지하고 새로운 외식서비스 상품을 지속적으로 선보이고자 노력하고 있으나 안타깝게도 실패하는 경우가 많다. 외식업체의 마케팅 기법이 정교해지고 외부의 분석 전문가들을 활용해 고객에 대한 상세한 정보를 입수하고 있음에도 불구하고 신상품 출시가 실패하는 이유는 무엇일까? 바로 외식서비스 상품을 '메뉴'라는 단편적 상품에만 집중하여 너무 협소하게 정의하고 있기 때문이다.

외식업체를 방문하는 고객의 주된 소비 행동은 음식을 제공받고 먹는 것이지만,

표 4-2 | 혁신적 외식서비스 상품 개발의 이유

분류	내용
고객 가치 제공	고객의 니즈를 만족시키고 변화하는 고객 니즈에 따른 확장된 가치를 제공하기 위하여 신상품 개발이 필요하다. 따라서 고객이 무엇에 가치를 두는가에 초점을 맞추어 혁신적인 외식서비스 상품을 개발해야 한다.
신규 고객 유치를 통한 업체 성장	기존의 메뉴나 서비스 상품에 대한 개선이나 과거에 없었던 새로운 외식서비스 상품을 개발을 통하여 신규 고객을 유치함으로써 업체의 지속적이고 안정적인 성장과 운영을 도모할 수 있다.
경쟁 우위 확보	외식 분야는 경쟁이 치열한 분야이다. 이에 경쟁 우위를 확보하여 시장 점유율을 넓히고 사업을 유지하기 위해 신상품 개발은 필수적이다. 특히, 모방이 용이한 외식업에서는 새로운 메뉴와 서비스가 출시되면 미투 콘셉트(me-too concept)가 빠르게 나타나는 경향이 있다. 따라서 지속적인 경쟁 우위 확보를 위한 차별화된 외식서비스 상품 개발이 요구된다.
내부 자원의 활용	신상품 개발을 위해서는 외식업체 내의 다양한 부문의 협업이 필요하다. 따라서 신상품 개발 과정은 생산 자원, 마케팅 자원 등 내부 자원을 효율적으로 활용하게 하고 더 나아가 종사원의 능력 및 팀워크 강화에 도움이 된다.

맛있는 음식뿐만 아니라 대접받는 느낌이 드는 서비스, 편안한 분위기, 쾌적한 환경 등이 함께 제공되어 즐거운 시간을 보냈다고 느꼈을 때 비로소 외식이 가치가 있다고 생각한다. 즉, 외식서비스 상품은 메뉴라는 핵심 제품에 무형적 특성을 가진 서비스 과정이 함께 포함된 일종의 하이브리드 상품서비스가 상품의 필수 부분으로 디자인된 상품으로 이 상품이 고객에게 총체적 경험 가치를 제공하지 못하면 업체 입장에서 새롭게 개발했다고 믿는 외식서비스 상품이 고객에게는 전혀 와닿지 않고 외면 당하게 되는 것이다. 따라서 외식업체는 차별화된 외식서비스 상품의 꾸준한 개발을 통하여 고객의 외식 경험에 대한 가치를 높일 수 있도록 노력해야 한다.

2) 외식서비스 상품 개발의 분류

(1) 고객과 업체 관점에 따른 외식서비스 상품 개발 분류

① 고객 관점

외식서비스 혁신은 그 수준과 영역이 중요한 것이 아니라 고객 관점에서의 새로움 수준에서 결정된다고 이야기하였다. 즉, 고객 관점에서 바라보면 새로운 외식서비스 상품은 메뉴와 서비스가 묶여 있는 형식 제품으로서가 아니라 외식서비스 전 과정에서 얻고자 하는 핵심 제품의 차원에서 신상품을 이해하게 된다. 따라서 고객 관점에서의 신상품의 의미는 레스토랑 방문 목적과 결부된 고객의 욕구나 문제를 더 잘 해결해 줄 수 있는 새로운 '서비스 솔루션'이라고 할 수 있다.

예를 들어, 최근 반려동물 양육 인구가 급속히 증가하고 있다. 반려동물을 키우는 소비자들은 반려동물을 '키운다'가 아닌 '함께 산다'의 가족 개념을 가지고 있으며, 이에 따라 '펫팸족', '펫코노미반려동물 관련 제품과 서비스 산업'가 주요 키워드로 떠오르고 있다. 반려동물과 언제나 함께 하고 싶은 소비자들이지만 레스토랑의 입장이나 외출 시 먹이는 음식에는 제한이 많아 불편함이 항상 존재한다. 그러나 지금까지 이러한 상황은 반려동물을 키우는 사람이라면 당연히 감수해야 할 불편으로 여겨졌다. 이렇듯 당연시 여기는 문제에 대해 고객 관점으로 생각하고 문제점을 해결하는 펫프렌들리 레스토랑들이 등장하고 있고, 반려동물들을 위한 메뉴를 함께 제공하는 등 펫팸족

18
버거킹 '독퍼'
(dogpper)

에게 큰 인기를 얻고 있는 레스토랑 서비스가 등장하였다. 이것은 반려동물 양육 가구나 개인에게는 매우 편리하고 획기적인 외식업체의 서비스 솔루션 제공 사례이다.

다시 말하지만 고객의 니즈를 충족시켜 주기 위한 서비스 솔루션은 절대적으로 고객 관점에서 외식서비스 상품 제공 과정을 정의하고 혁신적인 디자인 설계가 이루어지도록 해야 한다. 이를 위해서는 고객의 문제를 관찰하고 경청하며, 기존 외식서비스 상품 제공 과정 중 고객이 겪었던 부정적 경험을 찾아내어 이것을 해결해 주는 서비스 솔루션을 개발하는 것이 중요하다. 고객의 전반적인 외식서비스 경험이 긍정적이 되도록 서비스 전체 프로세스를 개선하거나 새롭게 디자인하는 것은 서비스 품질 및 고객 만족도 달성에 매우 중요한 영향을 미치기 때문에 외식서비스를 통합적 관점에서 관찰·분석하고 혁신적인 외식서비스 상품을 개발할 수 있어야 한다.

② 외식업체 관점

외식서비스 혁신은 철저히 고객 관점에서 새로움을 경험할 수 있어야 한다. 다만 체계적이고 효과적인 상품 개발을 위해서 외식업체는 혁신에 초점을 맞추어야 하는 영역에 대한 분류가 필요하다. 즉, 외식업체 입장에서는 고객 수요의 변화나 경쟁업체에 대응하기 위하여 상품 개발을 시도하며 보통 제품과 공정 혁신에 초점을 맞춘다. 제품과 공정 혁신은 제조업에서 주로 사용되는 용어로 제품 혁신은 기업이 생산하는 제품에 대한 새로운 유형을 만들어 내는 것을 말하며, 공정 혁신은 제품 제조에 있어 생산비용을 줄이거나 제품 품질 개선에 도움을 주는 제조 공정에 대한 개선이나 혁신을 말한다. 이를 외식업에 응용하면 제품 혁신은 외식서비스 상품을 이루는 상품 체계를 고려할 때 형식 제품formal product과 확대 제품augmented product에 포함되는 요소들의 혁신을 말하며, 공정 혁신은 고객이 레스토랑의 형식 제품을 통해 핵심 제품core benefit인 '긍정적 경험'을 얻기 위하여 거치는 외식서비스 이용 과정, 즉 외식서비스 프로세스에 대한 혁신을 의미한다.

(2) 혁신 수준에 따른 외식서비스 상품 개발 분류

혁신 수준에 따른 외식서비스 상품 개발의 분류는 일반적으로 상품이나 서비스를 개발하는 업체 관점에서 논의되는 혁신 정도에 따른 분류이다. 외식서비스 분야에서 새로운 서비스 상품 개발은 서비스 개선service improvement과 서비스 변혁service

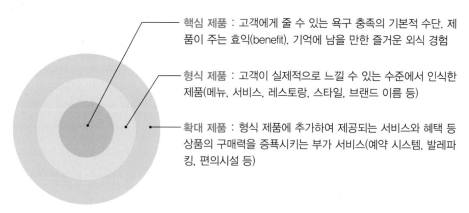

핵심 제품 : 고객에게 줄 수 있는 욕구 충족의 기본적 수단. 제품이 주는 효익(benefit). 기억에 남을 만한 즐거운 외식 경험

형식 제품 : 고객이 실제적으로 느낄 수 있는 수준에서 인식한 제품(메뉴, 서비스, 레스토랑, 스타일, 브랜드 이름 등)

확대 제품 : 형식 제품에 추가하여 제공되는 서비스와 혜택 등 상품의 구매력을 증폭시키는 부가 서비스(예약 시스템, 발레파킹, 편의시설 등)

그림 4-2 | 외식서비스 상품 체계

innovation 사이에 존재하게 되며, 개선과 변혁의 기준은 기존 서비스 시스템을 중심으로 급진적 변화의 요구 정도에 따라 급진적 또는 점진적 혁신으로 구분할 수 있다.

① 급진적 혁신

급진적radical 혁신은 과거에 경험하지 못했던 완전히 새로운 제품 또는 서비스의 개발이나 기존 상품을 위한 혁신적인 전달 시스템 도입 등을 포함하고 있다. 급진적 혁신은 불연속적이고 일시적으로 이루어지기 때문에 조직 내에서 계획적으로 뚜렷한 목표를 가지고 실행되는 경우에 큰 효과를 얻을 수 있고, 특정 분야 전문가에 의해서 주도되는 경우가 많다. 외식산업에서 급진적 혁신에 의한 신상품은 대부분 기술 기반IT 기반, 푸드 테크 기반 등 위주의 외식서비스 상품 개발을 예로 들 수 있다.

② 점진적 혁신

점진적incremental 혁신은 서비스의 제공 과정에서 지속적으로 이루어지는 혁신 활동을 통한 변화를 의미하며, 기존 서비스 상품에 대한 개선의 성격이 강하다. 따라서 점진적 혁신은 업체의 기존 노하우를 유지하면서 장기적이고 지속적인 개선 노력에서 비롯하여 성과가 나타나는 것을 의미한다. 특히, 점진적 혁신은 고객의 니즈를 만족시키기 위한 해결 방안을 찾아냄으로써 혁신이 발생되는 것을 의미하여 수요 견인need pull 혁신 유형이라고 할 수 있다.

외식 분야에서의 혁신은 대부분 점진적 혁신 분야로 고객에게 상품을 제공하는 과

표 4-3 | 혁신 수준과 개발 영역의 예

분류	제품	서비스	프로세스
급진적 혁신	대체육을 이용한 햄버거	로봇을 이용한 메뉴 제공 서비스	레스토랑 내 스마트팜을 이용한 채소 조달
점진적 혁신	햄버거 메뉴의 다양화	홀 종사원의 테이블 담당제	비건 식당에서 유기농 농장에서 식재료 조달

정에서 지속적으로 이루어지는 개선 활동을 통해 상품이 다듬어지거나 긍정적으로 수정되는 경우가 많고, 이를 통해 기존의 상품을 업그레이드하게 된다. 다만, 점진적 혁신을 통한 상품 개발에 있어서 고객과 시장 상황을 면밀하고 꾸준히 살펴 혁신의 선두 주자가 되는 주도적 혁신이 있는가 하면, 경쟁자의 변화에 대응하기 위한 대응적 혁신이 있을 수 있다. 바람직한 혁신의 방향은 주도적 혁신이 되도록 노력하여 고객에게 인상 깊은 경험을 제공함으로써 의미 있는 브랜드가 되는 것이다.

3) 외식서비스 상품 개발의 내용

외식서비스 상품 개발의 내용은 외식 분야에서 많이 이루어지고 있는 상품 개발의 주요 영역을 위주로 정리하였으나 각각의 상품 개발 영역이 급진적 또는 점진적 혁신 분류에 속하는지에 대한 구분은 하지 않았다. 왜냐하면 개발 상품마다 특별히 신경 써야 하는 사항은 있지만 결국 이 상품 혁신을 통해 고객에게 한 목소리로 외식 브랜드의 약속을 실현시킨다는 점에서 주요 개발 사항을 둘러싼 조직과 서비스의 변화나 개선 등이 언제나 함께 요구되기 때문이다.

(1) 첨단 기술 기반 외식서비스 상품 개발

다른 분야와 마찬가지로 외식 분야에서도 혁신 상품은 기술 주도technology push에 의해 이루어지는 경우가 많다. 이것은 정보, 컴퓨터에 기반을 둔 기술이나 R&D에 의해 주도되는 혁신을 필요로 한다. 모바일 시스템이나 챗봇을 이용한 주문과 결제, 드론을 이용한 배달, 가상현실VR: Virtual Reality 기술을 이용한 고객 맞춤 메뉴 주문 서비

😀 IT 기반의 외식서비스 서비스 혁신 사례 1 : 모바일 오더링

현재 모바일 오더링(mobile ordering) 시스템은 외식업계에서
보편화되어 가고 있다. 이 시스템은 고객들에게 편리함을 제공
할 뿐만 아니라 외식업 운영상에서도 효율을 높이는 계기가 되
었다. 많은 외식고객들은 모바일 오더링을 편리한 주문 시스템
으로 여기고 있으며 사용자도 늘어나고 있는 추세이다. 우리나
라는 배달 음식의 발달로 인해 '배달의 민족', '요기요', '배달통
등' 음식 배달앱의 활용이 활발하다. 미국의 경우 'ChowNow',
'Zuppler', 'Square Order', 'GrupHub', 'eHungry' 등의 웹사이

19
커피업계의
원격 주문 서비스

트, 페이스북, 모바일앱을 이용한 주문 플랫폼들이 이용되고 있다. 이 외에도 스타벅스 등에
서 비롯된 커피숍의 원격 주문 서비스가 강화되고 있다.

레스토랑 검색   음식 선택   온라인 결제   픽업 & 배달

모바일 주문 시스템

😀 IT 기반의 외식서비스 서비스 혁신 사례 2 : 도미노의 혁신적 배달서비스

고객들이 배달 피자에서 기대하는 가치는 빠른 시간 안에 모
락모락 김이 나는 뜨거운 피자를 제공받는 것이다. 도미노피자
는 이 점을 고객 만족을 위한 탁월한 서비스 품질로 여겨 자동
차 안에 8판의 피자가 들어갈 수 있는 빌트인 보온 오븐과 80판
의 냉동 피자 및 배달에 필요한 음료와 디핑소스, 냅킨을 보관
할 수 있는 공간을 마련하고 자동차 외부에는 배달자의 이름과
콜사인, 근무처 등 을 알 수 있는 스티커를 붙인 피자 배달 차량
인 DXP(Delivery Expert)를 개발하여 운영 중이다. 기술 혁신이
응용된 도미노의 DXP 차량 배달서비스는 고객이 원하는 서비
스 품질을 반영한 획기적인 신서비스이라고 할 수 있으며, 배달

20
도미노의 딥택트
(Deeptact):
아날로그 콘택트+
디지털 언택트

서비스에서 발생할 수 있는 '식어서 맛없는 피자'라는 문제점을 효과적으로 해결해주고 있다.
또한 최근에는 IT와 결합한 무인 DXP 차량, 도미노 배달 드론인 '도미 에어', 도미노 배달 로
봇 '도미런' 등을 개발하여 고객이 배달서비스에서 불만 요소가 발생했던 음식의 품질, 안전
성, 편리성, 접근성 등을 개선시키고자 노력하고 있다.

스, 3D 식품 프린팅이나 신소재 식품을 활용한 신메뉴 개발 등 푸드 테크food tech[4]를 활용한 다양한 외식서비스 상품들이 기술 기반 외식서비스 상품 개발의 예가 될 수 있다.

(2) 타 산업 분야와의 융합 및 응용

이것은 다른 기업이나 타 분야에서 제공한 적이 있는 제품이나 서비스라 할지라도 해당 기업에서 기존 고객에게 제공한 적이 없는 상품을 제공하는 것을 말한다. 보통 이러한 상품은 다른 산업 분야의 상품을 응용하거나 융합하는 형태로 나타나게 된다. 기존에는 커피숍에 설치된 은행의 자동입출금기, 서점 안의 커피숍, 패밀리 레스토랑의 회의 공간 제공 등 비즈니스 업무 수행이 가능한 공간을 대여하는 것과 같은 눈에 보이는 서비스 융합의 형태만 볼 수 있었으나 최근에는 IT 기반의 서비스 융합도 시도되고 있다. 예를 들어, 스타벅스의 모바일 주문 시스템인 사이렌오더와 핀테크 결합으로 모바일 뱅킹과 같은 혁신적 서비스로의 확장 등이 그것이다.

이뿐만이 아니라 F&B 분야와 전혀 어울릴 것 같지 않은 타 산업군과의 융합으로 만들어진 새로운 상품의 출현 또한 이 부분에 포함된다고 할 수 있다. 외식업체나 레스토랑의 아트 분야나 명품 브랜드와의 협업이나 식품업체와의 컬래버레이션 등을 예로 들 수 있다.

(3) 기존 시장을 위한 새로운 외식서비스 상품 개발

기존 상품이 제공되고 있는 타깃 고객의 동일한 니즈나 변화된 니즈를 만족시키기 위한 새로운 외식서비스 상품 출시를 말한다. 이러한 상품의 예로는 신규 외식 브랜드 개발, 메뉴 상품 라인의 확장, 외식 메뉴의 구독 서비스 등을 들 수 있다. 특히, 메뉴 상품 라인의 확장은 기존 메뉴 제품이나 서비스에 메뉴의 폭과 넓이를 확장시키거나 새로운 서비스 프로세스 추가하는 형태를 생각해 볼 수 있다. 예를 들면, 커피와 차를 주로 판매하는 카페에서 디저트 메뉴 라인을 추가하는 것, 점심과 저녁 위주의 레스토랑에서 영업시간을 변경하여 브런치나 애프터눈 티 세트 등의 상품을

---

4 푸드테크란 음식이나 식품산업에 첨단 기술(인공지능 기술, 바이오 기술, 로봇 기술 등)을 접목해 새로운 제품을 만들어 내거나 기존 제품에 부가가치를 더하는 것을 뜻한다.

😀 타 산업군과 F&B 분야의 융합 사례

식품업계 × 외식업계

베스킨라빈스에서는 다양한 식품업계와의 콜라보를 통해 새로운 메뉴를 출시하여 소비자에게 추억 소환, 맛에 대한 호기심을 자극하고 있다.

출처 : 베스킨라빈스 공식 홈페이지.

아트 × 외식업계

던킨, 엔젤리너스 등은 아트분야와의 융합을 통해 이색 매장을 오픈하여 색다른 모양의 메뉴를 출시하거나 매장을 아트작품의 전시 공간으로 활용하면서 소비자에게 음식을 통한 즐거움뿐만 아니라 레스토랑에서의 문화적 만족감을 높여 주고 있다.

출처 : 던킨코리아
공식 페이스북.

출처 : 엔젤리너스 공식 페이스북.

명품 브랜드 × 외식업계

패션, 쥬얼리 등을 취급하는 다양한 명품 브랜드들이 브랜드 정체성을 알리고 고객들에게 특별한 경험을 선사하기 위하여 독특한 콘셉트의 메뉴와 공간을 갖춘 카페와 레스토랑을 운영하고 있다.

#21
명품 브랜드를 입은
카페 & 레스토랑

추가로 판매하는 것도 상품 라인의 확장으로 볼 수 있다. 또한 테이블 서비스 위주의 파인다이닝 레스토랑에서 기존 메뉴에 대한 밀키트 상품 출시, 배달이나 테이크아웃 서비스를 도입하는 것 등도 예가 될 수 있다.

🔵 기존 시장을 위한 새로운 외식서비스 상품 개발 사례

레스토랑 메뉴의 밀키트화

최근 가정 간편식 시장이 급성장하면서 국내 파인다이닝, 미슐랭 가이드 선정 레스토랑의 대표 메뉴, 해외 유명 식당의 메뉴 등 다양한 콘셉트를 활용한 밀키트가 등장하여 직접 레스토랑을 방문하지 않더라도 그 레스토랑의 메뉴를 경험할 수 있는 상품이 출시되고 있다. 여행에 대한 동경이 있는 사람들을 위한 항공 여행의 느낌을 담은 기내식 밀키트 등도 소비자에게 좋은 반응을 얻고 있다.

#22
레스토랑 메뉴의
밀키트화

스마트팜 레스토랑

최근 자연 친화, 친환경, 건강 등에 대한 고객 니즈가 지속적으로 이어지자 샐러드나 채식을 즐겨 찾는 고객들을 위한 스마트팜 레스토랑이 등장하였다. 레스토랑 내에 작은 스마트팜을 설치, 운영하여 방문고객이 추구하는 가치를 눈으로 확인하고 체험한다는 점에서 기존 고객들에게 새로운 서비스를 제공한다고 할 수 있다.

출처 : 동원홈푸드 공식 홈페이지.

출처 : 식물성 공식 인스타그램.

(4) 기존 상품의 단계적 개선

외식서비스 상품 개선은 기존 메뉴나 서비스에 다양한 방법으로 변형과 수정을 가하는 것을 의미한다. 이러한 개선은 첨단 기술에 의한 혁신보다는 비용이나 위험 부담은 적으면서도 고객들에게 신선한 경험을 제공하기에 매우 좋은 상품 개발 방법이다. 기존 메뉴에 대하여 재료의 변경을 통한 메뉴의 변형을 도모한다거나 대기시간을 줄이기 위한 서비스 라인 개선, 영업시간 연장 등이 예가 될 수 있다. 매우 단순한 혁신이라고 생각할 수 있지만 레스토랑을 찾는 고객들은 익숙함을 편안하게 여기면서도 지루함은 참지 못한다. 따라서 재방문 고객들에게 익숙하지만 참신한 레스토랑을 만들기 위해 다양한 상품요소의 개선과 유지가 중요하다.

😀 기존 상품의 단계적 개선 사례

아웃백 하우스의 식재료 품질 향상 시스템을 통한 메뉴 개선

아웃백은 식재료 유통시스템 개선을 통해 스테이크 상품력을 강화했다. 이를 통해 기존 냉동육에서 냉장육을 사용하고 기존 3~4일 걸리던 유통시스템을 1일 배송으로 전환하여 식재료의 신선함을 유지하고 있다고 한다.

또한 스테이크 하우스의 아이덴티티를 살린 도끼 모양의 토마호크 스테이크를 출시함으로써 메뉴의 고급화도 시도하였다. 이를 계기로 기존에 판매 중이었던 티본, 엘본, 블랙라벨 등의 스테이크 판매도 증가하게 되었다. 또한 대형 매장을 정리하는 대신 작은 매장의 리뉴얼을 통해 와인특화 매장을 오픈해 스테이크와 와인페어링 서비스를 실시하는 등 외식서비스 상품 품질을 향상시켰다.

출처 : 아웃백스테이크
하우스 공식 페이스북.

출처 : 식품외식경제(2021).

(5) 스타일 변경

스타일 변경은 외식서비스 상품의 근본적 변화라기보다는 상품의 형태 등을 변경하여 고객의 인식, 감정, 태도에 영향을 주고자하는 가시적 부분에 대한 변화나 업그레이드를 말한다. 기존 메뉴의 프레젠테이션이나 플레이팅 디자인 변경, 레스토랑의 인테리어 변화, 브랜드 로고의 변경, 종사원의 유니폼 교체 등이 이에 속하며 유형제품의 포장 변경과 유사한 수준으로 이해할 수 있다. 이때 중요한 것은 어떠한 새로운 가치를 제공하기 위해 스타일을 변경했느냐 하는 것이다. 스타일의 변경은 고객들에게 매우 직접적으로 새로운 변화에 대한 기대를 가지게 하므로 핵심적 상품에서의 변화와 고객을 위한 브랜드의 고민과 진정성을 느낄 수 있도록 해야 한다. 예를 들어, 버거킹은 리브랜딩 전략으로 모든 비주얼 요소를 새로 디자인하였다. 이러한 비주얼 요소를 통해 더욱 신선한 재료의 사용, 버거킹의 화염구이 조리와 같은 핵심 제품을 포함한 버거킹에서의 고객 외식 경험이 더욱 즐겁고 맛있어진다는 것을 커뮤니케이션하고자 하였다.

😎 스타일 변경 사례

버거킹의 리브랜딩

버거킹은 최근 리브랜딩을 진행하여 비주얼 요소를 '군침이 도는, 크고, 대담한, 재밌지만 딱딱하지 않으며, 자랑스럽고, 진실하게'를 묘사하는 디자인으로 업데이트 했다. 버거를 상징하는 로고 및 'flame sans'라는 새로운 서체를 만들어 음식 패키지 등에 활용하고 있다. 또한 빨강, 주황, 흰색의 칼라를 활용하여 이를 유니폼, 메뉴보드, 레스토랑 간판 등 유형적 요소 전반에 적용하고 있다.

출처 : DESIGNLOG(2021), dezeen(2001).

3. 외식서비스 상품 개발 프로세스

지금까지 우리는 외식서비스 상품 개발의 필요성과 유형에 대해서 다양한 논의를 진행하였다. 실제로 많은 레스토랑들이 경쟁자와 차별화된 콘셉트와 혁신적 상품을 내세우며 끊임없이 오픈하고 있다. 그런데 고객들에게 꾸준한 사랑을 받으며 지속적으로 운영에 성공하는 레스토랑은 그리 많지 많다. 왜 많은 레스토랑이 살아남지 못하고 소비자들의 외면을 받는 것일까? 결론적으로 외식업체의 새로운 상품이 고객의 욕구나 문제를 더 잘 해결해 줄 수 있는지, 즉 외식서비스 상품의 가치에 대해 고객의 공감이 이루어졌는지 여부에 따라 외식서비스의 성패가 결정나기 때문이다. 따라서 외식업체는 새로운 외식서비스 상품에 대하여 고객이 구매 가치를 충분히 느낄 수 있도록 만들어야 한다. 또한 외식서비스 상품 개발은 단순한 개선과 혁신을 의미하는 것이 아니라 '고객이 공감할 수 있는 혁신'이라는 전제를 가지고 체계적인 상품

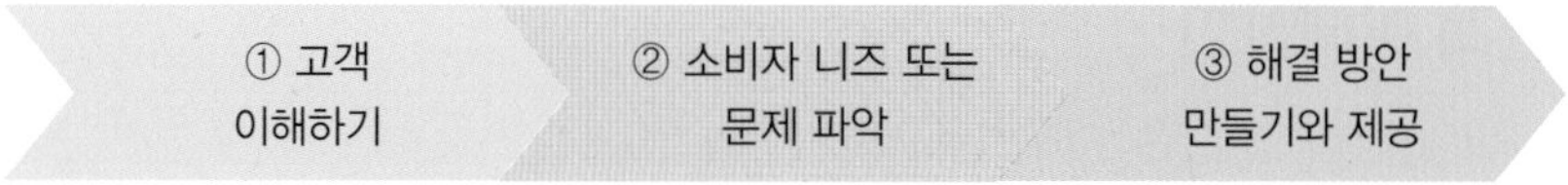

① 고객 이해하기	② 소비자 니즈 또는 문제 파악	③ 해결 방안 만들기와 제공

그림 4-3 | 외식서비스 상품 개발 주요 프로세스

개발 절차에 따라 진행되어야 실제 상품이 제공되었을 때 발생할 수 있는 오류를 최소화할 수 있고 성공적인 정착이 가능하다. 다만, 상품 개발의 단계는 업체 입장에서 혁신 수준에 따라 신서비스 상품인지, 상품 리뉴얼인지에 따라 중점을 두는 부분이 다를 수 있음을 인지하도록 하자.

신상품 개발의 주요 프로세스는 콘셉트의 개발에 중점을 두고 진행되며 대부분 기회 영역을 포착하고 고객 요구의 이해를 바탕으로 외식서비스 상품 콘셉트를 실제 디자인에 옮기고 테스트한 후 출시하는 과정으로 이루어진다. 반면, 기존 외식서비스 상품을 개선하는 상품 리뉴얼은 콘셉트 개발로 시작하는 것이 아니라 현재 제공되고 있는 서비스 상품의 문제점이나 결함의 인식에서 비롯된다. 외식서비스 상품의 문제점과 결함은 현재 제공되는 상품이 고객에게 전달하고자 하는 외식서비스의 가치를 제대로 제공하지 못하는 상황을 의미하며, 이를 인지하는 것이 첫 번째 단계이다. 그 다음 문제 발생의 이유를 면밀히 분석하는 단계를 거치고, 마지막으로 다시 고객의 만족을 이끌어 낼 수 있는 탁월한 품질의 상품으로 개선할 수 있는 대안을 찾아내어 이를 기존 상품에 적용하는 단계로 이루어진다.

신상품 개발이든 상품 리뉴얼이든 전체 외식서비스 상품 개발 과정에서 공통적으로 중요하게 거쳐야 하는 과정들은 고객 이해—문제 파악—해결 방안 만들기와 제공이다. 본 장에서 설명하는 외식서비스 상품 개발 과정은 메뉴와 서비스 프로세스에 상관없이 외식서비스 상품 개발을 위한 기본적 단계와 도구들에 대해서 다루고자 한다. 메뉴 상품 개발을 위한 세부적 절차와 방법, 주요 사례 등은 제5장에서, 외식서비스 프로세스 디자인에 대한 부분은 제6장에서 별도로 다루고 있다.

1) 고객 이해하기

고객의 기대를 파악하고 기대를 넘어서는 외식서비스 상품을 제공할 때 고객은 감동하게 된다. 따라서 고객의 니즈를 파악하는 것이 상품 개발의 첫 번째 단계가 될 것이다. 고객의 니즈를 파악한다는 것은 고객의 입장에서 충족되지 않은 욕구 또는 해결하고자 하는 문제를 파악하여 해결방법을 모색해 보는 것이다. 이때 중요한 것은 외식업체의 관점이 아닌 고객 관점에서 고객을 살펴보고, 고객이 필요로 하는 것, 또는 겪고 있는 불편과 불만족, 해결해야 하는 문제 등을 파악하는 것이다. 경영주나 상품 개발자의 입장에서 보면 고객이 필요로 하거나 부족하다고 느끼는 부분을 제대로 알기 어렵다. 따라서 고객의 입장을 제대로 파악하기 위해서는 다각적인 방법을 통하여 종합적으로 니즈를 파악해야 하며 대표적으로는 (1) 소비자 조사, (2) 소비자 관찰, (3) 소비자 경험의 세 가지 방법을 시도해 볼 수 있다.

(1) 소비자 조사

소비자 조사는 신상품 개발, 기존 상품 개선, 고객 만족도와 충성도, 브랜드 인지도 등을 알아보기 위한 기업의 마케팅 조사의 하나이다. 소비자 조사는 고객이 중요하게 생각하는 속성, 각 속성별로 원하는 수준, 그리고 외식서비스 제공 과정에서 외식업체가 제공해 주어야 한다고 생각하는 수준을 찾는 것에 중점을 둔다. 특히, 설문조사, 표적 집단 인터뷰focus group interview 등의 방법을 통해 신상품 개발, 기존 서비스 프로세스 개선, 고객 만족도와 충성도, 브랜드 인지도 등에 대한 결과를 도출할 수 있다.

① 소비자 조사를 위한 계획 수립

본격적인 소비자 조사를 실시하기 위해서는 '조사 내용 개발→조사 방법 선정→조사 예산 산정→조사 진행 일정' 등의 조사 계획을 수립해야 한다.

- 조사 내용 개발 : 조사 목적 결정 후 고객으로부터 수집되어야 하는 정보가 무엇이고, 정보를 얻기 위해서는 어떤 내용들이 조사되어야 하는지 논의한 후 조사 내용을 구체화한다.

- 조사 방법 선정 : 조사 내용을 효과적으로 수집하기 위해서는 적절한 조사 방법이 필요하며, 이에 대한 결정 사항으로는 자료 수집 방법, 표본 선정 방법, 자료 분석 방법 등이 포함된다.
- 조사 예산 산정 : 소비자 조사의 질과 조사 진행의 일정 등을 고려하여 조사 예산을 수립해야 하며, 조사에 따라 다르지만 조사 경비, 인건비, 전산 처리비, 기술 정보비, 도서 구입비, 인쇄비 등이 계산되어야 한다.
- 조사 진행 일정 : 조사 진행 일정은 단지 조사가 진행되는 기간뿐만 아니라 조사 기획, 수집된 자료의 분석 과정, 결과 분석을 토대로 한 보고서 작성 기간 등을 충분히 고려한 일정이 수립되어야 한다.

② 소비자 조사의 유형

소비자 조사의 유형은 크게 정량적 조사quantitative research와 정성적 조사qualitative research로 나누어진다.

정량적 조사

조사 결과를 수치로 요약할 수 있는 조사로서 보통 설문 형식의 조사를 이용하며 표본 추출 방법에 따라 응답 대상을 접촉하여 조사를 진행한다. 많이 쓰이는 방법은

표 4-4 | 정량적 조사의 종류와 특징

종류	조사 방법	특징
일대일 면접 조사	조사자가 응답자를 직접 만나 조사	• 심층적 조사 가능 • 실태 조사, 마케팅 조사 시 유용 • 높은 비용 및 많은 소요시간
우편 조사	우편을 통하여 설문지를 발송, 응답을 회신받는 방법	• 저렴한 비용, 비공개로 인해 민감한 정보 수집 가능 • 발송 리스트 필요 • 회수율 저조 가능성 있음
온라인 조사	인터넷, SNS를 활용하여 조사	• 저렴한 비용 및 적은 소요 시간 • 응답자의 소재지에 따른 제약이 없음 • 자체 패널 확보로 인한 대표성 문제 소지가 있음
전화 조사	조사자가 전화를 이용하여 조사	• 저렴한 비용 및 적은 소요 시간 • 문항 수 제한 및 난이도 있는 질문 불가

설문지를 이용한 전화 조사, 일대일 면접 조사, 우편 조사, 온라인 조사 등이다. 정량적 조사는 되도록 많은 사람을 상대로 조사하게 되며 조사 결과는 특정 질문에 빈도, 퍼센트, 평균 등의 형식으로 표시된다. 정량적 조사는 표본의 응답을 바탕으로 전체 조사 대상의 의견을 파악하는 데 목적이 있으며, 소비자의 전반적인 태도나 구매 시 무엇을 중요하게 생각하는지 알 수 있고 마케터가 의도한 바가 소비자에게 잘 전달되고 있는지, 또는 서비스나 마케팅상의 특정 문제나 현상을 파악하는 데 도움이 된다.

정성적 조사

정량적 조사를 통해서는 어떤 현상에 대해 객관화시키거나 검증할 수는 있으나 그 현상에 대한 원인이나 문제점을 파악하기는 어렵다. 이에 정성적 조사를 활용하면 정량적 조사에서 파악하기 어려운 원인이나 이유를 알아내는 데 도움이 된다. 정성적 조사에서는 결과가 수치가 아닌 텍스트 언어로 도출되므로 어떤 현상이나 주제에 대해 소비자가 왜 그렇게 생각하는지, 또는 행동하게 되는지에 대하여 심층적으로 원인을 파악하는 데 유용하다. 특히, 고객을 이해하는 데 있어 고객의 관점을 심도 있게 탐구하여 상품 구매 시에 특정 속성이 왜 중요한가를 알아낼 수 있으며, 그 원인을 파악하여 소비자들의 생각이 어떻게 변화하는지를 알 수 있다. 즉, 고객의 니즈와 가치를 파악하는 데 중요한 정보이므로 신상품 개발 과정에 있어서는 여러 단계에 활용할 수 있는 조사이며 심층 면접, 포커스 그룹 인터뷰 등의 방법이 쓰인다.

- 심층 면접in-depth interview : 소수의 전문가나 소비자를 대상으로 장시간의 인터뷰를 진행하여 특정 이슈에 대한 심층적 정보를 획득하고자 할 때 사용한다. 특히, 민감한 주제에 대한 소비자의 솔직하고 순수한 견해를 알아보고자 할 때에는 일대다 인터뷰보다는 일대일 인터뷰one on one interview 기법이 유용하며 고객의 숨겨진 니즈를 찾는 데 도움이 된다.
- 포커스 그룹 인터뷰FGI, Focus Group Interview : 포커스 그룹 인터뷰는 다양한 소비자 의견 및 아이디어를 얻고자 할 때 사용한다. 동일한 특성을 지닌 집단주류 고객, 외식사업 분야의 전문가 그룹을 중심으로 소비자나 전문가의 의견을 알아보고자 할 때 보통 소그룹 토론mini group discussion 형식으로 진행한다.

😀 **언포커스 인터뷰(unfocus group) 조사**
   : 극단적 사용자 인터뷰(extreme user interview)

보통 신상품 개발은 소비자의 외식서비스 이용 경험, 이용 행태를 정확하게 파악하는 것이 중요한데, 이를 위해서는 극단적 사용자에 대한 인터뷰 진행을 고려해 볼 수 있다. 많은 외식업체들이 포커스 그룹 인터뷰와 같이 전형적인 고객으로부터 피드백을 받아 고객 만족 정도나 개선점을 파악한다. 그러나 주류 고객에게 초점을 두는 조사는 신상품에 대한 획기적인 영감을 얻기는 어렵다. 외식업체에서 신상품 개발 방향에 대한 영감을 얻기 위해서는 극단적 사용자의 의견을 획득하는 것이 좋은 시도가 될 것이다. 이들은 이른바 정상 분포 곡선에서 맨 가장자리에 있는 소비자들로서, 전문가를 포함하여 상품에 대한 확실한 흥미가 있거나 반대로 상품을 전혀 사용해 본 적이 없는 극단적 사람들이 조사 대상으로 고려된다. 극단적 사용자들은 대다수 고객들의 불분명한 행동이나 니즈를 분명하게 드러내며, 새로운 것에 민감하게 반응하고 의견을 적극적으로 제시한다. 즉, 극단적 고객이 주류 고객을 대표하지는 않지만 이들의 경험을 살펴보는 것이 타깃 고객들이 겪는 불편함, 불만, 숨은 욕구를 파악하는 데 도움이 되며 상품과 현재 문제에 대하여 다양한 관점으로 바라보고 고민할 수 있는 기회를 제공한다.

(2) 소비자 관찰

대부분의 소비자들은 불만 사항에 대해 잘 표현하지 않고, 또 본인들이 무엇을 원하는지 명확히 모르는 경우가 더 많다. 따라서 앞서 설명한 소비자 조사를 통해서 어느 정도 소비자의 욕구를 인지했다 하더라도 정확하고 제대로 파악하기에는 불충분한 경우가 많다. 이에 한발 더 나아가 소비자의 행동을 관찰해 보는 것은 소비자 조사와 더불어 소비자의 니즈를 파악하는 데 매우 유용한 방법이다. 대표적인 방법은 섀도잉shadowing 방법을 들 수 있다. 섀도잉은 소비자를 그림자처럼 따라다니면서 그의 행동이나 감정을 관찰자에게 투영하여 경험하는 방법으로, 고객의 행동이나 감정에 영향을 주는 특정 상황들을 파악하고, 문제의 해결방법이 될 수 있는 사실을 발견하기에 적합한 경험 방법이다. 실제 고객의 경우 말과 행동이 일치하지 않는 경우가 많기 때문에 섀도잉을 이용하면 고객들의 숨겨진 욕구를 찾는 데에도 도움이 된다. 섀도잉 진행방법은 표 4-5와 같다.

소비자 관찰은 단순히 행동을 보는 것이 아니라 행동의 의미를 파악하는 데 주력해야 하므로, 관찰 태도와 관찰 포인트가 중요하다.

표 4-5 | 섀도잉 진행 방법 및 내용

구분	내용
1. 섀도잉 대상자 선정 및 계획 수립	섀도잉을 진행할 대상자 선정을 위해 기준을 설정하고 이에 적합한 고객 선택, 관찰 내용을 선정
2. 섀도잉을 위한 사전 양해	섀도잉을 진행할 고객에게 사전에 양해를 구하고 진행 장소, 시간, 방법 등을 알려줌
3. 섀도잉 진행	섀도잉 대상자가 의식하지 않도록 눈에 띄지 않게 따라다니며 고객 행동, 환경 특징, 접촉 대상과의 대화 등을 관찰하고 기록함
4. 관찰 내용의 정리 및 공유	섀도잉을 통해 중점 관찰한 내용을 정리하고 팀원들과 공유 활동 진행
[주의점]	섀도잉을 위해서 고객에게 미리 양해를 구하게 되지만 섀도잉을 인식하는 경우 고객의 행동이 평상시와 달라질 수 있음. 따라서 되도록 대상자 눈에 띄지 않게 관찰하는 것이 중요함

- 관찰 태도 : 소비자를 관찰할 때에는 의도와 목적을 가지고 관찰을 해야 한다. 또한 한곳에서 여러 사람을 관찰하여 특정 행동의 특이성 여부를 판단하는 것이 필요하다.
- 관찰 포인트 : 관찰 포인트는 관찰할 때 중점적으로 살펴보아야 하는 부분을 말한다. 반복되는 행동 패턴, 본래의 용도가 아닌 것, 불편을 일으키는 것, 의외의 행동이나 예상하지 못했던 행동 방식 등이 주로 소비자 행동 관찰에서 파악해야 할 부분이다.

(3) 소비자 경험

소비자의 요구를 파악할 수 있는 가장 효과적인 방법은 직접 소비자가 되어 보는 것이다. 외식서비스를 이용하는 과정에서 느끼게 되는 고객의 감정은 직접 고객이 되어 보지 않는다면 알 수 없는 부분이다. 따라서 단지 정량적 소비자 조사 내용에 대한 분석만으로 소비자를 이해했다고 생각하는 것은 큰 오산이며, 직접적인 경험을 통해 기존 조사나 관찰의 분석 내용이 맞는지 확인할 필요가 있다. 직접적인 경험을 위해서는 서비스 사파리service safari를 활용해 볼 수 있다. 서비스 사파리는 조사자가 직접 서비스를 체험해 봄으로써 고객 관점에서 문제점이나 니즈를 파악하는 방법으로 문제 발견을 위한 다른 조사 분석 내용을 직접적으로 이해해 보는데 도움을 준

표 4-6 | 서비스 사파리 진행 절차

구분	내용
1. 체험 상황 및 환경 선정	문제가 발생하는 서비스 프로세스 시점을 전후로 직접 서비스를 체험하며 조사할 사항들을 결정(예 : 장소, 관찰 시점, 관련 자원 및 도구, 이해 관계자)
2. 고객 행동 예측	문제 상황에 따라 예상되는 고객 행동을 예측해 보고, 발생할 수 있는 돌발 상황에 대응할 주의사항 검토
3. 서비스 사파리 진행	조사자는 최대한 다른 고객들에게 영향을 주지 않도록 행동하며 녹화, 사진, 메모 등의 방법으로 상황을 기록
4. 관찰 내용의 정리와 공유	서비스 사파리를 통해 관찰한 내용을 정리하고 팀원들과 공유 활동 진행
[고려 사항]	서비스 사파리 진행 시 고객 체험을 하는 조사자와 이를 관찰 기록 하는 조사자 등 2명의 조사팀을 구성하여 진행하는 것이 바람직함

다. 서비스 사파리는 표 4-6과 같이 진행할 수 있다.

2) 소비자의 니즈 또는 문제 파악

소비자 조사를 통해 수집된 자료는 소비자의 니즈나 문제를 파악하는 데 활용된다. 소비자는 자신의 현재 상태와 이상적인 상태 사이에 차이가 있다고 느끼게 되면 그 차이를 메우려는 욕구를 가지게 되는데, 이 욕구가 소비자의 니즈나 해결해야 할 문제가 된다. 소비자의 니즈와 문제를 파악하기 위해서는 주요 고객들의 행동이 내포하고 있는 코드code : 특정 문화, 사회 또는 계층에서 공통적으로 가지고 있는 인식으로 사람들의 행동을 규정하는 중요한 요인으로 작용를 찾아내는 것이 매우 중요하다. 왜냐하면 특정 집단에서 보여지는 코드에 따라 니즈나 문제가 달라질 수 있기 때문이다. 이는 고객집단에 따라 동일한 외식서비스 상품이 제공되더라도 추구하는 가치가 달라질 수 있다는 것을 의미한다. 따라서 고객 이해 과정을 통해 여러 가지 관점으로 소비자의 행동에 차이를 가져오게 하는 환경과 이유 등을 면밀히 분석하고 외식서비스를 통해 얻고 싶어 하는 가치가 무엇인지를 파악해야 한다.

최근 베인앤드컴퍼니Bain & company에서는 소비자들이 추구하는 욕구와 가치에 대하여 네 가지 카테고리와 30가지 구성요소를 포함하는 '가치 피라미드30 elements of value pyramid'를 제시하였다. 이 피라미드는 매슬로우의 욕구 이론을 기반으로 하고 있지만 사람들의 욕구가 단계적으로 형성된다는 그의 이론과는 다르게 사람들의 욕구는 순차적이지만은 않고 직관적 판단에 따라 다양한 형태와 조합으로 나타날 수 있다고 제안하고 있다. 따라서 고객 중심의 새로운 서비스 개발을 위해서는 이와 같은 고객들의 동기와 가치를 세분화하고 상품의 기능적 가치만이 아닌 다양한 영역에서 추구되는 가치들을 파악해 볼 필요가 있다. 예를 들어 Netflix는 비용 절감, 긴장 완화, 향수 등의 가치 요소에 있어 기존 TV 방송국보다 3배 이상의 성과를 내고 있는 것으로 알려져 있고, 신발 전문 업체인 TOMS는 소비자가 신발 한 켤레를 사면 신발이 필요한 사람에게 한 켤레가 기부되는 프로그램을 통해 소비자에게 자기 초월적 가치를 제공하고 있다고 평가되고 있다.

23
베인앤드컴퍼니가
제시한 소비자
추구 가치

우리는 소비자 이해를 위한 조사와 관찰 방법에 대해서 다양한 논의를 진행하였다. 어떤 방법을 사용하든 소비자의 진위를 파악하는 것이 고객 이해하기의 핵심이다. 하인즈와 거버의 노인식 실패 사례를 살펴보도록 하자. 이 두 기업은 유아 이유식으로 매우 유명한 기업이다. 이들은 틀니를 착용한 노인들이 유아식을 구입해 먹는다는 사실을 알게 되고, 미래 노인 시장이 커진다는 것에 착안하여 노인을 위한 노인식을 개발하고 판매를 시작하였다. 그러나 결과는 대실패였다. 사회 현상을 제대로 파악하였고 제품에 대한 기술력도 가지고 있었는데 어째서 실패를 한 것일까? 요약하자면 제품의 타깃이 되는 노인들의 진짜 속마음을 알지 못했던 것이다. 면밀한 소비자 조사 결과 노인들은 치아나 위에 부담이 없는 음식이 필요한 것이 사실이었으나 그것 못지않게 중요한 것은 많은 사람들 앞에서 품위를 지켜 내는 일이었다. 유아식을 살 때에는 '손주 먹이려고 산다'고 할 수가 있으나 계산대 위에 '노인식'의 딱지가 붙은 음식을 사는 것은 '나는 늙고 이도 성치 않은 사람이에요'라고 광고하는 것처럼 느껴진다는 것이었다. 현재도 식품 이외에 다양한 분야에서 노인을 위한 제품과 서비스들이 등장하고 있으나 번번히 실패를 한다. 그 이유는 노인에 대한 개념이 잘못되어 있기 때문이다. 즉, 노인이 타깃이 되는 제품과 서비스를 개발할 때 노인들도 젊은 이들과 마찬가지로 사회의 일원으로서 활동하고 다양한 욕구를 충족시키고 싶어한다는 생각을 읽지 못한 채 그저 힘없는 환자 정도로 노인을 정의하고 있기 때문이다. 최근 많은 분야에서 특정한 대상의 지칭 없이 '유니버셜 디자인universal design'의 개념이 도입되어 사용되고 있는데, 이것도 소비자 관점의 중요성을 생각해 볼 수 있는 부분이라고 할 수 있다.

3) 해결 방안 만들기와 제공

외식소비자의 문제를 해결하는 것이 외식서비스 상품 개발의 의의임을 지속적으로 설명하였다. 그렇다면 고객을 이해하고 문제를 파악한 후 어떤 과정을 거쳐 해결책을 만들어 낼 수 있은 것인가? 아이데이션을 통한 창의적인 (1) 아이디어 발굴과 이를 가시적으로 나타내는 (2) 콘셉트화, 그리고 (3) 콘셉트의 평가와 수정 과정이 상품을 만드는 주요 과정이라고 할 수 있다.

(1) 아이디어 발굴

문제 해결을 위한 최적 방안을 만드는 것은 다양한 아이디어 도출에서 출발한다. 외식서비스에서 고객이 필요로 하고 원하는 것은 음식에 답이 있기도 하고, 서비스 또는 외식업체의 다른 요소로 해결될 수도 있다. 따라서 고객을 위해 무엇인가 새로운 상품 개발을 계획하고 있다면 외식업체는 자유로운 아이디어 제시가 가능한 환경을 만들고 어떠한 아이디어라도 받아들일 준비가 되어 있어야 한다. 보통 아이디어는 내부 조직원들의 다양한 아이디어 회의를 거쳐 나오게 된다. 고객을 제일 가까이에서 지켜본 홀 종사원의 아이디어, 소비자 조사를 담당한 마케팅 부서원의 의견 제시, 고객 관점으로 아이디어를 제안하는 종사원 등 다양한 관점으로 아이디어가 제시될 수 있으므로 자유롭게 생각하고 의견을 개진할 수 있는 분위기가 필수적이다. 즉, 아이디어 회의에 참가하는 사람들은 본인의 의견 개진에 있어 불완전하게 생각되는 아이디어라도 용감하게 의견을 말할 수 있어야 한다. 또한 다른 사람의 의견을 듣고 자신의 아이디어를 덧붙여 서로의 아이디어를 보완해 나가는 방법도 사용할 수 있다. 이에 참여하는 사람들은 다른 사람의 아이디어를 비판하는 것을 자제하고 어떤 의견이든 존중하는 태도를 가져야 한다.

다양한 아이디어를 도출하기 위한 과정은 흔히 아이데이션ideation이라고 하며 새로운 아이디어를 생성generating, 발전developing, 소통communication하는 과정을 포함하고

표 4-7 | 대표적인 아이디어 도출 방법

도출 방법	사용 특징 및 주의점	적용 포인트
브레인스토밍 (brain storming)	• 특정 주제에 대한 아이디어를 자유롭게 발상하고 제시하는 방법 • 다른 사람의 의견을 비판하지 않고 무조건 수용하는 것이 핵심 • 특정인만 아이디어를 낼 수 있으므로 사회자의 역할이 중요함	다양한 아이디어를 제시하고 수집하고자 할 때 활용
브레인 라이팅 (brain writing)	• 침묵 속에서 주제와 관련된 아이디어를 발상하는 방법 • 아이디어를 카드에 적고 다음 사람에게 건네고 다음 사람은 작성된 아이디어를 바탕으로 자신의 아이디어를 추가하는 방식 • 참석한 모든 사람이 아이디어를 제시할 수 있어 특정 사람만 아이디어를 내는 것을 방지	다양한 아이디어를 제시하고 수집하고자 할 때 활용
6색 모자 기법 (6 thinking hats)	• 6가지 각기 다른 색깔 모자가 의미하는 바에 따라 사고를 해보는 방법 빨간색 모자 : 자신의 감정과 본능대로 의견 제시 초록색 모자 : 새로운 아이디어, 추가적 대안의 제시 노란색 모자 : 아이디어에 대한 긍정적 사고, 타당성 검토 검은색 모자 : 아이디어의 위험성, 잠재 문제 제시 하얀색 모자 : 데이터나 정보에 기인한 사실적 사고 파란색 모자 : 토론 진행, 결론 요구 등 사고 과정의 체계화 및 조정	한 가지 아이디어에 대한 다양한 관점이 필요할 때 활용
스캠퍼 (SCAMPER)	• 이미 존재하는 사물이나 아이디어에 변화나 조작을 가해 새로운 것을 만들어 내는 전개 방법 • 대체(substitute), 결합(combine), 응용(adapt), 변형(modify/magnify/minify), 용도 변경(put to other uses), 제거(eliminate), 재정렬(rearrange/reverse)	특정 상품 및 서비스 개선 관련 아이디어 도출 필요 시 활용
랜덤 링크 (ramdom link)	• 특정 주제의 속성을 도출한 후 주제와 연결하여 아이디어를 제시하는 방법	아이데이션 과정에 아이디어가 잘 도출되지 않을 때 활용
마인드맵핑 (mind mapping)	• 다양하게 도출된 아이디어에 대해서 중심 주제를 정하여 키워드와 가지를 이용하여 시각적으로 생각을 정리하고 분석할 수 있는 방법 • 중심 생각을 기준으로 하여 가지를 만들어 연관된 항목을 그림이나 말로 정리해 나감	주제를 중심으로 도출된 핵심 개념들을 연결하며 아이디어 실행에 필요한 요소, 계획 등을 확인

있다. 특히, 새로운 상품을 개발할 때에는 일상에서 습관적으로 하는 사고에서 벗어나 발상의 전환, 유연한 사고, 타 분야와의 연결 등 창의적 마인드를 가지고 고객의 문제에 접근해야 한다. 여러 산업 분야에서 창의적 아이디어를 생성하기 위해서 다양한 방법들이 사용되고 있으며 표 4-7은 아이디어 도출 방법의 대표적 예이다.

수집된 다양한 아이디어 중 타당성, 발전 가능성을 바탕으로 채택 여부를 결정하고 스크리닝을 해야 한다. 스크리닝을 진행할 때에는 수집된 다양한 아이디어 중 신상품으로 발전 가능성이 높은 아이디어를 구분해 내도록 해야 하는데, 이때는 아이디어의 장단점 분석, 실행 가능성, 수익성, 시장 적합도 등에 대한 객관적인 평가를 실행하여 결정하도록 한다.

(2) 아이디어의 콘셉트화

아이디어는 소비자가 얻을 수 있는 경험이나 효용 등의 내용은 포함되어 있지 않다. 따라서 다양한 의견 도출로 채택된 아이디어는 고객 요구를 충분히 만족시킬 수 있는 콘셉트로 전환·발전시켜야 한다. 콘셉트화 과정은 아이디어를 고객에게 제공될 상품의 형태로 가시화하고 이에 대한 구체적인 기술을 하는 것이라고 할 수 있으며, 신상품을 활용하는 방법, 신상품으로부터 얻는 고객의 직접적 경험, 신상품 이용 경험에서 오는 효용benefit 또는 결과, 비용 대비 획득된 고객 효용에 대한 인식 등을 바탕으로 아이디어의 콘셉트화를 진행해야 한다.

즉, 소비자의 입장에서 누가, 어떻게 상품을 사용해야 하는지, 왜 그 상품을 사용해야 하는지 등 상품을 통하여 소비자의 어떤 문제를 해결할 수 있고 어떤 이득을 얻을 수 있을지 등 상품에 대한 구체적 설명을 덧붙여 가며 아이디어를 상품으로 발전시켜야 하는데 이 과정을 콘셉트화conceptualization라고 하며, 활용 가치가 부여된 아이디어를 콘셉트concept라고 한다.

콘셉트를 만들기 위해서는 ① 아이디어 연결과 ② 콘셉트 구체화 등을 단계적으로 진행해야 한다.

① 아이디어 연결

아이디어 연결은 도출된 아이디어를 조합하고 정리하여 아이디어를 확장하고 해결방안을 만드는 과정을 말한다. 아이디어 그룹핑 방법은 유사한 속성을 기준으로 하

표 4-8 | 아이디어 그룹핑

종류	분류 기준	방법
평면 그룹핑	아이디어가 제공하는 주요 기능 또는 서비스를 의미하는 속성에 따른 그룹핑	
가치 그룹핑	확산의 출발점이 되는 시드 아이디어를 중심으로 같이 결합되었을 때 시너지 효과가 나는 아이디어를 함께 그룹핑	

출처 : 이원주(2017).

는 '평면 그룹핑'과 확산 가능성이 높은 핵심 아이디어seed idea를 중심으로 분류하는 '가치 그룹핑'이 대표적이다표 4-8. 어떠한 방법으로든 아이디어가 그룹핑되었으면 동일 그룹 안의 아이디어들이 소비자에게 어떤 기능과 가치를 제공할 수 있을지 논의하고 동일 의미를 도출하여 이를 기준으로 아이디어를 보완하여 하나의 해결 방안, 즉 상품안으로 만들어야 한다. 이와 같이 도출된 상품안은 현재 외식업체가 보유한 인적, 물적, 기술적 자원으로 구현이 가능한 방안이어야 하며, 소비자의 긍정적 반응을 이끌어 낼 수 있을지에 대해서도 검토가 필요하다. 소비자에게 너무 낯설거나, 급격한 행동 변화를 필요로 한다거나, 또는 시간, 비용이 많이 드는 해결 방안일 경우 긍정적 반응을 기대하기가 어렵다.

② 콘셉트 구체화

콘셉트 구체화는 아이디어 연결로 도출된 해결 방안에 대하여 고객의 입장에서의 활용방법, 효용, 가치 등의 내용을 덧붙여 상품을 구체화하는 것이다. 이때에는 '콘셉트 보드concept board'[5]를 활용하는 것이 바람직하며 콘셉트 보드의 구성 내용만으로도 상품 콘셉트가 이해가 가도록 함축적이며 명확하게 제시되어야 한다. 콘셉트 보드의 활용은 개발된 콘셉트가 어떤 해결 방안인지 한눈에 파악할 수 있고, 여러 콘

---

5 콘셉트 보드의 주요 포함 내용 : 콘셉트 명칭, 상품에 대한 설명, 새로운 콘셉트를 사용할 목표 고객, 소비자에게 전달하고자 하는 가치(또는 구매해야 하는 이유), 콘셉트의 주요 기능, 소비자가 콘셉트를 활용하는 모습이나 상황을 설명하는 사용자 시나리오, 콘셉트의 모양이나 활용 방법을 설명하는 이미지나 그림 등을 활용한 콘셉트 스케치

셉트를 비교·평가하는 데도 유용하다. 소비자들은 구매 현장에서 상품을 사용해 보고 구매하는 것이 아니라 콘셉트에 대한 기대에 의해 상품을 구매하게 된다. 따라서 콘셉트 보드를 통하여 콘셉트 자체가 소비자에게 매력이 있는지를 검증하고 수정 단계를 거쳐야 신상품에 대한 실패 확률이 줄어들게 된다.

(3) 콘셉트의 평가와 수정

위와 같이 콘셉트 보드를 통한 콘셉트 검증도 좋은 방법이지만 검증된 콘셉트를 적용한 프로토타입prototype을 만들어 소비자 반응을 살피고 콘셉트와 제품을 수정하는 것이 바람직하다. 프로토타입은 콘셉트가 제공하는 주요 기능과 효익을 이해할 수 있을 정도의 시제품 또는 모형 등으로 소비자 반응을 확인하는 데 쓰인다. 프로토타입에는 사용 모습을 보여 주는 시나리오나 내·외부 디자인 등 상품 형태를 알 수 있도록 디자인하는 '목업mock-up'이나 종이에 콘셉트를 사실적으로 표현하거나 모형을 만들어 보는 '페이퍼 프로토타입paper prototype' 등이 있다. 외식업체에서 새로운 메뉴를 개발할 경우, 시제품을 쉽게 만들 수 있으므로 콘셉트 보드를 고객에게 제시하고 바로 시제품을 시식하게 하여 구매 의향이나 수용 가능성을 타진하여 콘셉트와 제품 테스트를 동시에 진행할 수 있다.

콘셉트를 개발할 때 반드시 염두에 두어야 하는 사항은 한 번에 완벽한 콘셉트를 만들어 낼 수 없다는 것이다. 아이디어의 콘셉트화 이후 소비자를 대상으로 수용 가능성을 타진해 보고 반복적인 수정을 거쳐야 완성도가 높아진다. 콘셉트화에서 가장 중요한 것은 한 번에 만들어지는 콘셉트의 완성도가 아니라 소비자의 검증 후 얼마나 빨리 소비자의 요구에 맞게 수정되는 것인가이다. 콘셉트를 만들고 반복적인 콘셉트와 시제품 테스트, 그리고 수정 과정을 거치는 것을 '이터레이션iteration'이라고 한다. 이는 소규모의 시도와 피드백을 반복하여 이에 대한 결과 분석을 바탕으로 해결할 부분을 보완하여 다시 소비자 반응을 살피는 과정을 말한다.

요컨대 외식사업은 진입 장벽이 타 산업에 비해 상대적으로 낮고 새로운 시장기회의 존재가 꾸준히 존재함에 따라 매력도가 높은 분야이다. 그러나 경쟁이 치열한 분야이기도 하므로 시장성 있는 외식서비스 상품의 개발과 지속적인 상품 개선이 이루어져야 안정적인 운영이 가능하다. 이와 같은 경쟁적 환경 안에서 외식업에서의 혁신적인 외식서비스 상품 개발은 고객에게 식음료, 전달 프로세스, 물리적 환경을 포함하는 통합적 상품 구성을 고려한 '기억에 남을 만한 경험' 제공이 목적이라는 것을 명심해야 한다. 따라서 외식업에서의 상품 개발은 새로운 메뉴 등 한 가지 상품요소의 개발이 아니라 고객의 참여를 염두에 둔 서비스의 개선, 메뉴 제공을 위한 다양한 서비스 프로세스 디자인, 대기시간의 감소 등 메뉴와 직간접적으로 관련이 있는 무형의 상품을 포함한 다차원적 수준을 고려해야 하며 상황에 맞는 개발 범위를 결정하여 각 고객에게 적합한 서비스 솔루션을 제공할 수 있어야 한다. 또한 새로운 콘셉트의 레스토랑을 만드는 것이 아니라면 외식업에서의 신상품 개발은 기술 활용 등과 같은 급진적 혁신 기반보다는 기존 상품에 대한 개선 및 업그레이드 중심인 점진적 혁신에 무게를 두는 것이 현실적이며 지속 가능한 운영에 효과적일 것이다. 왜냐하면 외식업의 고객은 매번 새로운 메뉴를 찾기보다는 익숙한 분위기에서 늘 주문하던 음식을 먹을 수 있는 기대를 가지고 방문하는 경우가 많다. 따라서 이러한 일상적 외식 경험을 좀 더 편리하고 편안하게 만들어 주는 개선의 노력이 이어질 때 고객들은 그 외식업체의 '진정성'을 알아주게 될 것이다.

또한 외식업체의 신상품 성공 여부는 구체적인 신상품 개발 프로세스의 확보와 더불어 신상품에 대한 연구 개발 능력, 생산 능력, 마케팅 능력, 현장 적응 능력 등 모든 부서들의 유기적인 결합에 의해 완성되므로 상품 개발에 대한 내부 종사원들의 적극적 참여가 이루어질 수 있도록 외식업체의 환경 조성과 지원이 뒷받침되어야 한다.

이어지는 제5장과 제6장에서는 외식업에서의 주요 상품 영역인 메뉴와 서비스의 개발 과정에 대해서 구체적인 설명을 이어가도록 하겠다. 제5장은 메뉴 상품 개발 과정을, 제6장은 서비스 솔루션 관점에서 긍정적인 고객 경험을 창출하는 서비스 프로세스 디자인 방법과 도구를 자세히 소개한다.

 외식서비스 마케팅

Chapter

05

혁신적인 메뉴
상품 개발

 학 습 목 표

1. 외식서비스 메뉴 상품의 개발 목적을 이해한다.

2. 메뉴 상품 개발의 범위와 기본 전략을 파악한다

3. 메뉴 상품 개발 과정을 익힌다

4. 메뉴 상품의 평가 분야와 방법을 이해하고 관련된 마케팅 전략을 살펴본다.

05

외식서비스는 메뉴와 서비스를 주요 상품으로 취급한다. 이 중 메뉴 상품은 고객들이 외식업체를 방문하는 근본적인 목적이 된다. 외식업 분야에서는 고객의 욕구가 빠르게 변화하고 경쟁이 치열한 시장인 만큼 고객 수요를 유지하고 이익을 창출하기 위하여 새로운 메뉴 상품 개발을 위한 다양한 노력들이 시도되고 있다. 특히, 고객들에게 꾸준히 사랑받고 있는 외식업체들을 살펴보면 업체의 특성을 살리되 트렌드에 맞게 기존 메뉴를 개선하거나 완전히 새로운 메뉴를 선보이는 등 다각도의 혁신 메뉴 상품 개발에 총력을 기울이는 것을 볼 수 있다.

1. 외식서비스 메뉴 상품 개발의 목적

레스토랑이 신메뉴 상품을 개발하는 목적은 다양하다. 기존 레스토랑의 신메뉴를 중심으로 한 매출 증대나 비용 절감, 경쟁사 제품에 대한 대응, 트렌드 및 고객 성향 변화에 대한 대응뿐만 아니라 신규 브랜드 개발을 통한 신규 시장 모색과 사업 영역의 확대 등을 이유로 꾸준한 신상품 개발이 필요하다. 신메뉴 상품 개발의 주요 목적을 정리하면 다음과 같다.

운영 안정화와 수익 확대

외식업체에서 신메뉴 상품 개발의 가장 중요한 목적은 운영 안정화와 수익 확대이다. 외식사업은 시간, 요일, 계절별로 수요의 탄력성이 큰 업종이다. 따라서 비수기 요인이나 외식업 유형별로 나타날 수 있는 주기적 침체, 트렌드 변화에 따른 외식 수요 변동 등 다양한 외부 변수에 적절하게 대응하여 안정적인 운영을 하기 위해서는 신메뉴 상품의 개발이 반드시 필요하다.

고객 재방문 유도

신메뉴 상품 개발은 레스토랑 고객의 재방문을 유도하고 이를 통한 매출 증대에도 필수적이다. 특히, 레스토랑에 자주 방문하는 단골고객들에게 메뉴 선택의 기회를 넓힘으로써 다양한 메뉴를 경험하게 하여 레스토랑을 더욱 애용하도록 유도하고 반복적 경험을 통해 충성도를 증대시키는 데 목적이 있다. 이와 같이 충성도가 높아지면 고객들의 신뢰와 긍정적 구전이 형성되어 레스토랑의 브랜드 강화에 유익한 영향을 가져오게 되며 결과적으로 경쟁 우위를 차지하여 향후 시장 확대나 사업 성장을 도모하는 데에도 도움이 될 수 있다.

레스토랑 콘셉트 및 진입 장벽 유지

기존의 레스토랑 콘셉트 유지와 경쟁자의 진입을 막기 위한 마케팅 목적으로도 신메뉴 상품의 개발은 필수적이다. 안타깝게도 메뉴 상품은 경쟁자에 의해 쉽게 모방이 가능하다. 따라서 경쟁 우위를 유지하기 위해서는 업체의 이미지에 부합하는 적절한 신제품 개발 방향을 설정하여 신메뉴 상품 개발을 꾸준히 실행하는 것이 필요하다.

신규 레스토랑 브랜드를 위한 메뉴 콘셉트 개발

기존 운영 중인 레스토랑을 위한 신메뉴 상품 개발 이 외에도 신규 외식 브랜드를 개발할 때에는 반드시 브랜드 콘셉트에 부합하는 적절한 메뉴 콘셉트가 함께 개발되어야 한다. 다만 레스토랑의 신규 브랜드 방향을 고려했을 때에는 메뉴 콘셉트 개발 목적이 달라질 수 있을 것이다. 예를 들어, 기존 레스토랑들과 유사한 업종의 신규 브랜드를 런칭할 때에는 경쟁사가 가진 메뉴와 유사하더라도 고객이 무엇인가 다른 가치를 느낄 수 있는 업그레이드된 메뉴 콘셉트의 개발이 필요할 것이다. 그러나 시장에 없는 완전히 새로운 메뉴 상품을 기반으로 한 브랜드를 만들 때에는 브랜드보다 메뉴 콘셉트 개발이 우선되어야 하며 정교한 메뉴 개발 프로세스가 적용되어야 한다.

2. 신메뉴 상품 개발 범위와 영역

신메뉴 상품 개발이란 현재 레스토랑에서 판매하고 있지 않은 메뉴나 콘셉트를 개발하는 것으로 정의할 수 있다. 앞서 제4장에서 다루었던 신상품 개발 수준과 범위를 고려해 볼 때 ⓐ 신규 외식 브랜드 개발 시 메뉴 콘셉트의 개발, ⓑ 기존 레스토랑에서의 신메뉴 개발, ⓒ 기존 레스토랑에서의 기존 메뉴 수정 및 개선을 통한 리뉴얼네이밍 변경, 레시피 변경, 프레젠테이션 스타일 변경 등 결과물을 모두 신메뉴 상품에 포함시킬 수 있다. ⓐ, ⓑ와 같이 완전히 새로운 메뉴 개발의 경우 '메뉴 크리에이션menu creation' 범위로 여러 가지 영감을 주는 요소와 메뉴 개발자의 상상이 더해진 창작이 중심이 되고, ⓒ와 같은 부분 수정은 '메뉴 리뉴얼menu renewal' 범위로 메뉴 운영에서 나타나게 되는 레시피, 프레젠테이션, 생산 과정 중 생길 수 문제점이나 개선점을 분석하여 이를 조정하는 것이 중심이 된다.

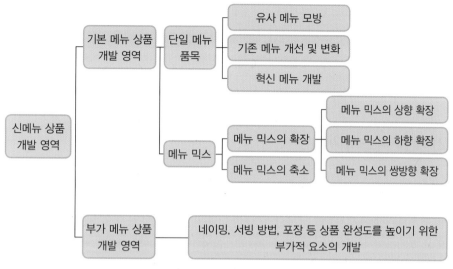

그림 5-1 │ 신메뉴 상품 개발의 주요 영역

외식서비스 상품 개발의 범위 안에서 신메뉴 상품 개발 영역도 몇 가지로 세분화하여 생각해 볼 수 있다. 기본적으로 메뉴 상품 개발은 메뉴 자체의 개발인지 메뉴의 부가적 요소에 대한 개발인지에 따라서 기본 메뉴 상품 개발 영역과 부가 상품 개발 영역으로 구분할 수 있고, 주요 메뉴 상품 개발 영역은 특정 메뉴 아이템 또는 메뉴 믹스 개발 부분으로 나누어질 수 있다. 또한 메뉴 상품의 완성도를 높이는 데 필요한 네이밍, 서비스, 프레젠테이션 등 메뉴를 둘러싸고 있는 부가적 요소의 개발도 신메뉴 상품 개발 영역에 포함된다그림 5-1.

1) 단일 메뉴 품목의 개발

기존 운영 중인 외식업체의 경우 이미 다른 업체에서 유사한 메뉴 품목을 취급하고 있을지라도 현재 자신의 레스토랑에서 판매하고 있지 않은 품목이라면 신메뉴 품목 개발로 볼 수 있다. 또한 기존 메뉴 품목에 대한 다양한 개선과 변화를 시도하는 리뉴얼 또한 메뉴 상품 개발에 포함될 수 있다.

외식산업에서의 메뉴 품목에 대한 상품 개발은 모방외식시장에서 성공한 메뉴를 모방하여 자신의 메뉴 상품에 포함하는 것, 개선레스토랑이 판매하고 있는 기존 메뉴 상품을 개량하는 것, 혁신외식시장에서 과거에는 전혀 보지 못했던 완전히 새로운 메뉴 상품을 개발하는 것의 세 가지 범주로 구분하여 진행될 수 있다. 새로운 브랜드 개발에 따른 메뉴 상품 개발에 있어서도 위의 범주를 고려하여 메뉴 품목 개발 과정을 거치게 된다.

2) 메뉴 믹스의 개발

대부분의 레스토랑은 한 가지 메뉴 아이템만을 판매하지는 않으며 보통 다양한 메뉴 품목menu product item을 갖추기 마련이다. 또한 레스토랑이 성장해 가면서 메뉴 품목이 추가되거나 변경되기도 한다. 따라서 단일 메뉴 품목의 개발도 중요하지만 여러 메뉴 품목들로 이루어진 메뉴 믹스menu mix의 구성도 함께 생각해야 한다.

메뉴 믹스는 특정 레스토랑이 고객에게 판매하기 위해 제공하는 모든 메뉴 품목들의 집합체라고 할 수 있다. 이때 메뉴믹스는 레스토랑이 제공하는 모든 메뉴들을 유사한 품목이나 판매목적에 따라 묶은 다수의 판매상품 그룹group으로 구분되며, 그 아래 카테고리category, 개별 메뉴 품목item으로 이루어진다. 따라서 메뉴 상품 개발상에서의 메뉴 믹스 개발은 바로 외식업체의 목표, 업종, 업태 등을 고려하여 메뉴 그룹, 카테고리나 품목을 조정하거나 새롭게 구성하는 것이라고 할 수 있다.

일반적으로 외식업체에서는 복수의 메뉴 상품 그룹을 구성하게 되는데, 이는 외식사업 운영 측면에서 보았을 때 단일 메뉴 그룹에서 야기될 수 있는 위험을 분산시키고자 함이며, 메뉴의 체계적 구성으로 재고 및 생산비용 관리를 효과적으로 할 수 있고, 메뉴의 품질관리에도 도움을 줄 수 있기 때문이다. 마케팅적 측면에서도 메뉴 선택의 다양성을 유지하여 고객 이탈을 방지하고, 경쟁업체와 유사한 메뉴를 취급하더라도 메뉴 계열의 길이, 즉 종류에 따라 가격 차별이 가능해져 이익을 높일 수 있는 방안이 되기도 한다. 그러나 무분별하게 메뉴 믹스의 확장을 시도하는 경우, 오히려 생산성이 저하되고 품질 및 재고관리가 제대로 이루어질 수 없으며, 고객의 입장에서도 복잡한 메뉴 선택이 불평 요소가 될 수도 있다. 반대로 메뉴 믹스의 축소는 방문고객의 범위를 좁힐 수 있으므로 메뉴 믹스 조정을 통한 신상품 개발은 다양한 측면을 고려하여 신중하게 접근해야 한다.

3. 메뉴 상품 개발 과정

메뉴 상품 개발의 목적과 개발 영역을 이해했다면 본격적인 메뉴 상품 개발 과정에 착수할 수 있다. 메뉴 상품 개발은 고객 만족을 중심으로 외식업체의 경험에 근거하여, 메뉴 상품과 관련된 다양한 내·외부 요소에 대한 면밀하고 정확한 분석을 바탕으로 진행되어야 한다. 또한 메뉴 개발자 외에 메뉴 상품의 생산과 서비스, 마케팅에 관여하고 있는 외식업체 핵심 역량의 공동 참여, 새로운 아이디어 발굴에 호의적 환경, 체계적 메뉴 상품 개발 절차가 필요하다. 본격적인 메뉴 상품 개발에 앞서 메뉴 상품 개발 시 고려해야 하는 사항을 짚고 넘어가도록 하자.

1) 신메뉴 상품 개발 시 고려 사항

소비자들은 레스토랑을 선택할 때 분위기가 목적에 맞는지, 가기 쉬운 곳에 위치해 있는지, 편안하고 즐겁게 보낼 수 있는지, 깨끗한 곳인지 등 레스토랑 방문 시 경험하게 되는 다양한 특성들을 고려하게 된다. 가장 중요한 것은 외식 동기와 목적에 맞는 메뉴가 제공되는지의 여부일 것이다. 예를 들어, 가족 모임을 위한 특별한 날에는 모든 연령대에 적합한 한식 위주 또는 다양한 메뉴가 제공되어 어느 연령대나 즐길 수 있는 뷔페 형태의 음식점을 찾게 되고, 도심 지역의 회사원들은 점심식사를 위해서 일상적으로 먹는 가정식 메뉴를 선호한다. 결국 레스토랑이 위치해 있는 입지에 따라 또는 레스토랑이 목표로 하는 시장의 특성에 따라 메뉴를 결정하고 상품화하는 것이 외식서비스 마케팅의 핵심이라고 할 수 있다.

물론, 외식업체의 목표와 목적, 예산 등도 고려해야 하겠지만 메뉴 상품을 개발할 때에는 최우선적으로 고객의 관점에서 고객의 니즈에 초점을 맞춘 마케팅 지향적 접근이 필요하다. 외식기업이나 레스토랑은 단순히 맛있는 메뉴를 만드는 것이 아니라, 고객 관점에서의 탁월한 품질의 상품, 즉 고객을 기분 좋게 하고 기쁘게 할 수 있는 높은 효용 가치를 지닌 상품을 만들어야 영업이 가능한 곳이다. 이에 외식업체에서는 메뉴 상품을 개발할 때 다음과 같은 내용을 고려해야 한다.

(1) 레스토랑 콘셉트의 확인

현재 운영되고 있는 레스토랑이라면 목적이 무엇인지, 즉 어떤 콘셉트의 레스토랑인지 다시 한 번 확인할 필요가 있다. 고객이 수용할 만한 적정 가격에 좋은 품질의 음식을 제공하고 있는가?, 메뉴 품질뿐 아니라 고객의 식사 경험에 초점을 맞추어 서비스가 진행되고 있는가?, 고객이 레스토랑의 서비스 상품과 분위기를 편안하게 즐기고 있는가? 등 레스토랑이 추구하는 콘셉트를 확인하고 이에 일치하는 메뉴 상품이 개발 될 수 있도록 해야 한다. 또한 신규 레스토랑 브랜드 개발 시에도 레스토랑의 전체적 콘셉트를 확정한 후 그에 따른 신메뉴 상품을 개발해야 한다.

(2) 목표고객의 확인

메뉴 상품은 반드시 목표로 하는 고객의 특성과 욕구에 대한 이해를 바탕으로 계획하고 결정해야 한다. 현재 외식소비자 입장에서 보면 외식을 할 곳이 너무나도 많은 환경에 노출되어 있다. 즉, 외식산업은 수요보다 공급이 많은 환경인 것이다. 이러한 환경에서 레스토랑 성공률이 높지 않은 이유는 목표고객의 소비 심리를 정확히 파악하지 못하고 소비자 관점의 메뉴 품질을 정의하고 있지 못하기 때문이다.

이와 관련하여 외식업체에서 빈번히 저지르는 실수는 경영주가 본인의 레스토랑에서 판매 중인 메뉴의 품질에만 집중하여 장단점을 살핀다는 것이다. 정작 고객은 경쟁사뿐만 아니라 유사 상품 전체를 살펴보고 비교·결정을 하기 때문에 레스토랑에서 아무리 경쟁사보다 차별화된 메뉴를 제공하고 있다고 생각할지라도 고객의 관점에서 품질이 인정되지 않는다면 외식업체에서 기대하는 고객 만족 및 수익 증대 효과는 얻기가 어렵다. 따라서 고객이 원하고 기대하는 메뉴 상품은 무엇인지, 그 메뉴를 선택하여 기꺼이 레스토랑에서 책정해 놓은 가격을 지불할 의사가 있는지 파악하는 것이 우선되어야 한다. 특히, 최근에는 고객들의 다양해진 취향과 가치관의 변화에 따라 메뉴 재료에 대한 신선도, 친환경 농산물 사용, 영양 균형 등에 주의를 기울여야 하며 세대 간, 지역 특성에 따른 문화의 차이 등도 고려의 대상이 되고 있다.

(3) 외식업체의 역량 확인

외식업체가 활용할 수 있는 물적·인적자원의 확보 수준 및 역량의 확인은 메뉴 상품 개발에 매우 중요한 고려 요소이며 구체적인 내용은 다음과 같다.

① 주방의 레이아웃과 규모

메뉴 상품 개발 시 제일 먼저 고려할 것은 주방의 레이아웃과 규모이다. 특히, 신규 브랜드 레스토랑을 오픈하는 경우라면 더욱 신경 써야 할 부분이다. 새로운 레스토랑의 초기 개발 메뉴가 시설의 레이아웃과 규모에 적합하다 할지라도 향후 메뉴 확장이나 변경 가능성을 염두에 두고 유연하고 변화가 가능한 시설 레이아웃을 구성하는 것이 좋다.

② 주방기기 및 설비

판매하고자 하는 메뉴 품목에 적합한 주방기기와 설비의 구비 여부는 신메뉴 개발에 있어 중요하게 고려해야 할 사안이다. 만약 메뉴 품목을 생산할 수 있는 시설을 갖추고 있지 않다면 신메뉴 개발은 의미가 없게 된다. 따라서 메뉴 개발 시에는 보유하고 있는 주방 기기와 설비를 확인하고 새로운 기기가 필요하다면 이에 대한 지원 가능 여부, 새로운 기기를 위한 주방 공간의 여유 등을 사전에 파악해야 한다.

③ 조리 및 서비스 인력의 규모와 기술

가용할 수 있는 조리원과 서비스 인력의 규모 및 그들이 가진 기술 수준은 새로운 메뉴를 생산하고 고객에게 전달하는 프로세스상에서 많은 영향을 미치며 신메뉴 상품 운영의 성패를 결정짓게 된다. 따라서 신메뉴 개발 시에는 이를 생산하는 데 활용할 수 있는 조리 인원의 수와 기술 수준을 파악해야 하고, 신메뉴 상품에 필요한 서비스가 외식업체가 보유한 인력의 교육과 훈련으로 가능한 수준인지를 파악해야 한다.

④ 식재료의 조달과 가용성

조달이 어려운 식재료는 공급의 시기나 확보 용이성에 따라 원가 상승 요인이 될 수 있으며, 확보에 실패할 경우 고객 만족에 큰 타격을 줄 수 있다. 따라서 신뢰할 수 있는 납품업자와의 공급 계약, 식재료의 수급 동향 등을 수시로 파악하여 안정적으로 식재료를 공급받아 메뉴를 생산할 수 있도록 계획해야 한다.

⑤ 적절한 예산 산정

새로운 메뉴 상품 개발 시에는 현재 레스토랑에서 운영하는 메뉴의 평균 객단가뿐만 아니라 미래 잠재 고객들의 소비 의향을 파악하여 메뉴 상품 개발 방향을 결정해야 한다. 이 부분은 신메뉴 상품의 개발비용 및 가격 결정과 관련이 있는 것으로서 신메뉴 상품 개발을 위한 예산이 충분히 산정되어야 하며, 출시될 경우 메뉴 판매 가격은 식재료 원가, 운영비, 인건비를 충당하고 전체적으로 외식업체에서 설정한 음식 원가 비율에 맞게 계획되어야 한다.

2) 메뉴 상품 개발 과정

메뉴 크리에이션이나 메뉴 리뉴얼 등 어떠한 목적의 메뉴 상품 개발이 이루어진다 하더라도 메뉴 상품 개발 준비 단계는 반드시 필요하며 이후 본격적인 메뉴 상품 개발 과정이 진행된다.

(1) 메뉴 상품 개발의 준비

① 메뉴 상품 개발팀 구성

본격적인 메뉴 상품 개발에 앞서 상품 개발팀을 구성해야 한다. 기본적으로 메뉴 상품의 개발은 음식에서 비롯되므로 메뉴 개발에는 조리를 담당하고 있는 부서의 참여가 필수적이다. 이와 함께 '외식서비스 마케팅 삼각형'을 메뉴 상품 개발 측면에서 생각해 본다면 새로운 메뉴 상품이 고객들의 관심과 만족을 얻어 성공적으로 운영되기 위해서는 메뉴의 전달 프로세스가 함께 개발되고, 서비스 종사원에 의해서 약속한 품질로 전달될 수 있어야 한다. 또한 새로운 메뉴를 알리고 지속적으로 인지도를 강화하기 위한 적절한 프로모션이 필요할 것이다. 따라서 신메뉴 상품 개발 과정에는 '외식서비스 마케팅 삼각형'의 완성에 관여하는 모든 부문, 즉 조리사, 서비스 담당자 뿐만 아니라 경영자, 마케팅, 원가관리 부서의 참여가 필수적이며 때때로 고객의 참여도 고려해 볼 수 있다.

② 외식업체 이미지 및 인지도 분석

외식업체가 메뉴 상품을 개발하고자 할 때 기본적으로 해야 할 일 중의 하나는 점포나 메뉴에 대하여 소비자들이 가지고 있는 이미지와 인지도를 파악하는 것이다. 이미지와 인지도를 먼저 파악한 후 이에 부합되는 적합한 신메뉴 상품 개발이 이루어져야 성공 가능성이 높아지기 때문이다. 기존 운영 중인 외식업체 유형과는 다른

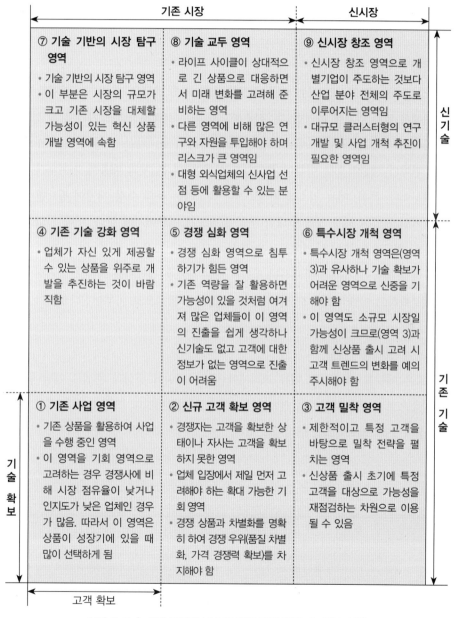

그림 5-2 | 시장 종류와 기술에 따른 기회 영역 매트릭스 분석

출처 : 최창일(2006).

새로운 콘셉트의 레스토랑으로 확장하고자 한다면, 기존 레스토랑의 이미지가 새로 시작하려는 분야와 어떤 점에서 연관성이 있는가를 파악해야 한다. 또한 신규 브랜드를 론칭하는 경우라면 외식업체의 이미지를 어떤 방향으로 개발해 나갈 것인가에 대해 고민해야 한다. 어떤 경우에서의 신메뉴 상품의 출시라도 외식업체의 이미지에 부합되지 않는 신상품은 고객들에게 외면당하기 쉽다.

③ 시장 조사와 기회 파악

시장 조사는 본격적인 메뉴 상품 설계를 위한 기초 자료를 제공하는 단계로서 시장 내에서 업체 위치를 파악한 후, 집중하고자 하는 표적시장의 크기와 잠재 성장력을 파악하는 것을 말한다. 새로 개발된 메뉴 상품이 소비자들을 만족시킨다고 하더라도 판매가 제한적으로 이루어진다면 그 상품은 외식업체의 매출에 기여하기 어렵기 때문이다. 특히, 메뉴 믹스를 확장하거나 축소하는 등의 수정·개발이 필요한 경우라면 기회가 있는 시장 영역에 대한 분석이 반드시 이루어져야 한다. 이때 기회 영역에 대한 매트릭스 분석은 기회시장을 분석해 내는 데 도움을 줄 수 있다. 이것은 시장과 해당 상품이 기존에 존재하던 것인지 또는 새로운 것인지를 기준으로 기회 영역을 세분화하고 이를 바탕으로 진입시장을 결정하는 방식으로 이루어진다그림 5-2.

(2) 메뉴 크리에이션

새로운 메뉴를 개발하는 메뉴 크리에이션은 아이디어 생성과 콘셉트 개발에서부터 상품으로 출시될 때까지의 연속적인 과정으로 이루어진다. 그림 5-3은 메뉴 크리에이션의 주요 프로세스를 나타내고 있다.

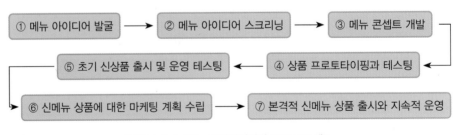

그림 5-3 | 메뉴 크리에이션의 주요 프로세스

① 메뉴 아이디어 발굴

신메뉴 개발을 위한 아이디어 발굴idea generation은 성공 가능성이 높은 신제품 아이디어뿐 아니라 기존 제품을 개선할 수 있는 다양한 아이디어를 수집하는 것까지를 모두 포함한다. 아이디어를 탐색할 때에는 기본적으로 고객이 어디서레스토랑의 종류 무엇을메뉴 구매할 것인가? 그리고 원하는 것고객 가치은 무엇인가? 등의 기본적 질문에서 출발하여 메뉴 상품에 대한 콘셉트로 연결할 수 있는 것인지를 고려해야 한다. 즉, 고객과 외식업체 사이에 메뉴 상품에 대한 품질 인지에 있어서의 갭gap을 찾아내고 앞서 준비 단계에서 파악한 외식업체 이미지 및 시장 조사 분석자료를 바탕으로 하여 다양한 아이디어를 발굴하도록 한다.

외식 메뉴 상품을 위한 아이디어를 수집하는 과정에서 가장 명심해야 할 것은 신제품 개발을 위한 아이디어 창출 과정은 간헐적으로 이루어지는 활동이 아니라 외식업체에서 꾸준히 이루어져야 하는 경영 활동의 하나로 인식하고 지속적으로 실행되어야 한다는 것이다. 따라서 평소에 아이디어 발굴을 위한 정보 수집이나 제안 활동을 조직문화로 정착시키는 것이 바람직하다.

메뉴에 대한 아이디어를 생각해 볼 때에는 고객 만족의 구조를 이루고 있는 메뉴 상품의 '기본 기능'과 '표층 기능'을 분리하여 생각해 보는 것도 좋은 방법이다. 기본 기능은 메뉴 상품에서 빠질 수 없는 본질적 기능을 말한다. 즉, 메뉴는 사람들의 허기를 채워 주어야 하되 위생상 안전하고 건강에 유해하지 않은 식재료로 만든 음식이어야 한다. 또한 표층 기능은 부가적인 부분으로서 이 부분이 없다 하더라도 핵심 제품에 큰 지장은 없지만 상품의 외형을 장식하거나 여러 가지 서비스상 편리성을 더하여 고객의 만족도에 영향을 미치는 기능을 말한다. 메뉴 자체로만 보면 음식의 스타일링, 색다른 재료의 사용, 서비스 방식의 변화 등으로 기존에 볼 수 없었던 새로운 형태의 메뉴 상품을 만들 수 있게 된다. 기본 기능이 탄탄한 상품은 스테디셀러 steady seller가 되는 경우가 많으며 반대로 기초가 탄탄하지 않으면 고객 불만과 직결되어 상품으로 유지되기 어렵다. 반면, 표층 기능은 단계적으로 쌓인다기보다는 나란히 늘어서 있는 기능이라고 생각하면 되는데, 이는 여러 가지 표층 기능 중 한 가지만이라도 고객에게 어필하는 기능이 있다면 그것만으로도 고객 만족도가 높아질 수 있는 특징을 의미한다. 즉, 기본 기능은 불만을 없애고 표층 기능은 만족도를 높이는 데 유효하다고 할 수 있다. 따라서 상품의 아이디어를 모을 때에는 기본 기능을 제대로 파악하면서 독특한 표층 기능이 무엇인지 생각해 보아야 한다.

우리 나라의 외식사업에서 한국식 일품요리설렁탕, 곰탕, 냉면 등를 몇 대째 이어 오고 있는 업장을 보면 저렴한 가격으로 간편하고 든든하게 한 끼를 해결할 수 있는 외식업 측면의 기본 기능과 한국인의 입맛에 맞는 일상식 메뉴라는 음식 측면의 기본 기능을 모두 만족시키는 상품이라고 할 수 있다. 이러한 상품은 특별한 표층 기능을 갖지 않더라도 기본 기능을 충실히 유지한다면 상품 지속률이 길어질 수 있다. 반면, 특별한 날을 위해 먹게 되는 메뉴나 유행을 타는 메뉴라면 기본 기능 이외에도 특별한 스타일링이나 포장, 특이하게 먹는 방법 등 고객의 주의를 끌 만한 독특한 특성이 부각되어야 한다. 예를 들어, 최근 디저트 제품 등에 고객의 색다른 경험이 가능하도록 상품을 설계하는 것을 볼 수 있다. 3D 스캐너나 프린터로 만들어 낸 고객 얼굴 모양의 초콜릿이나 젤리, 고객 사진을 활용한 라떼아트, 특별한 날 먹게 되는 케이크 장식의 커스터마이징 등이 그것이다. 늘 별생각 없이 먹던 음식들에 대한 이러한 시도는 고객들에게 '어디서도 볼 수 없는', '나만의'와 같은 수식어가 붙은 특별하고 유일한 상품 경험으로 인식되게 된다.

24
3D 프린팅을 활용한
메뉴 개발

② 메뉴 아이디어 스크리닝

메뉴 아이디어 발굴 과정이 되도록 많은 메뉴 아이디어 수집에 중점을 두는 단계였다면 아이디어 스크리닝screening은 수집된 아이디어에 대한 축소 단계로 이 단계에서는 아이디어의 실행 가능성을 확인하여 우선 순위를 결정하고 성공 가능성이 낮은 아이디어를 제거하게 된다. 아이디어 스크리닝을 위해서는 다양한 부문의 평가 기준을 마련하여 아이디어에 대한 객관적 평가가 이루어지도록 해야 한다.

'내부 관점'으로 살펴보아야 할 주요 사항은 생산 가능 여부, 기존 메뉴 상품과의 조화, 기존 메뉴 상품 판매에 피해가 가지 않는지, 상품 개발 소요 비용 등에 대한 부문이다. 한 가지 주의할 사항은 내부적 관점의 평가는 외식업체 운영 및 비용 측면 위주로 평가를 하기 때문에 고객이 느끼는 가치가 어디에 있는지에 대한 판단에 대해서는 오류가 생길 수 있다는 것이다. 따라서 '고객 관점'에서 아이디어를 검증할 수 있도록 방안을 마련하는 것이 좋다. 아이디어 스크리닝 후 실현 가능성이 높은 아이디어는 메뉴의 콘셉트 개발 단계로 옮겨 상품화되기 위한 구체적 절차를 밟도록 한다.

메뉴 상품에 대한 새로운 아이디어는 어디에서 얻을 수 있을까요?

1. 외식기업 내부

외식업체 내부에서 나올 수 있는 아이디어는 메뉴 상품을 직접
개발하는 주방과 메뉴를 고객에게 직접 전달하는 서비스 종사원
에서 비롯될 수 있다. 음식에 대한 기술과 지식을 가지고 있는
셰프 이하 종사원들은 새로운 메뉴에 대한 아이디어를 다양하게
제시할 수 있다. 또한 외식사업은 고객 욕구가 우선되어야 하기
때문에 메뉴 상품의 전달자인 서비스 종사원의 아이디어도 중
요하다. 왜냐하면 메뉴를 제공하면서 고객들과 만나는 접점에서
고객의 다양한 요구와 의견을 들을 수 있기 때문이다. 이들이 접

25
고객 의견을 반영한
F&B 제품

점에서 습득한 고객 의견은 메뉴 개선이나 신메뉴 상품 개발에 있어서 고객들이 원하는 부분
을 정확하게 파악하여 현재의 만족 수준을 상승시키는 데 많은 도움이 될 수 있다.

2. 고객 의견

고객으로부터 얻을 수 있는 아이디어의 원천은 상품에 대한 불만이나 새로운 욕구 파악에 대
한 조사로부터 얻어질 수 있는데, 보통 고객 조사는 일반 방문고객의 설문 조사나 표적 집단
인터뷰 등을 통해 이루어진다.

3. 기타 아이디어 원천

그 외에 경쟁업체의 메뉴와 서비스 분석을 통해 신메뉴 아이디어를 얻을 수 있다. 또한 국
내·외의 식품업계나 납품업자를 통한 이색 식재료의 확보나 새로운 조리기기의 출현도 메
뉴 아이디어를 창출하는 데 도움이 될 수 있다.

③ 메뉴 콘셉트 개발

선정된 아이디어는 신메뉴 콘셉트로 이전된다. 메뉴 콘셉트는 메뉴가 어떤 요소와
특성을 갖고 있는가에 대한 묘사로서, 신메뉴 콘셉트의 개발은 신메뉴가 고객의 욕
구를 만족시킬 수 있는 특성을 가지고 있는가에 대한 부분을 고민하여 방향을 결정
하는 것이다. 즉, 고객들에게 신메뉴가 어떤 효용을 제공할 것이며 이로부터 고객들
이 얻는 만족의 특징은 무엇인지를 명확히 하는 작업이다.

신메뉴 콘셉트는 고객에게 제공되는 모든 메뉴 상품과 제반 서비스를 포함해서 고
려되어야 하며 이를 통해 고객이 원하는 품질의 상품을 제공하여 만족할 만한 경험
을 얻을 수 있도록 해야 한다. 이렇게 고객의 만족을 얻은 메뉴는 레스토랑의 이익
창출에 기여하게 되므로 메뉴 상품 콘셉트는 메뉴 생산 및 제공에 필요한 전체 프로

세스와 관련하여 운영자와 고객 모두의 입장을 고려해야 한다.

보통 전체적인 레스토랑 콘셉트는 메뉴, 음식의 생산관리, 서비스 스타일, 가격, 물리적 환경 등의 다섯 가지 요소로 구성되어 있으며, 이때 메뉴 상품의 콘셉트는 레스토랑의 이미지와 부합되는 것이어야 한다. 또한 외식업체의 브랜딩과 관련 있는 정체성이나 독창성 부분도 고려되어 레스토랑의 다른 요소들과 함께 어떤 가치를 가지고 무엇을 파는 레스토랑인지를 고객들이 쉽게 인식할 수 있는 것이어야 한다.

이 외에도 메뉴는 맛의 일관성, 작업의 표준화, 조리사의 숙련도, 위생관리, 식재료 확보 용이성, 식재료의 응용성, 식재료 가격 등과 같은 생산 운영 시스템상에서 무리 없는 운영이 가능한지에 대한 고려도 필요하다. 다양한 레스토랑 운영 요소의 확인을 통한 콘셉트 개발이 중요한 이유는 채택된 아이디어가 한정된 자원을 활용하여 성공적인 상품 개발까지 이어질 수 있는지의 여부를 판가름하는 기준이 되기 때문이다.

④ 상품 프로토타이핑과 테스팅

상품 프로토타이핑product prototyping은 본격적인 상품을 만들기 전에 개발된 콘셉트를 모형화 또는 시각화하는 작업을 말한다제4장 참조. 메뉴 개발에 있어서는 메뉴 품목 영역에 대한 개발과 메뉴 상품 믹스 개발 영역, 또한 부가 상품 개발 영역에 따라 여러 수준의 프로토타입이 만들어질 수 있다.

상품 개발 중 메뉴 품목 영역의 개발은 주방의 셰프들이 주로 담당하게 된다. 이 경우, 상품 개발 준비 단계에서 조사된 고객 요구와 트렌드 등을 바탕으로 조리 가능성, 식재료와 조리기기 활용성, 영양적 요인을 살피되 레스토랑 콘셉트에 부합하고 고객들에게 매력적으로 보일만한 독창적 메뉴를 기획해야 한다. 레스토랑의 메뉴 프로토타입은 다른 분야에서 프로토타입과 시제품[6] 제작을 분류하여 개발 과정을 거치는 것과는 다르게 메뉴 콘셉트를 바로 조리 과정으로 옮겨 시제품을 만들고 테스

---

6 프로토타입과 시제품 : 본격적인 상품 출시 전 제품을 시험삼아 만들어 본다는 의미에서 프로토타입, 시제품, 목업(mock-up), 샘플(sample) 등 다양한 출시 전 시험 제품에 관련한 유사한 용어들이 사용되고 있다. 보통 프로토타입은 일반적으로 상품화 이전에 핵심적 기능만 간략히 구현한 시각화 모델을 의미하며, 시제품은 제품 출시 전 제품의 모양이나 맛을 보기 위해 실제 제품과 똑같이 만든 것이라고 보면 된다.

그림 5-4 | 외식상품 개발을 위한 시각화 프로토타입의 예

트 해보기에 용이한 장점이 있다.

　메뉴 상품 믹스 개발의 경우라면 레스토랑이 취급하는 메뉴에 대한 조합을 기본으로 하고 있다. 이때에는 레스토랑 메뉴에 관련한 사진이나 그림 등을 활용하여 다양하게 그룹핑과 카테고리화를 해보면서 조리 방법별, 식재료별, 고객의 이용 목적별로 새로운 메뉴 상품 믹스를 구성해 보도록 한다. 부가 상품 개발에 있어서도 어떤 요소의 개발이냐에 따라 직접 시제품을 만들어 시도해 보거나 페이퍼 프로토타이핑 등을 활용하여 상품의 이미지를 구체화시켜 보도록 한다그림 5-4.

　시제품은 목표 품질에 따라 제품 테스트product testing 과정을 거치게 되는데, 이때의 테스트는 '실무적 테스트'와 '고객 반응 테스트'로 나눌 수 있다.

• 실무적 테스트 : 실무적 테스트는 시제품에 대하여 레스토랑 내부적으로 신제품 개발팀뿐만 아니라 조리사와 서비스 직원, 매니저, 경영주 등 고객 반응에 대한 경험이 많은 내부고객을 대상으로 실시하여 새로운 상품에 대한 수용 가능성, 수익성 확보 정도를 예측해 보는 것이다.

- 고객 반응 테스트 : 실무적 측면에서의 시제품 테스트를 마치고 난 후 고객 반응 테스트를 거치게 되며, 이때의 테스트는 시장의 수용 용이성을 평가하는 것을 목적으로 한다. 고객반응 테스트에서 가장 중요한 것은 정확한 목표고객을 테스트 대상으로 선정하는 것이다. 신상품의 타깃이 되는 소비세대의 반응을 알아보기 위한 목적으로 신메뉴·테스트 이벤트나 시식 행사를 이용할 수 있으며, 이때 메뉴의 맛과 양, 전반적 느낌, 선호도 등 상품 수용도와 만족도, 반복 구매 가능성 등이 어떻게 분포되는지를 중점적으로 평가해야 한다.

이와 같은 테스트 과정을 통해 출시 전 신상품의 문제점을 파악하고 수정·개선함으로써 신메뉴 상품이 본격적으로 시장에 출시되었을 때 발생할 수 있는 오류 가능성을 최소한으로 줄일 수 있다.

🌐 엘 블리 레스토랑의 메뉴 개발

스페인의 분자요리로 유명한 엘 블리(El Bulli) 레스토랑의 셰프들은 실험 정신이 강하기로 유명하다. 그들이 새로운 요리를 개발할 때에는 본격적인 음식을 만들기 전에 아이디어에 대한 시각화를 위하여 생각한 메뉴 콘셉트를 스케치나 그림으로 표현한 후 어린이들이 많이 가지고 노는 플레이도우를 이용한 프로토타입 메뉴를 만들어 보고 이를 바탕으로 실제 조리를 진행하여 테스팅을 하는 과정을 거친다.

26
엘 블리의 메뉴
개발 과정

⑤ 초기 신상품 출시 및 운영 테스팅

신상품 출시 및 초기 운영 테스팅first production run & field testing은 신메뉴 상품 출시 직후 실제 판매를 진행하면서 전격적인 운영의 가능성을 확인하는 단계이다. 이때 신상품 개발팀은 개발된 메뉴가 레시피대로 생산이 되고 있는지, 기획했던 의도대로 서비스되는지를 검토하고 메뉴 자체와 서비스의 품질 유지가 가능한지의 여부를 확인해야 한다. 보통 여러 개의 매장을 가진 대형 외식업체에서는 성공 가능성을 타진해보기 위하여 대표성 있는 매장에서 운영 테스팅을 진행한다. 그러나 규모가 작은 레스토랑에서는 신상품 출시와 함께 운영이 동시에 이루어져야 하므로 일정 기간 동안 고객의 관심을 끌 만한 프로모션을 활용하여 신상품을 경험하게 함으로써 고객 반응과 의견을 수집하는 것도 좋은 방법이 될 수 있다.

이 단계는 작은 규모이기는 해도 실제 상품이 생산되고 고객에게 전달되기 때문에 기존 테스팅 단계에서 찾지 못한 메뉴의 문제점들을 파악할 수 있으며 본격적인 신메뉴 상품 출시 전 수정·보완이 가능한 마지막 단계이다. 이 단계를 거치고 나면 전면적인 메뉴 생산을 위한 표준 레시피와 서비스 전달 과정이 정립되어야 한다. 특히, 메뉴 생산이 완벽히 이루어진다고 하더라도 이를 제공할 때 필요한 서비스 요소들과 프로세스들이 함께 계획되지 않고 서비스교육이 수반되지 않는다면 메뉴 자체는 맛이 있을지 몰라도 전체적인 메뉴 상품은 실패하기 쉽다. 즉, 이것은 '무엇이 어떻게 제공되었는가'에 대한 부분으로 핵심 상품인 메뉴에 필요한 기본적 서비스를 충족시키지 못한다면 상품 제공에 대한 과정적 실패를 야기시키고 결과적으로 메뉴 상품의 실패로 이어지게 되는 것이다.

레스토랑과 호텔을 대상으로 한 스미스 등(1999)의 연구에 따르면 레스토랑 종사원의 부주의한 서비스로 인한 과정적 실패가 발생했을 때가 메뉴 자체의 문제 음식양의 부족, 주문과 다르게 조리된 음식 등 등의 결과적 실패가 일어났을 때보다 고객 만족도가 상대적으로 더 낮아지는 것으로 나타났다. 일반적으로 경영자들은 결과적 실패에 관심을 많이 가지고 있으나 고객은 과정적 실패에 대해 더욱 예민하게 반응한다. 따라서 신메뉴 상품의 성공 확률을 높이기 위해서는 고객 관점에서 만족할 만한 메뉴의 서비스 전달 과정이 구축되었는지 반드시 확인해야 한다.

⑥ 신메뉴 상품에 대한 마케팅 계획 수립

메뉴의 적극적인 판매를 위하여 적절한 마케팅 전략 개발은 필수적이며, 여기에는 개발 메뉴 상품에 대한 가격 결정, 프로모션 믹스promotion mix, 광고, 홍보, 판촉, 인적 판매, 인하우스 마케팅in-house marketing, 메뉴판 및 POP, 테이블 플라이어table flyer 부분에 대한 계획이 포함된다. 마케팅 계획 단계는 메뉴 개발 목적에 맞는 마케팅을 실행하는 과정을 통해 판매에 직접적인 영향을 줄 수 있으므로 매우 중요한 단계이다. 따라서 마케팅 관리자는 종사원들이 메뉴와 메뉴 제공 프로세스에 대하여 정확히 이해를 하고 고객에게 서비스할 수 있도록 실무자교육·훈련과 연결되는 통합적인 마케팅 전략을 수립해야 한다. 특히, 서비스 종사원들이 신메뉴 상품의 특징을 이해하고 스스로 신메뉴 제공에 대한 자부심을 느낄 때 고객 반응도 더욱 좋아질 수 있기 때문에 신메뉴 상품의 콘셉트, 특징, 가치 등이 기획 의도대로 고객에게 전달될 수 있도록 관련된 서비스, 광고, 촉진, 종사원교육 등의 계획을 함께 세우고 일관되게 신메뉴의 정착을 도울 수 있도록 해야 한다.

😀 MZ세대를 공략하는 외식 브랜드 상품 전략 사례 : GFFG

청담동, 도산공원 근방 등 MZ세대들이 많이 모이는 지역에 가면 트렌디한 외식업체로 주목받고 있는 GFFG의 다양한 외식브랜드(카페 노티드, 다운타우너, 호족반)들을 볼 수 있다. 이들 브랜드의 공통점은 첫째, '인스타그래머블'한, 즉 고객이 사진을 남기게끔 만드는 개성 있는 공간과 상품의 연출이다. 또한 메뉴에서부터 브랜드를 인지할 수 있도록 계획되며 다양한 굿즈 상품도 함께 판매하고 있다. 노티드의 상품에는 브랜드 상징인 스마일이 들어 있는가 하면 다운타우너의 버거는 비주얼 콘셉트인 블랙 앤 화이트 이미지를 메뉴 포장에 반영함과 동시에 버거의 재료를 더욱 돋보이게 한다. 두 번째로 메뉴의 본질에 충실한 차별화이다. 노티드 도넛의 경우 도넛 속 필링이 다른 도넛 브랜드보다 더 많이 들어가지만 이럴 경우 먹기에는 불편한 부분이 있다. 이에 노티드는 도넛을 종이컵에 담아 제공함으로써 고객들이 한 손에 들고 먹어도 크림을 흘리지 않고 깔끔하게 먹을 수 있도록 하였다. 또한 보통 도넛은 '너무 달다'라는 사람들의 선입견을 고려해 달지 않고 질리지 않는 맛을 만들어 내기 위해 당도 조절에 신경을 쓴다고 한다. 다운타우너의 버거 역시 재료가 풍성하여 손에 잡고 먹기에 불편하거나 칼로 잘라 먹어야 하는 수제버거의 단점을 보완하여 한 손으로 간편히 들고 먹을 수 있도록 박스 안에 세워진 형태로 수제버거를 제공한다. 이처럼 GFFG 브랜드의 메뉴상품들은 공간뿐 아니라 음식 자체도 사람들의 눈길을 끌고 인증샷을 남기게 하여 고객들을 통한 구전이 활발하게 이루어지도록 하고 있다.

⑦ 본격적인 신메뉴 상품 출시와 지속적 운영 평가

상품 개발의 모든 단계를 거치고 본격적으로 신메뉴 상품 출시를 하게 되면 외식업체가 신경 써야 할 부분은 신메뉴 상품의 소비자 수용도 조사 및 이후 확산 분석 등을 포함한 사후 평가PLT, Product Launching & post-launch Testing이다. 즉, 신메뉴 상품의 판매 안착에만 그치는 것이 아니라 판매 과정이나 마케팅 실행 과정 등을 꾸준히 모니터링함으로써 메뉴 상품 개발의 적정성을 판단해야 한다. 메뉴 상품 출시 초기 단계에서는 판매 예측과 잠재 수요에 관한 분석을 통해 신상품의 판매량과 매출, 장기적 이윤 등을 예측해 볼 수 있다. 한편, 사후 평가는 판매에 관한 예측뿐 아니라 메뉴 믹스에서 각 메뉴 품목이 차지하는 비중, 시장점유율에 대한 분석 등이 포함되어야 한다. 즉, 새롭게 개발한 메뉴 상품이 기존 메뉴 상품을 적절히 대체하였는지, 새로운 수요를 창출하는 데 도움이 되었는지 등을 자세하게 분석하여 그 결과를 레스토랑의 수익 관리와 마케팅 전략 수정에 효과적으로 반영할 수 있어야 한다.

(3) 메뉴 상품 리뉴얼

외식업체의 메뉴는 다양한 내·외부 요소에 따라 개선과 수정을 필요로 한다. 특히, 고객 취향이나 트렌드의 변화는 기존에 제공하고 있던 메뉴 상품들에 대한 수정을 불가피하게 만든다. 앞서 신메뉴 상품 개발 범위와 영역의 정의를 고려해 볼 때 기존에 운영 중인 메뉴를 수정하는 메뉴 리뉴얼menu renewal 또한 신메뉴 상품 개발에 포함된다. 그러나 메뉴 리뉴얼은 메뉴 크리에이션 프로세스처럼 새로운 콘셉트 개발부터 시작하기보다는 현재 고객에게 서비스되고 있는 메뉴의 평가를 통해 문제점을 발견하거나 개선의 필요성, 업그레이드 가능성에서 비롯된다. 메뉴 상품의 문제점이란 주로 현재 제공되는 메뉴 상품이 고객에게 만족할 만한 품질의 메뉴로 인정받지 못하거나 외식업체 수익에 기여가 낮은 경우를 의미한다. 따라서 기존 메뉴 상품의 리뉴얼 프로세스는 운영 중인 메뉴 상품의 평가에서 시작하여 문제 발생의 이유를 면밀히 분석하는 단계를 거치고, 마지막으로 다시 고객의 만족을 이끌어 낼 수 있는 가치 있는 상품으로 업그레이드할 수 있는 방법을 찾아내어 이를 기존 상품에 적용하는 단계로 이루어진다. 메뉴 리뉴얼은 다음과 같은 형태와 범위를 포함한다.

① 메뉴믹스의 조정

외식업체 메뉴에서 발생할 수 있는 문제점 중의 하나는 메뉴의 가짓수를 계획 없이 늘리는 경우이다. 보통 소형 레스토랑에서 고객들의 개별적 요구를 고민 없이 수용하여 기존 운영 중인 메뉴 콘셉트를 고려하지 않은 채 메뉴 품목을 그때그때 추가하는 경우가 종종 있다. 이와 같이 계획성 없이 가짓수를 늘린 복잡한 메뉴를 운영하게 될 경우 취급해야 하는 식재료가 늘어남으로써 원가 상승 초래, 조리 종사원의 불만과 피로감 증가에 따른 생산성 저하, 메뉴의 맛과 양의 일관성 저하 등 여러 가지 문제점이 나타날 수 있고, 결과적으로 영업을 부진하게 만들 수 있다. 따라서 무분별한 메뉴 품목 추가는 지양해야 한다.

하지만 고객의 요구, 매출의 감소나 증가 방안 등 다양한 이유로 운영 중인 메뉴 믹스의 확장이나 축소 등 메뉴 조정의 필요성은 불가피하게 발생한다. 이때에는 내부적으로 각 메뉴 품목별 매출, 수익률, 이익과 메뉴의 기여도 분석을 실시하여 메뉴 믹스의 수정을 고려해야 한다. 예를 들어 매출에 많은 기여를 하는 메뉴는 판매 비중을 높일 수 있도록 해야 한다. 다만 매출이 높더라도 수익률이 낮은 경우는 판매하면 할수록 손실이 발행할 수 있으므로 최소한의 수익률 설정이 필요하다. 수익률이 낮아도 매출에서 공헌 이익이 큰 메뉴라면 판매 비중을 높여야 한다. 또한 수익률과 이익이 모두 낮은 메뉴인 경우 제거하는 것을 생각해 볼 수 있으나 전체 메뉴 운영상 다른 상품의 매출 발생을 돕는 유인 상품과 같은 역할이라면 유지할 필요도 있다.

고객 관점에서 메뉴 믹스는 그 레스토랑이 가진 메뉴 상품 구색으로 인지된다. 따라서 고객 관점에서 메뉴 상품 구색에 문제나 불편한 점은 없는지를 확인한 후 메뉴 믹스의 수정이 이루어져야 한다. 즉, 메뉴 그룹group은 레스토랑 콘셉트에 부합하는지, 메뉴 계열category과 개별 메뉴 품목item의 수는 적정한지 등을 파악해 보아야 한다. 예를 들어, 레스토랑 입장에서 단순한 메뉴 계열을 활용하는 경우, 원가관리를 수월하게 하고 전문성을 드러내어 고객의 구매결정을 쉽게 할 수 있지만 메뉴 품목의 가짓수까지 적으면 고객은 항상 동일한 메뉴에 싫증을 느끼고 재방문 가능성이 낮아질 것이다. 반면 너무 많은 메뉴가 있어도 고객이 결정에 어려움을 느낄 수 있다. 그러므로 경우에 따라 메뉴 상품의 확장과 축소를 적절히 활용한 메뉴 리뉴얼을 통해 고객에게 선택의 즐거움을 줄 수 있는 상품 구색을 유지할 수 있도록 해야 한다.

메뉴 상품의 확장을 고려할 때에는 아래 제시하는 사항을 확인하여 진행하도록 한다.

- 동일 계열 메뉴 품목 추가 : 메뉴 상품의 확장은 동일 메뉴 계열 안에서 메뉴 아이템을 추가하는 것이 가장 바람직하다. 재료의 성격이나 조리 과정이 완전히 별개의 메뉴를 함께 취급하는 것은 메뉴 생산·운영 및 품질관리 모두에서 어려움을 겪을 수 있다. 또한 레스토랑이 지향하는 콘셉트를 무시한 메뉴 확장은 레스토랑에 대한 기대를 가진 고객의 만족도 저하를 초래하게 된다. 따라서 레스토랑에서 주로 취급하는 재료, 보유한 조리기기의 활용이 가능한 동일 계열의 메뉴를 추가하여 메뉴 상품을 확장하는 것이 좋다. 예를 들면, 디너 메뉴에 스테이크가 주로 팔린다면 점심 메뉴에 스테이크 샐러드를 추가하거나 해피아워를 위한 스테이크 크로스티니의 추가를 고려해 볼 수 있을 것이다.

- 메뉴 그룹 또는 카테고리의 추가 : 기존에 운영하지 않았던 새로운 메뉴 그룹이나 메뉴 카테고리의 추가도 메뉴 상품의 확장 방법으로 고려해 볼 수 있다. 피자 전문점에서 스파게티 그룹을 추가하여 메뉴 상품의 넓이를 확장시키거나, 커피 전문점의 메뉴 그룹 중 음식 그룹 아래에 베이커리, 아이스크림, 케이크 카테고리가 운영 중이었다면 샌드위치와 샐러드 카테고리를 추가하여 메뉴 믹스의 길이를 늘려 고객에게 음료와 함께 즐길 수 있는 음식 선택의 폭을 넓혀 주는 것 등이 예가 될 수 있다. 또한 최근에 많은 햄버거 패스트푸드업체들이 채식 메뉴를 경쟁적으로 출시하고 있다. 이것은 최근 확산되는 채식주의 문화와 미래 먹거리의 하나로 비건 제품이 주목 받고 있는 상황에서 이러한 메뉴 개발은 동물 윤리, 건강, 환경에 대한 인식이 높아진 기존 고객들에게는 새로운 메뉴를 제공하여 그들의 가치를 실현해 보도록 하며 기존에 공략하지 못했던 일부 채식주의자를 유인할 수 있는 기회로 활용될 수 있다.

- 식재료 재고, 보유, 조리기기 활용이 가능한 메뉴 품목 추가 : 이것은 주 메뉴를 생산하고 남게 되는 식재료를 활용하여 메뉴를 확장시키는 것을 말한다. 예를 들어, 육류 구이집에서 생고기 구이용으로는 다소 부적합한 부위를 활용하여 찌개나 양념구이의 메뉴를 추가하거나, 햄버거스테이크 등으로 활용하여 어린이 메뉴를 추가하는 등 고객들의 편의와 선택의 폭을 넓혀 만족을 유도해 볼 수 있다. 또한 주방의 조리기기의 활용도를 검토하여 많이 사용되지 않는 조리기기를 효율적으로 활용할 수 있는 메뉴 아이템을 추가하는 것도 메뉴 확장의 한 방법이 될 수 있다.

😊 메뉴 카테고리 추가 사례

패스트푸드의 대체육 활용 메뉴

최근에 많은 햄버거 패스트푸드업체들이 채식 메뉴를 경쟁적으로 출시하고 있다. 이것은 최근 확산되는 채식주의 문화와 미래 먹거리의 하나로 비건 제품이 주목받고 있는 상황에서 채식에 대한 관심, 동물 윤리, 환경에 대한 인식이 높아진 고객의 니즈를 반영한 메뉴 카테고리 추가 사례로 볼 수 있다. 특히 식품업계의 대체육 생산 증가와 고기 식감을 구현하는 기술이 향상됨에 따라 대규모 레스토랑업체에서 이를 활용한 메뉴 개발과 판매가 활발히 진행되고 있는데 버거킹의 '임파서블 와퍼', 맥도날드의 '맥플랜트', 롯데리아의 '미라클 버거, 스위트 어스 어썸 버거', 서브웨이의 '얼터밋 썹' 등이 있다.

출처 : 버거킹 공식 페이스북.

출처 : 맥도날드 공식 홈페이지.

출처 : 롯데리아 공식 페이스북.

출처 : 써브웨이 공식 페이스북.

② 메뉴 상품의 가격 조정

메뉴 상품의 가격 조정 또한 메뉴 상품 리뉴얼 영역에 속한다. 이것은 단순히 개별 메뉴 품목의 가격 조정만을 의미하는 것이 아니라 메뉴 믹스 전환에 따른 상품군의 변화 등으로 동일 메뉴라도 새로운 가격 제시를 통해 고객들에게 참신한 메뉴로 인식이 전환되는 부분도 포함된다.

- 가격 인상 : 재료비, 인건비 등 원가 상승은 메뉴 가격 인상의 큰 요인이 된다. 이 경우 고객이 인지하지 못하도록 조용히 메뉴 상품의 가격을 교체하는 것보다는 고객이 공감할 수 있도록 가격 인상의 타당한 원인을 공지하여 가격 저항과 불만을 낮추는 것이 바람직하다. 이외에 수익 상승을 기대하는 경우라면 다양한 메뉴 분류 전환세트 메뉴 추가, 오늘의 메뉴 추가 등을 통하여 고객에게 선택의 폭을 넓히면서 자연스럽게 가격 인상을 추진해 볼 수 있다. 파인다이닝의 경우, 레스토랑에서 판매하는 다양한 시그니처 메뉴를 조금씩 맛볼 수 있게 구성한 '테이스팅 메뉴' 전략을 사용하여 부가가치를 높이기도 한다.

- 가격 인하 : 예기치 못했던 경제 상황의 악화, 경쟁업체 등장 등의 이유로 가격 인하를 하는 경우도 메뉴 상품 리뉴얼의 한 부분이다. 가격 인하는 고객들에게 가장 어필할 수 있는 메뉴 상품 조정 방법으로 생각할 수 있지만 명분 없는 가격 인하는 충성고객들에게 외식서비스 품질 저하에 대한 의구심을 갖게 하여 가격 인하 전과 동일한 품질의 메뉴가 제공된다고 할지라도 지금까지 외식업체에 대해 가지고 있는 긍정적 평가를 오히려 낮추는 결과를 초래하기도 한다. 그러므로 신규 고객과 기존 고객의 비율, 고객들의 피드백, 경쟁사 상황을 면밀히 살펴 가격 인하를 실시해야 한다. 또한 전략적으로 가격을 인하하는 메뉴에 대해서는 메뉴 품목의 다양한 속성을 고려하여 고객들로 하여금 가격 대비 가치가 높아졌음을 인식할 수 있도록 전략을 세워야 한다.

27
불황기 음식점 전략:
가격 경쟁력과
초가성비

③ 메뉴 품목 품질요소의 리뉴얼

메뉴 품목 품질요소 중 고객의 관심과 만족도 증가에 영향을 줄 수 있는 요소로는 메뉴의 맛과 풍미, 시각적 매력, 구조·형태의 변화 등이 있으며, 이 요소들은 고객이 즉각적으로 메뉴에 대한 변화를 느낄 수 있는 부분들에 해당된다. 따라서 위 요소들의 조정은 운영 중인 메뉴에 대하여 기존의 메뉴나 경쟁자의 유사한 메뉴로부터 차별화시키는 가장 효과적이고 상대적으로 적용이 쉬운 방법이기 때문에 고객의 욕구를 정확히 파악한다면 매우 효과적이고 효율적인 메뉴 상품 리뉴얼 방법이 될 수 있다. 예를 들면, 기존 메뉴의 가니시garnish, 연출 방법, 식기 등에 변화를 주어 프레젠테이션 및 스타일링을 트렌드에 맞게 변경하여 고객 가치를 확장하는 방법 등이 있다.

😑 **식기 변화를 통한 메뉴 상품 리뉴얼 : 푸도그라피 프로젝트**

이스라엘 텔아비브의 업스케일 레스토랑인 'Catit Restaurant'과 'Carmel Winery'는 고객들에게 새로운 메뉴 경험을 제공하고 있다. 바로 제공되는 메뉴가 담긴 그릇을 스마트폰 거치가 가능하도록 디자인을 변경한 것이다. 이로 인해 이 레스토랑을 방문하는 고객들은 좀 더 멋있고 전문적으로 보이는 음식 사진을 찍을 수 있게 되었다. 각 메뉴들을 위한 특별한 그릇은 사진 전문가의 조언을 받아 음식 사진에서 중요한 색감과 질감 등이 생생하게 표현되도록 디자인되었다. 최근 스마트폰과 SNS 사용자가 폭발적으로 증가함에 따라 많은 소비자들이 페이스북, 인스타그램 등의 SNS를 통해 본인이 방문한 음식점, 선택한 음식에 대한 기록을 남기고 공유하고 싶어한다. 이러한 욕구에 부응한 메뉴의 부가적 요소인 프레젠테이션의 변화를 이용한 메뉴 상품의 리뉴얼은 획기적인 신메뉴 상품 개발 이상으로 마케팅 효과를 거두고 있다.

28
푸도그라피

4. 신메뉴 상품의 평가와 마케팅 전략

1) 신메뉴 상품에 대한 평가

메뉴 상품의 평가는 메뉴의 기획 단계와 상품화 이후의 메뉴 운영 단계에서 지속적으로 이루어져야 한다. 다만 메뉴를 평가해야 하는 기준은 특정 레스토랑의 환경이나 운영 여건에 따라 달라지게 되므로 일반적으로 제시되는 메뉴 평가 요소를 검토하고 레스토랑에 맞는 평가 기준을 설정하는 것이 매우 중요하다. 객관적 기준에 따라 메뉴 상품에 대한 평가가 적절하게 진행되면 외식업체의 운영과 관련된 중요한 분석자료와 피드백을 얻을 수 있어 지속적 경영관리와 고객 만족 유지에 도움이 될 수 있다.

신메뉴 상품의 평가는 (1) 메뉴 상품에 대한 업체 평가, (2) 메뉴 상품 수익성 평가,

(3) 고객 관점 품질 평가 등으로 구분하여 기준을 설정해 볼 수 있다. 보통 (1), (2) 부분에 대한 평가는 주로 레스토랑 내부 평가로 이루어지며, (3)의 평가는 고객 중심의 외부적 평가라고 할 수 있다.

표 5-1 | 메뉴 상품에 대한 세부 평가 항목

평가 요인	세부 측정 항목	평가 차원	
		개별 메뉴 차원	메뉴 믹스 차원
표준 레시피	1인분 양	○	
	음식의 외관	○	
	플레이팅	○	
	일관된 맛	○	
	조리 시간	○	
	조리 기술 및 인력 활용	○	
	조리의 복잡성	○	
가격 적절성	메뉴 가격	○	○
	가격 경쟁력	○	
	다른 메뉴 가격과의 조화	○	
메뉴 조정 가능성	메뉴 확장 가능성	○	○
	대체 식재료 가능성	○	
독점적 우위	시그니처 또는 한정 판매 메뉴 가능성	○	
대중성	메뉴 상품에 대한 일반 소비자들의 인지도	○	○
희소적 가치	특이 식재료 사용 정도	○	○
	메뉴의 독창성	○	○
영양	메뉴의 영양 특성	○	
메뉴 구성	메뉴 그룹 수의 적절성		○
	메뉴 카테고리의 수의 적절성		○
	전체 메뉴 품목 수의 적절성		○
	레스토랑 콘셉트에 맞는 메뉴 구성	○	○
	테이블 세팅과 요리 구성	○	○
	트렌드에 맞는 메뉴 구성	○	

(1) 메뉴 상품에 대한 업체 평가

메뉴 상품에 대한 평가는 단일 메뉴 품목과 메뉴 믹스 차원으로 구분하여 평가해 볼 수 있다. 표 5-1은 메뉴 상품에 대한 업체 관점의 기본적 평가 항목이다.

① 단일 메뉴 품목의 평가

단일 메뉴 품목의 평가는 주로 개발된 메뉴 항목에 대한 레시피 계획과 운영에 대한 평가를 말한다. 메뉴를 운영하기 위해서는 각 메뉴별 지침서가 되는 표준 레시피 standardized recipe, 제8장 참조를 확정하게 되며 표준 레시피의 요소는 각 메뉴 품목의 품질 평가의 중요한 기준이 된다.

② 메뉴 믹스의 평가

메뉴 믹스의 평가는 레스토랑의 메뉴 구성에 대한 평가를 말한다. 레스토랑 콘셉트에 맞는 메뉴의 구성, 메뉴 선택의 다양성, 식재료의 활용도 등을 평가 기준으로 설정할 수 있다.

(2) 메뉴 상품의 수익성 평가

외식업체나 레스토랑은 식음료와 서비스를 모두 포함한 외식서비스 상품 패키지의 판매로 수익을 얻게 된다. 이때 외식서비스 상품의 핵심인 메뉴로부터 어느 정도의 수익을 얻고 있는지, 고객 만족을 얻어내고 있는지에 대한 평가는 메뉴의 유지와 신메뉴 상품의 개발 여부를 결정하게 하는 매우 중요한 부분이다. 이에 따라 외식업체에서는 다양한 메뉴 분석 도구를 이용하여 메뉴 만족도와 수익성 분석을 진행하여 메뉴 개발과 개선 또는 마케팅 전략를 수립하는 데 활용하고 있다. 메뉴 엔지니어링 menu engineering은 메뉴 상품 수익성 평가에 많이 사용되는 대표적인 분석 도구의 예이다.

😀 카나바나와 스미스의 메뉴 엔지니어링

- 공헌 이익과 판매량(선호도)의 분석을 기준으로 함
- 전체 메뉴 믹스로부터 각 메뉴 항목의 상대적 비중을 파악하기 위해 사용함
- 일정 기간 동안의 메뉴 전체의 판매량과 공헌 이익(판매 가격−직접비)을 파악하고 각 품목의 단위당 공헌 이익과 판매량에 따른 구성비(메뉴 믹스 비율, 70% 룰 기준*)를 분석하여 기존 메뉴 상품 및 신상품의 가격 결정을 포함한 마케팅 전략을 세우는 데 이용됨
- 분석 대상의 아이템 수가 많아야 의미 있는 분석이 가능함
- 일품 메뉴를 주로 취급하는 레스토랑 분석에 적합함
- 단점 : 식재료비 원가를 제외한 다른 비용 및 각 메뉴 항목의 판매 가격 결정 전략 또는 판촉과 같은 외적 변수의 고려가 없음

결과 구분 및 분석 요약

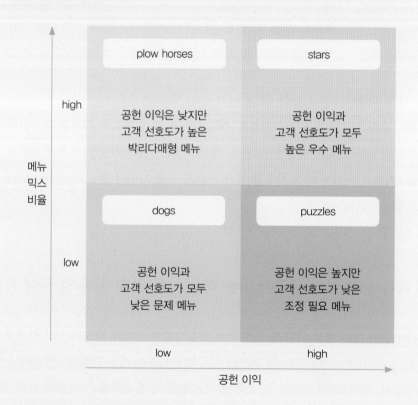

---

* 70% 룰 메뉴 믹스 비율 : 메뉴 엔지니어링에서 메뉴의 인기도를 판정하기 위해 사용하는 일종의 규칙으로서 특정 메뉴 아이템의 메뉴 믹스 비율이 전체 판매량의 70%를 넘어선 경우 판매량이 높다고 판정하게 된다.

표 5-2 | 고객 관점 메뉴 평가 항목

평가 요인	세부 측정 항목	평가 차원	
		개별 메뉴 차원	메뉴 믹스 차원
품질 우수성	음식의 품질(맛과 양, 모양)	○	
	주 요리와 부 요리의 조화	○	○
	레스토랑 콘셉트와 메뉴 콘셉트의 조화	○	○
일관성	재구매 시 메뉴 품질의 일관성	○	
다양성	선택 메뉴의 다양성		○
차별성	다른 레스토랑에서 볼 수 없는 차별화된 메뉴 상품	○	○
메뉴 서비스	메뉴 제공의 신속성	○	○
	같은 테이블 내 메뉴의 동시 제공	○	○
	메뉴의 개별화 요구 충족 정도	○	
가격 적절성	메뉴 상품 가치 대비 적절한 가격	○	○

(3) 고객 관점의 메뉴 상품 품질 평가

메뉴 상품이 고객의 요구와 필요를 충족시켜 줄 수 있는지의 여부를 평가하는 것으로 일관성consistency, 다양성, 차별성, 메뉴 서비스, 가격 적절성 등을 기준으로 평가할 수 있다. 하지만 가장 주요한 평가 기준은 고객 차원의 품질 우수성superiority이라고 할 수 있다표 5-2.

2) 메뉴 상품 평가 결과에 따른 메뉴 상품 기획 및 운영 전략 방안

위와 같이 메뉴 상품 기획 및 운영 단계에서 다양한 평가가 완료되면 그 결과에 따라 여러 가지 메뉴 상품 리뉴얼 과정을 실행하거나 또는 메뉴 크리에이션 과정을 거치게 된다. 외식업체에서 주로 사용하는 메뉴 상품 운영 전략들은 다음과 같이 정리해 볼 수 있다.

① 메뉴 프로모션

메뉴 프로모션menu promotion은 메뉴 상품에 대한 인기가 적다고 판단될 때 사용하는 방법이다. 메뉴 상품이 인기가 적다고 해서 반드시 수요가 없다는 것을 의미하는 것은 아니기 때문에 메뉴 자체의 수정 전에 고객들이 인지할 수 있도록 메뉴 상품에 대한 프로모션을 먼저 실시해 본다. 이때 메뉴의 프로모션은 내·외부적으로 실시되어야 하는데, 블랙보드 메뉴blackboard menu, 개선이 필요한 메뉴 정보만을 위한 미니 테이블 스탠딩 메뉴mini table standing menu, 포스터 부착 등의 인하우스 마케팅 실시와 동시에 SNS, 홈페이지 등을 통한 메뉴의 홍보가 필요하다.

② 메뉴 리플레이싱

메뉴 리플레이싱menu replacing은 메뉴 상품의 판매가 저조하다고 평가된 경우 메뉴 판에서 개선이 필요한 메뉴 상품의 위치를 변경해 보는 것을 말한다. 메뉴 상품 구성을 파악하여 판매를 증가시키고자 하는 메뉴 상품은 고객의 선택이 용이한 위치에 구성 하는 등 메뉴판 디자인을 수정해 본다. 이와 함께 메뉴 설명과 재료, 조리 방법 등을 활용한 상품 언어를 알맞게 사용하는 것도 메뉴 상품의 인기도를 높이는 방법이 될 수 있다.

③ 메뉴 프레젠테이션 변경

메뉴 프레젠테이션menu presentation 변경은 보통 내·외부고객의 피드백, 미스터리 쇼퍼의 평가 등의 결과로 이루어지는 메뉴 상품 개선 방법이다. 메뉴 상품의 프레젠테이션은 맛, 식감, 가니시garnish 등의 음식 자체의 변화나 메뉴 상품 구성의 전체적 조화 등을 고려한 음식의 연출 방법의 변화를 포함한다.

④ 레시피 수정 및 메뉴 원가 조정

레시피 수정과 메뉴 원가 조정은 메뉴 생산 부분과 밀접하게 연관이 되어 있다. 식자재 조달 과정 변화, 메뉴 프레젠테이션 변경, 1인분량portion size의 변경 등으로 표준 레시피의 수정이 요구되며, 이때 원가 조정의 필요성도 함께 발생하게 된다.

⑤ 메뉴 리포지셔닝

메뉴 리포지셔닝menu re-positioning은 메뉴의 제거 또는 유지 결정, 메뉴명, 판매 가격, 메뉴판의 디자인 등 다양한 메뉴 요소들의 변화를 포함한다. 앞서 설명한 메뉴 아이템의 변경이 다수 생길 경우 리뉴얼된 메뉴 상품의 어필을 위해서 메뉴 리포지셔닝과 같은 부차적인 메뉴 요소들의 변경을 함께 고려해야 한다.

- 메뉴 유지menu retention : 메뉴 평가 결과 고객에게 인기가 높고 수익성이 있는 메뉴라면 특별한 변경이 필요하지 않으며 현재의 품질을 유지하여 고객들의 긍정적 평가가 이어질 수 있도록 한다.
- 메뉴 제거menu eliminating : 메뉴의 인기도가 낮고 수익성도 좋지 않은 경우에는 메뉴의 변경보다는 제거를 신중히 고려해 봐야 한다. 특히, 고객 선호도나 수용도 변화에 따라 기존 메뉴 상품에 대해 진부함을 느낄 경우, 식재료 확보가 용이하지 않거나 식재료 원가가 급상승하는 경우가 메뉴 제거 결정 요인이 된다.

메뉴 평가에 의해서 기존 운영 중인 메뉴 상품은 이와 같은 다양한 전략의 전개로 개선된 메뉴 상품으로 전환될 수 있다. 특히, 메뉴 프로모션부터 메뉴 리포지셔닝 전략 적용 후 지속적인 메뉴 상품 평가를 통해 메뉴 변경의 효과menu effectiveness를 검토해야 하며 메뉴 상품의 제거가 결정된 경우는 이를 대체하기 위한 신메뉴 상품 개

🌐 메뉴 업데이트와 고정 메뉴 운영

레스토랑 메뉴의 업데이트 또는 고정 메뉴를 통한 운영은 어떤 것이 더 유리하다고 이야기하기가 어렵다. 지금까지 설명한 것처럼 고객의 니즈와 문제가 생겼을 때, 또는 운영자의 판단에 따라 메뉴 운영을 결정하게 된다. 다만 꾸준한 메뉴 업데이트를 추구하고 있다 하더라도 레스토랑의 대표 메뉴는 품질의 일관성을 유지하여 레스토랑의 충성고객의 신뢰를 가져갈 수 있도록 하는 것이 좋다. 획기적인 메뉴 개발을 하지 않더라도 레스토랑 업종에 관계없이 계절 메뉴의 활용은 보수적으로 고정 메뉴를 운영하는 업체라도 고객들에게 긍정적 반응을 얻을 수 있는 메뉴 베리에이션 전략이라고 할 수 있다. 메뉴의 업데이트 효과와 고정 메뉴 운영의 효과는 다음과 같다.

메뉴 개선과 개발을 통한 업데이트의 효과	고정 메뉴 유지의 효과
• 지속적인 외식 트렌드 반영	• 새로운 메뉴에 대한 훈련 시간 감소
• 식재료 가용 여부나 식자재 원가 변화에 적용	• 레스토랑 신뢰 유지
• 새로움을 추구하는 고객 니즈의 충족	• 마케팅 비용 및 노력 절감
• 계절 재료를 활용한 특별 메뉴 어필	
• 고객 니즈 변화에 대응	

발에 착수해야 한다.

 이상과 같이 제5장에서는 외식서비스 상품 중 핵심 상품에 해당하는 메뉴에 초점을 맞추어 개발의 범위와 방법, 그리고 평가에 관련된 사항을 알아보았다. 외식서비스 상품을 전체적으로 고려해 볼 때 메뉴 상품은 나머지 상품요소들을 결정하고 고객들의 외식 경험 만족에 가장 많은 영향을 미치는 상품요소이다. 따라서 메뉴 상품의 성공을 위해서는 메뉴 R&D 부문, 마케팅 부문 및 현장 부문의 전사적 참여를 바탕으로 한 개발이 필수적이다. 음식에 대한 전문적 지식을 가진 R&D 부문에서의 개발 이후, 메뉴 상품의 성공은 개발된 메뉴를 실무 현장에서 얼마나 정확하게 생산하고 품질 기준에 맞추어 서비스하느냐에 달려 있다. 또한 메뉴 상품의 특징을 살린 효과적인 마케팅에 의한 고객 유인, 그리고 기대를 뛰어넘는 탁월한 품질 경험에 의한 고객의 긍정적 평가로 완성된다. 본 장에서 메뉴 개발의 중요성을 이해했다면 다음 장에서는 고객들에게 외식업체의 이미지와 외식서비스 상품의 전반적 품질에 영향을 미칠 수 있는 또 하나의 요소인 서비스 프로세스의 개발에 대해서 알아보도록 하겠다.

외식서비스 마케팅

Chapter

06

혁신적인 서비스
프로세스 디자인

 학 습 목 표

1. 외식서비스 프로세스 개발을 위한 서비스 디자인에 대해서 이해한다.

2. 외식서비스 프로세스 개발 수준과 영역을 이해한다.

3. 외식서비스 프로세스 디자인 절차에 대해 알아본다.

4 외식서비스 프로세스 개발 후 현장 적용에 필요한 부분을 파악한다.

06

외식서비스 상품 개발의 최종 평가는 혁신에 대해 고
객이 공감을 해주었는지의 여부가 가장 중요하다. 고
객이 탁월한 서비스였다라고 느끼기 위해서는 메뉴,
서비스, 경험이 모두 충족되어야 한다고 설명하였다.
메뉴에 이어 본 장에서는 혁신적인 외식서비스 상품
개발의 완성에 꼭 필요한 외식서비스 프로세스 개발
에 대해서 서비스 디자인 전략에 입각하여 이해해 보
고자 한다.

1. 서비스 프로세스 개발의 이해

외식서비스는 고객이 외식상품을 경험하게 되는 일련의 과정이다. 이 과정에는 홀 종사원, 주방 종사원, 음식 생산기기, 서비스 기물, 레스토랑 인테리어 등 다양한 요소들이 개입하게 되며, 심지어 고객도 서비스 경험의 일부로 서비스 각 단계에 영향을 주게 된다. 즉, 외식서비스는 각 단계마다 다양한 사람, 과정 그리고 유형적 요소들이 필요하고 이러한 요소로 이루어진 복수의 단계들이 촘촘히 이어져 서비스 프로세스를 이루게 되며 이를 따르는 고객에게 총체적인 외식 경험을 제공한다.

서비스 프로세스 개발이 어려운 이유 중 하나는 서비스는 과정의 시작부터 끝까지 각 요소들이 유연하게 연결되어야 완성될 수 있어 개발 소요 시간이 많이 들기 때문이다. 이와 같은 서비스 프로세스 개발에 있어서의 복잡성에 대한 인지는 '서비스 디자인'이라는 분야를 생겨나게 했으며 서비스 기반의 산업 분야, 서비스 마케터들에게 관심을 받고 있다. 기존의 서비스 디자인은 제품 디자인과 같이 교통, 교육, 보건 등 공공서비스 산업에 주로 적용되었으나 최근에 와서는 분야에 제한 없이 서비스 계획과 설계가 필요한 모든 조직으로 확장되어 고객에게 유의미한 경험을 할 수 있도록 돕는 활동과 분야를 모두 포함하고 있으며 외식서비스 설계에도 많이 적용되고 있다.

보통 디자인이라고 하면 유형 제품의 스타일이나 외관을 예쁘게 만든다는 의미로 이해하기 쉽지만 디자인은 새로운 가치를 만들고 이를 구현하는 혁신적인 모든 행동을 말하는 보다 넓은 의미로의 이해가 필요하다. 특히, 서비스 디자인은 유·무형 매개체를 사용하는 모든 경험에 초점을 두며 일반적으로 사용자 또는 고객에게 총체적 서비스를 제공하기 위해 고객의 요구를 종합적이고 깊이 있게 성찰하고 조직의 모든 환경, 도구, 프로세스 요소 등의 개발과 개선에 집중한다. 그러므로 서비스 디자인의 결과물은 구체적 제품뿐만 아니라 눈에 보이지 않는 조직 구조, 생산 과정, 서비스 경험 등 다양한 형태로 나타날 수 있다.

따라서 본 교재에서 다루고자 하는 외서비스 프로세스의 개발은 종사원의 친절과 정확성, 신속성에 의존한 메뉴를 잘 전달하고자 하는 단순한 도구로서의 서비스가 아니라 서비스 디자인이 추구하고 있는 디자인 사고와 방법을 활용하여 외식업체 이용 고객의 문제를 해결하고 고객 경험을 최적화하는 과정의 개발로 정의하고 레스토랑 운영에 필요한 여러 기능들의 융합을 통한 유연하고 자연스러운 서비스를 개발하는 데 초점을 두고자 한다. 또한 외식서비스 프로세스 개발에 있어서 완전히 새로운 서비스 프로세스 개발 부분을 '뉴 서비스 프로세스 디자인', 서비스 프로세스 개선 부분은 '서비스 프로세스 리디자인'으로 명명하여 사용하고자 하나 두 부분 모두 혁신적 서비스를 목표로 하고 있다는 점에서 기본적인 외식서비스 프로세스 디자인은 공통적으로 적용됨을 알아두기 바란다.

> 😀 **서비스 디자인은,**
>
> - 고객의 요구를 종합적이고 깊이 있게 이해하기 위한 총체적 방법이다(프론티어서비스디자인, 2010)
> - 기존이 서비스를 개선하고 새롭게 혁신하기 위한 창조적이며 실질적인 방법으로 고객이 다양한 경험을 할 수 있도록 시간의 흐름에 따라 고객이 접하게 되는 각각의 터치 포인트를 디자인하는 것이다(리브워크, 2010).
> - 고객과의 상호작용(interaction)과 서비스 환경을 디자인하여 결과적으로 고객의 경험을 디자인하고 서비스를 제공하는 브랜드의 메시지를 전달하는 활동이다(컨티뉴, 2010).
> - 서비스 디자인은 똑같은 커피를 똑같은 가격에 파는 두 카페가 나란히 있을 때, 고객이 첫 번째 카페 대신 두 번째 카페로 들어가도록 만드는 것이다(31 볼트서비스디자인, 2008).

1) 서비스 프로세스와 고객 경험

서비스 프로세스는 외식업체–고객 간의 끊임없는 상호작용으로 만들어지는 것으로 서비스를 제공받는 과정에서 발생되는 경험이 고객들의 마음속에 각인되어 외식서비스에 대한 전반적 품질 평가로 이어지게 된다. 따라서 외식서비스 프로세스는 유형적 메뉴 상품 이외에 고객에게 외식업체 브랜드 이미지를 확고히 하고, 외식업체 평가의 기준이 되는 중요한 무형적 상품이다. 이에 고객 경험을 충족시키기 위한 서비스 프로세스를 개발하기 위해서는 서비스 경험에 영향을 주는 서비스의 구성요소들인 서비스 패키지service package에 대한 관리가 필요하며, 고객들이 느끼는 서비스의 종류가 무엇인지 구분할 수 있어야 한다.

서비스 패키지의 구성요소는 다음과 같은 5가지 차원으로 이루어져 있다.

표 6-1 | 외식서비스 패키지의 예

Fast Food	구분	Fine Dining
레스토랑 건물	서비스 지원 시설 및설비	레스토랑 건물 및 주차장
키오스크, 메뉴판, 테이블, 의자, 쟁반, 냅킨 등	촉진용품	메뉴판, 테이블, 의자, 식기 도구, 린넨, 화병 등
고객 관련 정보	정보	고객 관련 정보
신속한 서비스, 간단한 음식	명시적 서비스	셰프의 창의적인 요리, 전문적인 서비스
이용 편리성, 밝은 분위기 등	암묵적 서비스	레스토랑 분위기, 종사원들의 태도, 편안함 등

- 서비스 지원 시설 및 설비supporting facility : 서비스 상품을 제공하기 전에 반드시 갖추어야 하는 물리적 자원들레스토랑 외관 및 인테리어, 위치, 주방시설 등
- 서비스 촉진 상품facilitating goods : 고객들에게 구매되는 유형적 또는 무형적 상품의 특징메뉴 상품의 일관된 특징, 양, 메뉴 또는 서비스 선택 범위 등
- 명시적 서비스explicit service : 고객이 본인의 감각에 의해 직접적으로 느낄 수 있는 외식서비스 상품의 핵심적인 외재적 또는 내재적 특성음식의 품질, 종사원의 태도, 레스토랑의 청결, 신속한 서비스 등
- 암묵적 서비스implicit service : 고객이 잠재적으로 느끼게 되는 심리적 혜택이나 외재적 특성서비스의 태도, 분위기, 대기시간, 편리성 등
- 정보information : 고객별 서비스나 효율적인 서비스를 제공할 수 있도록 구축되는 고객 관련 정보 및 운영 관련 정보고객 카드를 통한 고객 방문 기록, 외식업체의 메뉴 판매 기록 등

　외식서비스를 제공받는 고객들은 위와 같은 서비스 패키지의 다양한 혼합 형태로서의 상품을 통한 총체적 경험으로 외식에 대한 만족도를 평가하게 된다. 외식서비스 제공을 위해 서비스 지원 시설 및 설비, 메뉴를 중심으로 한 촉진 상품이 기본적으로 마련되었다면 명시적 서비스, 암묵적 서비스 요소가 포함된 서비스 프로세스 개발을 통한 차별화 시도가 필요하다. 아무리 뛰어난 메뉴 상품이 개발되었다 할지라도 고객 경험을 위한 프로세스가 적절하지 못하여 명시적·암묵적 서비스 부분에서 실패가 발생한다면 전체적인 외식서비스 상품의 품질은 낮게 평가될 수밖에 없기 때문

이다. 고객 관점에서 보았을 때 외식업체 내·외부의 디자인과 시설 수준에서부터 레스토랑에 어울리는 종사원, 주변 고객, 분위기 및 브랜드 등 외식서비스를 경험하는 모든 순간이 관심의 대상이고 만족의 요소가 되므로 서비스 프로세스 개발은 외식 메뉴 상품과 더불어 다양한 관점에서 검토되어야 한다.

특히, 타 산업군과는 다르게 외식서비스 상품은 외식업체의 콘셉트에 따라 고객들이 원하는 바가 다를 수 있다. 패스트푸드 콘셉트라면 차별화된 음식 맛에 대한 기대보다는 저렴한 가격, 빠르고 편리한 서비스가 더욱 중요한 니즈가 될 수 있다. 따라서 다른 패스트푸드 업체보다 고객들이 빠르게 메뉴를 제공받을 수 있는 원격 주문 서비스, 드라이브 스루 서비스는 고객에게 매우 획기적인 서비스가 될 수 있다. 반면, 파인 다이닝이라면 좋은 품질의 식재료로 만든 음식뿐만 아니라 이를 뒷받침해줄 수 있는 정교한 서비스 프로세스와 분위기 등이 품질 평가의 기준이 된다. 따라서 외식업체에서는 고객들이 기대하는 서비스 특징을 확인하여 이를 경쟁업체들과 차별화되는 서비스 프로세스로 구현하는 방법을 모색하여 고객의 관점에서는 서비스 경험을 통해 매력적이고 유익한 가치를 얻을 수 있고, 서비스 공급자의 관점에서는 효과적이고 효율적인 서비스 인터렉션을 만들어 이익을 가져다줄 수 있도록 하는 것이 외식서비스 프로세스 디자인의 주된 목적이라고 할 수 있다.

2) 외식서비스 프로세스 디자인의 기본 고려 사항

서비스 프로세스 디자인의 과정은 크게 두 부분으로 나눌 수 있다. 전반부는 고객의 니즈를 탐색하고 후반부는 콘셉트 개발을 위한 프로토타이핑 진행이다. 이는 기존 서비스 개선을 위해 단순한 정량 조사 진행 후 조직 내부의 아이디어 만으로 서비스를 개발하는 것과는 차이가 있다. 즉, 우리가 경쟁 우위를 차지하기 위해 강조하는 서비스 프로세스 디자인에서는 일반적인 설문 조사 방법보다는 고객의 숨은 니즈를 파악하고 새로운 서비스에 대한 충분한 인사이트를 얻기 위해 정성적 조사를 포함한 다양한 고객 니즈 탐색 접근 방법이 필요하며 후반부에서는 고객 중심의 해결책이 나올 수 있도록 다양한 프로토타입을 활용한 서비스 콘셉트의 시각화에 중심을 둔다.

본격적인 외식서비스 프로세스 디자인 학습에 앞서 고려해야 하는 기본적인 사항

표 6-2 | 서비스 개발과 서비스 프로세스 디자인

분류		기존 서비스 개발	서비스 프로세스 디자인
사고		논리적 사고	디자인 사고
개발 초점		경쟁 우위를 점하기 위한 자원 효율화	고객 경험 중심
고객 요구 파악 방법		설문 등 정량 조사	관찰, 고객 인터뷰 등 정성 조사
개발 과정	전반	정량 데이터 기반의 내부 브레인 스토밍	고객 이해 중심의 니즈 탐색
	후반	문서화된 전략 방안 및 콘셉트 제시	프로토타이핑(서비스 시각화)을 통한 콘셉트 개발

을 먼저 살펴보도록 하겠다.

(1) 내 · 외부고객 중심의 공동 창작

외식서비스는 고객과 내부고객인 종사원의 상호작용이 일어나는 바로 그 순간 생산되고 소비된다. 따라서 서비스 프로세스 디자인에 있어서 고객과 종사원의 참여는 필수요소이다. 외식서비스에서 종사원은 서비스를 실행하고 고객에게 제공하고 있기 때문에 서비스 그 자체라고 말할 수 있다. 그러므로 외식서비스 프로세스 디자인에서 서비스를 수행하게 될 종사원의 아이디어나 의견은 매우 중요하며 실제 새로운 서비스를 고객에게 제공하게 될 때에도 시행착오를 줄일 수 있게 된다. 더군다나 고객을 접점에서 만나게 되는 홀 종사원들은 고객들과 밀접하게 상호작용을 하기 때문에 실제 고객들이 원하는 것이 무엇인지 정확히 파악하고 있어 이들의 의견은 서비스 디자인과 적용에 특히 많은 도움이 된다.

한편, 고객은 외식서비스에 있어 자연스럽게 전달 과정과 공동 생산에 참여하게 되므로 종사원들과 마찬가지로 서비스 디자인에 있어서 중요한 역할을 한다. 특히, 고객들은 자신들이 현재 서비스 프로세스 경험에 대해 더 필요한 사항이나 불편 사항들에 대해 직접적으로 의견을 제시하거나 직간접적으로 많은 아이디어를 제공할 수 있기 때문에 서비스 프로세스 디자인에 있어서 고객 참여를 간과해서는 안 될 것이다.

이 외에도 서비스 프로세스 디자인은 한 사람의 아이디어에 집중하기보다는 다양한 의견을 모아 다듬고 연결하는 것이 중요하다. 따라서 마케팅 관리자는 서비스 프로세스 디자이너로서 다양한 이해 관계자가 아이디어를 도출하고 평가할 수 있도록 환경을 만들어 주는 역할을 해야 한다. 외식업에서는 서비스를 기획·제공·소비하는 과정에서 고객과 종사원뿐만 아니라 경영자, 주방 종사원 등 다양한 이해 관계자가 관여하므로 이들 모두가 서비스 개발이나 개선을 위한 아이디어 원천이 된다는 것을 명심해야 한다.

이와 같이 다양한 이해 관계자에 의한 공동 창작은 서비스 프로세스 디자인의 핵심 원칙이다. 공동 창작 과정은 실제 서비스를 제공할 때 이해 관계자 간의 상호작용을 향상시켜 고객과 종사원의 만족을 동시에 높여 줄 수 있다. 또한 고객은 서비스 개발에 공동으로 참여함으로써 서비스 제공자와의 동반자적인 관계를 형성하고 서비스에 가치를 높일 수 있는 기회를 얻게 된다. 이렇게 고객의 참여 정도가 높아질수록 서비스에 대한 고객의 공유 의식과 충성도가 높아지며 이를 바탕으로 서비스 제공자는 좀 더 쉽게 고객과 장기적인 관계로 발전할 수 있게 된다.

(2) 서비스 흐름의 배열과 터치 포인트

서비스는 일정 시간 동안 일어나게 되는 일련의 과정으로 이루어진다. 그 과정이 어떻게 흘러가느냐가 고객의 전체적 만족도에 많은 영향을 미치게 되므로 서비스 프로세스 디자인에서는 이 부분을 매우 중요하게 다루게 된다. 예를 들어, 레스토랑의 대기시간이 너무 길다면 사람들은 지루함을 느끼게 되는데, 문제는 이 지루함에 의한 불편한 감정이 본격적인 서비스를 제공받을 때의 전체적인 만족도에도 영향을 미치게 된다는 것이다. 보통 서비스의 흐름은 한 편의 영화나 연극에 비유되기도 한다. 영화가 동적인 장면을 만들기 위해 연속된 사진이나 동작으로 이루어진 것처럼 서비스 과정도 이와 마찬가지로 여러 접점터치 포인트, touch point과 그때의 상호작용으로 이루어져 있다. 상호작용이 일어나는 서비스 접점은 사람과 사람, 사람과 기기, 판매 촉진을 위한 다양한 인쇄물이나 온라인 미디어 등을 통한 다른 고객의 평가에 따라서도 간접적으로 발생할 수도 있는데, 이를 '서비스 모멘트service moment', 또는 '진실의 순간MOT, Moment Of Truth'이라고 부른다.

모든 서비스 과정은 서비스를 경험하기 전인 사전 서비스 기간, 실제로 서비스를 경험하게 되는 실제 서비스 기간, 그리고 서비스를 받고 난 후의 사후 서비스 기간으로 이루어진다. 따라서 서비스 프로세스 디자인에서는 고객과 만나는 모든 터치 포인트를 정교하게 디자인하여 각각의 접점에서 외식업체가 전달하고자 하는 서비스의 내용이 고객에게 명확히 전달될 수 있도록 구상해야 한다. 특히, 서비스 접점은 고객의 서비스 경험과 동시에 조직 후방의 지원 프로세스나 시스템과도 연결이 되어 있기 때문에 성공적인 서비스를 위해서는 전방, 후방을 위한 프로토타입을 만들고 적절한 서비스 흐름이 이어지도록 배열한 후, 그것이 고객에게 어떤 영향을 미칠지에 대해서도 반복적으로 테스트해야 한다.

(3) 서비스에 대한 증거의 확보

서비스의 특징 중 하나는 무형성이다. 보이지 않는 무형의 서비스를 고객이 경험하도록 하기 위해서는 먼저 외부의 자극이 필요하다. 이 때문에 외식서비스 제공자는 서비스에 대한 이미지를 만들어 내고 시각화하여 무형성을 극복하고 고객의 기대를 설정하기 위해서 유형적 증거들을 만들어 내야 한다. 외식업체의 이미지를 알리고 서비스의 수준을 예측하기 위한 유형적 증거는 '서비스스케이프servicescape'로 불리는 물리적 환경과 그 외 고객이 외식업체와의 상호작용을 하면서 보게 되는 기타 유형 요소들종사원 유니폼, 포스터, 메뉴판, 영수증 등을 포함한다. 적절히 구성된 서비스의 유형적 증거는 고객에게 서비스를 직접 경험하는 순간뿐 아니라 이후까지의 감성적 연상으로 이어지게 해준다. 따라서 이를 효과적으로 활용한다면 고객의 충성도를 높이고, 긍정적 구전까지도 기대할 수 있다. 서비스 증거는 서비스의 내용과 접점에 따라 필요한 장면을 만들 수 있도록 공간과 순서를 고려해서 디자인되어야 하며 경우에 따라서는 고객이 잘 볼 수 없는 후방 서비스 과정까지도 인식할 수 있도록 설계하여 고객의 서비스 경험을 향상시키도록 해야 한다.

특히, 최근에는 온라인상에 SNS, 블로그 등 다양한 방법으로 기록을 남기는 일이 일상화되면서 레스토랑을 방문한 많은 고객들이 레스토랑 외관과 실내, 서비스된 음식 등의 인증샷을 찍는다. 즉, 레스토랑에서 먹은 음식과 분위기는 사라지고 존재하지 않지만 사람들은 유형적 증거를 원하는 것이다. 이에 많은 레스토랑에서는 사람들이 사진을 찍을 수 있는 공간을 마련한다거나 제공하는 음식도 마음에 드는 사진을 찍을 수 있도록 서비스 과정을 변경하기도 한다.

😊 **서비스의 유형적 증거**

내 요리는 누가 어떻게 만들까?

영국 콘노트 호텔 프렌치 레스토랑에서는 '셰프의 테이블'이라는
상품을 판매하고 있다. 이 상품은 고객이 볼 수 없는 주방에서
만들어진 음식을 테이블에서 제공받아 먹는 기존의 레스토랑 식
사 방식이 아니라 주방 안에 마련된 식사 테이블에 앉아 셰프들
이 고객의 음식을 조리하는 과정을 모두 보며 식사를 할 수 있도
록 만들어진 외식서비스 상품으로 조리 공간, 셰프의 퍼포먼스
등 고객이 레스토랑에서 보고 싶어하는 유형적 요소들을 공개함
으로써 다른 레스토랑과의 차별화를 도모하였다.

29
콘노트 호텔:
셰프의 테이블

(4) 총체적 관점

서비스 (리)디자인의 시작은 고객 문제를 구체적으로 고민하는 것에서 시작된다.
여기에서 고객 문제는 쉽게 눈에 보이는 문제뿐만 아니라 사람들이 표현하지 않아
잘 드러나지 않거나 잠재된 요구를 포함한다. 특히, 고객이 진정으로 원하고 필요로
하는 것을 찾아내기 위해서는 문제를 정의하는 첫 번째 과정부터 익숙한 방법에서
벗어나 다양하고 새로운 관점에서 생각해 보고자 노력해야 한다.

다양한 관점으로 서비스에 대한 문제를 탐색할 때 염두에 두어야 하는 것은 바로
'콘텍스트context'이다. 이것은 외식서비스 상품에 대한 개별적 특징에 대한 분석보다
는 고객들이 외식서비스 상품을 구매하는 이유와 상황에 가치를 두고 폭넓은 분석이
필요하다는 것을 의미한다. 외식을 원하는 사람들이 레스토랑을 고를 때 단순히 음
식의 종류와 맛만 고려하는 경우는 많지 않다. 그날의 외식 목적에 맞는 분위기인지,
주차는 편한지 등 음식이라는 제품에만 집중하는 것이 아니라 음식을 둘러싼 전반적
상황콘텍스트을 고려하게 되는 것이다. 즉, 같은 음식을 취급하더라도 외식업체의 다양
한 요소들이 고객에게 이용 가치의 차이를 만들어 내게 된다. 따라서 여러 가지 정성
적 접근을 통해 고객 가치의 차이를 만드는 부분을 꾸준히 고민하고 서비스 프로세
스에 반영할 때 고객에게 인상 깊은 경험을 제공할 수 있다.

☻ 불편해도 즐거운 외식 경험 : 호주의 낙하산 샌드위치, 제플슈츠

호주 멜버른에 위치한 작은 샌드위치 가게인 '제플슈츠'는 협소한 건물 7층에 위치해 있다. 기존의 메뉴 콘셉트에 맞는 외식업체 조건을 고려하자면 제플슈츠의 위치는 편리성, 접근성, 자리 확보 면에서 최악인 레스토랑이다. 그러나 사람들은 제플슈츠에 열광한다. 그 이유는 제플슈츠의 독특한 서비스 방식 때문이다. 제플슈츠의 제플(Jaffle)은 샌드위치를 의미하며, 슈츠(Chutes)는 낙하산을 의미한다. 이름하여 '낙하산 샌드위치!' 제플슈츠는 낙하산으로 제공하는 샌드위치를 표방하고 고객에게 독특한 방식의 서비스 경험을 선사하고 있다. 이 과정에서 사람들은 미리 핸드폰으로 주문을 해야 하고 정한 시간에 (×) 표시된 장소에 도착하여

제플슈츠 서비스 프로세스

하늘에서 내려오는 샌드위치를 기다려야 한다. 사람들은 빠르고 간편한 음식인 단순한 샌드위치를 먹는 것임에도 불구하고 기다리는 시간도 마다하지 않는다. 즉, 흥미로운 경험이 가해지면서 지루하고 불만스러운 고객 참여는 즐겁고 색다른 경험으로 바뀌고 외식서비스 만족도가 상승하게 되는 것이다.

30
제플슈츠

실제로 서비스의 모든 측면을 모두 고려한다는 것은 매우 어려운 일이지만 서비스 프로세스 디자인 시에는 항상 서비스의 전 과정이 이루어지는 콘텍스트 전체를 살펴 각각의 서비스 접점이 외식업체의 전체 환경을 고려해 디자인되어야 하며, 기본 서비스 흐름뿐 아니라 대안으로 선택 가능한 터치 포인트와 접근 방법도 생각해 보아야 한다.

☻ 서비스 디자인에서의 콘텍스트

콘텍스트는 사전적 정의로 '맥락' 또는 '문맥'을 의미한다. 그러나 서비스 디자인에서는 텍스트의 단순한 표면적 의미를 넘어서 주변 상황, 시간, 환경 등이 포괄적으로 고려된 좀 더 깊은 곳에 숨겨진 진의(眞意)를 파악하고자 할 때 반드시 고려되어야 하는 부분을 말한다. 상품 기획이나 개발에 있어 얼마 전까지만 해도 콘텐츠가 중요했다면 최근에는 콘텍스트가 더욱 중요시되고 있다. 즉, 좋은 콘텐츠라도 고객에게 아무런 인과 관계 없이 갑자기 노출되면

의미가 없다. 반면, 고객의 콘텍스트를 고려한 의미 있는 콘텐츠를 활용한다면 성공적인 서비스가 될 가능성이 높아진다. 이에 다양한 분야에서 커스터마이징(customizing), 큐레이션(curation) 등의 서비스가 각광을 받고 있다. 따라서 콘텍스트를 고려한 서비스 디자인은 고객의 나이, 성별 등 단순한 특성 이외에 고객의 배경, 문화, 사회 등 광범위한 인문학적 요소의 고려, 고객 정보 수집에 있어 정량적 데이터 이외에 정성적 요소들을 충분히 반영한 것이라고 할 수 있다.

2. 외식서비스 프로세스 개발 수준과 영역

1) 서비스 프로세스 개발 수준

얼마 전까지만 해도 고객의 외식업체 경험 과정은 외식업체 방문→외식 이용(주문)식사)지불→재방문 결정의 단순한 과정으로 이루어졌다. 따라서 외식업체들은 고객들이 방문 외식업체 내에서의 외식 경험의 만족도를 높이기 위한 프로세스 개발에만 신경을 쓰는 것으로도 충분했다. 그러나 현재는 외식 경험이 반드시 외식업체 방문을 통해서만 이루어지지 않는다. 즉, 고객들은 외식업체 방문 전 다양한 탐색 경로를 통해 외식업체에 관련된 정보를 수집하며, 외식 경험 이후 단순히 본인의 재방문만을 결정하는 것이 아니라 온라인상의 의사소통 채널을 이용하여 자신의 외식 경험을 평가하고 공유하면서 다른 사람들의 외식업체 경험에도 많은 영향을 주는 등 확장된 외식 과정을 경험하고 있다. 이에 따라 외식에서의 서비스 프로세스 개발은 고객들이 외식을 경험하게 되는 전 과정에 문제가 발생하지 않도록, 더 나아가 즐거운 경험이 되도록 외식 경험 과정에 투여되는 요소들을 개발 또는 개선하는 것을 의미한다.

제4장에서 언급한 외식서비스 상품 개발의 의미와 유형을 고려할 때 외식서비스 프로세스 개발 수준은 업체의 입장에서 (1) 뉴 서비스 프로세스 디자인과 기존 프로세스의 개선을 통한 (2) 서비스 프로세스 리디자인으로 나눌 수 있다.

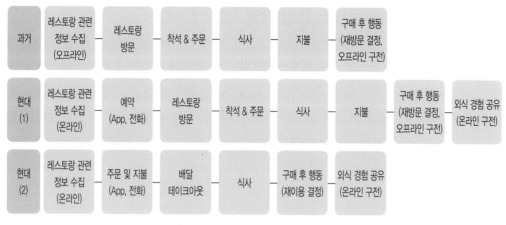

그림 6-1 | 외식 경험의 과정

(1) 뉴 서비스 프로세스 디자인

뉴 서비스 프로세스 디자인new service process design은 이제까지 고객이 경험하지 못했던 새로운 프로세스 개발을 말한다. 이는 외식업체 방문을 통한 외식 경험의 만족도 향상 이 외에도 외식업체 탐색을 용이하게 해주고, 다양한 방법으로 외식업체를 손쉽게 경험할 수 있도록 해주거나 경험 후 구전 단계에서도 지속적으로 만족할 만한 외식 경험의 느낌을 이어갈 수 있도록 확장된 서비스 접점에서의 고객 만족을 이끌어 내기 위한 창조적인 서비스 프로세스 개발을 포함하고 있다.

(2) 서비스 프로세스 리디자인

서비스 프로세스 리디자인service process redesign은 기존에 운영되고 있던 서비스 흐름의 개선을 의미한다. 적합한 서비스 디자인 도구들을 이용하여 현재 이용되고 있는 서비스 단계의 요소들을 검토하고 문제점이 발견된 부분의 조정, 제거 등을 통해 전체 외식서비스 흐름이 기존보다 유연하게 이어지도록 하는 데 중점을 둔다.

다시 강조하지만 이러한 개발 수준을 나누는 이유는 개발의 중점 요소가 되는 부분이 어디인지를 정확히 파악하고 개발의 목적과 목표를 벗어나지 않기 위한 업체 입장의 분류이다. 뉴 서비스 프로세스 디자인이건 서비스 프로세스 리디자인이건 서비스 프로세스가 완성되고 고객에게 제공되었을 때 고객이 새로운 가치로 느끼면 그것은 모두 서비스 혁신에 포함된다.

2) 서비스 프로세스 개발 영역

외식업체에서 서비스 프로세스 개발은 고객 만족과 운영의 효율성을 높이고자 하는 목적에서 비롯된다. 서비스 프로세스 디자인 영역은 단지 음식의 서비스 제공 과정에만 한정되는 것이 아니라 전체적 외식서비스 경험에 있어서의 각 터치 포인트 및 연결 과정 모두를 포함하며 다음과 같은 영역에서의 혁신적 디자인과 리디자인에 초점이 맞추어지고 있다.

(1) 외식서비스 프로세스 플로우 디자인

31
환경 보호를 실천하고
싶은 고객들을 위한
서비스 플로우

고객 관점 또는 운영 관점에서 필요한 서비스 흐름flow을 개발하거나 조정하는 부분이 서비스 프로세스 개발 영역에 포함될 수 있다. 방문 식사만 가능하던 레스토랑에서 배달서비스를 추가하여 새로운 외식서비스 프로세스를 만드는 것이나 기존 외식 경험 중 지불 과정에 새로운 지불 방법을 추가하여 서비스를 개선하는 것 등이 예가 될 수 있다.

(2) 메뉴 제공 프로세스의 품질 유지 및 향상

전체 외식서비스 경험 만족도에서 가장 중요 부분을 차지하는 메뉴 품질을 유지하기 위한 메뉴 제공 프로세스의 디자인 부분도 중요한 서비스 프로세스 개발 영역이다. 예를 들어, 배달서비스 과정 중 메뉴의 적온을 유지하기 위해 고안된 도미노피자의 DXP 차량제4장 참조, 고객에게 일정한 품질을 제공하기 위한 맥도날드의 표준 레시피 활용과 생산 과정 매뉴얼화, 일정한 양의 음식을 제공하기 위한 서빙 도구 개발 등도 메뉴 전달의 품질 향상 프로세스 개선과 혁신을 위한 부분이다.

(3) 차별화된 외식서비스를 위한 물리적 공간 디자인

외식 공간은 고객들이 외식 경험 과정에서 가치와 의미가 만들어지는 특정 공간을 말하며, 최근 들어 그 중요성이 더욱 증대되고 있다. 이에 고객으로 하여금 단지 음식만이 아닌 외식 경험 장소인 레스토랑을 하나의 상품으로 인식하도록 하여 고객 요구를 반영한 장소를 디자인함으로써 외식서비스 상품에 대한 가치를 높이고 고객 유치를 극대화할 수 있도록 해야 한다. 따라서 외식서비스를 위한 공간 (리)디자인 영역은 고객의 태도나 행동을 외식업체에 유리하도록 창조, 변경시킴으로써 수요를 증대시키고자 하는 목적으로 서비스 프로세스 개발 영역에 포함될 수 있다.

😊 **혁신적 외식서비스 공간**
: 디자인 디저트 카페 누데이크

누데이크는 젠틀몬스터 썬그라스로 유명한 아이아이컴바인드에서 만든 F&B 매장이다. 미래의 리테일 공간에 관한 연구를 중심으로 한 콘텐츠 기획의 하나로 누데이크(new, different, cake의 조합)가 만들어졌다고 한다. 누데이크는 제품과 공간을 통해 고객에게 새로운 맛과 경험을 제공하고자 노력하고 있다. 누데이크 하우스 도산점은 'taste of meditation(명상의 맛)'을 주제로 고객들이 디저트에 집중하기 쉬운 공간 구성을 도모하였다고 한다. 또한 일관된 브랜드 콘셉트가 반영된 케이크를 만들어 제품의 맛과 공간의 매력을 만들어 고객이 효과적으로 브랜드 경험을 할 수 있도록 서비스를 디자인하고 있다.

\# 32
혁신적 외식서비스
공간 : 누데이크

(4) 외식서비스 상품 제공 시간 관리

외식서비스에서 고객 불만이 많이 발생하는 요인은 긴 대기시간이다. 고객의 입장에서 본다면 레스토랑 방문 시 메뉴의 주문, 제공, 지불을 위해 기다리는 시간이 필요 이상으로 길어진다거나, 배달 음식 이용이 많아진 최근 상황에서는 배달 지연 등

😐 **음식을 기다리는 시간이 즐거워진다**
: 르 프티 셰프(Le Petit Chef)

'스컬맵핑(Skullmapping)'이라는 회사는 3D 프로젝션 맵핑(대상물의 표면에 빛으로 이루어진 3D 영상을 투사하여 마치 현실에 존재하는 것처럼 입체적으로 보이도록 하는 기술) 기술을 사용하여 고객들이 레스토랑에서 주문을 하고 기다리는 동안 세팅된 플레이트에 주문한 메뉴를 만드는 과정을 재미있는 3D 애니메이션 형태로 보여 준다. 가령, 아이스크림을 만들기 위해 에스키모 복장의 셰프가 등장하여 눈덩이를 굴린다든지, 플레이트에 그릴의 형상이 나타나고 고기를 구워 주는 모습을 보여 준다든지 하는 다양한 스토리를 전개하여 고객들의 대기시간을 즐겁게 만든다.

\# 33
르 프티 셰프

이 외식서비스 상품 품질의 부정적 평가 원인으로 많이 지적되는 사항이다. 따라서 시간 관리를 위한 서비스 프로세스 (리)디자인은 외식업체에서 매우 중요한 영역이다. 다만, 상품 제공 시간 관리란 서비스에 필요한 절대적 시간만을 의미하는 것이 아니고 심리적 대기시간과도 연관이 있음을 염두에 두어야 한다.

(5) 외식서비스 경험을 위한 가상 공간과 프로세스 디자인

외식서비스 프로세스 개발 수준에서 언급하였지만 이 부분은 최근에 와서 마케팅 분야에서 매우 중요하게 여겨지는 프로세스 디자인 부분이다. 기존 전통적 방식에 의존하던 프로모션 믹스 전략들은 온라인 SNS, 모바일앱 등 첨단 기술과의 결합으로 새로운 형태의 프로모션 믹스로 개발되고 있으며, 이는 고객들이 외식업체에 대한 유용한 정보이벤트 할인, 쿠폰 등를 획득하는 경로의 변경, 체험에 대한 개념을 전환시키고 있다. 최근 서비스와 연결된 기술 중심 마케팅에 대한 키워드는 '개인을 위한', '연결을 위한', '경험을 위한' 등으로 표현될 수 있다. 개인의 지리적 정보나 라이프 스타일 등 개인화된 정보를 토대로 AI가 맞춤 정보를 제공하고 증강현실AR, 가상현실VR 기술을 활용하여 실제 서비스를 이용하기 전 감각적으로 체험하고 브랜드에 몰입하게 해주는 증강 마케팅, 고객의 프로필에 맞춘 선호 제품을 추천하는 예측 마케팅 등을 위한 서비스 프로세스 디자인이 적용되고 있다. 레스토랑에서는 증강현실을 활용한 메뉴판, 제공 요리에 대한 조리 과정 정보 제공, 가상현실을 레스토랑 공간에 적용하여 메뉴 콘셉트에 맞춘 배경 전환 등을 통해 고객들에게 즐거운 레스토랑 체험을 제공하고 매장 방문 유도와 매출 상승을 도모하고 있다. 이와 같이 고객들의 외식 경험 중 경험 전·후와 관계된 태도나 행동을 유인하거나 변화시키기 위한 목적으로 서비스 프로세스 디자인이 적용될 수 있다.

34
VR 적용 레스토랑

3. 외식서비스 프로세스 디자인 절차

서비스 프로세스는 외식서비스 상품의 하나로 기본적인 개발 과정은 제4장에서

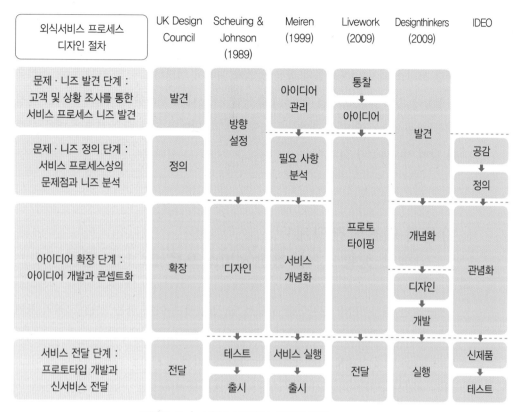

외식서비스 프로세스 디자인 절차	UK Design Council	Scheuing & Johnson (1989)	Meiren (1999)	Livework (2009)	Designthinkers (2009)	IDEO
문제 · 니즈 발견 단계 : 고객 및 상황 조사를 통한 서비스 프로세스 니즈 발견	발견	방향 설정	아이디어 관리	통찰 ↓ 아이디어	발견	
문제 · 니즈 정의 단계 : 서비스 프로세스상의 문제점과 니즈 분석	정의		필요 사항 분석			공감 ↓ 정의
아이디어 확장 단계 : 아이디어 개발과 콘셉트화	확장	디자인	서비스 개념화	프로토 타이핑	개념화 디자인 ↓ 개발	관념화
서비스 전달 단계 : 프로토타입 개발과 신서비스 전달	전달	테스트 ↓ 출시	서비스 실행 ↓ 출시	전달	실행	신제품 ↓ 테스트

그림 6-2 | 서비스 프로세스 디자인 절차

논의되었던 외식서비스 상품 개발 과정을 참고하면 된다. 그러나 서비스 프로세스는 메뉴와 같은 유형적 상품과는 다르게 고객이 외식서비스를 경험하게 되는 과정에서 필요로 하는 다양한 니즈를 찾아내어 이를 해결할 수 있는 방안을 찾아내고 실현시킨다는 점에서 메뉴의 개발과는 다른 고려 사항들이 존재한다. 본 장에서는 외식서비스 상품 중 서비스 프로세스 (리)디자인에 있어서 효과적인 해결책을 제시하기 위해 고려해야 하는 사항과 절차, 활용할 수 있는 도구들의 적용에 대해서 알아보고자한다.

그림 6-2에서 보는 바와 같이 서비스 프로세스 디자인 절차는 여러 학자와 기관에 따라 다양하게 제시되고 있다. 본 교재에서는 이들 참고 문헌과 발견discover-정의define-확장develop-전달deliver의 4가지 핵심 단계로 이루어진 더블 다이아몬드 모델double diamond model, UK Design Council을 응용한 외식서비스 프로세스 디자인 절차를 이용하고자 한다. 제시된 외식서비스 프로세스 디자인 절차는 새로운 기회 영역을 포

착하여 진행하는 혁신서비스 프로세스의 디자인이나 문제를 발견하고 이의 개선을 도모하는 서비스 프로세스 리디자인 모두에 적용할 수 있으며 단계별 주요 포인트와 관련 서비스 디자인 도구들의 활용 방법에 대해서 설명하도록 하겠다. 특히, 설명을 진행함에 있어 [외식고객을 위한 M 축산물 시장 내에 위치한 외식업체 서비스 품질 개선]안종범 외(2020)에 관한 제안서를 바탕으로 각 단계별 진행 필요 부분에 대한 사례를 함께 제시하고자 한다.

1) 문제·니즈 발견 단계
: 고객 및 상황 조사를 통한 서비스 프로세스 니즈 발견

성공적인 외식서비스 디자인을 위해서는 늘 염두에 두어야 하는 것은 '고객의 표면 니즈explicit needs'를 확인하고 해결하는 것보다 고객들도 잘 알지 못하는 '숨겨진 니즈unmet needs'를 찾아내어 이를 해결하는 것이다. 따라서 서비스 (리)디자인에 있어 고객을 면밀히 관찰하고 분석하는 과정은 그 결과를 바탕으로 정확한 인사이트를 얻는다는 점에서 매우 중요한 단계이다. 이에 발견 단계는 외식업체가 가진 내·외부 분석을 통하여 고객의 니즈와 업계의 트렌드를 파악하여 서비스 프로세스 디자인 필요성을 확인하여 개발 방향을 설정하는 준비 단계이다. 혁신서비스 디자인이나 서비스 (리)디자인의 필요성은 고객의 요구나 기존 서비스 프로세스의 문제점의 부각 등을 통해 제기될 수 있으며, 기업의 비전과 미션의 검토를 통해 전략적 목표에 도달하기 위해 의도적으로 설정되기도 한다. 또한, 업계 환경이나 트렌드, 경쟁자의 새로운 서비스, 내부 종사자의 아이디어 제시 등이 시작점이 될 수도 있다.

발견 단계에서는 기존 서비스 프로세스 문제, 새로운 기회와 고객의 요구를 명확하게 규명해야 하기 때문에 고객, 자사, 경쟁사에 대한 다양한 정보 수집과 이해 관계자에 대한 이해, 현장 조사 등을 통해 서비스 (리)디자인을 진행하는 데 있어 충분한 인사이트를 제공할 수 있어야 한다.

(1) 2차 조사와 정량적 소비자 조사를 통한 정보 수집
이 단계에서의 정보수집은 주로 2차 조사secondary research를 통해 이루어지는데, 2

차 조사는 온·오프라인을 통한 관련 사례 조사, 연구 보고서, 통계 정보 등 다양한 자료를 중심으로 실행되어야 한다. 특히 이 단계에서의 수집해야 하는 정보는 전반적인 시장환경의 변화, 우리 서비스에 대한 시장의 평가, 경쟁사의 동향, 대체제 출현 여부 등이다. 2차 조사와 함께 고객들의 외식서비스 상품 이용 현황과 일반적으로 나타나는 소비자 행동과 인식에 대한 정보는 설문 조사와 같은 정량적 소비자 조사제 4장 참조를 통해 얻을 수 있다.

☻ 2차 조사 참고 사이트

- 공공데이터 포털(https://www.data.go.kr) : 각 공공 기관이 보유하고 있는 공공 데이터를 하나로 통합 관리하는 사이트
- 국가통계포털(https://kosis.kr) : 국내 · 국외의 주요 통계를 한 곳에 모아 놓은 통계청 제공의 통계 서비스
- DMC 리포트(https://www.dmcreport.co.kr) : 마케팅 시장의 최신 트랜드 관련 리포트와 뉴스 제공
- 트렌드인사이트 (http://trendinsight.biz) : 미시적 관점의 소비자 트렌드와 콘텐츠 제공
- The 외식-식품산업통계정보시스템 (https://www.atfis.or.kr) : 한국농수산식품유통공사에서 제공하는 외식산업 관련 정보 사이트
- 한국농촌경제연구원 (https://www.krei.re.kr) : 식품 소비 행태 조사, 식품산업 정보 분석, 외식업 경영 실태 등 식품 외식산업 관련 보고서 및 조사 자료 제공
- 식품외식경제 (http://www.foodbank.co.kr) : 식품 외식 관련 최신 뉴스 제공 미디어

특히, 발견 단계에는 소비자 대상의 조사 이외에 관련자 및 전문가 대상의 정성 조사가 유용할 수 있다. 고객 접점 종사원들은 서비스를 실제로 제공하고 고객과 직접 상호작용을 하기 때문에 이들이 제공하는 고객 정보나 의견은 서비스 프로세스 디자인에서 중요한 정보가 될 수 있다. 전문가 인터뷰expert interview는 관련 분야의 전문가를 섭외해 인터뷰를 진행하는 방식으로 보통 전문가들은 전문 지식을 바탕으로 하지만 자신의 견해와 의견을 전달하기 때문에 다른 정보들과 비교하여 필요한 정보를 균형 있게 선택할 수 있어야 한다.

(2) 이해 관계자 파악

내·외부 환경 분석 이외에 발견 단계에서 해야 할 일은 서비스 프로세스와 관련된

표 6–3 | 이해 관계자 지도 작성 절차

구분	내용
1. 문제 상황과 관련된 이해 관계자 파악	문제 상황을 제시하고 관찰, 인터뷰 등의 사전 자료 조사 결과를 통해 파악된 이해 관계자를 기록
2. 근접도에 따른 이해 관계자 배치	문제 상황의 근접도에 따라 사람들을 분류. 이때 원형 지도를 이용할 수 있으며 문제 상황에 가장 근접한 직접 이해 관계자를 원의 중심 부분에 배치하고 간접적 관련성을 가진 이해관계자를 바깥쪽에 배치시키되 관련 정도에 따라 층을 활용하여 배치
[이해 관계자 그룹 설정 및 점검 사항]	각 이해 관계자의 공통 관심사, 동기, 배경 등을 고려하여 그룹으로 분류하고 각 그룹의 문제 상황과의 관련성 및 역할, 그룹 간 상호작용 등을 점검

관계자들을 파악하는 것이다. 서비스 프로세스를 직접 담당하고 경험하는 종사원과 고객뿐만 아니라 후방에서 지원하고 있는 관계자들을 총체적으로 파악함으로써 새로운 서비스가 실행되었을 때 일관된 서비스가 진행될 수 있도록 하는 것이 매우 중요하다. 이때 특정 서비스와 관련된 다양한 그룹을 도식화해서 나타낸 '이해 관계자

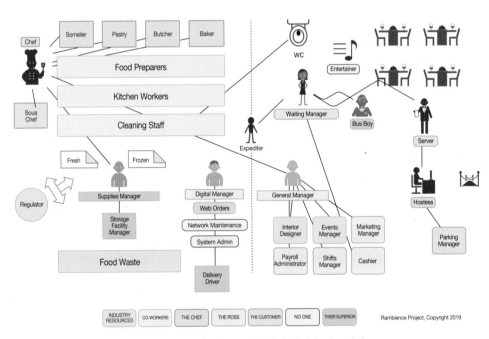

그림 6–3 | 레스토랑의 이해 관계자 지도 사례
출처 : Delivani(2021).

지도stakeholder's map'가 유용하게 쓰일 수 있다. 이해 관계자 지도는 각 그룹이 특정 서비스 프로세스에서 중요하게 여기는 문제의 개요를 파악하고 신서비스 개발이나 서비스 개선에 있어 그들의 중요도나 영향력을 예측해 볼 수 있다.

이해 관계자 지도의 핵심은 문제 상황에서 표면상으로 잘 드러나지 않는 사람들의 관계를 파악하여 이들의 중요성 및 각 이해 관계자 그룹이 서비스 프로세스에서 중요하게 여기는 문제의 개요를 이해하여 서비스 프로세스 디자인에 있어 그들의 중요도나 영향력을 예측해 볼 수 있다는 것이다. 이해 관계자 지도를 그릴 때에는 표 6-3, 그림 6-3과 같은 진행을 고려해 본다.

(3) 현장 조사

① 현장에서의 소비자 관찰과 조사 인터뷰

현장 조사는 직접 소비자를 만나 이야기하고 관찰을 중심으로 진행하여 데스크 리서치로는 알 수 없는 소비자들의 숨겨진 니즈를 탐색하게 된다. 고객이 특정 장소에 와서 서비스를 이용하는 외식업의 특수성을 고려한다면 현장에서 고객의 외식소비 행동 과정을 관찰하거나 또는 실제 참여함고객되어 보기으로써 고객의 잠재적 서비스 니즈를 발견하는 것은 매우 의미 있는 일이다. 고객 관찰에 이용될 수 있는 방법으로는 섀도잉shadowing, 제4장 참조, 서비스 사파리service safari, 제4장 참조 등이 있다. 어떤 방법으로든 고객 관찰을 할 때에는 고객이 어떤 문제를 가지고 있고 어떻게 해결해야 할지를 중심으로 하는 소비자의 실제 행동과 경험을 확인하는 것으로써 다음과 같은 자세로 접근하는 것이 필요하다.

- 심층적인 소비자 태도와 행동의 이해 : 눈에 보이는 소비자 행태의 숨은 의미를 탐색할 것
- 철저한 소비자 관점 : 개인의 전문성 등을 배제하고 소비자 입장으로 바라볼 것
- 다양한 관점의 폭넓은 수용 : 예상과 기대에 어긋나더라도 현장에서의 새로운 관점을 수용하는 자세를 가질 것
- 콘텍스트와 전제 조건의 탐구 : 소비자의 상품 이용시의 환경을 함께 관찰하고 동일한 환경에서 이용되는 대안을 비교해 볼 것

- 소비자 행태에 대한 느낌과 감정 관찰 : 소비자의 말뿐만 아니라 보디랭귀지나 표정 등을 관찰하여 언어적 표현 뒤에 숨어 있는 소비자의 감정을 알아낼 것
- 소비자 관찰에 대한 자세한 기록 : 관찰 동안 소비자의 행동, 감정, 환경 및 새롭게 알게 된 사실들을 꼼꼼히 기록하여 소비자 기대와 만족 기준에 대한 단서를 찾아낼 것
- 관찰 방법에 대한 유연한 적용 : 조사의 주제와 방향, 소비자의 특성에 따라 관찰 도구나 접근법을 달리 활용할 것

② 현장 소비자 관찰과 조사의 대상

현장에서 소비자 관찰과 인터뷰를 진행할 때 가장 중요한 부분 중 하나는 어떤 소비자를 대상으로 할 것인가에 대한 결정이다. 우리의 목표시장에 속해 있는 일반 고객들의 의견도 매우 중요하지만 이들에 대한 조사는 데스크 리서치 등을 통해서 이미 알고 있는 사실들을 재확인하는 것에 그치기가 쉽다. 실제로 현장에서 문제점을 발견하는 데에는 '극단적 사용자extreme user제4장 참조들의 생각과 행동에서 많은 아이디어를 얻을 수 있다. 이들은 다수의 일반 고객들보다 니즈의 수준이 높거나 생각지도 못한 이유나 방법으로 제품을 활용하거나 또는 거부하는 소비자들이다. 이외에 특정 분야 트랜드 변화에 민감하게 반응하여 새로운 상품에 대한 수용이 빠르고 평가를 내리는 '얼리 어답터early adaptor' 소비자들도 좋은 조사 대상이다.

현장의 소비자 조사는 설문 조사와 같은 정량 조사와는 다르게 소규모로 이루어

그림 6-4 | 소비자 인터뷰를 위한 적정 참여 인원

출처 : 배성환(2018).

진다. 대부분의 외식업체의 경우 소비자 조사를 위한 인적, 물적 자원이 풍부하지 않기 때문에 어려움이 있겠지만 소비자 행동에 대한 관찰은 최소한 1명 이상, 인터뷰는 6~8명 정도 운영하는 것이 바람직하다. 다만 인터뷰 후반부에는 해결하고자 하는 문제에 대해 공감을 하고 해결책에 좋은 인사이트를 줄 수 있는 외식업체에 관심이 많거나 트렌드에 민감한 소비자의 참여가 중요하다. 현장 소비자 대상의 인터뷰 방법은 제4장에서 설명한 정성적 조사 부분을 참고하면 된다.

2) 문제·니즈 정의 단계
: 서비스 프로세스상의 문제점과 니즈 분석

다양한 조사와 소비자 관찰, 실제 고객 경험을 통해 문제 상황 및 소비자에 대한 조사가 완료되었다면 수집된 자료들의 종합 정리기 필요하다. 즉, 기억에 남거나 인상 깊었던 활동이나 의견 중 유사하거나 상반된 부분, 사람들의 행동에 대한 동기, 그때의 콘텍스트는 무엇이었는지에 대한 정리와 요약으로 소비자와 상황에 대한 분석을 진행해야 하는 것이다. 분석을 위해서는 (1) 수집 자료 정리를 통한 인사이트 찾기, (2) 고객 모델링, (3) 고객 경험 시각화의 순서로 진행해 볼 수 있다.

(1) 수집 자료 정리를 통한 인사이트 찾기

자료 및 고객 조사의 단계는 주로 사실 기반의 객관적 정보를 수집하며 서비스 개발자의 의견 등은 반영되지 않는다. 그러나 정의 단계에서는 모아 놓은 자료를 분석하여 새로운 관점과 의미를 찾아 인사이트를 정의해야 한다. 즉, 고객의 숨은 니즈를 찾는 것에 집중해야 한다. 예를 들어, '배달 음식 먹는 것이 좋다'라는 소비자의 응답은 어떤 의미를 담고 있을까? 우리가 늘 알고 있는 배달 음식의 편리성에만 집착하면 새로운 서비스에 대한 발상은 어려울 수 있다. 간단해 보이는 소비자 응답의 이유를 살펴보자면 '직접 요리를 하지 않아도 된다', '여러 가지 음식을 먹을 수 있다', '음식이 맛있다', '외출하지 않아도 된다' 등 다양한 속성들이 숨어 있음을 발견할 수 있다. 따라서 하나의 관찰 내용이라도 여러 가지 관점으로 소비자의 행동과 반응이 나타나게 되는 콘텍스트와 동기, 그들이 가지고 싶어 하는 가치를 분석할 수 있어야 한다.

🌑 고객 관찰과 조사를 통한 고객의 숨은 니즈 탐색
: 우리는 고객의 숨은 니즈를 제대로 파악하고 있는 것일까?

맥도날드 밀크셰이크의 진정한 용도

맥도날드는 디저트 상품의 하나인 '밀크셰이크' 매출을 늘리고자 전략을 세웠다. 초기의 전략 접근 방안은 늘 하던대로 경쟁사 제품(KFC의 비스킷, 버거킹의 아이스크림) 검토, 인구 통계학적 분석(주요 고객군의 특징) 후 고객군을 8~13세 어린이들이 즐겨 먹는 메뉴로 분류하고 밀크셰이크 품질 개선에 초점을 맞추었다. 그러나 매출을 올리는 데에는 실패했다. 이유가 무엇이었을까? 맥도날드는 사람들이 밀크셰이크를 구매하는 이유를 정확히 파악하지 못했기 때문이다. 즉, 고객들이 자신들의 제품을 어떤 용도로 사용하고 있는지 정확히 몰랐던 것이다. 밀크셰이크를 사는 사람들을 분석(언제, 누구와 함께 밀크셰이크를 사러 오는지)한 결과, 밀크셰이크를 사는 손님들 중 50%가 혼자, 아침 시간에 구매를 하였고, 대부분은 드라이브 스루(drive-thru)를 이용하여 밀크셰이크 단품으로만 구입하였다. 사람들은 왜 이른 아침에 밀크셰이크를 사는 것일까? 사람들의 대답이 의외였다고 한다. 그 이유는 자동차로 출근하는 동안 지루함을 달래기 위해 밀크셰이크를 구매한다는 것이었다. 운전하는 동안 운전대를 잡지 않는 손이 허전하기도 하고, 출근하여 10시쯤 되면 배가 고플 것이라는 생각으로 무언가 먹어야 하는 욕구도 있다는 것이다. 물론, 이를 해결하기 위해 다른 음식들(바나나, 도넛 등)도 있었지만, 바나나는 먹는 데 3분밖에 걸리지 않고, 도넛은 손과 운전대에 부스러기가 떨어져 불편하고, 게다가 이들 음식은 금방 다시 허기를 느끼게끔 했다고 한다. 그런데 밀크셰이크는 의외로 오랫동안 배를 든든하게 만들어 준 것이다. 그렇다면 어떻게 전략을 바꾸어야 할까? 밀크셰이크를 사는 소비자들이 줄을 서는 것이 귀찮아 때때로 사려다가 그냥 지나치기도 한다고 대답했다. 따라서 드라이브 스루 등의 시스템을 통해 간편하고 빠르게 제품을 구입할 수 있도록 만들어 주는 것이 필요할 것이다. 또한 판매 장소에 대한 고민도 필요한데, 예를 들어 맥도날드 브랜드 가치를 이용해 주유소 등 소비자들이 출근길에 들를 가능성이 높은 곳에 자판기 설치 등을 고려해 볼 수 있다. 또한 밀크셰이크 재료에 대한 품질 개선보다는 먹는 데 시간이 최대한 많이 걸리도록 걸쭉하게 만들거나 또는 씹히는 재료들을 첨가하여 입이 심심하지 않게 만들어 주는 것도 한 방법이 될 수 있을 것이다. : (인사이트) 기업은 시장을 제품군으로 구별하여 제품에 집중하기보다는 고객의 숨은 욕구와 시장의 잠재력을 찾기 위한 고객에 대한 면밀한 관찰과 관점의 전환이 필요하다.

출처 : '경영학의 아인슈타인' 역발상 경영을 외치다(조선비즈, 2007).

새로운 가치의 탐색과 발견은 관찰과 조사 활동에서 수집한 정보들을 연관성에 따라 분류하고 그룹핑하는 과정에서 이루어질 수 있는데, 이때 활용할 수 있는 도구의 하나는 '친화도 분석affinity diagram'이다. 친화도 분석은 수집한 사전 정보와 경험을 기반으로 도출된 아이디어와 핵심 주제어 등을 포스트잇에 옮겨 적고 이를 유사한 특성에 따라 그룹핑하여 생각을 구조화하면서 핵심 개념을 도출해 내는 활동이다. 친화도 분석을 위한 그룹핑과 정리 활동은 고객의 선호나 특정 활동이 유사한 흐름, 반복적으로 나타나는 불만, 유사한 소비자 유형, 서비스 이용 과정의 단계별 구성, 기존 사용 용도와 다른 새로운 용도의 상품 사용, 유행을 반영한 소비자 행동 등 특정 패턴을 찾아내는 데 초점을 두고 진행될 수 있으며, 이 과정에서 소비자의 진정한 니즈나 새로운 서비스 기회를 찾아낼 수 있다.

소비자 문제·니즈 인사이트 정의를 위한 친화도 분석 절차는 다음과 같다.

- 반복, 연관 정보를 그룹화할 것
- 조사 결과의 상호 비교를 통해 차이와 유사한 점을 확인하고 유의미한 비교 결과를 도출할 것
- 관찰과 경험을 통해 얻은 고객 여정에서 의미 있는 행동과 태도를 시각화하여 구성해 볼 것
- 위의 내용에서 발견한 고객의 선호와 습관, 불편한 점 등을 중심으로 기대 충족 방안에 대해 생각해 볼 것

[CASE] 외식고객을 위한 M 축산물시장 내에 위치한 외식업체 서비스 품질 개선

[Step 1] 소비자 및 상황 조사를 통한 소비자 니즈와 문제점 발견 : M 축산 시장에 대한 기본 조사와 2차 자료 조사, 이용 소비자 조사, 서비스 사파리를 통하여 소비자의 니즈와 문제점을 도출하였다.

1) 2차 조사를 통한 정보 수집

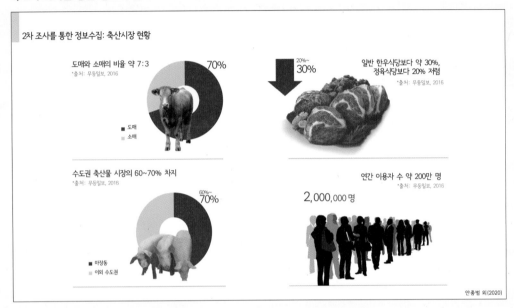

2) 소비자 조사를 통한 정보 수집

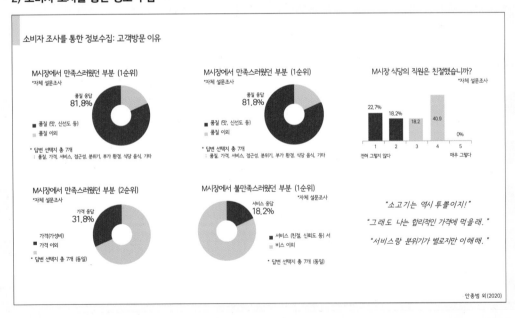

3) 서비스 사파리의 요약

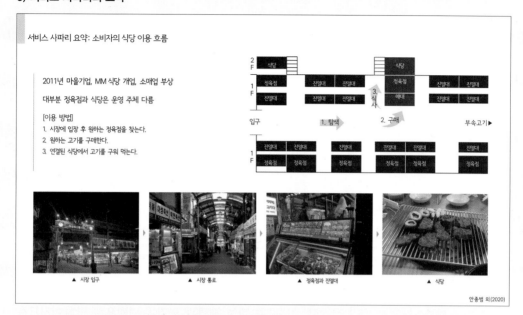

4) 고객 및 상황 조사를 통한 서비스 프로세스 니즈 도출

가성비를 위해 서비스를 체념한 고객들을 서비스 개선으로 다시 붙들자!

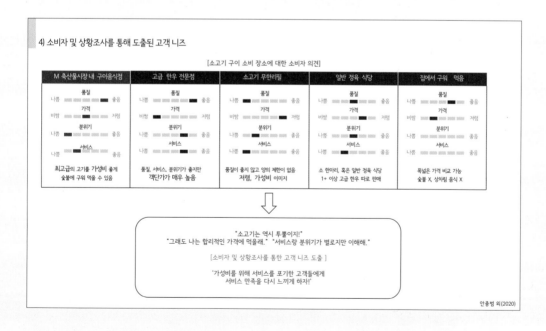

(2) 고객 모델링

서비스 프로세스 디자인의 목적은 결국 우리 레스토랑을 방문하는 고객들이 과거보다 만족할 수 있는 참신하고 새로운 경험을 하도록 만들어 주는 것이다. 이에 고객 모델링은 지금까지 서비스 프로세스 개발을 위해 도출한 분석 결과들을 가지고 우리의 서비스를 이용할 주요 고객을 대표할 만한 가상의 인물을 만들어 서비스 개선과 새로운 기회 영역의 발견, 차별화할 수 있는 가치와 경험을 확인하고자 하는 데 사용한다. 즉, 서비스를 제공받게 되는 공통된 관심사를 가지는 가상의 대표 고객을 만드는 것인데 이를 '페르소나persona'라고 한다. 서비스 프로세스 디자인에서 페르소나 활용의 중요성은 다음과 같다.

- 서비스 (리)디자인은 명확한 니즈를 가진 공감할 수 있는 특정 고객 중심으로 개발되므로 이를 대표할 만한 고객군의 설정에 활용한다.
- 페르소나에는 직접 관찰한 소비자의 행동 패턴과 동기를 바탕으로 만들어지므로 실질적이고 구체적인 사항들이 반영되어 현재 서비스에 대한 개선, 새로운 서비스 개발 영역 발견에 유용하다.
- 차별화할 수 있는 가치와 경험의 확인에 쓰일 수 있다.
- 서비스 (리)디자인 개발 과정 중 고객의 존재를 항상 상기시키며 개발팀에 공감이 바탕이 되는 의사소통을 할 수 있다.
- 페르소나의 특징에 맞춘 적절한 아이디어 및 해결책 제시 및 평가에 용이하다.

페르소나는 전통적 비즈니스 기반의 인구 통계적 분석보다는 실제 사람들의 요구와 필요에 초점을 맞추어 특성을 반영할 수 있어야 하며, 효과적인 페르소나는 개발

표 6-4 | 페르소나 기본 구성요소(ABCDEFG 구성)

내용	내용	내용
Attitude : 성격, 기호, 태도	Details : 개인 양력	Goal : 목표
Behavior : 행동	Excerpt : 인용구, 자주 하는 말	
Context : 직업, 주변 환경	Foto : 페르소나의 사진	
with (불편한 점)	with (닉네임)	with (비교)

출처 : 이재용(2010).

정연선

정연선
59세 / 여성 / 은퇴 후 전업주부
cake1125@**mail.net

남편과 결혼한 자녀가 있으며 고정 수입은 없다. 주로 식비와 여가 생활비로 지출하고 있으며 건강, 여가 문화생활(전시회, 뮤지컬)에 관심이 있다.

젊놀(Let's play while we're young)

- 자신에 대한 투자를 아끼지 않는다.
- 문화생활과 여가를 즐긴다.
- 시간적, 경제적 여유를 기반으로 소비 생활을 즐긴다.
- 자신의 소화력이 이전보다 약해졌음을 느껴, 건강 관리에 관심을 두기 시작했다.
- 즉석식품보다 간단한 조리 과정이 있는 간편식을 원한다.
- 섭취가 편한 건강한 한 끼를 원한다.
- 사용하기 편한 구매 채널(홈쇼핑, 대형 마트)를 원한다.
- 쓰레기 양이 적은 밀키트를 원한다.
- 가끔은 먹는 게 귀찮다.

"건강한 한 끼를 먹고 싶다"

personal goal

1. 건강하게 먹자!
2. 건강하게 늙자!
3. 건강하게 즐기자!

그림 6-5 | ABCDEFG 구성요소에 입각한 페르소나 개발의 예

후 개인 정보이름, 나이, 학력, 성별 등, 인물의 특성행동적·심리적 개성 등, 인물의 목표와 경험동기 및 목표, 상황 설명이 함께 제시될 수 있어야 한다. 서비스 프로세스 디자인에서는 개발하고자 하는 서비스의 종류나 범위에 따라 여러 개의 페르소나를 설정하기도 한다. 즉, 고객의 수준이나 처해 있는 특정 상황에 따라 페르소나를 다르게 설정하면 서로 다른 니즈를 지닌 고객들을 위하여 다양한 서비스를 개발하는 데 도움을 줄 수 있다. 이렇게 만들어진 페르소나는 이후 진행되는 고객 경험 시각화나 이후 개발 과정에서 주인공으로 활용된다.

[CASE] 외식고객을 위한 M 축산물시장 내에 위치한 외식업체 서비스 품질 개선

[Step 2] 페르소나를 활용한 고객 모델링 : 축산물 시장을 이용하는 주요 고객을 두 부류로 나누고 각각의 라이프 스타일에 맞춰 소비자 행동과 니즈를 파악하고 이에 따른 M 축산 시장의 이용 행태를 시각화하였다.

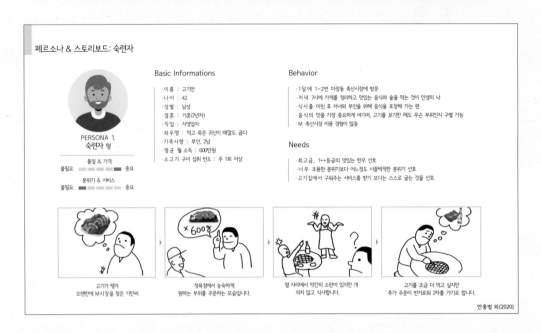

페르소나 & 스토리보드: 숙련자

PERSONA 1.
숙련자 형

품질 & 가격
불필요 ▓▓▓▓▓▓ 중요

분위기 & 서비스
불필요 ▓▓ 중요

Basic Informations

· 이름 : 고기만
· 나이 : 42
· 성별 : 남성
· 결혼 : 기혼(7년차)
· 직업 : 자영업자
· 좌우명 : 먹고 죽은 귀신이 때깔도 곱다
· 가족사항 : 부인, 2남
· 평균 월 소득 : 600만원
· 소고기 구이 섭취 빈도 : 주 1회 이상

Behavior

· 1달에 1~2번 마장동 축산시장에 방문
· 저녁 7시에 가게를 정리하고 맛있는 음식과 술을 먹는 것이 인생의 낙
· 식사를 마친 후 자녀와 부인을 위해 음식을 포장해 가는 편
· 음식의 맛을 가장 중요하게 여기며, 고기를 보기만 해도 무슨 부위인지 구별 가능
· M 축산시장 이용 경험이 많음

Needs

· 최고급, 1++등급의 맛있는 한우 선호
· 너무 조용한 분위기보다 어느정도 시끌벅적한 분위기 선호
· 고기집에서 구워주는 서비스를 받기 보다는 스스로 굽는 것을 선호

고기가 땡겨
오랜만에 M시장을 찾은 기만씨

정육점에 능숙하게
원하는 부위를 주문하는 모습입니다.

옆 자리에서 약간의 소란이 있지만 개
의치 않고 식사합니다.

고기를 조금 더 먹고 싶지만
추가 주문이 번거로워 2차를 가기로 합니다.

안종범 외(2020)

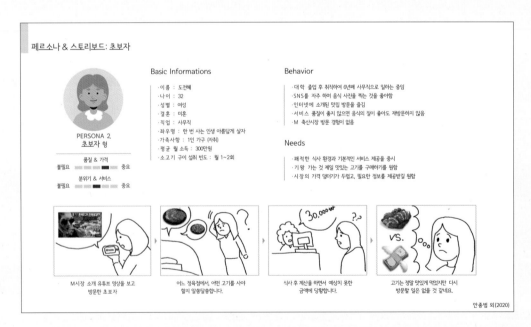

페르소나 & 스토리보드: 초보자

PERSONA 2
초보자 형

품질 & 가격
불필요 ▓▓▓ 중요

분위기 & 서비스
불필요 ▓▓▓▓▓▓ 중요

Basic Informations

· 이름 : 도전예
· 나이 : 32
· 성별 : 여성
· 결혼 : 미혼
· 직업 : 사무직
· 좌우명 : 한 번 사는 인생 아름답게 살자
· 가족사항 : 1인 가구 (자취)
· 평균 월 소득 : 300만원
· 소고기 구이 섭취 빈도 : 월 1~2회

Behavior

· 대학 졸업 후 취직하여 6년째 사무직으로 일하는 중임
· SNS를 자주 하며 음식 사진을 찍는 것을 좋아함
· 인터넷에 소개된 맛집 방문을 즐김
· 서비스 품질이 좋지 않으면 음식의 질이 좋아도 재방문하지 않음
· M 축산시장 방문 경험이 없음

Needs

· 쾌적한 식사 환경과 기본적인 서비스 제공을 중시
· 기왕 가는 것 제일 맛있는 고기를 구매하기를 원함
· 시장의 가격 덤터기가 두렵고, 필요한 정보를 제공받길 원함

M시장 소개 유튜브 영상을 보고
방문한 초보자

어느 정육점에서, 어떤 고기를 사야
할지 알쏭달쏭합니다.

식사 후 계산을 하면서 예상치 못한
금액에 당황합니다.

고기는 정말 맛있게 먹었지만 다시
방문할 일은 없을 것 같네요.

안종범 외(2020)

(3) 고객 경험 시각화

서비스 프로세스는 눈에 보이지 않는다. 이처럼 무형적인 부분을 상품화하기 위해서는 서비스와 관련된 상황 분석을 토대로 고객의 경험을 시각화하는 것이 중요하다. 이에 고객의 서비스 경험 과정 중 어떤 문제점이 있고, 또 기회가 있는 부분이 있는지 확인하는 과정이 필요하며 보통 고객 여정 지도, 서비스 청사진 등 고객 경험의 전체 여정을 나타내는 시각화 도구들이 주로 활용된다.

① 고객 여정 지도

고객 여정 지도customer journey map는 서비스 과정에서 고객이 서비스와 상호작용을 하게 되는 터치 포인트를 찾아낸 후, 이들을 서비스 과정을 시간과 공간의 흐름대로 연결하고 고객의 경험에 따른 감정을 이해하기 쉬운 방식으로 표현한 그래프로서 페르소나를 활용하여 서비스 이용 과정뿐만 아니라 하루의 일과를 통해 얻는 경험, 생각, 행동의 패턴 등을 탐색하고 서비스 경험과 어떻게 연결되는지를 분석해 볼 수 있는 유용한 도구이다.

고객 여정 지도를 만들기 위해서는 고객 경험에 대한 통찰을 제공해 줄 질적·양적 자료의 수집이 필요한데, 보통 고객 인터뷰 및 설문지, 고객 불만 사항 리스트, 소셜미디어 청취 등 개발 과정에서 수집했던 모든 분석자료를 활용한다.

고객 여정 지도는 고객이 경험하는 서비스 터치 포인트 탐색→터치 포인트를 연결한 여정 지도 만들기→여정의 흐름에 따른 공감 지도empathy map 작성 순서로 만들 수 있다. 고객 여정 지도가 완성되면 고객의 공감 지도에서 부정적 감정선이 나타나는 서비스 접점에 대해 왜 부정적 감정선이 발생했는지 고객 관점에서 그 이유를 성찰하고 해결책을 고민해보되 특정 지점에 대한 문제를 해결하는 데 집중하기보다는 고객의 서비스 경험 과정 속에서 나타나는 어려움에 공감하고 근본적 해결책을 찾는 데 노력해야 한다. 외식업체 방문고객을 생각해 보자. 제공자 입장에서 본다면 외식 경험에서 가장 중요한 터치 포인트는 메인 음식을 제공받고 먹을 때라고 생각할 수 있다. 그러나 고객의 감정선을 생각한다면 메인 음식의 품질은 당연한 것이고 감동이나 만족 포인트가 아닐 수 있다. 때에 따라서는 식사가 마무리되는 시점에서 무료로 제공되는 디저트가 생각보다 훌륭할 때, 어린이 고객을 위한 다양한 서비스와 배려 등으로 편안한 식사를 즐겼다고 생각했을 때 고객 여정의 전체 감정을 긍정으로 이

표 6-5 | 고객 여정 지도 작성 절차

구분	내용
1. 고객이 경험하는 서비스 터치포인트 탐색	• 고객의 경험하게 되는 서비스 접점을 탐색하는 과정 • 이때 서비스 접점은 서비스와의 상호작용을 하는 모든 터치포인트가 포함될 수 있으므로 종사원과의 상호작용뿐만 아니라 물리적 체험, 서비스를 담고 있는 디바이스 등과의 조우가 일어나는 모든 부분을 포함하여 탐색해야 함
2. 터치포인트를 연결한 여정 지도 만들기	• 탐색된 서비스 터치포인트를 페르소나가 경험하게 될 서비스의 순서에 따라 배열하여 여정지도를 작성하는 과정
3. 공감 지도 작성	• 공감 지도는 서비스 경험을 위해 만들어진 시나리오상에서 페르소나가 느낄 수 있는 다양한 측면의 감정을 나타내는 과정 • 각 경험 접점마다 단계별 감정선을 그래프로 나타낼 수 있으며 이때 고객의 감정을 대표하는 사진이나 문구를 함께 제시하면 고객 입장의 감정을 쉽게 공감할 수 있고 고객의 서비스 경험에 더욱 몰입할 수 있게 만들어 줌
[고객 여정 지도 점검 사항]	• 고객이 서비스 경험에 필요한 행동들을 모두 포함할 수 있는 타임라인 설정 • 개인 감정을 표현할 수 있는 감정표현 단어 리스트 확보 • 문제 발생 접점의 원인을 경험 맥락에서 생각해 보기 • 서비스 이용 시 상호작용하게 되는 장소나 디바이스 표시

끌 수도 있는 것이다. 따라서 고객의 특정 접점에서의 경험뿐만 아니라 외식서비스의 처음부터 끝까지 어떻게 전체 경험 과정이 이루어졌는지를 면밀히 살펴야 한다.

[Step 3] 고객 여정 지도 : 축산물 시장에서의 외식은 ① 축산물 구입과 ② 구입한 축산물 구이 음식점 이용으로 이루어진다. 이에 각 페르소나의 고객 여정 지도를 통한 감정선을 작성하고 주요 포인트 감정의 의미를 설명하였다. 또한 초보자형에 해당하는 신규 고객의 고객 여정을 면밀히 분석하여 축산시장과 시장 내에 위치한 외식업체 이용 고객의 문제가 무엇인지 탐색하는 데 초점을 맞추었다.

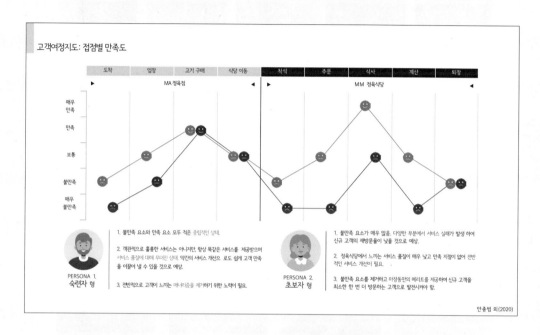

고객여정지도: 접점별 만족도

안종범 외(2020)

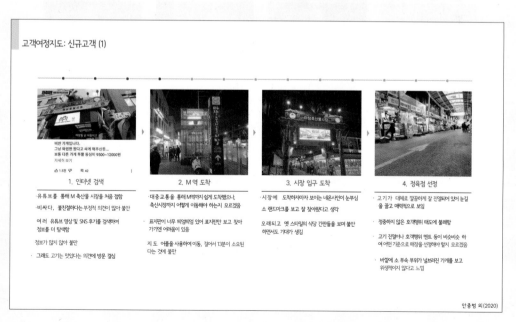

고객여정지도: 신규고객 (1)

안종범 외(2020)

고객여정지도: 신규고객(2)

5. 정육점 입장	6. 고기 선택	7. 계산	8. 식당 이동	9. 착석
· 매장에서 친절하게 응대 받음 · 외부의 정은 숙성고가 눈에 띄어 질문함 · 이 기계에서만 고기를 숙성하여 판매한다는 말에 점포를 잘 선정했다는 생각이 들어 기분이 좋아짐	· 고기 종류가 다양하여 무슨 차이가 있는지 인지하기 어려움 · 결국 직원의 추천을 받아 가장 많이 판매 된다는 모둠세트를 구매	· 정해진 예산에 맞춰 구매 · 시량이지만 카드도 차별없이 결제 · 계산 후 우삼겹 서비스를 받아 기분이 좋아짐	· 계단으로 연결된 식당으로 이동하라고 안내 받음 · 처음 겪는 시스템이라 약간 당황 · 고기를 직접 들고 이동해야 해서 대접받지 못하는 기분	· 5인 고객을 4인 테이블 + 간이의자로 배정하여 테이블이 좁아 불편함 · 옷을 보관해주지 않아 고기 냄새가 뱀

안종범 외(2020)

고객여정지도: 신규고객(3)

10. 주문	11. 식사	12. 결제	13. 퇴점
· 먼저 요청하기 전에는 아무런 서비스도 없어 대접을 받지 못하는 기분. · 직원이 고객을 신경쓰는 기색이 없고 응대가 불친절하여 불쾌함을 느낌 · 특색있는 메뉴가 없어 어떤 음식을 주문할지 고민됨	· 요구사항에 대해 즉각적인 피드백이 이뤄 지지 않아 무시당하는 느낌을 받음 · 고기 추가 구매는 다시 직접 계단을 내려가 정육 장에서 구매해야 해서 불편함	· 메뉴판에 안내된 금액과 실제 금액이 달라 매우 불쾌함 · 상차림비가 합리적인 가격이 맞는지 의구심이 듦	· 퇴점 시 인사를 해주지 않아 대접받지 못하는 느낌을 받음 · 정류장으로 돌아가는 골목길이 어둡고 조용해 무서움

안종범 외(2020)

② 서비스 청사진

서비스 청사진service blueprint은 고객, 서비스 제공자, 그 외 서비스 관련 이해 관계자들이 서비스 전달 과정에서 각각 수행하는 역할에 초점을 맞추어 서비스 접점과 서비스 전달에 필요한 단계와 요소를 자세하게 도식화하여 서비스 전반을 이해하도록 묘사한 흐름도이다.

서비스 청사진은 서비스 개선과 혁신서비스 개발 모두에 유용하게 쓰일 수 있다. 서비스 프로세스 개선시에는 문제·니즈 정의 단계에서 현재 운영되고 있는 서비스 프로세스를 검토하는 데 사용하여 종사원의 실수나 고객 불편이 많이 발생하는 서비스 접점들을 파악할 수 있고 이를 통해 문제 해결, 서비스에 대한 고객 인식도나 만족도를 높이기 위한 창의적 개선 방안을 기획하는 데 서비스 프로세스 (리)디자인을 위한 여러 단계에서 지속적으로 활용될 수 있다.

😊 서비스 청사진 활용의 유용성

- 제공되는 서비스의 전체 전달과정을 한눈에 볼 수 있도록 하여 종사원들로 하여금 자신들이 수행해야 할 직무를 서비스 흐름과 연계하여 보다 더 고객 지향적 사고를 가지고 업무에 임할 수 있도록 해준다.
- 서비스 제공과정에서 어느 지점이 실패 가능성이 높은지 파악할 수 있기 때문에 이 지점에 대한 중점관리를 통해 서비스 품질을 유지하는 데 도움을 줄 수 있다.
- 고객과 종사원 사이의 상호작용 라인은 서비스 프로세스 내에서 고객의 역할을 알게 해주고 어느 접점에서 서비스 품질을 평가하게 되는지 나타내 주기 때문에 향후 서비스 개선을 위한 프로세스 재설계 시 필요한 정보를 제공해 준다.
- 가시성 라인은 고객들이 볼 수 있는 부분과 어느 분야의 종사원들이 고객들과 접촉하게 되는지에 대해서 명확히 보여 주기 때문에 상호작용을 염두에 둔 합리적인 서비스 설계를 가능하게 해준다.
- 내부 상호작용 라인은 후방영역의 다양한 하부 기능의 역할과 각 역할 간의 연관성을 나타내 주기 때문에 서비스 제공과 관련하여 모든 부서가 어떻게 영향을 미치는지 효과적으로 보여 준다.
- 서비스를 구성하고 있는 요소들과 접점들을 한눈에 볼 수 있기 때문에 서비스 제공 프로세스에 대하여 전체적인 관점에서 논의가 가능하도록 해주어 서비스 품질개선을 위한 전사적 차원의 다양한 전략을 모색하는 데 도움을 줄 수 있다.
- 내부 및 외부 마케팅에 대한 기초자료를 제공한다. 예를 들어, 광고나 홍보 대행사 또는 외식업체 내 인하우스 프로모션 팀에게 서비스에 대한 전체 개념을 서비스 청사진과 함께 설명하면 광고나 홍보를 위한 중요한 메시지를 선택하는 데 도움을 줄 수 있다.

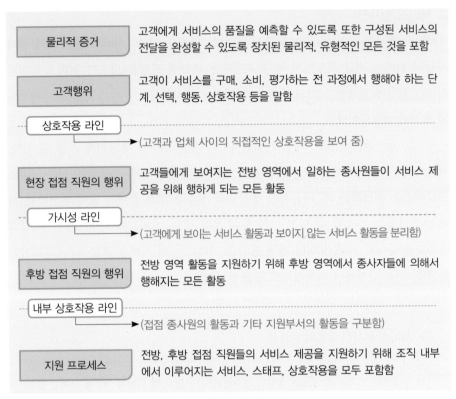

물리적 증거	고객에게 서비스의 품질을 예측할 수 있도록 또한 구성된 서비스의 전달을 완성할 수 있도록 장치된 물리적, 유형적인 모든 것을 포함
고객행위	고객이 서비스를 구매, 소비, 평가하는 전 과정에서 행해야 하는 단계, 선택, 행동, 상호작용 등을 말함
상호작용 라인	──▶ (고객과 업체 사이의 직접적인 상호작용을 보여 줌)
현장 접점 직원의 행위	고객들에게 보여지는 전방 영역에서 일하는 종사원들이 서비스 제공을 위해 행하게 되는 모든 활동
가시성 라인	──▶ (고객에게 보이는 서비스 활동과 보이지 않는 서비스 활동을 분리함)
후방 접점 직원의 행위	전방 영역 활동을 지원하기 위해 후방 영역에서 종사자들에 의해서 행해지는 모든 활동
내부 상호작용 라인	──▶ (접점 종사원의 활동과 기타 지원부서의 활동을 구분함)
지원 프로세스	전방, 후방 접점 직원들의 서비스 제공을 지원하기 위해 조직 내부에서 이루어지는 서비스, 스태프, 상호작용을 모두 포함함

그림 6-6 | 서비스 청사진 구성요소

서비스 청사진의 구성요소는 그림 6-5과 같다. 서비스 청사진에서는 서비스 영역을 크게 '전방 영역onstage'과 '후방 영역backstage'으로 나누게 된다. 전방 영역은 실제 고객들이 경험하고 볼 수 있는 가시 영역으로서 고객들이 경험하는 서비스 여정을 보여 주게 되며, 후방 영역은 고객들의 눈에 보이지는 않지만 서비스 제공을 위해 반드시 필요한 부분을 표시하게 된다. 서비스 청사진에서 이 두 영역은 '가시성 라인line of visibility'으로 구분되는데, 이 라인은 서비스를 제공하기 위해 전방 영역에서 어떤 행동이 고객에게 보여지고 인식되어야 하는지 결정하는 데 있어 중요한 가이드를 제공한다. 후방 영역의 과정들은 전방 영역에서 고객들이 만족할 만한 서비스 경험을 얻을 수 있도록 후방서비스 제공자 역할과 현장 접점 직원과의 상호 관계, 서비스 실행과 전달 측면을 검토하고 반영하도록 해야 한다. 또한 후방 영역에서 이루어지는 '지원 프로세스'도 표시되는데, 이 프로세스는 데이터베이스, 작업 스케줄링, 생산 시스템 등 서비스 완성에 필요한 영역들로 이루어져 있다.

서비스 청사진에서 우리가 볼 수 있는 또 하나의 요소는 '물리적 증거'이다. 물리적 증거는 서비스의 품질을 짐작하게 하는 레스토랑의 유형적인 부분으로 인테리어와 테이블, 멤버십 카드, 종사원의 복장 등 고객에게 보여지는 모든 것이 포함된다. 이 요소들은 레스토랑에서 고객들이 편안하게 식사를 즐길 수 있도록 종사원들에 의해 행해지는 서비스를 강화하는 역할을 한다.

이와 같은 요소들로 완성된 서비스 청사진은 가시적 서비스 구성요소뿐만 아니라

표 6-6 | 서비스 청사진 작성 절차

구분	내용
1. 서비스 청사진 작성에 필요한 프로세스 파악	서비스 청사진의 목적(신서비스 프로세스 개발, 서비스 개선)을 고려하여 '시작점'을 결정하고 서비스 전달 과정에 필요한 서비스 청사진 프로세스를 파악
2. 서비스 수요자인 고객에 대한 파악	서비스는 특정 고객을 중심으로 프로세스 구성을 달리해야 하므로 서비스를 경험하게 될 고객이 어떤 특성을 가지고 있는지 정확하게 파악해야 함
3. 고객 관점에서의 프로세스 맵핑	서비스 프로세스상에서 고객이 어떤 과정을 거치며 서비스를 경험하게 되는지 고객 관점을 중심으로 신중한 탐색과 관찰을 거쳐 서비스 프로세스 내에서의 세부적 단계를 도식화하게 됨
4. 전후방 영역 접점 직원 행동과 테크놀로지 적용(technology action)의 맵핑	상호작용 라인과 가시성 라인을 그려준 후 고객 서비스를 담당하는 접점 직원의 관점에서 프로세스를 도식화하는 과정으로 고객에게 노출되는 전방 활동과 노출되지 않는 후방 활동이 뚜렷이 구분되어 종사원들이 해야 하는 활동이 무엇인지를 명확하게 정의해 줌 * 외식서비스에 IT 기술(대기 시간, 주문, 프로모션, 생산 시스템을 위한 테크놀로지)이 접목될 경우 서비스 청사진에도 이를 표시해야 함 (예 : 외식업체에서 배달서비스의 주문 과정에서 전화 이외에 주문 전용 앱 서비스를 실시한다면 기존 서비스 청사진상에서 주문 과정은 테크놀로지 적용으로 확장된 주문 프로세스 과정의 검토를 위해 주문 과정에 대한 별도의 서비스 청사진이 필요함)
5. 접점 활동과 필요 지원 기능의 연결	이 부분에서는 전후방 접점 활동과 그에 필요한 지원 기능을 연결하여 내부 지원 활동이 고객에게 직간접적으로 어떻게 영향을 미치는지 명확하게 연결선으로 표현함. 이 과정을 통해 고객으로부터 전방 접점 활동 내부로 이어지는 내부 서비스 프로세스 중요성을 인지할 수 있음
6. 고객 활동 단계에서의 물리적 증거 추가	서비스 청사진 작성의 마지막 단계로서 서비스 과정에서 고객에게 제공되는 서비스를 뒷받침하는 유형적 증거를 배치하는 과정임. 이때 사진 자료나 비디오 등 시각적으로 표현된 서비스 청사진은 서비스 제공이나 품질 유지에 필요한 유형적 증거를 파악하는 데 도움이 될 수 있음

비가시 영역에서 고객이 서비스를 경험하는 과정에 따라 어떤 요소들이 어떻게 상호작용을 하는지를 전체적 관점에서 살펴볼 수 있도록 해준다. 또한 전방 영역의 고객과 종사원의 상호작용 도중 일어날 수 있는 실패 가능성을 확인하게 해주며, 고객이 서비스 과정으로부터 기대하는 것이 무엇인지도 명확히 알 수 있게 해준다. 서비스 청사진은 서비스 개선이나 변경에 따라 지속적으로 검토하고 수정하여 실제 서비스 적용에 도움이 될 수 있게 활용하는 것이 중요하다. 서비스 청사진의 기본적 작성 절차는 표 6-6과 같다.

[CASE] 외식고객을 위한 M 축산물시장 내에 위치한 외식업체 서비스 품질 개선

[Step 4] 서비스 청사진 작성: 고객 여정과 함께 서비스 제공 과정이 제시된 서비스 청사진을 작성하여 서비스 과정을 파악하였다.

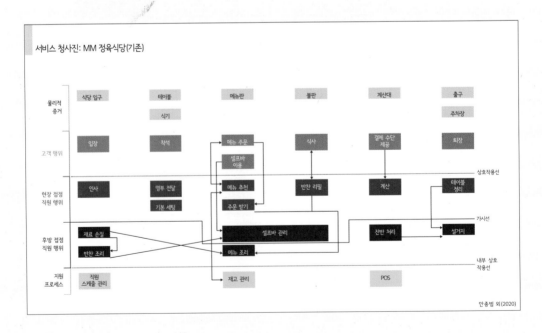

3) 아이디어 확장 단계
: 아이디어 개발과 콘셉트화

이 단계는 관찰과 분석 과정에서 찾아낸 인사이트를 중심으로 문제 해결에 대한 최적의 아이디어를 이끌어내는 과정으로서 (1) 아이데이션ideation을 통한 아이디어 탐색과 우선 순위 결정, (2) 콘셉트 스케치와 시나리오 작업 등으로 이루어진 콘셉트화 절차로 진행될 수 있다. 이 단계에 대한 기본적 설명은 제4장의 [해결 방안 만들기] 부분을 참고하도록 한다.

(1) 아이데이션

기본적인 아이디어 탐색과 우선 순위 결정에 대한 설명과 방법은 제4장에서 논의하였다. 요약하자면 실효성 있는 서비스 프로세스 디자인을 위한 적합한 아이디어를 구체화시키기 위하여 마인드 맵핑mind mapping, 여섯 색깔 모자 기법six thinking hats 등 아이디어 발상 기법을 활용하는 등 체계적인 브레인스토밍brainstorming이 필요하다제4장 참조. 서비스 프로세스 디자인을 위한 아이디어 발상 세션에서 이와 같은 방법들의 활용은 서비스 개발팀의 토론을 활성화하고 진지한 사고를 유도하여 당면 문제에 대한 좀 더 나은 아이디어의 선택과 보완에 도움을 줄 수 있다. 아이디어를 충분히 도출한 후에는 아이디어에 대한 우선 순위를 정하고 상품화 할 수 있는 아이디어를 선택해야 한다그림 6-7.

서비스 프로세스에 대한 아이디어의 우선 순위 결정과 선택은 소비자 관찰과 분석에서 인사이트를 도출할 때와 마찬가지로 소비자의 니즈와 가치에 부합하는지를 기준으로 결정하는 것이 바람직하며 실행에 있어서 제약 사항이나 문제점, 실행 주체에 대해서도 생각해야 한다. 결정된 아이디어에 대해서는 그림 6-8과 같은 아이디어 시트를 작성하여 아이디어를 요약하는 것이 도움이 된다.

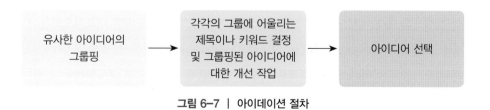

그림 6-7 | 아이데이션 절차

서비스 아이디어 이름 :	
서비스 아이디어 스케치	문제/기회 영역
	서비스 아이디어 설명
	서비스 구현 방법
	예상 기대 효과
	실행 주체
	고려할 부분

그림 6-8 | 아이디어 시트

(2) 콘셉트화

선정된 서비스 프로세스 아이디어는 구체적인 형태와 전달 방법을 반영하여 콘셉트화하게 된다. 콘셉트는 서비스 프로세스 전략을 드러내는 주된 개념과 의도를 정리한 것으로서 서비스 아이디어에 대한 디자인 방향을 나타내는 가이드라인이 되므로 서비스에 부여하고자 하는 차별화 포인트가 콘셉트를 통해 명확히 보이고 정리될 수 있어야 한다. 서비스 아이디어가 일부 서비스 접점에서의 문제를 해결하는 것에 초점이 맞추어져있다면 '포인트 콘셉트point concept', 서비스 전체 프로세스의 개선이나 개발이라면 통합된 형태의 '시스템 콘셉트system concept'로 구분되기도 한다.

서비스 아이디어에서 도출된 주요 속성과 의미를 정확히 반영하고 표현하기 위해서 콘셉트화 활동에서도 시각화 자료의 활용이 중요하게 사용되며 대표적으로는 콘셉트 스케치concept sketch, 콘셉트 시나리오concept scenario 등을 이용해 볼 수 있다. 콘셉트 스케치는 서비스 아이디어를 어떻게 구현할지 시각적으로 구체화하는 과정이라면 콘셉트 시나리오는 고객이 현실 상황에서 콘셉트를 어떻게 경험할지를 보여 주

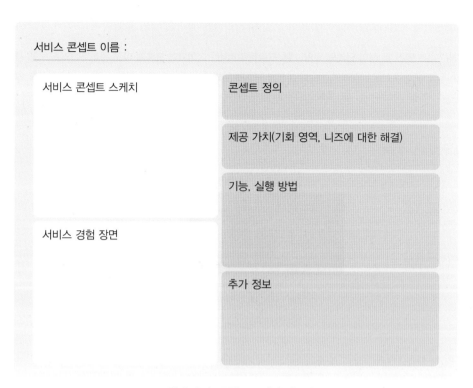

서비스 콘셉트 이름 :

서비스 콘셉트 스케치

콘셉트 정의

제공 가치(기회 영역, 니즈에 대한 해결)

기능, 실행 방법

서비스 경험 장면

추가 정보

그림 6-9 | 콘셉트 스케치 탬플릿

는 과정이라고 할 수 있다.

　보통 이들 과정은 이후 서비스 프로토타입을 만들기 위한 일종의 설명서를 만드는 작업이므로 자세할수록 실현 가능성이 높고 정교한 서비스를 만드는 데 도움이 된다. 다만, 서비스 아이디어에 대한 복잡성, 명확성 정도에 따라 콘셉트 스케치나 콘셉트 시나리오 단계에서 서비스 개발을 마무리하고 직접 적용하기도 한다.

[Step 5] 문제·니즈 별견 및 정의 단계의 요약 : 본 프로젝트에서는 아이디어 도출에 따른 콘셉트화의 도구를 사용하지는 않았으나 앞 단계에서 도출된 문제와 니즈에 대한 팀원과의 토론을 통해 다음과 같은 문제를 정의하고 약점을 보완할 수 있는 중요 콘셉트를 결정하였다.

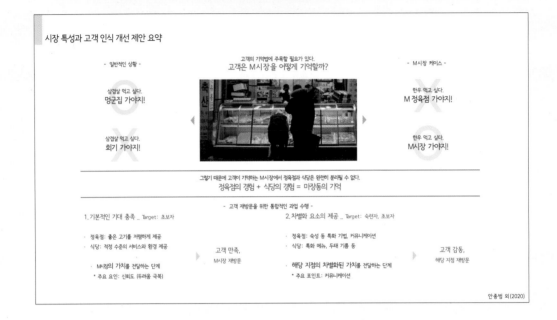

4) 서비스 전달 단계
: 프로토타입 개발과 신서비스 전달

이 단계는 서비스 콘셉트를 현실화하여 이해 관계자의 적극적인 참여를 유도함으로써 본격적인 고객 서비스 방법을 마지막으로 수정하고 현실화하는 프로토타이핑 중심의 작업 단계이다. 외식업체가 가진 자원의 여건이나 개발 시간의 제약, 서비스 프로세스 (리)디자인의 중요성 등 상황에 따라 다양한 프로토타이핑 방법그림, 일러스트레이션, 이야기, 스토리보드, 역할극 등이 활용될 수 있다. 앞서 설명했던 고객 여정 지도가 분석 단계까지의 인사이트를 보여 준다면 프로토타입은 해결 방안을 짐작하게 해준다. 특히, 외식서비스 프로세스에 대한 프로토타이핑은 시각 요소 이외에 다양한 감각 요소를 고려할 필요가 있다. 예를 들어 스타벅스의 고객 경험을 생각해 보자. 스타벅스를 생각하면 제일 먼저 초록색의 사이렌 로고, 메뉴 보드, 많은 종류의 커피와 음료 등을 연상할 수 있겠지만 스타벅스는 그 외의 다양한 감각을 고려한 고객 경험을 중요시하고 있다. 전문 뮤직 큐레이터가 선정한 음악, 커피 기계 소리, 커피 그라인딩 소리 등 매장 내 모든 소리의 관리, 커피향을 유지하기 위한 직원 향수 사용 금지, 데워진 머그컵으로 느끼게 되는 따뜻한 촉각, 번호와 진동벨 대신 고객 이름 불러 주기 등 관계에 대한 관리까지 스타벅스만의 총체적 고객 경험을 만들기 위해 서비스 프로세스와 접점이 정교하게 관리되고 있다. 이와 같이 서비스 프로세스 개발은 서비스 프로세스 흐름 안에서 유형적·무형적 요소들을 어떻게 녹여 내어 고객으로 하여금 긍정적 경험을 유도할 것인지 함께 고민되어야 한다.

(1) 스토리 중심의 프로토타이핑

스토리 중심의 프로토타이핑은 서비스 콘셉트를 이야기 중심의 결과물로 구성한다. 보통 ① 서비스 시나리오, ② 스토리보드 등으로 구현된다.

① 서비스 시나리오

등장인물을 포함하여 서비스를 이용하면서 겪는 경험 과정을 순서대로 전개한다. 보통 분석 과정에서 만든 페르소나를 주인공으로 하여 시나리오를 작성하며 제안된

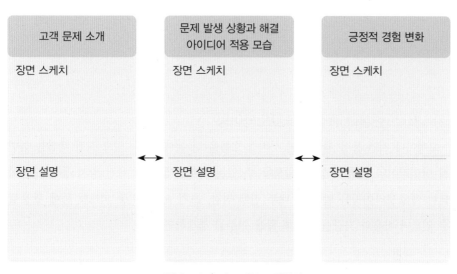

그림 6-10 | 스토리보드 탬플릿

서비스 아이디어를 주인공이 어떻게 이용하는지, 이용한 후 어떤 경험 변화가 생길 수 있는지에 대해 충분히 표현되도록 한다.

② **스토리보드**

스토리보드 서비스 콘셉트와 문제 해결 과정을 단계별로 묘사하여 이미지로 시각화하는 것으로 사진이나 그림 등을 이용한 이미지 중심으로 제작된다. 스토리보드는 보통 고객 문제(니즈/불편) 소개→문제 발생 상황과 해결 아이디어 적용 모습→긍정적 경험 변화 내용 등 3~6개 장면으로 요약하여 제시한다.

☻ 스토리보드 작성과 사례

35
스토리보드의
활용

(2) 서비스 현실화 중심의 프로토타이핑

모형이나 시연 등을 활용하여 서비스 흐름을 한 눈에 볼 수 있고 직접 체험을 하면서 아이디어의 실행 과정 중 발생할 수 있는 문제점에 대한 사전 방지 등에 도움이 되는 프로토타이핑을 말한다. 내부 진행 점검, 초기 시연, 최종 피드백 등에 활용될 수 있으며 비용과 기간을 고려해 활용 여부를 결정하면 된다.

그림 6-11 | 서비스 모형의 예 : 캠퍼스 레스토랑

출처 : https://sidlaurea.com/2013/10/17/to-facilitate-or-to-innovate

① 서비스 모형

서비스 모형desktop workthrough은 작은 크기의 프로토타입으로 서비스 환경을 축소한 3D 모형을 만드는 것이다. 레고나 종이 인형과 같이 단순한 모형을 사용하여 서비스 상황을 실제처럼 재현한다. 서비스 모형을 이용하면 구체적 서비스 상황에 대한 반복적 분석이 가능하고, 서비스 디자인에 참여자들이 한 사람들이 미래 서비스에 기대하는 점을 공유할 수 있도록 해준다.

② 서비스 시연

서비스 시연service staging은 연극 리허설처럼 서비스 시나리오를 실제로 경험해 보

그림 6-12 | 서비스 시연의 예 : 카페테리아 서비스

출처 : https://hci.stanford.edu/dschool/resources/prototyping/prototyping.pdf

는 것이다. 고객 경험에 초점을 두고 서비스를 직접 체험해 보면서 어떤 요소가 필요하고 고객이 어떤 상황에 놓이게 될지 이해하고 점검하게 된다. 서비스 시연을 위해서는 실제 크기의 목업mock up의 활용, 공간 재현, 역할극 등 다양한 요소의 조합으로 시도해 볼 수 있다.

프로토타입 활동 이후에는 제공하고자 하는 가치가 제대로 전달되는지, 프로토타입에서 긍정적 또는 부정적으로 평가된 부분은 무엇인지, 더 강조하거나 개선해야 하는 부분은 없는지, 서비스 프로세스에서 추가로 진행해야 할 부분이 있는지 등 논의를 통한 반복적 개선 활동을 진행하여 미래 서비스 프로세스에 대한 완성도를 높이게 된다.

[Step 6] 스토리 중심의 프로토타이핑 : 본 프로젝트에서는 주로 서비스 개선에 대한 아이디어를 서비스 접점에서의 문제 해결을 위한 서비스 매뉴얼 개발과 시각화 요소를 중심으로 한 홍보 및 인하우스 마케팅 전략 중심의 프로토타입을 제시하였다.

1) 서비스 매뉴얼 프로토타입

[외식업체] 매뉴얼 제안

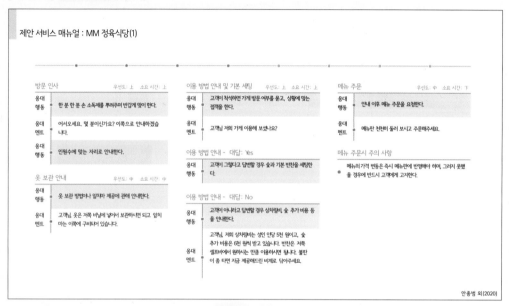

제안 서비스 매뉴얼 : MM 정육식당(1)

안종범 외(2020)

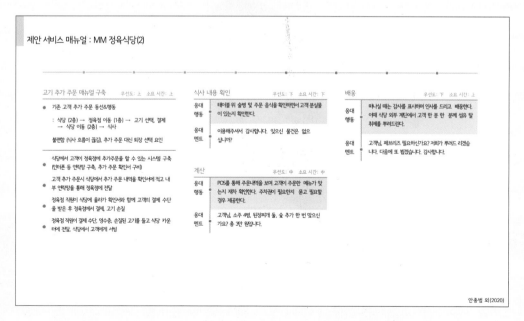

제안 서비스 매뉴얼 : MM 정육식당(2)

안종범 외(2020)

2) 시각화 요소 중심의 마케팅 전략

인하우스 마케팅(배너)

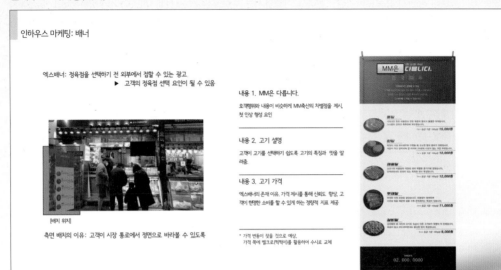

인하우스 마케팅: 배너

엑스배너: 정육점을 선택하기 전 외부에서 접할 수 있는 광고
▶ 고객의 정육점 선택 요인이 될 수 있음

내용 1. MM은 다릅니다.
호객행위와 내용이 비슷하게 MM축산의 차별점을 제시,
첫 인상 형성 요인

내용 2. 고기 설명
고객이 고기를 선택하기 쉽도록 고기의 특징과 맛을 알려줌.

내용 3. 고기 가격
엑스배너의 존재 이유, 가격 제시를 통해 신뢰도. 항상, 고객이 현명한 소비를 할 수 있게 하는 정량적 지표 제공

[배치 위치]

측면 배치의 이유: 고객이 시장 통로에서 정면으로 바라볼 수 있도록

* 가격 변동이 잦을 것으로 예상,
  가격 쪽에 벨크로(찍찍이)를 활용하여 수시로 교체

안종범 외(2020)

인하우스 마케팅(리플릿)

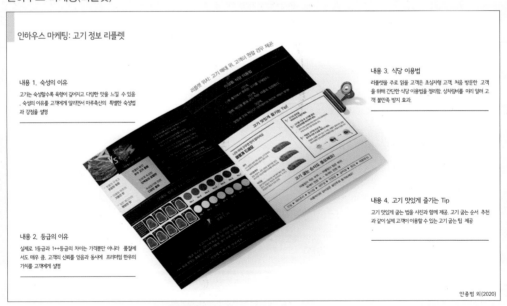

인하우스 마케팅: 고기 정보 리플렛

내용 1. 숙성의 이유
고기는 숙성할수록 육향이 깊어지고 다양한 맛을 느낄 수 있음. 숙성의 이유를 고객에게 알려면서 마루축산의 특별한 숙성법과 강점을 설명

내용 2. 등급의 이유
실제로 1등급과 1++등급의 차이는 가격뿐만 아니라 품질에서도 매우 큼. 고객의 신뢰를 얻음과 동시에 프리미엄 한우의 가치를 고객에게 설명

내용 3. 식당 이용법
리플렛을 주로 얇은 고객은 초심자형 고객, 처음 방문한 고객을 위해 간단한 식당 이용법을 정리함. 상차림비를 미리 알려 고객 불만족 방지 효과.

내용 4. 고기 맛있게 즐기는 Tip
고기 맛있게 굽는 법을 사진과 함께 제공. 고기 굽는 순서 추천과 같이 실제 고객이 이용할 수 있는 고기 굽는 팁 제공

안종범 외(2020)

인하우스 마케팅(페이퍼 매트)

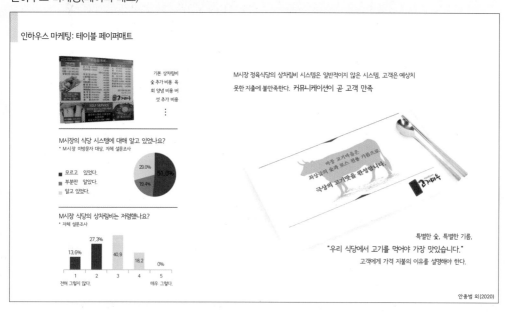

안종범 외(2020)

기타 유형적 요소 개선 방안

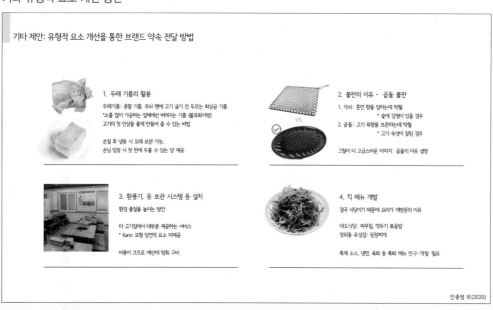

안종범 외(2020)

4. 서비스 프로세스 개발 마무리와 실행

1) 서비스 프로세스 개발 마무리

새로운 서비스를 실행할 때에는 많은 변화가 요구된다. 따라서 체계적 개발 과정을 거쳐 완성된 서비스를 실행하기 위해서는 조직 내에서의 서비스 콘셉트에 대한 명확한 의사소통이 필수적이다. 서비스 프로세스 디자인 과정에서는 철저히 고객 중심의 관점에 초점을 맞추었다면 개발된 서비스의 지속적 실행을 가능하도록 만들기 위해서는 종사원의 이해와 적극적 참여가 매우 중요해지게 된다. 이에 서비스 프로세스 디자인 초기부터 관련 종사원의 참여가 중요하다는 것을 명심해야 하며, 실행에 앞서 종사원들이 새로운 서비스 콘셉트에 대한 이해를 할 수 있도록 실행 지침서나 가이드라인 등을 제공하는 것이 바람직하다. 특히, 서비스 프로세스 리디자인의 경우는 지금까지 진행해 오던 서비스 제공 방법에 변화를 주는 것이기 때문에 익숙한 태도나 활동을 전환하기가 쉽지 않을 수도 있다. 따라서 명확한 서비스의 콘셉트의 이해, 변화를 받아들이는 자세, 정확한 서비스 지침에 따른 훈련 등으로 새로운 서비스 제공에 만전을 기할 수 있도록 해야 할 것이다.

정리 단계에서는 관련 종사원뿐 아니라 외식업체 전 직원이 새로 실행되거나 개선될 서비스 프로세스 개요에 대해 파악하는 것도 중요하다. 이에 서비스 전달 단계에서 완성된 서비스 청사진 등을 활용하여 서비스 제공을 위해 각 부서들이 어떻게 연결되어 있는지, 유관 부서의 상호작용이 왜 중요한지 등을 모든 직원들을 이해시킴으로써 성공적으로 새로운 서비스가 실행될 수 있도록 해야 한다.

[CASE] 외식고객을 위한 M 축산물시장 내에 위치한 외식업체 서비스 품질 개선

[Step 7] 개선 서비스 프로세스 개요 파악 : 새로운 서비스 프로세스의 원활한 운영을 위하여 개선된 서비스 청사진을 제시하고 축산가게 및 외식업체 종사원들이 미래의 서비스 제공을 위해 어떤 역할을 해야 하고 어떻게 연결되어있는지를 파악하게 하였다.

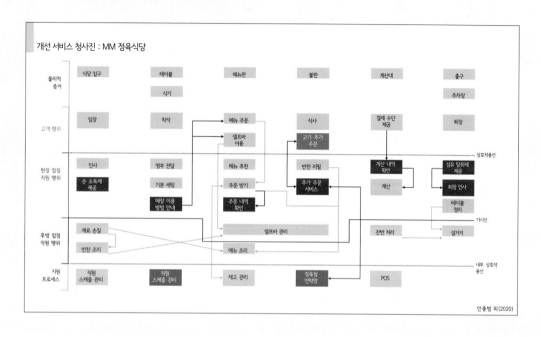

개선 서비스 청사진 : MM 정육식당

안종범 외(2020)

2) 서비스 실행에 따른 성과의 확인과 측정

서비스 프로세스 (리)디자인의 성과 확인과 측정은 본격적으로 서비스를 실행한 이후에 진행된다. 실행 상태와 성과 확인을 위해서는 성과 측정 항목과 기준이 함께 제시되어야 한다. 고객 방문의 증가나 매출 증가 등의 정량화 지표로 서비스 (리)디자인의 성과를 어느 정도 알 수는 있겠지만 서비스에 대한 성과 측정은 정성적 부분을 함께 확인하는 것이 중요하다. 제임스 헤스켓(2000)이 제시한 가치 제공 방정식을 보면 고객 가치에 있어서 서비스가 차지하는 비중이 높아짐을 알 수 있다. 이외에 서비스 획득 비용에 대한 부분이 적절한지에 대한 평가도 함께 이루어져야 한다. 따라서 고객의 니즈가 충족되었는지에 대한 확인과 결과적으로 니즈가 충족되었더라도 그 과정이너무 복잡하지는 않았는지 등에 대한 평가도 필요하다.

$$\text{가치} = \frac{\text{품질}}{\text{비용}} \xrightarrow{\text{서비스 요소 반영}} \text{가치} = \frac{\text{고객에게 제공된 결과 품질} + \text{서비스 프로세스 품질}}{\text{고객이 지불한 서비스 가격} + \text{서비스 획득 비용}}$$

본 교재에서 외식서비스 상품 개발 중 서비스 부분만을 따로 분류하여 집중적으로 설명한 것은 외식서비스 상품의 품질 평가에 있어서 '품질'은 음식에만 적용되는 것이 아니라는 점을 중요하게 생각하였기 때문이다. 즉, 레스토랑 상품을 구매하면서 고객이 경험하게 되는 모든 접점과 흐름을 포함하는 서비스 프로세스 품질 또한 외식서비스 상품의 전반적 품질을 평가하는데 매우 중요하다는 점을 명심하기 바란다. 또한 최근에 와서 외식서비스 차별화 측면에서 서비스 디자인은 외식서비스 상품요소에서 점점 더 많은 비중을 차지하고 있으므로 외식서비스 마케팅 전문가라면 더욱 신경을 써야 한다. 따라서 본 장에서는 외식서비스 프로세스 개발을 위하여 서비스 디자인 사고와 실행 방법을 적용하였으며 이를 요약하면 그림 6-13과 같다.

주요 영역	고객과 상황 분석을 통한 고객 니즈와 문제 발견		아이디어 개발 해결책의 프로토타이핑	
절차	문제 · 니즈 발견 단계 : 고객 및 상황 조사를 통한 서비스 프로세스 니즈 발견	문제 · 니즈 정의 단계 : 서비스 프로세스상의 문제점과 니즈 분석	아이디어 확장 단계 : 아이디어 개발과 콘셉트화	서비스 전달 단계 : 프로토타입 개발과 신서비스 전달
상품 개발자 주요 포인트	다양한 관점으로의 사고 자세한 관찰	분석적 사고 크리티컬 싱킹 (critical thinking) 정보에 입각한 분석	창의적 사고	피드백 수용
주요 도구	새도잉, 서비스 사파리, 친화도맵, 페르소나, 고객 여정 지도, 서비스 청사진		브레인스토밍, 확장 서비스 청사진, 서비스 시나리오, 스토리보드, 서비스 모형, 서비스 시연	

그림 6-13 | 외식서비스 프로세스 디자인 요약

[CASE] 외식고객을 위한 M 축산물시장 내에 위치한 외식업체 서비스 품질 개선

[Step 8] 서비스 개선에 따른 기대효과 예측 : 본 프로젝트에서는 실제 개선 서비스 프로세스를 적용·운용 전인 아이디어 프로토타이핑 단계까지 진행되었다. 운영 후 실제 성과의 확인도 중요하지만 기획 단계에서는 운영의 성과를 예측해 보는 것도 의미 있는 일이다. 본 프로젝트에서는 서비스 개선 후 예상되는 고객 여정 지도와 고객 인식 변화에 대한 부분을 중심으로 기대 효과를 제시하였다.

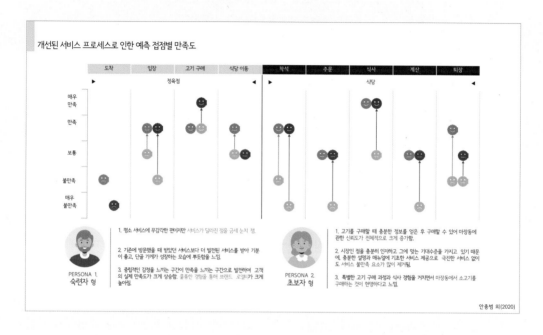

개선된 서비스 프로세스로 인한 예측 접점별 만족도

안종범 외(2020)

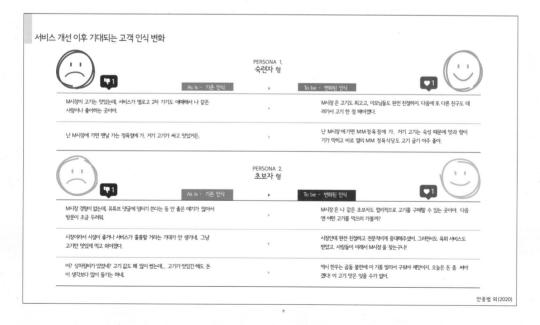

서비스 개선 이후 기대되는 고객 인식 변화

안종범 외(2020)

표 6-7 | 소비자가 원하는 상품의 진정성

영역	설명
자연성	가공되거나 합성되지 않은 상품
독창성	복제나 모방이 아닌 차별화된 상품
특별함	독특하고 식상하지 않은 방식을 가진 진솔한 서비스
연관성	공통된 추억과 열망을 이끌어내는 움직임
영향력	더 높은 목표로 이끄는 의미 있는 방식의 제시

출처 : Gilmore & Pine(2020).

　새롭게 제공한 외식서비스 상품에 대해서 '보편적', '보통' 정도의 고객 평가를 얻었다면 그것은 고객들의 니즈를 제대로 충족하지 못하고 새로운 기회 영역을 찾지 못한 것을 나타낸다. 이것은 고객이 외식 분야 어디에서나 볼 수 있는 상품의 하나로 인식하는 것일뿐더러 새로운 외식서비스 상품에서 독창성과 진정성을 찾지 못하고 있다는 것이다. 이에 외식서비스 상품 개발과 개선에 있어 마지막으로 외식마케터가 검토할 부분은 외식서비스 상품에 '진정성'이 내포되어 있는지, 또는 고객에게 '혁신 가치'가 제대로 전달되고 있는지에 관한 것이라고 할 수 있다. 실제 현대 소비자들은 서비스나 제품이 얼마나 진정성이 있는지의 판단에 따라 구매와 사용을 결정하게 되며, 자연스럽게 소비자의 참여를 이끄는 인상적인 사건인 체험이라는 측면에서 서비스나 제품이 아니라 이를 제공하는 시간에 비용을 지불하게 된다. 따라서 개발된 외식서비스 상품에도 표 6-7과 같은 진정성 영역이 고려될 수 있도록 하여 소비자들로 하여금 외식구매를 하면서 자신들이 추구하는 가치가 실현됨을 느끼도록 해주는 것이 필요하다.

[사례 연구] 외식서비스 디자인 사례 : 고객과의 터치 포인트 설계 과정
(샘파트너스의 공차 코리아 리브랜딩 프로젝트 요약)
출처 : Abbing(2020).

업체 설명

'차를 마신다'의 의미를 가진 공차는 2006 대만에서의 오픈을 시작
으로 19개 국가에 1,400여 개 매장을 갖춘 차 브랜드이다. 한국에서
는 2012년 홍대 1호점을 시작으로 현재 400개 가까운 매장을 운영
중인 공차 코리아는 대만, 일본, 베트남, 미국 등으로 브랜드를 확장
하고 있다.

36
공차 리브랜딩

- 차별화 포인트 : 공차는 대만 최고 품종의 찻잎으로 제조한 오리지널 차를 중심으로 소비자
  가 직접 티 베이스, 토핑, 당도 등을 커스터마이징할 수 있다는 특징이 다른 음료 브랜드와의
  차별점이라고 할 수 있다.
- 목표 : 공차는 버블티를 시작으로 대만의 특별한 차 문화를 전파하고 궁극적으로 차 문화를
  확산시켜 '세계적으로 사랑받는 티 브랜드'라는 지향점과 '차 문화의 플랫폼'이라는 브랜드로
  거듭나고자 하는 목표를 가지고 있었다.

공차의 문제 직면

버블티 중심의 공차는 새로운 음료로 시장 선점에 성공했으나 차 브랜드로 성장하고자 했던 목
표와는 달리 '공차=버블티'라는 일반적인 인식이 만들어졌다. 또한 차별화 포인트였던 커스터
마이징 음료 제조는 고객들에게 복잡하고 낯선 경험으로 받아들여져 호불호가 있는 브랜드로
인식되게 되었고, 유사 브랜드들과의 버블티 경쟁이 시작되었다. 더불어 대만 최고 품질의 아리
산(阿里山) 차를 사용하고 있음에도 국내 고객들의 대만 차에 대한 인식 부족과 공차 브랜드에
대한 이해도도 낮았다. 또한 서비스 품질관리가 저하되는 문제가 발생했다.

공차 서비스 디자인 프로젝트

- 고객 경험 리서치 : 고객에게 공차가 커피 대체 음료로는 손색이 없지만 일관성 없는 맛, 서
  투른 전문성으로 브랜드 신뢰도가 전반적으로 낮았다. 더 문제는 이 브랜드를 카페가 아닌
  '무엇'으로 불러야 하는지 모르고 있었다. 이러한 고객 분석 결과를 내부 조직에 설명하고 조
  직 내부에서 바라보는 공차의 문제점을 함께 토론하여 전문성과 개성을 가진 '사려 깊은 티
  마스터'의 이미지로 브랜드 비전을 도출하였다.
- 브랜드 콘셉트 도출 : 공차는 기존에 쌓아 온 '공차스러움'에 대한 아이덴티티를 살리고자 기
  존의 핵심 가치였던 'Taiwanese tea origin/customizing/active'를 브랜드 지향점으로 도출하
  고 미래의 브랜드 콘셉트를 'blended'로 결정하였다.
- 고객 경험 개선을 위한 터치 포인트 선택 : 공차를 경험한 고객들은 다양한 음료를 시도해보
  지 않았거나 자주 방문하지 않는 고객이 대부분임을 발견하고 공차에서의 경험이 재방문으로
  이어지도록 하는 것이 중요하였다. 이에 복잡한 주문 방식과 고객 입맛에 맞는 커스터마이징
  서비스가 가장 중요한 고객 경험 요소로 결정되었고, 이 고민을 해결할 터치 포인트로 '프리

오더존'과 '메뉴판 리뉴얼' 아이디어가 선택되었다.
- 아이디어 구체화 : 프리오더존은 고객이 주문하기 전 네 가지 찻잎의 모양과 양을 확인하고 주문법, 추천 메뉴를 쉽게 볼 수 있는 테이블로 얼음 양, 당도, 토핑을 쉽게 설명한 메뉴판을 함께 제공해 주문 소요 시간과 주문 가정 불편 상황을 줄이고자 하였다. 이러한 아이디어는 서비스 스테이징 등을 활용하여 실제 서비스로 구체화되었다.
- 일관된 브랜드 스토리 전달 :
(유형적 요소) 브랜드와 서비스 개선을 진행하면서 새로 도출된 브랜드 약속과 콘셉트에 대하여 상품, 공간, 서비스를 일관되게 전달하기 위하여(찻잎, 물, 사람, 시간)을 공차의 핵심 비주얼 모티프로 정하고 조명, 벽면 그래픽 등 인테리어뿐만 아니라 주요 유형적 증거인 컵 실링, 홀더 그래픽, 티 물병, POP 등에 적용하였다.
(무형적 요소) 새로운 브랜드 콘셉트가 서비스에도 나타나도록 매장 직원들에게 '티 블랜더(tea blender)' 또는 '티 마스터(tea master)'라는 아이덴티티와 태도를 가지도록 하여 공차가 티를 전문으로 다루는 브랜드 이미지를 상징하는 역할과 함께 고객에게 공차만의 차문화를 알리는 메신저 역할을 하고 있음을 강조하였다.

공차가 바라는 미래
변화된 모습은 공차는 고객에게 단순히 버블티 판매점이 아닌, 일상속에서 편안히 만날 수 있는 차문화 공간, 다양한 맛과 재미를 주는 차 브랜드로 다가가는 것이다. '공들여 맛있는 차'라는 공차의 브랜드 슬로건에 걸맞게 공차는 소비자에게 정성스럽게 만든 차 한잔을 대접함을 통하여 일상의 작은 즐거움을 주는 브랜드로 자리잡고자 노력하고 있다.

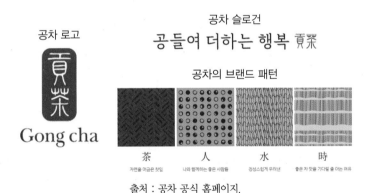

출처 : 공차 공식 홈페이지.

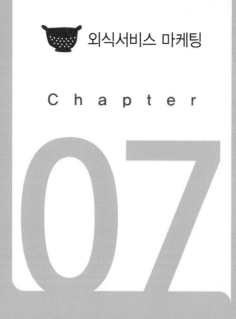

외식서비스 마케팅

Chapter

07

혁신적인
브랜드 개발

학 습 목 표

1. 브랜드 개념과 특징을 이해한다.

2. 브랜드와 브랜딩의 차이를 이해한다

3. 미래 핵심고객인 MZ세대의 소비 특성을 이해한다.

4. 브랜드 포지셔닝의 개념을 사례로 이해한다.

5. 브랜드 아이덴티티 모델을 이해한다

6. 브랜드 아이덴티티 실행요소 개발에 대해 사례를 통해 이해한다.

7. 레스토랑 브랜드 자산과 레스토랑 브랜드 에쿼티의 차이점을 이해한다.

C H A P T E R

07

탁월한 서비스는 차별화된 서비스 상품으로부터 시작
된다. 본 장에서는 브랜드를 하나의 서비스 상품으로
보고 혁신적인 브랜드 개발 및 브랜드 창업의 중요성
을 강조한다. 단순 창업을 위한 브랜드 개발이 아니라
브랜딩과 브랜드 마케팅 관점에서의 브랜드 개발 과
정을 소개한다. 궁극적으로 고객에게 사랑받는 진정
한 브랜드가 되는 것이 시장에서 경쟁사와 차별화되
고 지속 가능한 외식사업을 하게 하는 요인임을 이해
한다.

1. 혁신적인 브랜드 창업의 필요성

외식서비스 기업의 핵심 상품은 메뉴음식이지만 메뉴 조리법이나 플레이팅 방법 등은 경쟁 점포에 의해 쉽게 모방될 수 있는 단점이 있다. 반면, 인적 서비스가 수반되는 무형적인 서비스 프로세스도 경쟁 점포와의 차별화 요소이지만 100% 모방은 쉽지 않다. 예를 들어, 스타벅스 점포에서 근무하는 파트너종사원들의 서비스가 너무 인상적이어서 스타벅스 출신 인력을 채용하고 서비스하는 방식도 스타벅스 서비스 매뉴얼을 모방해 교육을 시켰다고 가정했을 때 여러분의 점포가 스타벅스 수준의 고품질 서비스를 제공할 수 있다고 생각하는가? 그렇지 못할 가능성이 크다. 그 이유는 고객 접점의 서비스 품질은 서비스 기업의 조직문화와 밀접하게 연관되어 있기 때문에 사람을 스카우트하고 매뉴얼을 모방한다고 해결되지 않는다. 따라서 메뉴보다는 서비스 프로세스 차별화가 외식시장에서 경쟁력이 더 있다고 말할 수 있다.

그렇다면 신규 점포를 창업할 때 차별화된 메뉴와 서비스 프로세스만 있으면 성공을 보장할 수 있을까? 그렇지 않다. 고객들이 여러분 점포에 대해 경쟁 점포보다 더 호감을 가지고 있고, 더 좋아하며, 특별하다고 여기지 않는다면 언제든지 더 좋은 기업이 시장에 등장하게 되면 그곳으로 옮길 수 있기 때문이다. 하지만 스타벅스처럼 외식시장을 리딩하며 고객들의 사랑을 받고 있는 유명 브랜드들은 무형적 자산인 브랜드 가치가 매우 높아 브랜드를 사랑하는 충성고객을 많이 확보하고 있고, 철저한 품질관리를 통해 브랜드를 관리해 오고 있다. 스타벅스보다 더 맛있는 커피를 제공하고 더 인상적인 매장 분위기를 연출한다 하더라도 스타벅스를 따라잡기가 쉽지 않은 것은 결국 브랜드의 차이라고 할 수 있다.

지속 가능한 외식 창업을 하고자 한다면 단순한 상품메뉴 경쟁력 차원을 넘어 브랜드 마케팅 차원에서 브랜드 개발을 해야 한다. '외식 창업'과 '외식 브랜드 창업'은 같은 말인 것 같지만 다르다. 대안이 없거나 그저 돈을 벌기 위한 수단으로 생각하는 기존의 외식 창업은 더 이상 성공하기 어렵다. '뻔하면 까이고 묻히면 죽는 치열한 경쟁 시대'에 외식사업이 생존하기 위해서는 존재 이유브랜드 아이덴티티가 명확하고, 창업자의 철학이 있는 개념 있고 뻔하지 않은 외식 브랜드를 만들어야 한다.

2. 브랜드의 개념과 특징

브랜드란 판매자가 제품과 서비스를 특징 짓고, 이것들을 경쟁자의 제품과 서비스로부터 차별화시킬 목적으로 만들어진 이름, 어구, 표시, 심벌이나 디자인 또는 이들의 조합을 말한다. 이름이나 심벌, 로고를 가지고 있다면 모두 브랜드라고 할 수 있을까? 상표로 등록되어 있는 외식기업의 이름은 모두 브랜드일까? 그렇지 않다.

브랜드 전문가인 권민2011은 진짜 브랜드와 가짜 브랜드를 확인하는 세 가지 기준을 제시했다. 첫 번째로 브랜드란 '보이지 않는 것을 보이게 하고, 보이는 것을 보이지 않게 하는 것'으로서 보여지는 디자인을 통해 보이지 않는 브랜드의 철학과 콘셉트를 보여 주는 것이다. 두 번째는 브랜드란 '가질 수 없는 것을 가지게 하고, 갖고 있는 것을 가질 수 없도록 하는 것'으로 이것은 가치를 말한다. 사회적 지위와 명성을 보여 주기 위해 고가의 자동차나 옷을 살 수 있지만, 브랜드를 소유할 수 없다. 마지막으로 브랜드란 '새로운 것을 익숙하게 하고 익숙한 것을 새롭게 하는 것'으로 새로운 '체험'을 만드는 것이다. 스마트 기기를 가진다고 해서 스마트해지는 것이 아니고, 스마트한 사람만이 스마트 기기를 구매하는 것이 아니며, 단지 스마트 기기를 사용함으로써 스마트하게 되는 체험을 하거나 스마트하다고 믿는 것이다. 이 세 가지 모두가 우리에게 의미로 전달될 때 그것을 브랜드라고 한다.

세상에는 브랜드인 '척'하는 브랜드가 너무 많다. 진짜 브랜드가 되려면 다른 서비스 상품과 정말 달라야 하고브랜드 제1법칙 : 다르지 않으면 아무것도 아니다, 나만 알고 남들이 모르면 안 된다브랜드 제2법칙 : 남들이 모르면 아무것도 아니다. 따라서 브랜드의 정의는 점차 '나의 것소유'에서 시작해서 '다른 것차별화'으로, 단순한 '상표'에서 '상징'으로 변하고 있다. 자기만의 독특한 '자기다움아이덴티티', '자기만의 창업철학정신, 브랜드 영혼'이 없이는 일반 상품에서 벗어날 수 없다. 주변 사람들이 나의 브랜드를 몰라 준다면 그 브랜드는 그냥 상표일 가능성이 높다. 왜냐하면 브랜드 제2법칙에 따라 남들이 모르면 아무것도 아니기 때문이다.

본 교재에서 말하는 브랜드 개발은 단순한 '상표이름' 제작을 의미하지 않는다. '자기다움의 창업철학/정신가치/존재의 이유'이 들어 있는 브랜드 콘셉트를 매력적으로 보이게 디자인하고 기억에 오래 남을 독특한 브랜드 경험을 만드는 것을 목표로 한다. 브

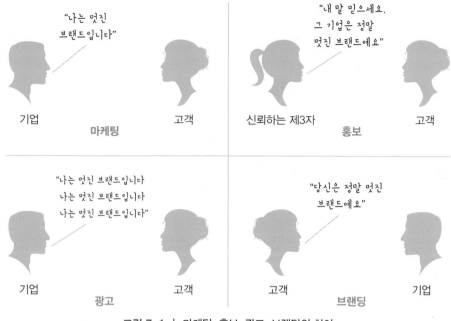

그림 7-1 | 마케팅, 홍보, 광고, 브랜딩의 차이

랜드 아이덴티티 구성요소 디자인부터 마케팅 커뮤니케이션까지 전 과정에서 평범한 브랜드를 특별하고 비범하게 만드는 것이 핵심이다.

그림 7-1은 마케팅, 홍보, 광고, 브랜딩의 차이를 보여 주고 있다. 마케팅은 판촉을 불필요하게 하고, 브랜딩은 마케팅을 불필요하게 한다. 성공적인 브랜딩은 기업이 고객에게 브랜드를 자랑하는 것이 아니라, 고객이 먼저 찾고, 지지하고, 좋아하고, 꽂혀 있고, 사랑한다. 그러기 위해서는 고객과의 공감대가 필요하며 팬덤을 형성해야 한다. 미래 시장의 핵심고객은 디지털 네이티브인 MZ세대로 이들이 공감할 수 있는 가치와 브랜드 경험을 제공하여야 한다. 강력한 팬덤은 불안하고 불확실한 시대에 강력한 생존 무기가 될 수 있다.

3. 브랜드 아이덴티티 개발

1) 레스토랑 콘셉트 구체화

레스토랑 콘셉트의 핵심요소는 목표고객이 누구인가를 결정하는 것이다. 시장 세분화 과정을 통해 동질적인 기대나 요구사항을 가지고 있는 시장을 타겟팅targeting하여 콘셉트 구성요소들의 최적의 조합을 찾아낸다. 구체적인 요소로는 목표고객이 선호하는 메뉴 종류나 메뉴 수, 가격대, 서비스 전달 방식, 인적 서비스의 수준, 물리적 환경 및 분위기, 접근하기 쉬운 입지, 선호하는 커뮤니케이션 채널 등 서비스 마케팅 믹스 7P's를 바탕으로 정리해 보고, 점포 규모나 좌석 수, 운영 시간, 좌석 회전율 등 점포 운영 관련 요소들에 대해서도 구체화한다.

또한 브랜드 포지셔닝positioning 관점에서 레스토랑이 소비자들에게 어떻게 인식되기 원하는지를 브랜드 아이덴티티 개발을 통해 핵심 아이덴티티, 확장 아이덴티티, 제공 가치, 브랜드 아이덴티티의 디자인적인 실행요소브랜드명, 로고, 캐릭터, 서체, 패키지, 색상 등로 구체화해야 한다.

다음 절에서는 외식시장의 핵심 소비층으로 떠오르고 있는 MZ세대의 특성과 브랜드 포지셔닝의 개념을 다양한 브랜드 사례로 설명한 후 브랜드 아이덴티티 개발 모델과 브랜드 아이덴티티 실행요소 개발에 대해 구체적으로 설명하고자 한다.

2) 미래 핵심고객인 MZ세대의 특성

37
MZ 이코노미

미래 시장의 핵심 소비계층은 바로 MZ세대[7]이다. 2021년 4월 말 기준 전체 인구의 약 36%를 차지하면서 최대 소비 시장으로 떠오르고 있다. 이들의 소비력은 기존 세대의 구매력을 뛰어넘고 있어 미래 사업의 성공 여부는 이제 이들이 좌우할 것이

---

7 MZ세대는 1981~2010년생을 지칭하며, 1981~1996년까지를 일컫는 'M세대(밀레니얼 세대)'와 1997~2010년생을 뜻하는 'Z세대'를 합한 세대를 말한다(MZ 이코노미, 이코노미조선, 397호, 2021.05.24.).

그림 7-2 │ MZ세대의 특징

출처 : 이코노미조선.

38
"MZ 세대 놓치면 퇴출"…업종 · 국경 넘어 뉴노멀 제시

다. 이들은 소셜 미디어를 잘 활용하고 이슈를 빠르게 전달하는 데 익숙해 기업들을 순식간에 흥하게 하거나 망하게 할 수 있다.

SNS와 인터넷, 스마트폰에 익숙한 세대로 메타버스라는 가상 세계에서 아바타로 생활하고 있다. 현실 세계와 가상 세계의 구분을 두지 않고 가상 세계에서도 평범한 일상과 비슷한 가상 일상을 즐긴다. 현실과 비현실이 공존하는 메타버스가 새로운 디지털 마케팅 채널로 주목 받는 이유이다. 구찌, 버버리, 나이키, 푸마 등 세계적인 패션기업들도 새로운 소셜 플랫폼으로 급부상하고 있는 메타버스 마케팅을 시작해 Z세대들에게 큰 인기를 끌고 있다. 국내 식품업계와 외식업계들도 하나 둘씩 이 신개념 마케팅에 참여하고 있는데 스타벅스는 크리스마스 분위기를 담은 가상 공간 '산타 광장'을 처음으로 선보여 색다른 스타벅스 경험을 제공하였고, SPC 그룹 파리바게트, 던

39
[MiZi 탐험] MZ세대 20명의 이야기를 함께 들어볼까요

40
[트렌드인사이트] 가상현실공간 '메타버스'를 주목하라

그림 7-3 │ 메타버스에 있는 구찌 가장매장 구찌빌라(좌)와 스타벅스의 산타 광장(우)

출처 : 푸드뉴스.

41
The Fabulous Mayfair
Restaurant With
The Breathtaking
Interiors · Sketch

그림 7-4 | 영국의 스케치 런던 티룸(좌)과 크리스마스 데코 화장실(우)
출처 : 스케치런던 인스타그램.

킨, BR31, 이디야커피, 패스트푸드 기업들도 메타버스 마케팅을 시작했다. 메타버스의 주 이용 고객은 Z세대들로, 이들이 시간을 가장 많이 보내는 가상 공간에 들어가 이들과 만나 소통하며 브랜드 경험의 기회를 제공하는 메타버스 마케팅은 외식기업들에게 선택이 아니라 필수가 될 것으로 보인다.

모바일이나 온라인에서 물건을 구매하고, 텍스트보다는 이미지와 비주얼로 이야기하는 것을 좋아해, 예쁘고 좋은 것은 인증샷으로 공유한다. 따라서 핫플레이스로 불리는 인기 카페나 레스토랑은 맛있는 음식을 제공하는 것은 기본이며, 더 중요한 것은 MZ세대 마음을 사로잡을 만한 인스타그래머블instagrammable한 음식의 플레이팅과 공간의 인테리어가 더 중요하다. 그림 7-4는 영국에 있는 스케치 런던Sketch London으로 4개의 콘셉트로 공간이 구분되어 있는데, 그중 룸 전체가 온통 핑크 색깔인 티룸 tea room 홀은 인스타에서 핫플레이스이며 평범한 화장실마져도 인스타그래머블하게 꾸민 아이디어가 매우 혁신적이라 할 수 있다.

MZ세대는 모르는 것이나 궁금한 것이 있으면 물어보지 않고 '검색한다'. 외식 브랜드에 대해 궁금하다면 먼저 검색을 할 것이다. 만약 여러분 브랜드가 검색되지 않는다면 이들에게는 존재하지 않는 브랜드와 같다. 또한 마음에 들어도 검색하는데, 이때는 더 자세한 정보를 원한다는 것이며, 여러분 브랜드를 만날 마음이 있다는 것이다. 따라서 소셜 미디어를 포함해 온라인 어디엔가 브랜드와 관련된 긍정적인 정보들이 많이 검색되도록 해야 이 세대에 접근이 가능하다.

또한 이들은 자신의 개성과 취향을 중시하며 남들이 다 가진 것보다는 특별한 나만의 것을 원한다. 추가 요금을 내서라도 자신만의 취향을 담아 직접 맞춤 제작할 수

그림 7-5 | 컨버스×헬리녹스 커스텀 서비스(좌)와 나뚜르의 나만의 케이크(우)
출처 : APN과 나뚜르 홈페이지.

42
컨버스×헬리녹스,
커스터마이징 서비스
오픈

43
나뚜르 마이케이크
하우스 홈페이지

있는 커스터마이징 서비스를 선호한다. 컨버스 스니커즈 커스터마이징 서비스나 전자제품의 삼성 비스포크 맞춤형 냉장고가 인기를 끄는 이유이다. 스타벅스의 '나만의 커피' 메뉴는 음료 온도, 사이즈, 시럽, 베이스, 얼음, 우유, 거품, 휘핑크림의 양까지 개인 맞춤으로 제공할 수 있다. 나뚜루의 맞춤형 아이스크림 케이크 콘셉트 매장인 '마이케이크하우스 바이 나뚜루'는 소비자가 원하는 대로 케이크를 만들어 준다. 급식소에서 제공되는 다양한 채식 선택 옵션 등도 동물권이나 환경을 의식해 채식을 선택하고자 하는 고객의 만족도를 높이고 있다.

MZ세대는 가치가 있다고 생각하는 상품, 명품이나 한정판 제품에는 아낌없이 지갑을 열며, 식품과 생필품은 가성비를 따진다. 이러한 소비 패턴을 자린고비 플렉스flex라고 하는데, 코로나19로 인해 해외여행을 못가는 대신 보복성 소비로 발현된 것으로 보거나, SNS 등을 통해 접하는 유명인들의 소비를 따라 하는 모방 소비와 과시 소비로 보는 사람들도 있다. 하지만 이 세대들은 누구보다도 온라인 커머스에 익숙한 세대이기 때문에 온라인 플랫폼의 발달로 명품 구매 접근이 쉬워진 점과 명품 브랜드들의 혁신적인 디지털 마케팅의 영향이라 볼 수 있다. 코로나19로 억눌렸던 외식 수요와 보상 소비 심리로 특급 호텔에서 호캉스호텔+바캉스 또는 워케이션workation을 즐기거나, '호텔에서 한 달 살기' 상품을 구매하는 젊은이들이 많아지면서 전국 호텔들이 유사한 상품을 내놓고 있는 것과 한 끼에 약 15만 원 정도 하는 고가의 호텔 뷔페 레스토랑에 주말이나 연말이면 문전성시를 이루고 있는 것도 대표적인 사례이다.

이들은 짧은 유행에 사람들과 함께 참여하고 그 안에서 재미를 찾고유희적 소비, 얼마 지나지 않아 다음 놀거리로 넘어간다. 팔도팔도 네넴띤비빔면, 농심 RtA너구리 라면,

44
빙그레 바나나맛 우유
#채워 바나나 캠페인

그림 7-6 | 빙그레 바나나맛 우유 #채워 바나나 캠페인

출처 : 빙그레 홈페이지.

곰표 한정판 굿즈, 라떼는 말이야 열풍 등이 사례이다. 빙그레 바나나맛 우유가 실시한 #채워 바나나 캠페인은 바나나맛 우유를 사서 마음대로 자음 공간을 채워 인증샷을 올리는 것인데, 디지털 네이티브 세대의 취향을 저격하는 캠페인으로 MZ세대의 참여와 공유를 끌어내어 20% 이상 매출이 증가했다고 한다. 이들의 관심을 끌기 위해서는 제공하는 서비스나 캠페인 모두 단순하면서도 재미가 있어야 한다. 그리고 참여와 공감을 이끌어내야 SNS를 통해 전파되고 홍보가 된다.

스타벅스는 'YES or NO, Sandwich' 캠페인을 통해 고객이 샌드위치 메뉴 개발에 직접 참여하게 하고 고객이 선택한 샌드위치 레시피로 정식 메뉴를 출시하였다. 이벤트 참여는 1단계부터 7단계까지의 푸드 레시피 대결 형태로 진행되며 각 단계마다 제시된 보기 중 고객의 취향에 맞는 레시피를 선택하게 하고 각 대결에 참여할 때마다 별을 모을 수 있도록 해 고객의 관심과 몰입도를 높였다. 게임 형식의 재미난 대결에 참여시킴으로써 특별한 브랜드 경험을 제공하고 고객 의견이 반영된 샌드위치 출시로 자연스럽게 판매로 연결되는 혁신적인 이벤트이다.

짧고 굵은 콘텐츠를 즐기는 문화가 확산되면서 영상 콘텐츠의 경우 러닝 타임이 점점 짧아져 평균 1분 미만인 짧은 동영상, 즉 숏폼short form 콘텐츠가 인기를 끌고 있다. 글로벌 기업들이 숏폼에 주목하는 이유는 주요 소비층인 MZ세대를 사로잡기 위해서인데, 연령층이 낮아질수록 짧은 길이의 영상을 더 선호한다고 한다. 일상생활 중 틈새 시간을 활용해 숏폼 콘텐츠를 시청하는 수요는 더 증가할 것으로 보여, 짧은 시간 안에 이해시키고 웃기거나 감동을 줄 수 있는 콘텐츠로 브랜드를 매력적으로 어필하는 것은 매우 중요하다. 2019년 동원 F&B는 MZ세대를 겨냥해 '맛의 대참치' 캠

그림 7-7 | 스타벅스 'YES or No, Sandwich' 캠페인
출처 : 머니S 뉴스.

페인을 통해 간편하게 먹을 수 있는 가공 참치 레시피를 중독성 있는 CM송과 함께 소개했을 뿐인데, 2000만 조회 수를 기록하고 역대 최대 매출을 기록했다. 성공 요인은 재미 요소모델의 춤과 노래, 과하지만 매력적인 '이건 맛의 대참치'라는 카피 등와 기존에 느낄 수 없었던 동원참치의 의외성을 조합해 브랜딩한 것이다. 짧은 영상 콘텐츠가 소비자들의 놀거리가 되고, 소비자가 제작한 패러디 콘텐츠의 지속 생산과 댓글 소통 등은 놀 준비가 되어 있는 MZ세대가 원하는 소통방식이다.

\# 45
동원F&B의 맛의
대참치 캠페인

또한 MZ세대는 개념 있는 소비자들이다. 자신의 가치관과 신념을 드러내는 미닝아웃meaning out 소비를 좋아하는데, 공정하고 올바른 것을 추구하고 정직한 기업을 선호한다. 환경, 윤리, 인권, 동물권 등 자신의 가치관에 맞는 제품이나 서비스를 구매하고, 부도덕하거나 신뢰를 떨어뜨린 기업은 불매 운동까지 펼친다. 공정무역 커피, 무라벨 생수, 종이 빨대, 용기나 포장지 없는 제로웨이스트 숍, 친환경 배송 서비스 등이 인기를 얻는 이유이며, '덕분에 챌린지' 같은 공익 캠페인이나 착한 기업 제품을 적극적으로 애용하는 이유이다. 스타벅스는 빨대 없이 마실수 있는 음료 뚜껑과 다회용컵 서비스를 도입하였고, 배달의 민족은 일회용품 안 받기 옵션을 도입한 사례도 개념 있는 MZ세대를 겨냥한 서비스이다.

\# 46
"돈쭐 내자"…
소비자 지갑 여는
'친환경 기업'

이렇듯 MZ세대는 기존 세대와는 분명히 다른 개성과 취향, 가치관을 가지고 있기 때문에 이들에게 특별한 브랜드로 다가가기 위해서는 MZ세대의 소비 특성을 이해하고 이들과 커뮤니케이션하는 방법을 먼저 고려해야 할 것이다.

3) 브랜드 포지셔닝이란 무엇인가?

　외식시장에는 넘쳐나는 경쟁 브랜드들이 존재한다. 경쟁이 일어나는 곳은 단순히 물리적 시장을 말하는 것이 아니라 고객의 마음속이다. 넘쳐나는 경쟁 브랜드 가운데 고객들 마음속에 브랜드를 각인시키고 호감을 갖게 하는 것은 갈수록 어려워지고 있다. 브랜드 포지셔닝이란 어떤 매력으로 시장에서 경쟁할 것인가, 고객 마음속에 내 브랜드의 정체성매력 포인트=아이덴티티을 어떻게 자리잡을 것인가를 결정하는 일이다. 경쟁 브랜드와 차별화되는 독특한 매력 포인트를 찾아 커뮤니케이션함으로써 고객 머릿속에 강력히 자리를 잡는 과정이다.

47
희스토리푸드
홈페이지

　예를 들어, 순대 하면 떠오르는 보통 이미지는 그림 7-8의 좌측의 썰어진 순대일 것이다. 하지만 희스토리푸드의 '순대실록' 브랜드는 스테이크처럼 썰어 먹는 순대라는 점을 매력 포인트로 잡아 국내 최초의 순대 스테이크를 개발하여 기존 순대집과 차별화하는 데 성공했다. 메뉴의 비주얼이 기존의 썰어진 순대랑 차별화되어 고객 SNS를 통해 유명해졌으나, 비주얼만으로 성공을 보장하지 않는다. 조선 말기 음식 조리서인 『시의전서』를 근거로 전통 순대를 현대화했으며, 조리법의 차별화, 그리고 순대의 정통성에 대한 끊임 없는 연구를 통해 『순대실록』이라는 책을 출간하여 브랜드 스토리를 고객과 커뮤니케이션함으로써 특별한 브랜드 경험을 제공한 것이 성공 요인이다.

　소프트아이스크림을 파는 가게는 너무 많으나 그 가운데서도 자신의 매력 포인트를 발산하는 브랜드가 있다. 바로 '스윗비Swi:t B'라는 브랜드로 소프트아이스크림은

그림 7-8 | 일반 순대집의 순대 메뉴(좌)와 순대실록의 순대스테이크(우)
출처 : 희스토리푸드 홈페이지.

그림 7-9 | 일반 소프트아이스크림(좌)과 스윗비의 소프트아이스크림(우)

출처 : 식신 스윗비 홈페이지.

기존 제품들과 동일하지만 아이스크림 위에 얹는 토핑 재료를 다양화시켜 고객의 취향이나 원하는 스타일의 맞춤형 소프트아이스크림을 판매한다. 남들이 다 가지고 있는 것보다는 자신만의 특별한 것을 좋아하고, 이미 완성된 것보다는 자신이 채워서 완성할 수 있는 것을 좋아하는 MZ세대의 취향 저격 메뉴라고 할 수 있다. SNS 세대답게 고객들은 자신만의 소프트아이스크림을 만들어 인스타에 올리기 시작하면서 유명해졌다. 스윗비의 매력 포인트는 나만의 맞춤형 소프트아이스크림을 살 수 있다는 것이며 고객의 머릿속에 이 매력 포인트를 강력하게 인지시켜 줌으로써 넘쳐나는 경쟁 브랜드 가운데 성공할 수 있었다.

우리나라에 수많은 감자탕 브랜드가 있는데 '남다른감자탕' 브랜드는 대한민국 가장인 남성들의 건강 감자탕이라는 매력 포인트로 브랜드 포지셔닝에 성공하였다. 네이밍부터 캐릭터, 컬러, 메뉴까지 기존의 감자탕 패러다임을 완전히 바꾼 혁신적인 브랜드이다. 이렇듯 평범한 감자탕을 비범한 것으로 만드는 것이 바로 브랜딩이며, 브

그림 7-10 | 남다른 감자탕 홈페이지 화면(좌)과 대표 메뉴인 상남자탕(우)

출처 : 남다른감자탕 홈페이지.

48
남다른감자탕
홈페이지

랜딩만이 치열한 경쟁 속에서 브랜드를 생존하게 하는 방법이다. 다음 절에서는 매력 포인트로 설명했던 브랜드 정체성, 즉 브랜드 아이덴티티 개발 과정에 대해 조금 더 구체적으로 설명한다.

4) 브랜드 아이덴티티 개발 모델

브랜드 아이덴티티brand identity란 기업이 목표고객에게 심어주고 싶은 브랜드의 가치와 의미를 반영하는 바람직한 연상이나 이미지를 말한다. 바람직한 브랜드 아이덴티티는 기업이 지향하는 가치관이나 차별화 요소를 함축하여 목표고객에게 전달하는 데 있어 매우 유용한 마케팅 커뮤니케이션 도구이다. 브랜드 이미지는 고객이 특정 브랜드에 대해 가지는 생각이나 느낌, 연상을 말한다. 브랜드 아이덴티티와 이미지가 일치하도록 만드는 과정에서 창의적인 커뮤니케이션을 통해 브랜드 스토리나 브랜드와 관련된 고객 경험을 만들어 내야 한다.

아커Aaker(1996)는 브랜드 아이덴티티 개발 과정을 그림 7-12와 같이 소개하고 있다. 1단계 상황 분석을 통해 브랜드 아이덴티티는 시장 트렌드를 적절하게 반영할 수

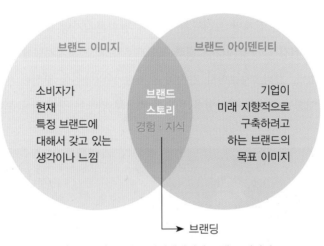

그림 7-11 | 브랜드 아이덴티티와 브랜드 이미지

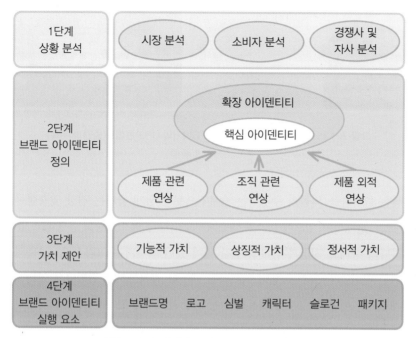

그림 7-12 | 아커의 브랜드 아이덴티티 개발 모델

있어야 하고, 소비자의 욕구와 세분화[8]된 시장의 특성에 맞게 수립되어야 하며, 자사가 지닌 강점을 살리면서 경쟁사와는 차별화될 수 있어야 하고, 경쟁사의 약점을 공격하고 강점을 무력화시킬 수 있어야 한다. 다양한 마케팅 조사 기법을 활용하여 고객의 소리를 파악하는 것이 중요하며, 특히 기존 경쟁 브랜드들이 충족시켜 주지 못하고 있는 고객 욕구는 새로운 사업의 기회를 제공해 준다.

예를 들어, 식이 관리가 필요한 고객이나 건강에 관심 있는 고객들의 가장 큰 바람은 맛있게 먹는 즐거움을 포기하지 않으면서 건강한 음식을 즐기는 것이다. 세상에서 가장 맛없는 음식은 환자식이라고 할 만큼 건강한 음식은 맛없다는 인식이 팽배에 있어 둘 중에 하나는 포기해야 하는 고객들에게 먹는 즐거움도 있고, 조리의 번거로움까지 제거한 고객 맞춤형 식단을 제공할 수 있다면 충분히 승산이 있는 사업이 될 것이다. '닥터치킨'이라는 브랜드는 식이 관리가 필요한 고객과 건강식을 원하는 고객들

\# 49
닥터키친 홈페이지

\# 50
최태원 "진짜 같네"
놀란 이 음식…입소문
에 백화점도 뚫었다

---

8 세분화/세그멘테이션(segmentation)이란 마케팅 용어로 크게 인구 통계적(연령, 성별, 가족 수, 소득, 직업 등), 지리적(나라, 지역, 도시 등), 심리 묘사적(가치와 라이프 스타일, 사회 계층, 개성 등), 행동적(제품에 대한 태도, 사용률, 충성도, 추구하는 혜택 등)의 변수를 활용해 소비 시장을 동질적인 시장으로 세분화하는 것을 말한다.

51
UFO 버거 홈페이지

그림 7-13 | 일반 햄버거(좌측)와 UFO버거와 UFO 콘셉트(중간과 우측)

출처 : UFO 홈페이지.

에게 먹는 즐거움을 되돌려 주겠다는 슬로건으로 맛있게 즐기는 건강 맞춤형 식단을 온라인으로 판매하고 있으며 비스포킷BESPOK'eat이라는 레스토랑도 운영하고 있다.

또 하나의 사례로 지금까지 수십 년간 먹어 왔던 햄버거는 그림 7-13 좌측의 모습이 당연한 것이었다. 그런데 햄버거를 먹을 때마다 지저분하게 흘리면서 먹는 불편함이 존재했지만 아무도 그것이 혁신적인 창업의 실마리가 될 것이라고 생각하지 않고 있을 때 'UFO버거'라는 이름의 신규 브랜드가 등장했다. 소스가 흐르지 않은 이색적인 4차원 버거의 독창적인 UFO 콘셉트는 메뉴 콘셉트, 모양, 포장 디자인, 직원 유니폼, 매장 인테리어, SNS 콘텐츠에서도 일관되게 전해지면서 고객의 눈길을 사로잡고 강렬한 인상을 남겼다. 혁신적인 브랜드는 늘 고객 관점에서 현상과 문제를 바라보는 것으로부터 시작된다.

2단계에서는 브랜드 아이덴티티를 정의하는 단계로 고객이 제품이나 서비스를 더욱 매력적으로 느끼게 하려고 서비스의 특성을 상징화하여 서비스의 가치를 높이는 바람직한 '연상'의 집합을 브랜드 아이덴티티라 한다. 브랜드 아이덴티티는 핵심 아이덴티티와 확장 아이덴티티로 구성된다. 핵심 아이덴티티는 브랜드가 가지고 있는 정수essence, 브랜드의 중심이 되는 정신과 기본적 가치를 의미하되 시간이 흘러도 변하지 않는 특성을 가지며 함축적이고 추상적인 경우가 많다. 확장 아이덴티티는 좀더 구체적으로 설명할 수 있는 다양한 요소들로 브랜드의 의미를 소비자들에게 가시적으로 전달하는 역할을 한다. 맥도날드의 즐거움, BR31의 해피happy, 애플의 혁신처럼 고객에게 전달하고자 하는 궁극적인 브랜드 가치로 브랜드를 통해 떠올리기 바라는 짧은 핵심 단어들로서, 외식 브랜드들은 행복, 즐거움, 건강, 사랑, 만족 등의 단어를 주로 많이 사용한다.

이러한 브랜드 아이덴티티에는 핵심 서비스 상품과 관련한 카테고리레스토랑 콘셉트 내

그림 7-14 | 치킨 브랜드들의 광고 사례
출처 : 구글 이미지.

에서 가장 먼저 떠오르는 대표 브랜드, 특성맛, 가격, 디자인 등, 우수한 품질, 사용 상황산펠레그리노는 식사할 때 마시는 탄산수로 연상되는 브랜드 등, 이용 고객성별, 나이대 등에 대한 연상들이 담겨지고, 브랜드를 사람이라고 생각할 때 고객이 브랜드에 대해 가지는 연상세련된, 활동적인, 정직한, 따뜻한, 편안한, 배려하는 등이 포함될 수 있다. 브랜드 광고에 등장하는 모델의 성별, 나이대, 이미지는 브랜드 이미지에 전이되고, 제품과 연계된 사용 상황이나 맥락과 카피 또는 메시지 등은 브랜드와 관련된 연상과 아이덴티티를 만들어 내는 데 큰 역할을 한다. 그림 7-14에 있는 치킨 브랜드 광고를 보고 연상되는 단어들을 적어 보자. 같은 후라이드 치킨 메뉴를 판매하지만 각 브랜드에 대한 연상과 이미지가 다소 차이가 있음을 알 수 있다. 나의 브랜드가 고객에게 어떤 단어나 이미지로 연상되고 싶은지 정의하는 것이 바로 브랜드 아이덴티티 정의 단계이다.

3단계는 앞에서 분석한 브랜드 관련한 연상들을 총체적으로 결합하여 브랜드가 소비자들에게 제안하는 가치를 만들어 낸다. 가치 제안은 고객에게 제공되는 브랜드의 핵심 편익으로 크게 기능적 가치, 정서적 가치, 상징적 가치로 분류한다. 외식서비스의 일반적 속성음식의 맛, 신속한 서비스 등이 기능적 편익에 해당된다면, 소비자가 특정 브랜드의 사용 경험을 통해 긍정적인 감정행복, 기쁨 등을 느끼는 것은 정서적 편익이며, 소비자들이 브랜드의 이용을 통해 특정의 자아 이미지를 표현할 수 있음을 강조하는 것은 상징적 편익에 해당된다. 음식과 서비스를 판매하는 외식사업은 고객들에게 한 끼 식사로서의 끼니를 해결하는 기능적 편익을 제공할 수 있고, 식사 경험을 통해 즐거움과 가족의 행복, 친구들과의 우정 등을 느끼도록 정서적 편익을 제공할 수도 있다. 상징적 편익 사례로는 스타벅스 커피를 마시는 것이 세련된 자아 이미지를 표현한다고 소비자들이 인식하는 것이다.

마지막 4단계에서는 브랜드 아이덴티티를 구성하는 다양한 요소들을 시각적 또는 감각적으로 表現하는 과정이다. 여러 가지 요소들을 일관성 있게 결합하여 사용할 때 브랜드 아이덴티티가 가장 잘 실현될 수 있으며, 브랜드 에쿼티brand equity를 상승 시킬 수 있다. 브랜드 아이덴티티 실행요소에 대한 자세한 설명은 다음 절에서 다루기로 한다.

결론적으로 고객에게 전달하는 핵심 가치, 브랜드 비전과 사명, 조직의 문화, 브랜드 네이밍이나 심벌 등 모든 것들이 브랜드 아이덴티티와 연관됨을 알 수 있다.

5) 브랜드 아이덴티티 실행요소 개발

브랜드 아이덴티티 실행요소는 브랜드명, 로고나 심벌, 캐릭터, 슬로건, 패키지포장, 타이포글씨체, 컬러 등으로 구성되어 있으며, 실행요소 개발 시 다음의 다섯 가지 요소를 고려해야 한다.

- 기억 용이성memorability : 브랜드 에쿼티를 구축하기 위해서 가장 중요한 것은 브랜드 인지도를 높이는 것이다. 따라서 구매나 소비 상황에서 쉽게 눈에 띄거나 잘 회상될 수 있는 브랜드명, 심벌, 로고 등이 선택되어야 한다.
- 유의미성meaningfulness : 브랜드 아이덴티티는 제공하는 서비스 상품에 관한 정보와 구체적 특징들을 제공해 줄 수 있어야 한다. 어떤 상품인지를 쉽고 정확하게 알아볼 수 있고, 해당 상품으로부터 소비자가 기대하는 것을 잘 전달할 수 있어야 한다.
- 전이성transferability : 외식기업이 해외로 진출하는 지리적 범위의 확대나 다른 콘셉트의 브랜드로 기존 브랜드를 확장하는 데 기여할 수 있어야 한다.
- 적응 가능성adaptability : 시장환경 및 소비자 기호 변화에 유연하게 적응할 수 있어야 한다. 시대적인 변화에 맞추어 쉽게 수정되고 업데이트됨으로써 고객의 욕구를 충족시킬 수 있어야 한다.
- 보호 가능성protectability : 경쟁사들의 침해로부터 법적인 보호를 받을 수 있는 요소를 선택해야 한다. 브랜드의 고유성을 보장하고 경쟁사의 모방을 방지하기 위해서 이다.

(1) 브랜드명

브랜드명brand name은 브랜드에 있어 가장 본질적인 요소로서 해당 제품의 존재와 원산지의 주요 특징을 나타내는 브랜드 핵심요소이다. 경쟁자보다 유리한 언어를 찾아 마케팅 활동을 효과적으로 지원할 수 있으며 브랜드를 인지하는 속도 및 브랜드 이미지에 영향을 미친다. 브랜드를 네이밍naming할 때 고려해야 할 사항들로는 고객의 취향에 맞고, 레스토랑 콘셉트에 적합하며, 발음하거나 쓰고 기억하기 쉬워야 하며, 법적으로 보호받을 수 있는 상표 등록이 가능한 언어이어야 한다.

대표적인 사례로 2005년 CJ푸드빌은 한식 세계화를 꿈꾸며 비빔밥을 현대적으로 재해석한 글로벌 비빔밥 전문 브랜드 '카페소반'을 론칭했다. 소반小盤은 음식을 먹거나 음식 그릇을 올려놓는 작은 상을 의미하는 것으로, 국내 고객들은 전통 한식 콘셉트의 한상 차림 밥상을 연상할 수 있지만 글로벌 브랜드로는 취약한 네이밍이었다. 미국시장에 진출했을 때 카페 소반은 'Cafe Soban'으로 소개되었고, 현지인들에게 'Soban'은 콘셉트 관련 어떤 연상도 주지 못하는 의미 없는 이름이었으며, 오히려 소반 하면 텔레반 등의 단어가 떠올라 중동 지역 이미지가 연상된다는 소비자들도 있었다고 한다. 이후 2010년 '비비고bibigo'라는 네이밍으로 다시 론칭하였으며, 비벼 먹는 비빔밥의 특성을 잘 나타내는 비비다는 단어와 패스트푸드 콘셉트의 테이크아웃 To Go의 합성어로 기존의 카페 소반보다는 패스트푸드 콘셉트의 한식 브랜드 특성을 잘 반영하였다. 또 발음하거나 쓰거나 기억하기 쉬워 성공적인 글로벌 브랜드 네이밍이라 할 수 있다. 비비고는 카페 소반보다 글로벌 마케팅 커뮤니케이션에 훨씬 유리한 단어임에 틀림없다.

한식 뷔페 레스토랑인 CJ푸드빌의 '계절밥상'과 신세계푸드의 '올반' 중 마케팅적으로 더 유리한 네이밍은 계절밥상이라고 할 수 있다. 계절밥상은 발음하거나 기억하기 쉽고 직관적이며, 계절의 단어가 제철 식재료를 연상하게 하고 밥상은 어머니 정성, 집밥과 따뜻한 정서가 느껴져 한식 콘셉트의 레스토랑 네이밍으로 적합성이 높다. 반면, 올반은 올바르게 차린 반상이라는 의미에 충실한 이름이며, 올반의 의미를 설명해야 주어야 비로소 이해가 되고 인지되는 이름이라 계절밥상보다는 마케팅적으로 덜 유리하다고 생각된다. 김밥 브랜드 중 '엄마의 정성한줄', 분식집 브랜드 중 '분식요릿집 미미네'처럼 마케팅적으로 유리한 언어를 찾는 네이밍은 마케팅의 첫 단추라는 사실을 잊지 말아야 한다.

제품의 경우 네이밍만 잘하면 특별한 마케팅 없이 잘 팔리기도 한다. 상품의 특징을 잘 살린 네이밍만으로 대박 상품을 만든 굽네치킨의 '굽네 볼케이노' 치킨은 매콤한 불맛을 활활 타오르는 볼케이노화산에 빗대어 만든 네이밍이다. 치킨 소스의 이름도 마그마 소스로 매운맛의 이미지를 잘 전달하고 있다. 네이밍 덕분에 출시 6개월 동안 550억 원의 매출을 올려 매운맛 치킨 열풍을 주도했다.

52
대박 상품 비결 중
강렬한 '네이밍'이
한 몫해

(2) 로고

브랜드 인지도를 높이기 위해 브랜드 이름을 시각적으로 만든 독특한 글자체문자 마크 또는 심벌symbol이나 종합적인 상징 체계비문자 마크를 로고logo라고 한다. 브랜드의 상징성을 내포하는 중요한 브랜드 표출 방법으로 브랜드를 인지하는 데 유용하며, 전이성과 법적 보호 가능성이 탁월한 특징이 있다. 비비고 로고는 브랜드 이름을 글자체로 디자인했으며, 소문자 i 대신에 느낌표와 한식을 상징하는 숟가락을 표현했고, 패스트푸드 콘셉트의 To Go의 GO를 강조하고 있다. 블루보틀의 네이밍이나 로고는 고대에 원두 보관용으로 사용했던 파란병에서 원두 커피의 본질을 찾음으로서 고객의 기대 심리를 자극하는 매우 혁신적인 로고라고 할 수 있다. 커피의 맛을 경험하기 전에 브랜드 네임과 로고에서 느껴지는 브랜드 아우라가 이 브랜드를 특별하고 비범한 브랜드로 만들어 주고 있다.

출처 : 구글 이미지.

(3) 슬로건

브랜드의 핵심 정보를 전달해 주는 짧은 문구로, 브랜드의 이미지를 암시적으로 소비자의 기억 속에 포지셔닝하는 방법이다. 브랜드의 감성적·기능적 편익을 소비자들에게 효과적으로 알릴 수 있다. 브랜드를 떠올리고 인지하는 데 도움이 되며, 전이성은 다소 제한적이나, 법적 보호 가능성은 우수한 편이다. 맥도날드의 'I'm loving it' 캠페인은 적자를 기록하고 있던 맥도날드를 회생시키는 데 큰 기여를 했다고 한다. BR31의 'We make people happy' 등 기업의 슬로건은 고객들에게 제공하는 편익이나 가치 등을 효과적으로 알리는 방법이다.

(4) 캐릭터

브랜드 심벌로 애니메이션 또는 살아 있는 인물로 표현되며 브랜드 이미지를 전달한다. 인간적 성격이나 실생활의 특성 등과 같이 특수한 유형의 브랜드 심벌을 묘사한다. 일반적으로 브랜드를 인지하는 데 유용하며, 비제품 관련 이미지와 브랜드 개성을 나타내는 데 활용되고, 전이성은 다소 제한적이나 법적 보호 가능성은 높은 편이다. 남다른 감자탕의 마초리 캐릭터는 실제 창업자의 이미지를 형상화한 것으로 마초리의 강한 남성 이미지는 네이밍 속의 남자男子라는 단어나 남자를 위한 남자의 감자탕 메뉴 등 상품과의 연관성이 높으며 남성을 위한 건강 감자탕 브랜드의 일관된 이미지를 전달하고 있다.

출처 : 구글 이미지.

캐릭터는 시간이 지나면 나이가 들고 올드한 이미지를 가지게 된다. 아침에 했던 화장이 오후에는 옅어지거나 지워져 중간에 화장을 고쳐야 하듯 브랜드 캐릭터도 정기적으로 관리해 주어야 한다. 특히, 오래된 브랜드들은 취향이 매우 독특한 미래 고객층과의 연결 고리가 끊어지지 않도록 노력해야 한다. KFC의 창업주 커널 샌더스 Colonel Sanders 캐릭터도 시대의 흐름에 따라 계속 업데이트해 왔다.

1978-1991   1997-2006   2006-2014   2018-현재

출처 : 구글 이미지.

최근에는 커널 샌더스를 가상의 인스타그램 인플루언서로 등장시키는 기발한 패러디 마케팅으로 Z세대 취향을 저격하고 있다. 인스타를 통해 성공한 사업가이자 인플루언서로의 라이프 스타일을 보여 주며 젊은 세대들과 소통한 혁신적인 프로모션이다.

53
인플루언서로 변신한
커널 샌더스
할아버지…KFC의
기발한 패러디 마케팅

출처 : 뉴데일리경제와 KFC 인스타그램.

(5) 컬러

컬러는 감성시대에 브랜드의 중요한 요소로 인식되고 있으며 브랜드 첫인상과 호감에 영향을 미친다. 브랜드 아이덴티티를 강화시키거나 커뮤니케이션하는 데 중요한 영향을 미치고 제품 자체에 대한 인지도에도 영향을 준다. 패스트푸드점의 경우 토마토케첩과 머스터드소스가 연상되는 붉은색과 노란색을 주로 많이 사용하고, 파란색을 사용한 경우는 버거킹이 유일했다. 그러나 최근 버거킹은 지난 20년간 유지해 온 로고를 바꿨는데, 파란색이 먹음직스럽지 못한 이미지를 준다고 판단하여 제거했다고 한다. 파리바게트가 사용하는 파란색은 세련되고 미래 지향적인 이미지를 잘 전달하여 국내 대표적인 베이커리 브랜드가 되었고, 경쟁사 브랜드인 뚜레쥬르는 초록색을 사용하고 있다.

출처 : 구글 이미지.

54
잘 나가던 버거킹,
로고를 왜 바꿨을까?

(6) 서체

브랜드 아이덴티티를 형성하는 브랜드 요소로서 브랜드 이미지에 따라 브랜드 전용 서체를 사용한다. 브랜드가 가진 고유한 서체는 고객들로 하여금 쉽게 브랜드를 연상시키며, 동시에 홍보 효과도 가져온다. 기업들이 전용 서체를 제작하여 사용하는 이유는 전용 서체가 가장 친근한 시선에서 고객과 직관적으로 소통하는 효과적인 브랜딩 방법 중 하나이기 때문이다.

출처 : 구글 이미지.

(7) 패키지

특정 브랜드를 식별할 수 있도록 도움을 주는 시각적 브랜드 요소로서 이미지 차별화 수단으로 활용되는 '말 없는 세일즈맨'이다. 패키지 디자인의 7대 구성요소로는 네이밍, 로고, 색채, 캐릭터, 서체, 레이아웃, 일러스트레이션 등이 있다. 브랜드 연상을 강화시키고 의미 전달력 및 전이성 등이 우수한 반면 쉽게 모방될 수 있는 단점이 있다.

(8) 징글

징글jingle은 소비자나 대중에게 브랜드를 알리려는 음악적 전달 수단을 의미하며, 오감 중 청각을 이용하여 멜로디나 효과음 등으로 소비자로 하여금 특정 브랜드를

55
맥도날드의 징글은
어떻게 탄생했나?

떠올리게 하는 기법이다. 브랜드나 상품의 이미지와 잘 맞게 만들어진 징글의 파급 효과는 매우 높으며 오랫동안 소비자의 인식에 각인될 수 있다.

맥도날드의 '빠라빠빠빠~', 농심 새우깡의 '손이 가요 손이 가', 하이마트의 '하이마트로 가요' 등이 그 예이다.

4. 브랜드 에쿼티 관리

브랜드 마케팅의 궁극적인 목표는 브랜드 아이덴티티의 체계적인 관리를 통해 강력한 브랜드 에쿼티brand equity를 형성하는 것이다. 아커Aaker의 정의에 따르면 브랜드 에쿼티는 브랜드 네임이나 심벌과 연계되어 기업과 그 기업의 고객을 위한 제품이나 서비스와 관련된 브랜드 자산asset에서 부채liability를 뺀 것이다. 대차 대조표에서 자산assets은 부채liabilities와 자기 자본owner's equity의 합인 것처럼, 브랜드 자산브랜드에 대한 총체적인 인식과 지식은 브랜드 부채브랜드에 대한 부정적인 인식과 지식와 브랜드 에쿼티의 합을 말한다. 따라서 브랜드 에쿼티 관리를 위해서는 바로 브랜드 자산과 브랜드 에쿼티 사이에 존재하는 차이를 줄여야 하는데, 이는 곧 고객이 가지고 있는 우리 브랜드에 대한 부정적인 인식과 지식, 즉 부채를 제거하는 노력이라고 할 수 있다.

브랜드 에쿼티는 소비자의 브랜드 지식으로서 '지각된 품질', '브랜드 인지도'와 '브랜

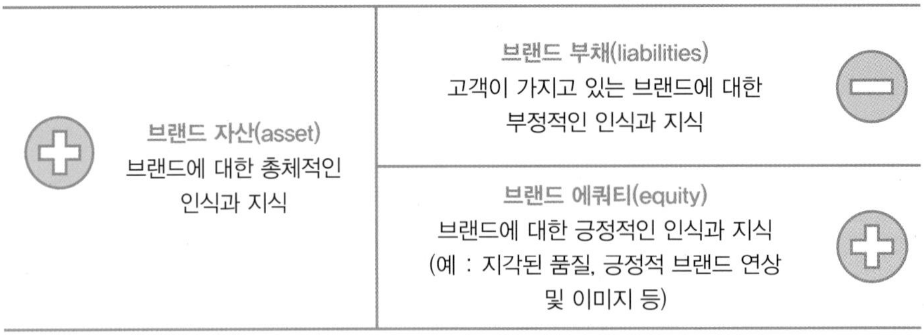

브랜드 부채(liabilities)
고객이 가지고 있는 브랜드에 대한
부정적인 인식과 지식

브랜드 자산(asset)
브랜드에 대한 총체적인
인식과 지식

브랜드 에쿼티(equity)
브랜드에 대한 긍정적인 인식과 지식
(예 : 지각된 품질, 긍정적 브랜드 연상
및 이미지 등)

그림 7-15 | 브랜드 대차 대조표
출처 : 서용구·구인경(2015).

드 이미지'로 구성되어 있다. 지각된 품질은 서비스 속성음식 맛, 서비스, 분위기에 대한 고객의 주관적 평가이며, 브랜드 인지도는 고객들이 우리 브랜드를 떠올릴 수 있는 확률을 의미하고 브랜드 비보조 인지와 브랜드 보조 인지 등으로 측정한다. 브랜드 이미지는 브랜드에 대한 연상, 호감도, 강도, 독특성들의 집합이다. 따라서 품질 평가가 우수하고 브랜드 인지도가 높으며, 강력하고 호감 가며 차별화되는 긍정적 브랜드 이미지를 가지고 있다면 그 브랜드의 브랜드 에쿼티는 매우 높다고 할 수 있다.

마케팅 담당자들은 마케팅 커뮤니케이션 도구들이 궁극적으로 브랜드 에쿼티를 높이는 데 도움이 되는지를 판단해야 한다. 즉, 브랜딩 활동이 브랜드 인지도를 높이고, 긍정적인 브랜드 이미지를 쌓는 데 도움이 되는지, 혹시라도 부정적인 요소가 발생할 가능성은 없는지 등을 사전에 확인할 필요가 있다. 예를 들어, 마케팅팀에서 야심작으로 브랜드 패키지를 새롭게 바꾸었을 때 소비자들의 반응이 부정적이라면 결국 브랜드 에쿼티를 떨어뜨려 브랜드 가치의 손실을 가져올 수 있다.

결론적으로 신규 브랜드 창업의 핵심은 브랜딩 관점에서 접근해야 한다. 브랜딩은 평범한 것을 비범한 것으로 만드는 과정이라고 했는데, 브랜드 아이덴티티를 구성하고 있는 다양한 요소들이 강력하고, 호감 가며, 차별화되는 브랜드 이미지와 연상을 일관되게 만들어 내도록 혁신적인 방법으로 고객과 커뮤니케이션하여 고객 팬덤을 형성하고 브랜드 가치브랜드 에쿼티를 높이는 것이다.

외식서비스 마케팅

Part 3

외식서비스
상호작용 마케팅

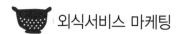
외식서비스 마케팅

Chapter

08

외식서비스의 표준화

 학 습 목 표

1. 서비스 표준과 서비스 표준 설정의 의미에 대해 설명한다.

2. 고객 중심적 서비스 표준 개발 과정에 대해 이해한다.

3. 객관적 서비스 표준과 주관적 서비스 표준의 차이를 이해한다.

4. 외식업체의 조리 프로세스 표준화에 대해 이해한다.

5. 외식업체의 서비스 프로세스 표준화에 대해 이해한다.

6. 미스터리 쇼퍼의 역할을 이해한다.

7. 미스터리 쇼핑을 위한 체크리스트 설계 방법을 이해한다.

08

고객이 기대하는 바를 이해하였다면 이를 고품질 서비스로 구현해야 한다. 고객이 만족하는 서비스를 일관성 있게 제공하기 위해 고객이 원하고 바라는 수준의 서비스를 표준화하는 작업이 필요하다. 본 장에서는 서비스 표준을 설정하는 방법과 외식 점포 운영에 필요한 매뉴얼에 대해 알아본다. 마지막으로 미스터리 쇼핑을 활용한 서비스 품질관리 방안을 제시한다.

1. 고품질 서비스 표준 설정

1) 서비스 표준의 의미

고객이 원하는 서비스가 무엇인지 알게 되면 다음 단계는 고객 만족과 고객 감동을 달성할 수 있는 고품질 서비스의 표준기준을 설정하는 것이다. 서비스 표준은 서비스의 목표, 즉 서비스 종사원의 행동이나 행위에 대한 목표 설정이라고 할 수 있다. 고객이 원하고 바라는 서비스는 추상적으로 표현되는 경우가 많으므로 이를 행동으로 옮기기 위한 구체화 작업이 필요하다. 예를 들어, 고객들이 레스토랑에서 '신속한 서비스'를 기대하고 원한다면 '신속하다'는 것이 구체적으로 얼마나 빠른 것을 말하는지, 몇 분에 서비스가 전달되어야 고객들은 신속하다고 하는지 매우 구체적인 기준을 설정해야 한다. '고객에게 서비스를 신속하게 제공한다'라고 서비스 매뉴얼에 적혀 있다면 서비스 종사원마다 자기 나름대로 해석하게 되고, 그 결과 일관성 없는 서비스가 제공될 것이다. 패스트푸드점의 경우 어떤 종사원은 3분 정도면 빠른 서비스라고 생각하고, 또 어떤 종사원은 2분 안에 제공하는 것이 빠르다고 생각할 수 있기 때문이다. 따라서 '신속한 서비스'란 표현은 구체적이지 않기 때문에 종사원이 서비스를 제대로 했는지, 서비스 목표를 달성했는지 측정하기 어렵다. 만약 '주문받은 후 2분 이내에 햄버거를 전달한다'를 목표로 정하였다면 서비스 종사원들은 구체적이며 명확한 기준을 이해하고 서비스 목표 달성을 위해 행동할 것이다. 탁월한 서비스를 일관되게 제공하기 위해서는 매우 '구체적'이고 '정량적'이며 '측정 가능한' 서비스 표준 설정이 중요하다.

2) 고객 중심적 서비스 표준

고품질 서비스로 고객 만족을 달성하기 위해서 우리가 표준화해야 할 서비스는 기업이 제공하고 싶은 서비스가 아니라 '고객이 원하고 바라는 서비스'라는 사실을 명심해야 한다. 고객의 요구나 기대 수준에 근거한 서비스 표준을 다른 말로 '고객 중심적인 서비스 표준'이라고 하는데, 기업의 생산성이나 효율성보다 핵심적인 고객 요구를 반영하는 운영 목표와 측정치로 서비스 기업이 실천해야 할 서비스 행동 기준이라고 할 수 있다.

예를 들어, 고객이 식사하는 동안 종사원이 몇 번 정도 테이블에 방문하여 더 필요한 서비스가 없는지 확인해야 고객 입장에서 만족한 서비스일까? 서양 사람들은 자주 확인해 줄수록 좋은 서비스라고 인지하는 반면 동양 사람들은 방해받는다는 생각과 함께 이런 서비스를 불편해 한다. 사람마다도 원하는 정도가 다를 수도 있다. 어떤 고객은 음식을 제공하고 나서 한 번 정도 방문하면 좋겠다고 하고, 또 어떤 고객은 2회가 적당하다고 생각할 수 있다. 또 어떤 고객은 내가 필요할 때 부르면 와주는 것이 좋다고 한다. 따라서 자신의 고객이 정말 원하는 서비스 체크는 몇 번인지 찾는 것이 고객 중심적 표준을 설정하는 데 매우 중요하다. 이 외에도 우리 고객은 음식 주문 후 몇 분을 기다리는 것이 만족스러운 서비스일까? 우리 고객은 컴플레인을 한 후 얼마나 빨리 답장을 받아야 감동할까? 전화벨이 몇 번 울리기 전에 받으면 고객이 만족할까? 밀키트 배송은 주문 후 며칠 안에 배송해야 만족할까?

음식의 경우 매운 닭찜은 어느 정도 매워야 가장 맛있다고 할까? 김치는 어느 정도 익었을 때 가장 맛있다고 할까? 김치를 예로 들어 설명하면, 김치는 만들어진 순간부터 발효가 시작되며 시간이 지날수록 젖산 농도와 산도$_{pH}$가 높아진다. '아삭한 식감'과 '적절한 새콤한 맛', '청량한 맛'이 느껴지는 순간의 김치 맛을 객관적인 숫자로 표현하면 pH$_{페하}$ 4.5, 젖산 농도 0.6~0.7 정도라고 한다. 그렇다면 '맛있는 김치의 표준'을 pH 4.5라고 정하고 조리 매뉴얼에 '제공하는 배추김치는 산도계로 측정했을 때 pH 4.5 수준일 때 서비스 한다'라고 기술하면 된다. 그리고 조리 종사원들에게 산도계를 활용하도록 훈련하여 김치 제공 전에 맛있는 김치 표준인 pH 4.5를 확인하게 함으로써 고객들은 항상 일관된 김치 맛을 즐길 수 있게 된다.

서비스 제공 방식에 대한 사례로 흑당음료는 어떤 모양으로 제공해야 고객들이 매력적이라고 느낄까? 타이거 슈가 브랜드가 국내에 진출했을 때 네티즌의 호응을 얻었던 가장 큰 이유는 맛도 맛이지만 바로 흑당 버블 밀크티의 매력적인 비주얼 때문이라고 할 수 있다. 타이거라는 이름에 어울리게 흑당으로 컵 안에 호랑이 무늬를 만들어 인스타용 감성 사진을 찍을 수 있게 했다. 호랑이 무늬가 잘 표현된 흑당 버블 밀크티를 기대하는 고객들에게 항상 매력적인 비주얼의 음료를 제공하기 위해서는 음

그림 8-1 | 아사한의 유산균 김치(좌)와 타이거 슈가의 흑당 밀크티(우)

출처 : 구글 이미지.

료 맛의 표준화 외에도 음료 제공 시의 가장 매력적인 모양의 음료 서비스 표준 설정도 중요하다.

고객 중심적 서비스 표준은 종사원에게 요구되는 구체적인 서비스 행동으로 표준화하여 매뉴얼에 제시하고 이를 교육하고 훈련하여 실제 영업 현장에서 실행이 제대로 되는지 평가하는 기준으로 사용된다. 만약, 서비스 매뉴얼에 일반적인 서비스 내용만 담겨 있고 실제 여러분 고객이 가장 중요하게 생각하는 서비스가 빠져 있다면 매뉴얼대로 서비스를 했을지라도 서비스 품질에 대한 고객 평가는 불만족스러울 수 있다.

고객 중심적 서비스 표준은 서비스 내용에 고객의 요구사항 또는 고객이 바라는 서비스를 충족시킬 수 있는 서비스를 표준화, 매뉴얼화하는 것이므로 고품질 서비스를 효과적이고 효율적으로 제공할 수 있게 해준다. 고객이 가치 있게 생각하고 감동할 수 있는 서비스를 파악하여 이를 서비스 매뉴얼에 반영한다면 고객 만족은 높아질 것이며, 반면에 고객이 가치 있게 생각하지 않는 서비스는 제거하거나 최소화하면 비용을 절감할 수도 있다. 따라서 고객 중심적 서비스 표준을 파악하기 위해서는 '고객이 진짜 원하는 것이 무엇인가?'라는 질문에 대해 지속적으로 답을 구하고 그것을 실행하기 위해 구체화하려는 노력이 필요하다.

3) 서비스 표준 유형

고객 중심적 서비스 표준은 '객관적 표준'과 '주관적 표준' 두 가지 유형으로 분류된다. 객관적 표준은 조사를 통해 관찰되거나, 시간을 재고, 계산될 수 있는 것들이다. 고객이 피자 가게에 바라는 서비스는 주문한 피자가 고객이 기대하는 시간이나 약속한 시간에 정확히 도착하는 것을 말한다. 즉, 주문한 피자는 예정 시간 내에 배달되어야 하고, 주문하지 않은 메뉴가 와서는 안 된다. '정시에 정확히right on time'가 의미하는 것은 서비스가 약속한 시간(30분 이내 등)에 정확히 완료되는 것을 의미한다. 고객의 기대에 기초하여 30분 내에 피자 배달을 서비스 표준으로 정할 수 있다.

고객의 모든 욕구와 기대를 모니터링하고 시간을 재고 계산할 수는 없기 때문에 고객의 의견을 물어서 자료가 수집되는 것을 주관적 서비스 표준이라고 한다. 주관적 표준은 지각된 측정치로 나타낼 수 있다. 주관적 표준은 많은 서비스 기업이 실행하고 있는 설문 조사 등을 통해 제공한 서비스에 대한 고객의 인식을 조사하는 것이다. 주관적 표준은 인적 접촉이 많은 서비스에서는 특히 중요하다. 종사원들의 친절함이나 배려심 등은 객관적으로 측정하기 어려워 고객의 주관적 평가를 바탕으로 서비스 표준을 설정할 수 있다.

4) 고객 중심적 서비스 표준 개발 과정

(1) 단계 1 : 고객에게 중요한 서비스 접점을 파악하라

레스토랑에서 서비스를 받는 과정에는 수많은 서비스 접점이 존재한다. 고객의 모든 행동을 주의 깊게 관찰함으로써 서비스 접점이 일어나는 포인트를 파악하고 서비스 접점 중 고객의 서비스 품질 평가나 고객 만족에 가장 크게 영향을 미치는 서비스 접점을 파악한다. 예를 들어, 레스토랑 정보를 검색하는 단계부터 식사 후 계산하고 나오는 서비스 전 과정을 세부적으로 나열하고 고객에게 가장 중요한 접점이 무엇인지 또는 실수하면 안 되는 중요한 접점이 어디인지를 파악하는 것이다. 좌석을 안내하고 메뉴판을 건네는 접점보다는 주문한 음식이 제공되는 식사 접점이 훨씬 중요할 수 있다.

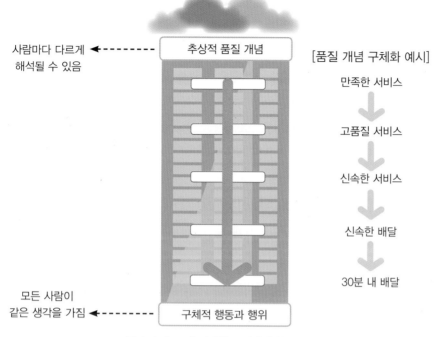

사람마다 다르게
해석될 수 있음

추상적 품질 개념

[품질 개념 구체화 예시]

만족한 서비스

고품질 서비스

신속한 서비스

신속한 배달

30분 내 배달

모든 사람이
같은 생각을 가짐

구체적 행동과 행위

그림 8-2 | 고객 기대를 구체화시키는 사다리

(2) 단계 2 : 고객의 기대를 행동과 행위로 전환하라

중요하다고 판단되는 서비스 접점에서의 고객 요구사항과 기대를 파악하고, 고객의 기대를 종사원들의 구체적인 행동과 행위로 전환한다. 종사원들의 서비스 행동은 이 접점에서 고객들이 기대하는 그 이상의 서비스를 제공할 수 있어야 한다. 또한 고객의 기대는 추상적인 경우가 많아 서비스 종사원이 현장에서 실제 행동할 수 있도록 좀 더 구체적이고 세부적인 활동으로 표현해 주어야 한다그림 8-2. 예를 들어, 어떤 고객은 '만족하는 서비스'를 받고 싶다고 하고, 누구는 '고품질의 서비스'를 기대하고, 누구는 '신속한 서비스'를 기대할 수 있다. '만족하는 서비스'는 가장 추상적인 수준의 고객 요구사항이라면 '신속한 서비스'는 만족을 가져올 수 있는 다양한 서비스 품질 속성 중 하나이므로 조금 더 구체적이고 서비스 종사원의 행동과 행위 수준으로 표현한다.

(3) 단계 3 : 적절한 표준을 결정하라

3단계에서는 서비스 종사원의 행동과 행위를 객관적 서비스 표준이나 주관적 서비스 표준으로 정하는 과정이다. 객관적 표준은 종사원의 행동과 행위를 계산할 수 있는 반면, 주관적 표준은 상대적으로 주관적이며 쉽게 측정하기 어려운 고객의 요구 사항과 관련이 있다. 모든 접점마다 고객 중심적 서비스 표준을 설정해야 하는 것은 아니며 아래와 같은 몇 가지 기준을 바탕으로 의사 결정을 내린다.

• 표준은 고객에게 매우 중요한 서비스 행동과 행위에 기초해야 한다.
• 표준은 종사원이 통제하고 개선할 수 있는 서비스 행동과 행위를 포함하고 있어야 한다.
• 표준은 종사원에 의해 이해되고 받아들일 수 있어야 한다.
• 표준은 과거의 고객 불평보다는 현재나 미래의 고객 기대 수준에 기반을 두어야 한다.
• 표준은 현실적이면서도 고품질 서비스를 목표로 도전적으로 설정되어야 한다.

예를 들면 '주문한 음식을 신속하게 제공하는 것'이 고객에게 매우 중요한 서비스 행동이라면 적절한 표준은 '음식을 제공하는 시간'으로 정할 수 있고, 이 표준은 종사원과 소통하는 데 전혀 문제가 없으며, 종사원 노력에 의해 통제되고 개선될 수 있는 서비스 행동이라고 할 수 있다. 또한 음식을 제공하는 시간은 고객 기대 수준의 향상 및 시장 트렌드를 반영하여 현실적이면서도 얼마든지 미래 지향적이고 도전적인 목표 설정이 가능한 표준이라고 할 수 있다.

(4) 단계 4 : 표준의 목표 수준을 설정하고 모니터링하라

고객 기대 사항의 특성에 따라 객관적 표준이나 주관적 표준 중 적합한 표준이 결정되고, 그 구체적인 표준이 고객 요구사항에 가장 적합하다고 판단되면, 서비스 행위를 실제로 측정하고 목표 수준을 설정한다. 음식을 제공하는 시간, 피자 배달 시간 등을 실제 측정한 측정치를 바탕으로 달성 가능한 서비스 목표 수준을 설정하며, 이때 서비스 목표 수준은 고객이 만족할 만한 수준으로 설정하는 것이 매우 중요하다.

예를 들어 고객이 만족할 만한 피자 배달이 30분 이내 배달이라면 30분이 표준이 되며, 좀 더 도전적인 목표로 20분 내 배달을 설정하고 싶다면 실제 현장에서도 20분 이내 배달이 가능한 서비스 프로세스가 사전에 구축되어 있어야 한다.

(5) 단계 5 : 직원에게 서비스 성과에 대한 피드백을 제공하라

5단계에서는 서비스 표준을 서비스 종사원이 실제적으로 잘 수행하는지를 파악하여 피드백하는 과정이다. 서비스 성과는 서비스 제공자 입장이 아닌 고객의 시각에서 측정해야 한다. 예컨대, 테이블을 담당하는 서비스 종사원이 얼마나 많은 주문을 빨리 처리하는지에 초점을 맞추는 것이 아니라 고객의 요청을 얼마나 적절하게 처리하는지에 관심을 가져야 한다.

(6) 단계 6 : 목표 수준과 측정치를 정기적으로 재조정하라

마지막 단계에서는 고객 기대에 지속적으로 부응하기 위해 서비스 목표 수준, 실제 측정치, 고객 요구사항을 정기적으로 재검토하고 조정한다. 현장 종사원의 서비스 행위를 정기적으로 모티터링하여 항상 목표 수준을 유지할 수 있도록 피드백하고 관리하여야 한다. 또한 고객 기대 수준 향상에 따라 목표 수준을 재검토하여 지속적으로 상향 조정함으로써 늘 고객 기대에 부응하는 고품질 서비스를 제공하도록 노력하며 궁극적으로는 고객 만족을 달성해야 한다.

2. 외식서비스 표준화 실제

외식업체가 고객의 요구사항대로 설정한 서비스 표준이 실제 서비스 점포에서 운영되려면 서비스 운영 프로세스의 표준화 또는 매뉴얼화 작업이 필요하다. 매뉴얼은 기본적으로 외식업체를 효율적으로 운영 및 관리하기 위해 직원의 업무와 언행들을 표준화한 지침서를 말한다. 외식업체의 서비스 표준 매뉴얼은 크게 주방에서 이루어지는 조리 프로세스와 홀에서 이루어지는 서비스 전달 프로세스에 대한 표준화로 구분된다. 즉, 메뉴 표준화와 서비스 표준화를 가능하게 하는 것이 매뉴얼이다. 외식업체가 사용하는 매뉴얼은 업체의 규모와 특성에 따라 매뉴얼 구성과 평가 항목에 차이가 있고 외식업체가 중요시하는 업무도 차이가 있을 것이다. 매뉴얼은 고객의 불만이 발생되지 않도록 직원을 교육하는 용도로 활용되기도 하며 다점포 외식업체의 지속

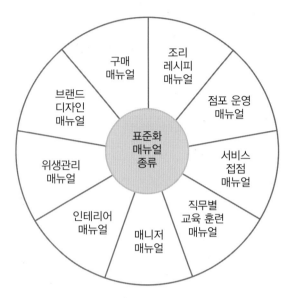

그림 8-3 | 외식서비스 표준화 매뉴얼 분류

🌀 매뉴얼 작성 방법

매뉴얼의 구체적인 작성 요령은 다음과 같다.

- 실제 서비스가 전달되는 순서대로 정확하게 정리한다.
- 소요 시간이나 서비스 순서는 현장 상황을 반영한다.
- 긴 문장보다는 Step 1, Step 2 등으로 눈에 잘 띄도록 요약 정리한다.
- 평소 사용하는 쉬운 언어로 표현한다.
- 중요한 단어나 개념, 아이콘, 심벌 등은 사전에 설명하도록 한다.
- 정리된 매뉴얼은 실제 서비스 현장 종사원들의 의견을 수렴하여 수정 보완한다.
- 매뉴얼을 사용하는 사람들이 경험이나 지식이 없는 초보자로 생각하고 설명하도록 한다.
- 모든 문장은 현재 시제를 사용한다.
- 매뉴얼 디자인은 실제 서비스 매뉴얼을 현장에서 활용하는 사용자 중심으로 이루어져야 한다.
- 매뉴얼은 너무 교과서 같지 않도록, 너무 크거나 무겁지 않게 제작되어야 한다.
- 매뉴얼의 글씨는 읽기 쉽도록 너무 작지 않게 그림이나 도표 등 시각적인 요소를 효과적으로 사용하여야 한다.
- 매뉴얼은 현장에서 필요할 때 언제든지 접근 가능하도록 해야 한다. 들고 다니기 편리한 핸디 매뉴얼(handy manual)로 제작하거나 근무 현장에서 수시로 확인할 수 있도록 포스터 형태로 부착할 수 있다.
- 매뉴얼은 서비스 종사원들의 작업 공간에 비치하여 언제든지 열람할 수 있도록 접근성이 좋아야 한다.

적인 유지 전략으로 활용되고 있다.

레스토랑에서 사용하는 표준화 매뉴얼에는 조리 레시피 매뉴얼, 서비스 접점 매뉴얼, 점포 운영 매뉴얼, 구매 매뉴얼, 위생관리 매뉴얼, 직무별 교육 훈련 매뉴얼, 인테리어 매뉴얼 등이 있다. 외식서비스 상품에 해당되는 음식과 서비스를 생산하고 전달하는 과정을 표준화하는 매뉴얼이 필요하다. 레스토랑 매뉴얼 중 가장 기본적인 조리 품질의 표준화를 위한 표준 레시피와 판매상품의 표준화 사례, 그리고 서비스 프로세스 중 주요 접점에서 제공되어야 하는 서비스 접점 매뉴얼을 소개한다.

1) 메뉴 품질의 표준화

메뉴 품질 표준화는 품질 변동을 줄이고 조리시간을 단축할 수 있다는 점에서 레스토랑 고객의 만족도와 매출 향상에 큰 도움이 된다. 맛과 조리 프로세스의 표준화가 이루어지면 조리하는 사람에 따라 음식의 맛이나 품질이 변동되지 않고 식재료 손실을 줄일 수 있어 원가 절감이 가능하다. 만약 음식의 품질이 일정하지 않다면 신규 고객 유인도 어려울 뿐 아니라 충성고객도 외면할 수 있다. 메뉴 품질 표준화의 대표적인 사례로 패스트푸드점을 예로 들수 있는데, 주문과 동시에 이루어지는 햄버거 완성 과정이 공장의 제품 조립 라인처럼 완전 표준화되어 있으며, 직원들은 표준화된 매뉴얼에 따라 교육함으로써 조리시간 단축과 동시에 햄버거 품질의 일관성을 유지하고 있다. 조리시간의 단축은 영업시간 내에 최대한 많은 고객을 서비스할 수 있도록 함으로써 매출 향상에 기여한다. 다음에는 음식 맛의 표준, 조리법의 표준, 그리고 상품 제공 방법의 표준에 대해 살펴본다.

(1) 음식 맛의 계량화

일관된 음식 맛을 유지하기 위해서는 되도록 조리사의 손맛에 의지하지 않도록 해야 한다. 특히, 한식은 손맛이라는 고정 관념을 많이 가지고 있는데, 한식 맛도 계량화하는 노력이 필요하다. 앞서 언급했듯이 김치의 익은 정도를 산도계로 측정하고, 짠맛은 염도계로, 단맛은 당도계로 측정하며, 매운맛도 캡사이신의 농도를 계량화해 매운맛을 표준화한 스코빌 지수SHU : Scoville Heat Unit나 고추장의 매운맛을 표준화

56
더우니까 더 뜨겁게,
더 맵게…이열치열
라면시장 매운맛 전쟁

57
고추장 매운맛 표준
표기법 확정(종합)

15,000,000	순수 캡사이신
10,000	청양고추
8,557	틈새라면 빨개떡
5930	도전 하바네라면
5,013	열라면
4,404	불닭볶음면
4,000	진짜진짜 맵다,맵다!
3,960	하바네로 짬뽕
3,037	남자라면
2,769	팔도쫄비빔면
2,588	불낙볶음면

대한민국 매운맛 정도

매우 매운맛	100 이상
매운맛	75 ~ 100
보통 매운맛	45 ~ 75
덜 매운맛	30 ~ 45
순한맛	30 미만

GHU

★GHU(Gochujang Hot taste Unit)란?
고추장 매운맛을 나타내는 단위

그림 8-4 | 스코빌 지수(SHU)(좌)와 GHU 기준(우)
출처 : 매경(MK) 인포그래픽과 연합뉴스.

한 GHUGochujang Hot taste Unit를 활용하여 매운맛의 표준을 설정할 수 있다. 국을 끓일 때는 불의 세기와 물의 양, 끓이는 시간에 따라서 맛이 달라질 수 있는데, 이 또한 화력, 물의 양, 온도, 시간 등을 표준화한다면 국 맛의 품질을 표준화할 수 있다. 모든 맛의 표준은 고객이 만족하는 맛을 기준으로 표준 설정을 해야 한다는 점을 다시 한 번 명심해야 한다.

(2) 표준 레시피를 활용한 조리법 표준화

조리 과정의 표준화는 식재료 구매와 재고관리 계획 수립에도 도움을 준다. 적절한 재고관리는 식재료의 품질관리를 수월하게 하고 최상의 신선도를 유지하여 음식의 상품성을 극대화함으로써 고객 만족과 연결된다. 조리 과정에 관한 매뉴얼은 다음과 같은 항목으로 구분될 수 있다.

• 조리 기준 : 조리용 조미료, 식재 시스템, 주방기기 사용법, 조리 용구와 식기의 점검 확인에 관한 매뉴얼
• 식재료 구매 발주 : 메뉴에 기재된 음식의 조리에 필요한 당일 여유분의 식재 품

목, 수량의 점검 확인을 위한 매뉴얼

- 조리 방법 : 메뉴에 기재된 음식의 조리 순서, 시간, 해당 식기, 조리 원가에 관한 매뉴얼
- 원재료 보관 : 메뉴 생산 조리에 필요한 식재료 보관 방법의 매뉴얼

특히 음식 맛을 결정하는 조리 방법의 표준화는 표준 레시피를 활용하여 표준화한다. 표준 레시피는 메뉴의 조리 공정을 위해 필요한 양과 조리법을 기술한 것이다. 식재료 이름, 재료량, 조리법, 총 생산량 및 1인 분량, 배식 방법 및 기타 사항으로 구성되며, 조리법에는 식재료 절단 크기, 조리시간, 조리 온도, 조리기구, 유의점, 중요 포인트 등을 구체적으로 기술한다. 배식 방법 및 기타 사항에는 배식 도구, 사용 식기 종류, 식기에 담는 방법, 장식, 영양가 및 원가 등이 포함된다. 표준 레시피를 통해 음식의 양적·질적 표준이 제시되고 정확한 생산량을 계산하여 생산 초과나 부족으로 인한 손실을 줄일 수 있는 등 음식의 품질, 양, 원가, 시간을 효율적으로 조절할 수 있다.

😀 표준 레시피 구성요소

- 표준 레시피 이름
- 레시피 기준 분량
- 조리 온도, 시간, 기구
- 메뉴 가격
- 조리 시 주의 사항

- 식재료 단위와 분량
- 조리 순서
- 레시피 원가(1인 원가)
- 영양 정보
- 저장 기간

---

(3) 상품 제공 방법의 표준화

음식이나 음료는 조리나 제조된 후 고객들에게 어떻게 제공할 것인가도 시각적인 측면에서 표준화해야 한다. 고객이 인스타 감성을 좋아한다면 음식을 담는 접시나 그릇, 담는 모양이나 위치, 고명이나 장식을 고객 기대 수준 이상을 충족시키도록 설계하고 종사원들이 그대로 재현해낼 수 있도록 제공 방법을 구체화시킨다. 음료의 경우도 시각적으로 매력적이게 보이도록 브랜드만의 특별한 제조 방법을 표준화하여 고객 만족도를 높여야 한다. 또한 항상 같은 모양으로 완벽하게 서비스가 제공되기 위해서는 종사원의 철저한 훈련이 필요하다.

그림 8-5 | 인스타 감성 메뉴
출처 : 구글 이미지.

테이크아웃이나 배달 상품은 음식 맛의 표준 이 외에도 제품 패키지나 포장하는 방법 등의 표준화도 중요하다. 포장 판매하는 음식들은 포장 관련해서도 표준화가 필요한데, 예를 들어, 음식 제공량, 담는 방법, 패키지, 포장 방법 등을 상세히 기술하여 표준을 설정한다. 테이크아웃이나 배달 패키지는 말 없는 세일즈맨이라고 할 만큼 브랜드를 알리고 이미지를 만드는 데 중요하며, 더 나아가 지구를 생각하는 친환경 패키지를 선택하거나 경쟁사와 차별화하는 심미적인 디자인 요소와 기능적 요소를 잘 살려 표준화하도록 한다.

2) 서비스 프로세스의 표준화

서비스는 무형성, 비분리성 등의 특성 때문에 서비스의 경험을 구체적인 형상으로 표준화하는 것이 무엇보다도 중요하다. 외식서비스 전달 과정에서 고객이 서비스 기업과 만나는 접점인 진실의 순간moment of truth을 파악하고 접점에서의 고객의 기대 사항을 고려하여 고객이 원하고 바라는 서비스를 표준으로 설정해야 한다. 특히, 온라인 접점이 늘어나고 있는 시대에 고객의 입장에서 온라인과 오프라인 모든 서비스 접점을 최대한 세부적으로 찾아내어 접점별로 구체적인 서비스 내용을 매뉴얼화하도록 한다. 그리고 서비스 매뉴얼 준수 여부는 미스터리 쇼핑 프로그램으로 확인해야 한다. 다음은 주요 서비스 접점에서의 표준화된 서비스 내용이다.

(1) 서비스 접점별 표준화

서비스 표준화는 고객 응대 과정에서의 서비스 접점별 서비스 종사원의 서비스 제공 태도나 행동에 대한 서비스 기준을 표준화하는 것으로, 다시 강조하지만 고객이 원하고 바라는 수준으로 설정해야 한다. 외식업체마다 고객 응대 매뉴얼, 서비스 매뉴얼, 서비스 접점 매뉴얼 형태로 가지고 있다. 고객에게 가장 중요한 진실의 순간의 고객 기대를 바탕으로 접점에서의 긍정적 경험을 강화시키는 서비스 행동이나 행위를 구체적으로 매뉴얼에 담아내야 한다.

(2) 상황별 서비스 표준화 사례

레스토랑의 서비스 표준은 업종과 업태에 따라 다를 수 있다. 다음에 소개하고 있는 상황별 서비스 매뉴얼은 기본적인 서비스 내용을 소개하고 있을 뿐이며, 레스토랑별 고객을 감동시키고 경쟁사와 차별화할 수 있는 서비스 요소들은 모두 다를 수 있으므로 레스토랑 마다의 경쟁력 있는 서비스 품질 표준을 설정하여 매뉴얼화해야 한다. 상황과 장소에 맞게 동일한 서비스를 제공할 수 있도록 상황별 서비스 기준을 소개하면 다음과 같다김영갑 · 김문호, 2011.

① 고객 대기 상황
- 고객 앞에서뿐만 아니라 고객을 기다릴 때에도 항상 자세가 흐트러지지 않도록 하여야 한다.
- 대기 자세는 고객에게 있어 첫인상이 될 수도 있기 때문에 매우 주의하여야 한다.

② 고객 환영 및 자리 안내 상황
- 고객이 내점 즉시 "안녕하세요. 어서 오세요"라고 인사하고 외식기업의 브랜드를 알리며 환영 인사를 한다.
- 다음으로 예약 여부를 확인할 시에는 "예약하셨습니까?"라고 말한다.
- 예약 고객이 아니라면 "몇 분이십니까?"라며 동행 고객 수를 확인한다.
- 기다린 고객을 안내할 시에는 "기다려 주셔서 감사합니다"라고 기다린 것에 대한 감사를 표시한다.
- 고객이 특별히 선호하는 자리가 있는지 물어보고 안내한다. 흡연석이나 금연석 혹

은 창가나 구석 자리 등에 대한 선호도를 물어보아야 한다.

③ 물과 메뉴북을 제공하는 상황

- 담당 서비스 종사원은 "물과 메뉴북 여기 있습니다"라고 말하며 메뉴북과 물을 제공한다.
- 메뉴북의 서빙이 끝나면 간단히 목례 후 물러서서 대기한다. 대기 시에는 고객에게 빠른 메뉴 선택을 강요하는 느낌을 주어서는 안 되며, 반대로 고객에 대한 무관심이 표현되어서도 안 된다.

④ 주문받는 상황

- 고객이 메뉴 선택을 하였다고 판단되면 다가서서 "주문 도와드리겠습니다"라고 말하고 주문을 받아야 한다.
- 주문을 받은 후에는 "주문하신 메뉴, 확인해 드리겠습니다"라고 말하고 고객과 눈을 맞춘 후 반드시 고객에게 주문 내용을 정확히 복창하여야 한다.
- 주문을 받을 시 "음료나 술은 필요하지 않으십니까?"라고 말하며 음료나 주류의 추가 주문을 유도하여야 한다.

⑤ 메뉴 예비 세팅 상황

- 담당 서비스 종사원은 음식을 주문받고 나서, 5분 안에 기본적인 찬류와 주류를 세팅하여야 한다.

⑥ 메뉴의 제공 상황

- 고객에게 찬류를 제공한 후 메인 메뉴는 15분 안에 제공하여야 한다. 메뉴에 따라 그 차이는 있겠지만 15분이 경과하게 되면 고객은 자신에 대한 무관심에 대한 불안감을 갖게 되기 때문이다. 시간이 오래 걸리는 메뉴라면 주문을 받을 때에 조리 시간을 알려 고객의 불안감을 없애야 하며, 주방의 문제로 메뉴가 예정된 시간보다 늦을 경우에는 고객에게 상황을 알리고 메뉴 제공 시간에 대한 공지가 있어야 한다.
- 고객이 주문한 음식이 제대로 나왔는지 확인하고 "잠시만 실례하겠습니다. 주문하

신 메뉴 나왔습니다"라고 말하며 제공하여야 한다.

- 고객에게 더 필요한 것은 없는지 물어보며 필요한 것이 있으면 확인하여 제공한다.

⑦ 중간 서비스 상황

- 고객이 식사를 하는 중간에 2회 테이블을 방문하여 고객의 만족도 및 필요사항에 대하여 확인하고 제공한다.
- 다 드신 그릇은 고객에게 "빈 그릇은 치워 드릴까요?"라고 동의를 구하여 치우거나 리필 가능한 것이라면 고객에게 필요 여부를 물어 리필해 주어야 한다.

⑧ 계산 상황

- 계산할 때는 "감사합니다. 오늘 식사는 맛있게 하셨습니까?"라고 말하며, 고객이 주문했던 메뉴와 합계 금액을 정확히 알려주어야 한다. "오늘 드신 메뉴는 (   ), (   ) 맞으십니까?"라고 말한다.

⑨ 전화 응대 상황

- 전화는 가능한 벨이 세 번 울리기 전에 받아야 하며 "감사합니다. ○○○입니다"라고 말한다.
- 세 번 이상 울려 늦게 전화를 받았다면 늦은 것에 대해 사과해야 한다. "늦게 받아 죄송합니다. ○○○입니다"라고 말한다.
- 예약 전화라면 성함단체명, 날짜, 인원수, 연락처, 메뉴, 원하는 자리 등을 필히 확인하여야 한다. 실제 예약할 필요가 없는 시간대라 하더라도 예약 전화는 친절히 응대하여 예약을 받도록 해야 한다.
- 경영자는 점포의 위치를 명확하게 알릴 수 있는 멘트를 준비하여야 한다. "지하철 ○○역 ○번 출구로 나와 ○○ 방향으로 ○○미터가량 오시면 오른편에 위치해 있습니다" 자가용 이용 고객에게는 주차장의 위치를 명확히 알려야 한다.
- 전화를 끊을 시에는 "전화해 주셔서 감사합니다. 좋은 하루 되십시오"라고 상냥하고 밝은 음성으로 인사하여야 한다.

⑩ **주차장에서의 접객 상황**

• 주차장은 고객 방문의 첫 단계이자 마무리 단계이므로 항상 친절한 서비스를 제공하여야 한다.

• 주차가 완료된 고객에게는 "입구는 이쪽입니다"라고 매장 입구의 위치를 안내하며 "즐거운 시간 되세요"라고 말한다.

• 식사를 마치고 나가는 고객에게는 먼저 "감사합니다. 식사는 맛있게 하셨나요?"라고 물어보아야 한다.

• 주차장은 항상 깨끗한 상태를 유지할 수 있도록 하여야 하며, 주차 담당자는 항상 깨끗한 유니폼과 함께 밝은 인상을 주도록 한다.

3. 미스터리 쇼핑을 통한 서비스 품질관리

1) 미스터리 쇼핑의 이해와 활용

미스터리 쇼핑mystery shopping은 레스토랑에서 발생하는 모든 서비스 접점의 서비스 품질을 평가자가 고객으로 가장하여 평가하는 프로그램이다. 미스터리 쇼핑에서 점검하는 내용은 서비스 표준화 매뉴얼에 제시된 서비스 표준대로 서비스가 실제 제공되는지를 파악하는 것으로 서비스 표준을 일관성 있게 전달하여 고객이 만족할 수 있는 서비스를 제공하도록 하는데 도움을 준다. 미스터리 쇼핑을 지속적으로 운영한다면 외식업체에서 부족한 점을 발견하여 종사원교육을 통해 보완할 수 있다. 결과적으로 고객의 요구사항이나 기대에 근거한 서비스를 종사원이 원활하게 수행하도록 교육하고 실제로 고객에게 잘 전달함으로써 서비스 품질을 향상할 수 있다. 일반적으로 미스터리 쇼핑의 결과는 외식업체의 매장관리, 직원교육, 매장 직원의 인사고과 정책 활용, 프랜차이즈에서의 가맹점 동질성 강화 등 다양하게 활용될 수 있다.

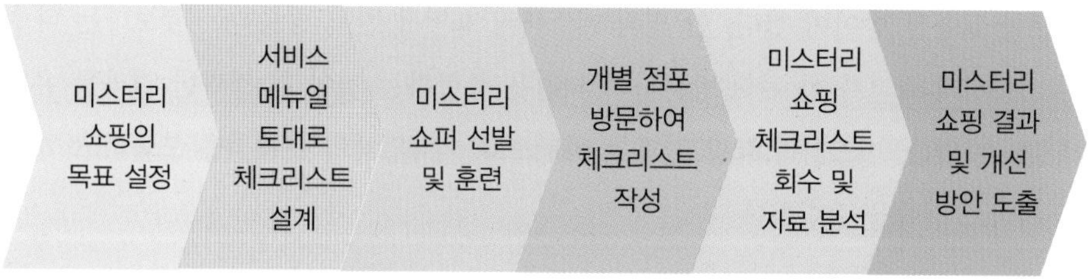

그림 8–6 │ 미스터리 쇼핑의 실행 단계

2) 미스터리 쇼핑의 실행 프로세스

외식업체가 설정한 서비스 표준 목표를 달성하기 위해서 미스터리 쇼핑의 실행 프로세스를 정확히 준수해야 한다. 여기에서는 미스터리 쇼핑을 통한 서비스 품질관리를 목적으로 설명하고자 한다. 그림 8–6은 미스터리 쇼핑의 실행 단계를 설명하고 있다.

외식업체는 미스터리 쇼핑을 실시하는 목적을 명확히 하고 평가 기준을 자세히 설명해야 한다. 서비스 매뉴얼을 토대로 객관적인 체크리스트를 만들고, 평가자의 주관적 요소가 반영될 수 있는 전반적인 서비스 품질 평가 문항도 포함될 수 있다.

또한 미스터리 쇼퍼 측정 결과에 따라 외식업체의 교육과 인사고과에 영향을 미치므로 미스터리 쇼퍼의 선발과 교육이 신중하게 이루어져야 한다. 미스터리 쇼퍼는 해당 외식업체의 서비스 매뉴얼을 완벽히 이해하고 평가 기준을 명확히 알도록 사전에

😀 미스터리 쇼퍼의 조건

올바른 미스터리 쇼핑 프로그램 진행을 위해 미스터리 쇼퍼는 다음과 같은 조건을 갖추어야 한다.

- 일반 고객과 유사한 인구 통계학적 특성을 보유한다.
- 고객의 서비스 요구사항에 대한 기본적인 지식을 보유하고 있다.
- 서비스 전 과정의 서비스 표준에 대해 충분히 이해하고 있다.
- 서비스 과정에 대해 객관적이고 정확하게 측정할 수 있는 관찰력을 보유하고 있다.
- 체크리스트를 충분히 숙지하고 측정 시 설정된 기준에 의해 객관적인 측정이 이루어져야 한다.
- 미스터리 쇼퍼로서 보안을 유지한 채 일반 고객들처럼 행동하여 서비스를 점검하는 사람으로 비춰지지 않도록 주의해야 한다.

충분한 교육을 받아야 한다. 한 명의 미스터리 쇼퍼가 반복 방문하는 것보다는 다수의 미스터리 쇼퍼가 한 번씩 방문하여 의견을 종합하는 것이 더 정확한 결과를 유도해 낼 수 있다. 미스터리 쇼핑 결과를 바탕으로 외식업체의 문제점을 도출하고 개선된 서비스 전략을 수립한다.

3) 평가 체크리스트 설계

미스터리 쇼퍼의 체크리스트는 서비스 매뉴얼 내용을 바탕으로 설계한다. 기대되는 종사원의 특정 서비스 행동을 질문 형식으로 정리하여 '예/아니오'로 평가한다. 체크리스트를 만드는 방법은 매뉴얼에 있는 내용을 질문 형식으로 바꿔주면 되는데, 예를 들어, '전화는 신호음이 2번 이상 울리기 전에 받는다'라고 매뉴얼에 적혀 있다면, 체크리스트는 '전화는 신호음이 2번 이상 울리기 전에 받았는가?'라고 하고, '예/아니오'로 평가한다. '예/아니오'로 평가하기 어려운 항목은 평가 기준을 명확히 제시하여 정확한 평가가 이루어지도록 한다. 예를 들면, '종사원은 따뜻한 미소를 보이면서 고객을 맞이했는가?'라는 문항은 평가자에 따라 미소 정도를 평가하는 기준이 다를 수 있으므로 미소가 없는 사진부터 활짝 웃고 있는 사진을 제시하여 가장 근접한 미소를 선택하도록 할 수 있다. 체크리스트는 미스터리 쇼퍼가 평가하기에 어려움이 없도록 적절한 점검 항목의 수와 평가 기준을 제시해야 한다. 서비스 표준화 매뉴얼 내용을 바탕으로 체크리스트 항목을 설계한 사례는 표 8-1과 같다.

표 8-1 | 서비스 표준화 매뉴얼에 따른 체크리스트 항목 예시

서비스 표준화 매뉴얼		체크리스트 질문 예시
전화는 신호음이 2번 이상 울리기 전에 받는다.	→	전화는 신호음이 2번 이상 울리기 전에 받았는가?
통화 시, "고객님"이라는 호칭을 예의 바르고 친근하게 사용한다.	→	통화 시, "고객님"이라는 호칭을 예의 바르고 친근하게 사용하였는가?
고객이 레스토랑에 도착하면 1분 이내에 접근하여 안내한다.	→	고객이 레스토랑에 도착하면 1분 이내에 접근하였는가?
안내한 좌석이 마음에 드는지 확인한다.	→	안내한 좌석이 마음에 드는지 직원이 물어봤는가?

미스터리 쇼퍼가 지각한 주관적인 서비스 품질은 평점 척도rating scale에 따라 평가한다. 마지막으로 미스터리 쇼퍼의 전반적인 경험에 대한 주관적 의견을 추가하고 서비스 품질 평가에 대한 근거를 설명한다. 표 8-2와 표 8-3은 외식업체의 미스터리 쇼퍼가 평가할 항목과 공간별 미스터리 쇼핑의 평가 항목 사례이다.

표 8-2 | 미스터리 쇼핑의 주요 평가 항목 예시

구분	평가 항목
서비스 품질	고객의 동선에 따른 종사원들의 접객 능력 점검 • 종사원의 태도나 사용 언어 • 행동, 품질 • 표정, 말투, 외모
메뉴 품질	메뉴에 대한 객관적인 평가 • 음식의 맛 • 그릇에 담긴 형태 • 음식의 적절한 온도 • 음식의 가격 • 음식의 양 • 음식의 신선도 • 음식의 위생 상태
위생관리	물리적인 시설에 대한 청결과 종사원의 위생 상태 점검 • 음식점의 시설 청결도 • 종사원의 개인위생 • 식기의 청결도
물리적 환경	음식점을 구성하고 있는 모든 물리적 환경에 대한 점검 • 음식점의 분위기 • 편의성 • 물리적 시설의 파손 여부

표 8-3 | 미스터리 쇼핑의 공간별 평가 항목 예시

공간	평가 항목
주차장	주차장 편리성, 주차직원 서비스, 주차장 청결사항 점검
출입구	직원의 환영인사, 좌석 안내 시의 서비스, 시설물의 청결도
테이블	직원 서비스, 메뉴북 청결, 테이블 청결, 세팅 기물의 청결 등 점검
식사	메뉴 평가, 메뉴 제공 직원 평가, 테이블 서비스, 위생 등
화장실	화장실 시설 부분, 매장 전체적인 청결, 서비스 점검 등
계산대	계산 직원의 서비스 부분, 데스크의 청결, 노후도 등

(1) 서비스 품질 평가

서비스 품질 평가 항목에는 서비스 종사원의 태도나 사용 언어, 행동, 용모 등이 포함된다. 고객이 외식업체를 방문하는 순간부터 고객이 나가는 계산대까지의 모든 과정 중에서 고객이 인식하는 서비스 접점을 체크할 수 있도록 서비스 품질 평가 항목을 설계하여야 한다. 고객은 서비스 품질 평가의 다수 항목에서 만족하더라도 그 중 한 가지 항목 요인에 불만족 시 전체 서비스 품질을 부정적으로 인식하므로 고객과의 모든 서비스 접점을 고려하여 서비스 품질 평가 항목을 설계해야 한다. 또한 해당 점포의 업종과 업태에 맞는 서비스 형태와 수준을 고려하여 서비스 평가 항목을 조정할 수 있다.

(2) 메뉴 품질 평가

미스터리 쇼핑 시 고려해 할 두 번째 평가 대상은 메뉴로서 음식의 맛, 음식의 신선도, 위생 상태, 음식의 적절한 온도, 담긴 그릇과의 어울림 등을 확인하여야 한다. 메뉴는 외식업체의 주된 상품이고 목표고객 선정 및 외식업체 수익과 깊은 관련이 있기에 중요하다. 미스터리 쇼퍼가 수행하는 메뉴 품질 평가는 전문가 집단에 의한 외부 평가이며 구매한 메뉴가 표준 레시피와 판매상품 표준화에 제시된 기준에 부합하는지 평가하는 것이다. 메뉴는 평가자의 주관적 판단에 의하기보다는 객관적인 평가가 이루어지도록 체크리스트 평가를 위한 정확한 기준의 제시가 필요하다. 또한 제공된 음식은 맛있게 조리되었는가, 제공된 음식 중 뜨거운 음식은 뜨겁게, 차가운 메뉴는 차갑게 제공되었는가, 제공된 음식이 신선해 보였는가, 제공된 음식의 색감은 선명하였는가, 제공된 음식이 그릇과 조화가 잘 이루어졌는가, 음식이 그릇에 보기 좋게 담겼는가 등 감각적 요인에 대한 주관적 평가도 함께 이루어질 수 있다.

(3) 위생관리 평가

미스터리 쇼핑 시 고려해야 할 세 번째 평가 대상은 위생 및 청결 부분이다. 외식업체를 방문한 고객은 외식업체의 모든 시설물의 위생 및 점검 상태와 종사원의 개인 위생 상태로 외식업체의 위생을 평가하고 있다. 코로나19로 인해 식품 안전과 위생이 더 중요해지면서 고객들의 관심도 높아졌다. 일반적으로 고객이나 미스터리 쇼퍼 입장에서 주방의 위생안전을 점검하는 데 제약이 있으므로 음식의 이물질, 식기와 시설의 청결 정도와 정리정돈 상태, 서비스 종사원의 개인 위생 행동두발, 손톱, 장신구 착용, 손 씻기 등을 주로 평가한다. 즉, 화장실이 지저분하면 그 외의 주방 및 시설을 아무리 위생적이고 청결하게 관리하더라도 고객의 눈에 그 외식업체는 비위생적으로 비춰질 수 있다는 것이다. 그렇기 때문에 음식, 식기, 시설과 종사원의 개인 위생을 고객의 입장에서 확인할 수 있도록 체크리스트를 설계해야 한다.

(4) 물리적 환경 평가

미스터리 쇼핑 시 고려해야 할 마지막 평가 대상은 외식업체의 물리적 환경에 의한 분위기 부분이다. 최근 음식의 질보다는 외식업체의 분위기를 더 중요하게 생각하는 고객들이 증가하고 있다. 이는 외식업체의 음식의 맛이 표준화되면서 음식의 맛 이외에도 분위기 좋은 곳에서의 즐거운 경험을 구매하려는 소비자가 많아지고 있다는 것을 의미한다. 고객의 시각에서 볼 수 있는 외식업체의 분위기, 물리적 시설의 파손 여부와 편리성 등을 고려하여 이를 체크리스트 설계 시 반영한다.

4) 미스터리 쇼핑의 평가 결과 검증

미스터리 쇼퍼가 기록한 체크리스트의 결과는 1차적으로 평가 시트 검증을 한다. 1차 검증은 미스터리 쇼핑이 실제 계획한 날짜에 맞추어 점포를 평가하였고, 정확한 평가 기준에 따라 평가하였는지를 점검한다. 그리고 이를 바탕으로 평가 결과 자체에 대한 검증을 실시한다. 미스터리 쇼퍼가 정확한 기준에 의해 점검하고 평가하였는지, 일관성 있게 하였는지, 평가 결과가 미스터리 쇼핑 프로그램의 실행 목적에 따라 점포의 현재 상태를 알려 줄 수 있는 근거와 문제점을 정확하게 제시하고 있는지에 대한 검증이 필요하다. 미스터리 쇼핑의 평가 결과를 근거로 서비스 표준과 일치하지 않는 사항을 지적하여야 하며 낮은 평가를 받은 내용에 대해서는 원인을 규명하고, 서비스 품질 개선 방안을 제안한다.

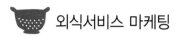 외식서비스 마케팅

Chapter

09

외식서비스
고객 관리

● 학 습 목 표

1. 외식서비스 품질관리와 고객 역할의 관계에 대해 이해한다.

2. 셀프서비스에 참여하는 고객의 역할과 수용도에 대해 이해한다.

3. 충성고객이 주는 혜택에 대해 학습한다.

4. 충성고객을 확보하고 관리하는 전략에 대해 학습한다.

5. 불평고객 관리의 중요성에 대해 이해한다.

6. 불평고객의 유형에 대해 학습한다.

7. 서비스 회복 개념을 이해한다.

8. 서비스 회복 전략을 이해한다.

9. 서비스 회복의 체계적인 접근 사례에 대해 학습한다.

CHAPTER

09

고객과 종사원 간의 상호작용에 의해 만들어지는 서
비스는 접점에서의 종사원과 고객의 역할이 서비스
품질에 영향을 미치므로 고객 역할관리가 중요하다.
고객의 높은 참여를 요구하는 셀프서비스 기술이 급
증하고 있어 셀프서비스에 참여하는 고객의 역할에
대해서 알아본다. 또한 외식사업의 수익의 원천인 충
성고객과 불평고객 관리의 중요성을 강조한다.

1. 서비스 품질과 고객의 역할

1) 외식서비스 제공 과정에서 고객 참여

(1) 고객 참여의 중요성

서비스 제공 과정에 참여하는 사람은 고객과 종사원, 그리고 같은 공간에서 서비스 받고 있는 다른 고객까지 포함된다. 고객은 서비스가 생산되고 소비되는 장소에서 종사원이나 다른 고객과 상호작용을 한다. 따라서 이들의 종사원과 고객의 상호작용, 고객과 다른 고객과의 상호작용은 고객의 만족/불만족에 영향을 미치게 된다. 고객의 역할은 서비스를 성공적으로 전달하고 특히 서비스 경험을 공동 창조co-production하는 과정에서 매우 중요하다. 예를 들어, 패스트푸드점은 고객이 셀프서비스하면서 가격대가 저렴한 햄버거를 구매하는 가치를 창조한다. 고객이 적절하게 제 역할을 수행하지 않는다거나 다른 고객들을 방해한다면 서비스 품질은 저하될 수 있다. 다시 말해, 고객은 외식업체와 공동으로 가치를 창조하고 있기 때문에, 좋은 품질의 서비스를 제공하고 고객 만족을 높이기 위해서 외식기업은 서비스 제공 시 고객의 역할과 서비스 경험의 공동 창조에 대해 이해하며 고객들이 그들의 역할을 효과적으로 수행하도록 도움을 줄 수 있는 전략을 개발해야 한다. 뷔페 레스토랑에서 고객에게 이용하는 방법을 자세히 설명하는 것이 예가 될 수 있다. 또한 다국적 음식을 판매하는 음식점들이 늘어나면서 음식을 어떻게 먹어야 할지 고민하는 고객에게 적절한 식사 방법을 사전에 알리려는 노력은 고객 서비스 경험에 커다란 영향을 미칠 수 있다.

(2) 고객 참여의 유형

외식서비스 제공 과정에 고객이 참여하는 유형은 레스토랑의 유형이나 콘셉트에 따라 다르다. 예를 들어, 무인 카페나 패스트푸드점은 고객이 주문을 직접 하고 주문한 메뉴가 전달되면 자리로 가져가서 식사를 하며, 식사 후 쓰레기 치우는 일까지 고객이 수행하게 된다. 다른 레스토랑 콘셉트에 비하여 노동력이 많이 들어가는 편이지만 복잡하지 않은 단순한 참여가 대부분이고 서비스는 표준화되어 있는 것이 특징이다. 이와는 반대로 풀코스full-course의 고급 레스토랑에서의 식사 과정은 좀 더 복잡하고 또 다른 형태의 높은 고객 참여를 요구한다. 다양한 종류의 메뉴를 선택해야 하고 선택된 메뉴와 함께 제공되는 소스의 선택이나 고기의 굽는 정도 등도 고객이 직접 결정해야 한다. 패스트푸드점에 비하여 육체적인 참여도는 낮지만 고객 참여정보제공에 따라 원하는 서비스의 품질이 달라질 수 있다.

2) 외식서비스 제공 과정에서 고객의 역할

(1) 서비스 프로세스의 효율성과 고객의 상관관계

서비스 제공 과정에서 고객이 자신의 역할을 정확히 인지하지 못한다면 서비스 프로세스의 효율성 및 고품질 서비스를 달성할 수 없다. 또한 고객이 자신의 역할을 이해하더라도 역할을 수행할 수 없거나 하려고 하지 않을 수 있다. 외식업체에서 서비스 속도를 개선하고 인건비 절감 및 서비스 제공 과정의 효율성을 높이기 위해 셀프 주문 키오스크나 모바일 주문 서비스를 도입한다 하더라도 고객이 실제 이용을 하지 않는다면 성과를 창출할 수 없다. 또한 고객 입장에서는 셀프 주문이나 모바일 주문을 이용하는 노력에 대한 적절한 보상이나 편익이 없다면 기존 서비스 방식을 고수할 수도 있으므로 서비스 기업은 서비스 프로세스의 효율성을 높이기 위해 때로는 서비스에 적합한 고객을 선별하기도 하고 고객의 역할을 잘 인지시키고 보상이나 혜택을 통해 적극적으로 서비스 과정에 고객이 참여하도록 해야 한다. 예를 들면, 모바일로 주문한 고객이나 모바일로 예약하는 고객을 위한 할인 제도 운영도 효과적인 보상에 해당된다. 전화 예약이 줄게 되면 현장 인력 운영의 효율성이 높아지기 때문이다.

외식업계도 코로나19로 인해 무인서비스 또는 셀프서비스가 보편화되고 있는 추세이다. 지금의 고객들은 무인서비스를 더 편하고 안전하다고 생각하고 있고 기성 세대들도 자의적인 것은 아니지만 셀프서비스에 점차 익숙해져가고 있어 과거만큼 셀프서비스에 대한 인식이 부정적이지만은 않다고 본다. 셀프서비스일수록 고객이 자신의 역할을 잘 이해하고 서비스를 수행하는 것이 서비스 품질 평가에 직접적으로 영향을 미치기 때문에 부정적인 경험을 하지 않도록 고객 역할 관리를 철저히 해야 한다.

(2) 고객의 역할

고객은 서비스를 제공받는 과정에서 서비스 생산자로서, 서비스 품질과 만족 증대를 위한 공헌자로서, 그리고 서비스 혁신자로서의 역할을 수행하고 있다.

① 서비스 생산자

서비스 생산자로서의 고객은 서비스 생산 과정에 고객의 노력, 시간 및 기타 자원을 투입하는 것을 의미한다. 주로 무인서비스나 셀프서비스가 대표적인 사례인데, 이는 고객을 자연스럽게 서비스 제공 과정에 참여시킴으로써 고객은 '임시 종사원'과 같은 역할을 수행하게 된다. 외식업체 입장에서는 인건비 절감으로 생산성을 높이고, 고객은 서비스 이용의 편리함이나 가성비 등의 편익을 누리게 되어 고객 만족도가 높아진다. 사이렌 오더와 같은 모바일 주문 서비스 도입은 이전에 종사원들에 의해 수행되는 주문 서비스를 고객이 대신함으로써 조직의 생산성이 증가된다.

다만, 고객은 레스토랑의 종사원처럼 직접적인 교육과 관리가 불가능하기 때문에 서비스 결과의 불확실성이 매우 크다는 것이 문제이다. 서비스 제공 과정에서의 고객 역할을 설계할 때 이러한 불확실성을 고려해야 하고 고객들이 부담을 느끼지 않으면서 서비스 과정에 참여하도록 함으로써 서비스 품질을 향상시키도록 해야 한다.

② 서비스 품질 공헌자

고객의 다른 역할은 자신이 직접 서비스를 만들어 감으로써 서비스 품질 및 만족도에 스스로 기여하는 역할을 한다. 서비스와의 상호작용에서 고객이 자신의 역할이 영향력 있다고 믿을수록 서비스에 더 만족한다고 한다. 예를 들어, 조립식 가구를 구매하는 것이 어떤 고객에게는 매우 번거롭고 귀찮은 일이지만, IKEA의 DIY 가구 구매 고객들은 자녀들을 위해 자신이 수고하여 가구를 직접 조립하는 과정을 매우 만족스러워 한다. 가구를 조립하는 과정이 이들에게는 아버지로서의 존재감과 자녀를 향한 사랑을 표현할 수 가치 있는 순간이기 때문에 제품 구매 만족도가 매우 높다.

③ 서비스 혁신자

고객이 새로운 상품과 서비스 개발에 참여함으로써 외식기업의 혁신자로서의 역할을 수행하고 있다. 서비스를 직접 이용하고 있는 고객들은 누구보다도 서비스의 문제점을 더 잘 알고 있고, 필요한 서비스에 대해서도 잘 알고 있다. 외식기업들이 소비자 패널을 모집하여 제품과 마케팅 활동에 대해 새로운 아이디어를 제안받는 제도를 운영하는 이유이기도 하다.

고객을 혁신적인 서비스 아이디어의 원천으로 활용하고 있는 대표적인 기업으로 스타벅스를 들 수 있다. 2008년 오픈한 'MyStarbucksIdea.com' 플랫폼은 스타벅스와 고객들간의 상호작용 공간으로 고객들은 서비스 아이디어를 제출하고 투표하며 다른 고객들이 제출한 아이디어에 대해 의견을 나눌 수 있었다. 개설 이후 7년 동안 17만 개 이상의 혁신적인 서비스 아이디어가 수집되었고 그중 300개의 아이디어가 실제로 상품화되거나 매장 운영에 활용되었다고 한다. 고객들이 제안한 아이디어 중 실제 현장에 적용된 사례로는 제품 개발 관련 아이디어를 포함해, 머크컵 사용에 대한 인센티브 제공, Splash stick(테이크아웃 커피의 넘침을 방지하는 마개), 사이렌 오더, DT 패스드라이브 스루에서 자동차 번호판 인식과 모바일 결제 시스템을 연동 등 혁신적인 서비스가 모두 고객들의 아이디어에서 왔다고 한다. 수 많은 사람들이 아이디어를 제안하고 투표하는 과정에서 발생되는 여러 부작용으로 인해 현재 이 사이트는 폐쇄되었지만, 여전히 고객들은 스타벅스에 새로운 아이디어나 서비스 개선 사항 등을 제안할 수 있도록 스타벅스 홈페이지에 Submit Your Idea 사이트를 오픈하고 있다.

또한 국내 스타벅스커피 코리아가 2017년 진행한 모바일 설문 '마이 스타벅스 리뷰'에서도 1년만에 100만 명이 넘는 고객들이 참여하여, 신제품 및 서비스와 기존 서비스 개선 관련 혁신적인 아이디어를 제안했으며 이러한 고객의 의견을 메뉴 개발과 서비스 개선에 적극적으로 반영함으로써 충성고객 확보 및 매출 활성화를 달성할 수 있었다.

58
'100만 고객이 스타벅스 바꿨다'…마이 스타벅스 리뷰 응답수 100만 건 돌파

(3) 다른 고객의 역할

서비스 공간에 있는 모든 사람들은 서로의 서비스 경험에 영향을 줄 수 있기 때문에 서비스에 직접 관여하는 고객 이 외에도 직접 서비스에 참여하지 않는 '다른 고객'들도 서비스 품질이나 서비스 경험에 영향을 준다.

예를 들면, 레스토랑의 방문자가 많은 경우 장시간 대기해야 하는 고객은 서비스에 부정적인 이미지를 가질 수 있고, 어린이 고객의 시끄러운 행동, 담배를 피우는 다른 테이블의 고객으로 인한 호흡 곤란, 큰 목소리로 대화하는 고객, 화를 내는 고객, 종

사원에게 시비를 거는 고객, 서비스 시설을 파손하는 고객 등은 서비스 경험에 부정적으로 영향을 준다. 고객이 과도한 요구를 한다면 종사원이 그들의 지나친 욕구를 충족시켜 주는 동안 다른 고객들은 기다려야 한다. 문제가 되는 다른 고객들을 종사원이 어떻게 대응하고 통제하느냐도 고객의 서비스 품질 평가와 만족도에 직접적으로 영향을 미칠 수 있어 특별한 관리가 필요하다.

반면에 고급 레스토랑에서 세련된 매너와 조용한 식사 분위기를 만드는 고객들은 다른 고객들에 긍정적인 영향을 주기도 하는데, 이는 매력적인 서비스 분위기에 직접 참여하는 것에 흥미와 자부심을 가지게 되고 충성도가 높아지기도 한다. 레스토랑과 같이 여러 고객층에게 동시에 서비스를 제공하는 경우, 서비스를 제공 받는 고객과 다른 욕구를 가지고 있는 고객들이 동시에 같은 공간에 존재한다면 서로에게 부정적인 영향을 줄 수 있다. 예를 들어, 조용히 식사를 하고 싶어 하는 연인이나 비즈니스맨은 시끄럽게 떠드는 어린아이를 동반한 가족 고객과 격리해 주지 않는다면 불만족도가 높아질 것이다. 다양하고 때로는 모순되는 세분 시장을 분리시키고 서로 유사한 니즈와 성향을 가진 고객들만을 핵심 타깃으로 영업을 하는 것도 이러한 문제를 해결하는 방법이다. 예를 들어, 고급 레스토랑의 경우 예약을 하지 않은 고객이나 정해진 드레스 코드를 지키지 않은 경우 입장을 제한하는 것이 대표적인 사례이다.

3) 셀프서비스 기술

(1) 무인서비스 확장

레스토랑 입장에서 서비스 프로세스에 고객이 참여하는 최적의 모델은 레스토랑이 제공한 시스템이나 장치들을 고객이 직접 이용함으로써 스스로 특정한 서비스 활동을 수행하는 것이다. 오늘날 고객은 다양한 종류의 셀프서비스 기술SST, Self-Service Technologies을 접하고 있다. 셀프서비스 기술은 고객이 직접 서비스 종사원을 대면할 필요 없이 서비스 기계나 장치를 이용하는 것이다. 이는 고객 참여도가 가장 높은 형태라고 할 수 있다. 예를 들면, 인터넷, 배달 애플리케이션, 키오스크 등으로 피자 주문과 결제를 하게 하면 레스토랑에 속한 종사원의 업무를 고객이 자신의 시간과 노력을 들여 수행하는 것이기 때문에 레스토랑 입장에서는 인건비 절감이라는 커다란

모델명 : 에피소드 릴리
50여 가지 메뉴/에이드 8초
톨, 그란데, 벤티 사이즈
텀블러 사용 가능
셀프형/저렴한 비용
본체 1440×770×1961
컵디스펜서 330×770×1961

모델명 : 에피소드 카이
직교 로봇 적용
50여 가지 메뉴 자동 제조
그란데 사이즈
사이즈 1500×1000×1865

모델명 : 에피소드 마르코
다관절 로봇 적용
화려한 퍼포먼스
50여 가지 메뉴
그란데 사이즈
음료 자동 제조
사이즈 1640×2200×2380

그림 9-1 | 커피에 반하다 무인서비스 기기 모델
출처 : 임은성(2021).

혜택을 얻게 된다.

외식산업의 가장 큰 고민거리 중 하나가 높은 인건비임을 고려할 때 레스토랑에서의 셀프서비스 확대와 적극적인 활용이 필요하다. 스타벅스에서 개발한 사이렌 오더는 고객들이 자신이 원하는 커피를 자유로이 선택하고 주문하여 원하는 시간에 커피를 제공받도록 하는 서비스 기술이다. 이러한 셀프서비스 기술은 외식업체에게는 인건비 절감이라는 혜택을, 고객에게는 주문 후 대기시간을 줄일 수 있는 혜택을 제공한다. 스타벅스의 사이렌 오더는 고객에게 명백한 혜택을 제공하며 고객이 이용하기 쉽고 신뢰할 수 있는 제공 방식으로 평가되어 성공할 수 있었다. 실제로 셀프서비스를 선호하는 고객은 제공 시기를 정확히 설정할 수 있어서 서비스를 통제할 수 있고, 또 그것이 편리하다는 이유로 셀프서비스를 원하기도 한다.

셀프서비스의 논리는 경제적 합리성에 기반을 두고 있다. 고객의 입장에서 레스토랑 종사원들이 수행해야 할 프로세스를 떠안아야 하는 불합리성이 있다고 생각할 수 있지만 고객은 저렴한 혜택을 누리기 때문에 기꺼이 받아들인다. 레스토랑의 입장에서도 프로세스의 설계와 관리를 잘 못하면 오히려 더 큰 비용이 소요되거나 고객 만족이 감소하여 기업의 수익성에 부정적인 영향을 미칠 수도 있다. 고객이 떠안는 불합리와 기업이 떠안는 인건비 또는 이 둘의 적절한 조합 중 어떤 프로세스의 설계가 가장 이상적인지를 이해하고 선택하는 것이 중요하다.

그림 9-2 | 마이시크릿덴 내부 모습
출처 : 구글 이미지.

　최근에 24시간 운영하는 무인 카페나 무인 점포들이 급속도로 늘어나고 있다. '커피에 반하다'그림 9-1라는 커피 프랜차이즈 브랜드는 2018년부터 무인 카페 사업을 해오고 있는데, 인력 문제로 점포 운영이 어려워진 가맹점을 무인 점포로 전환하여 안정적인 영업을 지원해 주고 있다. 핵심 경쟁력은 원두 커피의 품질과 무인기기의 기술력이라고 판단하여 자체 원두 로스팅 공장과 무인기기 제조 공장과 기술 개발 연구소를 함께 운영하고 있다. 무인 매장 적용 기술에는 시간별 원격 통제 가능한 출입 통제 시스템과 냉난방기, 매장 음악 서비스, 실내 방송 등은 IoT 기술로 원격 제어할 수 있으며 자동 발주 시스템도 갖추고 있다. 이 업체에서 개발한 무인서비스 기기들은 50여 가지가 넘는 다양한 음료 제조가 가능하고, 다양한 컵 사이즈나 텀블러 사용도 가능하며, 좌석이 있는 매장도 운영되고 있다.

　주방 공간이나 조리사 없이 배달 음식으로 와인을 즐기는 와인바도 인기를 끌고 있다. '마이시크릿덴'그림 9-2이라는 작은 와인바는 낮에는 조용히 책을 읽고 사색할 수 있는 무인 서재 공간으로 운영되는데, 좌석 시간을 예약제로 판매하고 있고, 저녁에는 직원 한 명으로 와인 서비스를 제공하고 있다. 대면 서비스는 최소화하는 대신 고객들이 원하는 안주를 직접 가져오거나 배달시키도록 하여 합리적인 가격에 와인만을 판매하고 있다. 와인바와 비대면 서비스가 어울리지 않을 것 같지만 코로나19로 인해 비대면 서비스에 익숙하고 혼잡하지 않은 공간을 선호하는 고객들에게는 이러한 서비스가 불합리한 서비스라기보다는 혁신적인 서비스로 받아들여지고 있다.

(2) 고객의 수용도

셀프서비스를 좋아하는 고객은 셀프서비스의 여러 가지 장점을 활용할 수 있다. 그러나 기본적인 컴퓨터나 인터넷 사용이 익숙하지 않은 고객이라면 셀프서비스 자체가 어렵고 불편하게 생각할 수 있을 것이다. 다양하고 고도화되는 셀프서비스 기술은 고객들에게 편리함과 가격 할인이라는 혜택보다는 서비스 사용의 어려움과 기술에 대한 두려움 등에 따라 거부감을 가지게 한다면 서비스 품질 평가가 낮아질 수 있으므로 셀프서비스 기술 도입 시 목표고객의 기술 수용도를 고려하여야 한다. 다행인 것은 앞으로 핵심고객들은 디지털 네이티브여서 기술 기반의 새로운 서비스에 대한 거부감은 매우 낮을 것으로 보인다. 그럼에도 불구하고 무인서비스의 복잡도가 높아지게 되면 기술 수용도의 어려움이 발생할 수 있어 점진적인 변화를 시도하는 것이 바람직하다.

2. 충성고객 관리

충성단골고객이 많은 서비스 기업은 다른 기업에 비해 상대적으로 고객 불평이 적다. 그 이유는 기업과 좋은 관계를 맺고 있는 고객일수록 기업의 서비스 실수를 더잘 용서하고 불평을 덜하기 때문이다. 따라서 기업이 고객과 강력한 신뢰 관계를 구축하여 고객 충성도를 높이는 노력은 서비스 실패가 발생했을 때 고객 불만을 완화시키는 데 도움이 될 뿐만 아니라 지속적인 거래를 통해 개별 고객 요구사항에 대한 상세한 정보를 많이 얻게 되므로 고객 기대를 잘 충족시켜 줄 수 있다는 장점이 있다. 더 나아가 충성고객은 기업의 매출 증가, 시장점유율 향상 등 재무적 성과에도 큰 도움이 되고 있다. 다음에서는 충성고객이 기업에게 주는 혜택과 충성고객 분류기준, 그리고 일반 고객을 충성고객으로 만드는 전략을 알아보도록 한다.

1) 충성고객이 주는 혜택

서비스 기업들은 신규 고객을 확보하는 마케팅보다는 기존 고객과의 거래를 잘 유지하고 장기적인 관계를 맺고자 노력하고 있다. 이는 기업 입장에서 신규 고객을 유인하는 것보다 기존 고객을 유지하는 비용이 훨씬 저렴하고, 장기적인 거래 관계를 맺는 충성고객들이 가져다 주는 혜택이 크기 때문이다. 신규 고객은 일반적으로 단기적인 판촉이나 가격 할인, 매체를 통한 광고 등을 통해 획득하기 때문에 비용이 많이 드는 반면, 기존 고객은 관계관리를 잘하면 고객 요구사항 파악이 용이하므로 고객 만족도를 훨씬 쉽게 높일 수 있다.

그러나 충성고객은 하루 아침에 만들어지는 것이 아니라 여러 번의 반복적인 거래를 바탕으로 강력한 관계를 형성해 나간다. 기업에 대해 전혀 알지 못하고 경험해 본 적 없던 고객에게 서비스를 소개하며 첫 거래가 이루어지고, 고객 접점에서의 처음 서비스 경험을 만족시킴으로써 고객의 재방문을 유도하고, 다시 방문할 때마다 만족할 만한 서비스를 제공하게 되면서 자연스럽게 신뢰 관계를 맺어 단골고객으로 발전시켜야 한다. 이는 고객 관계 마케팅customer relationship marketing의 목표이기도 하다.

그렇다면 충성고객은 일반 고객들과 어떻게 다를까? 크게 두 가지 관점에서 기업에게 주는 이익이 있다. 하나는 행동적 관점으로 충성고객은 재방문 또는 재구매 의향이 매우 높고, 더 좋은 다른 브랜드가 있어도 특정 기업에게서만 구매하려고 하며, 특정 기업 서비스를 더 자주 구매하는 경향이 있다. 또 다른 하나는 심리적 관점으로 고객이 특정 기업과의 관계를 지속하고 싶어 하는 마음이 있고, 특정 기업에 대해 호의적인 태도를 가지며, 주변 사람들에게 그 기업에 대해서 긍정적인 소문을 많이 낸다는 것이다. 또한 자발적으로 특정 기업을 대변해서 옹호하는 역할을 해주기 때문에 기업 입장에서는 마케팅 비용이 감소하고 수익은 증가한다. 단골고객이 많은 기업들은 직원들의 직무 만족도가 높고 이직률도 줄어드는 경향이 있어 간접적인 비용 절감 효과도 있다.

2) 수익성 기반의 충성고객 분류

충성고객을 관리하는 데 적지 않은 비용이 드는 것이 사실이며, 모든 고객이 기업에게 혜택을 가져다 주는 것도 아니다. 만약 고객 데이터베이스에 1만 명의 고객 자료가 있다고 가정하자. 고객의 거래 실적을 기준으로 자료를 분석해 보면 대체로 80 : 20 법칙이 적용되는데, 전체 고객의 20%가 전체 매출의 80%를 차지한다. 그렇다면 1만 명의 고객을 동등하게 대우해 주는 것과 기업 매출의 80%를 차지하는 20% 고객에게 특별한 혜택을 주는 것 중 어떤 것이 기업의 수익성에 도움이 될까?

고객 자료를 수집하는 것이 용이한 경영 환경에서 대부분의 서비스 기업들은 고객 거래 실적을 토대로 고객들을 여러 개 등급으로 분류하여 관리하고 있다. 주로 방문 빈도frequency, 최근 거래 실적recency, 지출 금액 기준monetary value을 활용하여 고객을 분류하고 있는데, 무엇보다도 고객 개인이 기업에 가져다 주는 현재 수익과 미래 수익성을 고려하는 것이 매우 중요하다.

수익성이 높은 고객층을 분류하여 이들의 만족도를 높이고 장기적인 신뢰 관계를 구축할 수 있는 마케팅 활동을 실행한다면 기업의 재무적 성과는 더 높아질 것이다. 실제 몇몇 연구에서 수익성 높은 충성고객의 유지율을 5% 증대할 때 기업의 이익은 60% 이상 증가하는 것으로 나타났다. 고객 자료는 멤버십 제도 등을 통해 지속적으로 확보하고, 모아진 자료는 정기적으로 분석하여 고객 수익성 평가에 활용하며, 평가 결과에 따라 마케팅 혜택을 달리한다. 요즘은 모바일 카드가 보편적으로 사용되

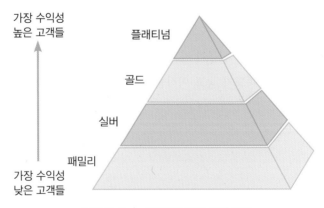

그림 9-3 | 수익성에 따른 고객 분류

면서 플라스틱 카드를 직접 소지해야 하는 번거로움도 없어지고 멤버십 관리도 용이해지고 있다. 특히, 위치 기반 서비스GPS나 비콘beacon 기술 등이 접목되면서 자신이 위치한 주변 매장들의 프로모션 안내나 모바일 쿠폰 제공 등이 실시간으로 이루어지고 있는 점도 잘 활용할 필요가 있다.

3) 태도와 행동을 고려한 충성고객 분류

충성도를 태도적인 측면과 행동적인 측면으로 구분해 보면 그림 9-4와 같이 분류할 수 있다. 진실된 충성도true loyalty는 외식업체에 대한 강한 친밀감을 보이면서 동시에 재방문 빈도도 높은 부류에 해당되며, 잠재적 충성도latent loyalty는 외식업체에 대한 태도는 높지만 재방문 빈도는 낮은 부류이다. 가식적 충성도spurious loyalty는 외식업체는 자주 방문하지만 외식업체에 대한 브랜드 태도는 높지 않은 부류이며 낮은 충성도low loyalty는 브랜드 태도와 재방문 빈도 모두 낮은 부류에 해당된다. 방문 빈도가 높으면서 높은 태도적 충성도를 함께 가진 그룹이 진짜 충성고객임을 알 수 있다. 찐 충성고객을 확보하기 위한 그룹별 구체적인 전략이 필요하다. 예를 들어 가식적 충성심을 가진 고객에게는 브랜드에 대한 긍정적 감정을 유발할 수 있는 마케팅이 필요하고 잠재적 충성고객에게는 방문 빈도를 높일 수 있는 프로모션이 필요할 것이다.

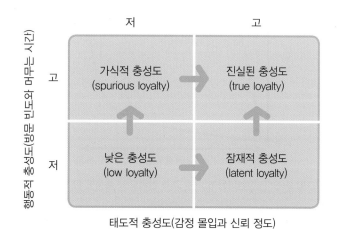

그림 9-4 | 태도와 행동을 고려한 충성고객 분류
출처 : Baloglu, S.(2002).

4) 일반 고객을 충성고객으로 만드는 전략

(1) 기본기에 충실하라

일반 고객을 기업과 강력한 관계를 맺고 있는 충성고객으로 발전시키기 위해서는 가장 먼저 외식기업이 제공하는 핵심 상품메뉴과 서비스의 품질관리를 철저히 해야 한다. 고객 만족은 고객 기대 수준을 충족시키는 고품질의 음식과 서비스가 제공되었을 때 만들어지는 결과물이기 때문이다. 고객이 점포 현장을 방문할 때마다 가치 있는 서비스를 제공한다면 고객은 재방문할 가능성이 높아지며, 기업을 신뢰하게 되고 호감을 가지게 될 것이다.

(2) 전환장벽을 만들어라

고객들이 기존 서비스 기업을 떠나 새로운 기업으로 이동하려고 할 때 드는 비용[9]을 전환비용 switching cost이라고 한다. 전환비용이 높으면 높을수록 고객들은 쉽게 업체를 바꿀 수 없어 서비스에 대한 만족도가 낮아도 고객을 유지하는 데 도움을 준다 그림 9-5. 다시 말해, 고객이 다른 기업으로 전환하는 데 많은 노력이 필요하고 그 과정이 매우 번거롭다면, 고객들은 지금의 관계를 그대로 유지하려고 하는 경향이 높

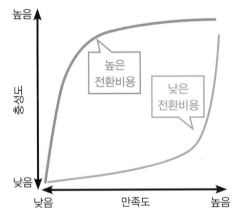

그림 9-5 | 전환비용에 따른 고객 만족도와 충성도 관계
출처 : 이동우(2009).

---

9 관계를 새로 시작하는 데 드는 시간, 돈, 노력의 투입으로, 시작 비용, 탐색 비용, 학습 비용 등을 말한다.

다. 반대로 전환비용이 낮으면 고객 만족도가 높아도 고객을 유지하기가 어려울 수 있다. 하지만 경쟁사의 고객을 유인하고자 한다면 전환비용을 최대한 낮춰 쉽게 전환할 수 있도록 해야 할 것이다. 예컨대, 이동 통신사 간 번호 이동이나 은행 간 계좌번호 이동을 자유롭게 할 수 있도록 제도화한 것은 전환비용을 낮춰 주는 대표적인 사례로 이로 인해 경쟁 기업 간 고객 모시기 경쟁이 더욱 치열해졌고, 충성고객을 확보하는 것은 더욱 어려워지고 있는 것이 현실이다. 외식기업 경영주나 서비스 종사원들은 개별 고객의 요구사항 등에 관심을 가지고 세심하게 서비스하거나, 마일리지 제도 등을 활용함으로써 전환비용을 높일 수 있다.

(3) 고객과의 유대 관계를 만들어라

고객과 맺을 수 있는 유대 관계는 여러 종류가 있는데, 가장 약한 수준의 관계는 주로 금전적 인센티브를 활용하는 재무적 유대financial bonds 관계이다. 상용 고객 우대 제도항공사 마일리지, 포인트 적립 등나 가격 할인 혜택 등이 대표적인 사례로 경쟁사가 더 좋은 재무적 인센티브를 제시하면 언제든지 고객은 경쟁사로 이동할 수 있기 때문에 재무적 유대 관계만으로는 찐 충성고객을 확보하기가 불가능하다.

다음 단계는 재무적 인센티브를 포함한 서비스 제공자와의 사회적 유대social bonds 및 대인 관계 유대 형성으로 고객과 더욱 강력한 관계를 맺을 수 있다. 이는 서비스 제공자와의 개인적인 친분이나 친밀감이 생기고, 개인적으로 인간관계가 형성됨으로써 거래 관계를 오래 유지하게 되는 것이다. 때로는 서비스를 이용하는 고객들을 중심으로 활발한 커뮤니티가 형성되고, 고객 간 유대 관계로 인해 사회적 유대가 생길 수도 있다. 이는 재무적 유대 관계보다 모방이 어렵기 때문에 고객이 거래를 장기적으로 유지할 가능성이 높아지게 된다.

마지막 단계는 고객화 유대customization bonds 관계로서 재무적·사회적 유대 관계를 포함하여 개별화된 고객 니즈나 취향을 고려한 서비스를 제공함으로써 고객과의 강력한 유대 관계를 만드는 것이다. 예를 들면, 고객이 구매한 메뉴 정보를 바탕으로 고객 선호하는 메뉴의 할인 쿠폰을 제공하거나, 고객의 식사 예약 목적이 어떤 기념일을 축하하는 자리인지 등을 파악하여 자료화하고 매년 기념일이 다가올 때 사전에 해당 고객을 위한 특별 프로모션을 제안하는 서비스 등도 좋은 예이다.

3. 불평고객 관리

1) 효과적인 불평[10]고객 관리의 중요성

많은 고객은 레스토랑 서비스에 불만족해도 불평을 쉽게 하지 않는다. 이 레스토랑이 아니어도 갈 곳이 많아 불평하는 데 시간과 노력을 소비하고 싶지 않아서이다. 고객이 서비스에 대한 불만 사항을 말해 주지 않는다면, 레스토랑은 서비스에 문제가 있음에도 그것을 모르는 채 영업을 계속하게 될 것이고, 고객들은 개선되지 않은 서비스로 인해 불만이 쌓여 이탈하게 될 것이다. 그래서 불평하는 고객보다 침묵하는 고객이 레스토랑 입장에서는 더 큰 위험일 수 있다.

불평하는 고객은 아직 그 레스토랑에 기대하는 것이 남아 있다고 볼 수 있으며, 불평을 통해 기대를 충족시키지 못한 서비스가 무엇인지 정확히 알려 주므로 고객 불평만 제대로 파악하여 문제를 해결한다면 서비스 품질을 개선하고 고객 만족을 향상시킬 수 있다. 이러한 이유로 '고객 불평은 고객이 우리에게 주는 선물이다'라고 말한다. 고객 불평을 통해 서비스 개선 기회를 알려 주어 고품질 서비스를 달성하도록 해 주기 때문이다. 따라서 서비스 품질 개선을 위해 고객 불평을 오히려 격려하고 추적하는 것이 중요하며 다양한 조사 방법을 이용해 고객의 불만 사항과 불평에 귀 기울여야 한다.

서비스에 대한 불만이 있어서도 그냥 침묵했던 과거 고객과는 달리 요즘 고객들은 자신의 블로그나 SNS에 레스토랑 방문 경험과 후기를 상세히 남기는 경우가 많다. 잠재 고객들은 이러한 정보를 탐색하고 다른 고객의 방문 경험이나 추천 의견을 바탕으로 레스토랑을 선택하고 있어 온라인 정보는 그 어떤 광고보다도 영향력이 커지고 있다. 온라인을 통해 레스토랑의 부정적인 입소문이 퍼져 나가는 속도도 대면으로 소문내는 것과 비교가 안 될 만큼 파급력이 크다. 따라서 고객이 불만 사항을 직접 얘기해 주기만을 기다리기보다는 온라인상의 데이터를 주기적으로 분석하여 자신

---

10 불평과 불만의 차이는 다음과 같다. 불만은 서비스에 대해 못마땅한 심리 상태를 말하고, 불평은 마음에 들지 않는 생각을 말이나 행동으로 드러낸다는 의미가 강하다. 따라서 불평고객은 실망한 부분을 말이나 행동으로 옮기는 고객을 말한다.

의 레스토랑 관련 키워드, 연관어, 감성 언어 등을 모니터링하고 불만족한 서비스는 무엇인지 적극적으로 찾아내어 지속적으로 서비스 문제를 개선해 나가야 한다. 그래서 고객의 서비스 만족 평가 점수가 항상 높은 점수대를 유지할 수 있도록 한다면 다른 홍보나 광고 없이도 잠재 고객을 유인하는 데 큰 도움이 될 것이다.

2) 고객 불평의 목적과 불평고객 유형

(1) 고객 불평의 목적

불평하는 고객들은 다양한 목적을 가지고 불평을 제기할 수 있다. 첫째는 경제적 보상이다. 고객들은 주로 환불, 보상, 서비스 재이용과 같은 경제적 손실을 만회하기 위해 불평을 제기한다. 둘째, 자신의 불만족한 감정을 표출하기 위해서이다. 일부 고객들은 서비스 실패로 인한 자존심 손상 및 화난 감정을 다스리기 위해 불평한다. 서비스 제공 과정에서 직원이 무례하거나 건성으로 무성의한 서비스를 제공한다면 고객의 자존심이 손상되거나 불쾌감을 느끼게 되어 고객은 화가 나게 될 것이다. 셋째, 레스토랑의 서비스가 진심으로 개선되었으면 하는 바람으로 불평을 한다. 고객이 서비스에 대한 관여도가 높은 경우라면 서비스 품질이 좋아지길 바라는 마음에서 불평을 제기할 수 있다. 넷째, 이타적인 성향을 가진 고객들이 다른 고객들을 생각해서 불평을 하기도 한다. 다른 고객들이 자신이 겪은 문제를 다시 겪지 않도록 불만족한 사항을 직접 말해 주고 서비스를 개선해주길 바란다.

최근 들어서는 서비스에 특별한 문제가 없음에도 악의적인 목적으로 컴플레인 complain[11]하고 터무니없는 보상을 요구하는 고객이 늘고 있다. 대부분은 기업 이미지 훼손 방지를 위해 고객이 원하는 보상을 해주는 경우가 많다. 이러한 고객들은 일반

---

11 컴플레인과 클레임의 차이는 다음과 같다. 컴플레인(complain)은 서비스 전반에 대한 불편사항이나 불만사항을 주관적 관점에서 감정적인 말이나 행동으로 표현하는 것이라면, 클레임(calim)은 서비스 결과 및 내용상 객관적으로 잘못된 부분을 지적하고 보상을 주장하는 것을 말한다. 예를 들면, 레스토랑 음식이 짜다거나 직원들의 응대가 무뚝뚝해 기분이 상해 불평을 하는 것이라면 컴플레인에 해당되고, 음식에 철사 같은 이물질이 나와서 불평하는 것이라면 클레임에 해당된다.

적인 불평고객들과는 다르므로 불평하는 내용이 악성[12]인지를 잘 판단하여 적절하게 대응하는 것이 바람직하다. 고객 입소문이 두려워 악성 고객의 요구사항을 들어주다 보면 불필요한 비용이 발생하게 되고, 응대하는 종사원들의 직무 만족도 및 사기 저하 등으로 이직 의도가 높아질 수 있기 때문이다.

스타벅스의 경우 파트너종사원를 보호하기 위해 악성 컴플레인 응대 가이드를 마련하여 상황별 어떻게 대응해야 하는지 종사원들을 교육하고 있다. 불만을 제기하는 모든 고객과 많은 보상을 요구하는 모든 고객을 악성 컴플레인 고객으로 판단하면 안 되며, 합리적인 이유에 근거한 불평인지, 고객이 입은 피해 정도에 적절한 보상 요구인지 등을 꼼꼼히 파악하여 판단해야 한다고 교육한다. 즉, 스타벅스의 과실이나 문제가 전혀 없는 상황에서 무료 쿠폰 등을 요구하는 경우는 악성 컴플레인으로 볼 수 있지만, 스타벅스의 서비스 과실이나 문제로 인해 피해를 입은 고객의 높은 보상 요구는 어느 정도 정당하다고 본다는 것이다. 서비스의 잘못된 부분에 대해 무리한 사과사과문이나 각서 작성, 공개적인 사과, 홈페이지에 사과문 게시 등를 요구하는 고객의 경우 '고객이 요구하는 것을 받아들이기 어려움'을 단호하게 안내하도록 교육시키고 있다.

(2) 불평고객의 유형

서비스에 문제가 생겼을 때 고객들은 다양한 반응을 나타낸다. 불평고객의 유형은 수동적 불평자, 표현 불평자, 화내는 불평자, 적극적 불평자로 분류할 수 있는데, 이 중에 외식업체에 가장 도움이 되는 불평고객은 '표현 불평자'라고 할 수 있다.

- 수동적 불평자passives : 소극적으로 불평하는 수동적 불평자는 서비스 실패 상황에서 어떤 행동을 할 가능성이 매우 적다. 서비스 제공자에게도 서비스 불만을 제기하려 하지 않으며, 다른 사람들에게도 부정적 구전을 하지 않는 경향이 있다.
- 표현 불평자voicers : 서비스 제공자에게 적극적으로 서비스 문제에 대해 불평을 하고 주변 사람들에게 부정적인 구전을 하지만 제3자소비자원, 온라인 평가 플랫폼에게 부정적 구전을 하지 않는 유형이다.

---

12 고객의 권리를 과잉 주장, 억지 주장, 서비스 기업의 과실이 전혀 없는 상황에서 과도한 보상 요구, 상습적인 클레임, 인격 모독, 언어폭력 등이다.

- 화내는 불평자irates : 서비스 제공자뿐만 아니라 친구나 친척들에게 부정적 구전을 하고 경쟁 레스토랑으로 전환할 의도가 높은 유형이다.
- 적극적 불평자activists : 적극적 불평자는 평균 이상의 불평 성향을 가지고 있으며 외식업체, 친구나 주변인 그리고 제3자에게도 불평을 하는 성향을 가지고 있다.

SNS 이용이 급속도로 늘어나면서 주의 깊게 살펴봐야 할 고객 유형이 있다면 미스터리 쇼퍼처럼 서비스 이용 후 레스토랑 서비스에 대해 스스로 평점을 매기고 서비스의 문제 등을 평가하는 고객들이다. 요즘 고객은 모두 미식가이며 음식 평론가처럼 보인다. SNS에 자신이 방문했던 모든 레스토랑의 음식과 서비스를 소개하면서 맛, 서비스, 분위기 등에 대해 자신의 평가를 상세히 올리고 있다. 만족할 만한 고객 경험을 제공한 레스토랑의 경우 긍정적인 입소문을 내주는 것이므로 마케팅 효과가 있겠지만, 낮은 서비스 품질로 고객에게 부정적인 경험을 제공한 레스토랑은 부정적인 입소문이 나게 되므로 영업에 위협 요소가 되기도 한다. 고품질 서비스를 통해 고객 만족 경험을 제대로 전달할 수만 있다면 돈 들이지 않고 레스토랑을 마케팅할 수 있으므로 고객 불평을 두려워할 것이 아니라 지속적인 고품질 서비스 제공을 위해 더욱 '고객 중심적' 레스토랑 운영에 신경 써야 할 것이다.

3) 서비스 회복 전략

(1) 서비스 회복의 정의

서비스 회복이란 불평고객의 부정적 감정을 긍정적 감정으로 돌려놓기 위해 레스토랑이 취하는 행동을 말한다. 처음부터 완벽한 서비스를 제공하면 좋겠지만 사람이 하는 일이라 서비스 현장에서는 언제든지 서비스 실수가 발생한다. 따라서 서비스를 잘못 제공하거나 고객을 실망시키는 서비스를 제공했다면 '감동적인 서비스 회복'을 통해 오히려 불만족한 고객을 충성고객으로 만드는 기회로 활용해야 한다. 서비스 회복을 통해 컴플레인이 잘 해결된 고객의 서비스 만족도는 실제로 서비스에 대해 불평을 해본 적이 없던 고객의 만족도 점수보다 더 높기 때문이다. 처음부터 실패 없이 약속한 서비스를 제공하는 것보다 서비스 실패 시 효과적인 서비스 회복을 시켜 주면 고객이 더욱 호의적으로 반응하게 되는 역설적인 상황이 되는데, 이를 서비스 회복의 역설service recovery paradox이라고 한다. 더 나아가 제대로 된 서비스 회복은 고객 만족을 증가시키고 고객과의 관계를 공고히 하며 다른 경쟁사로의 이탈을 방지하는 등 레스토랑과 고객과의 장기적인 관계를 구축하는 기회를 제공한다.

(2) 서비스 회복 전략

고객이 서비스에 대해 컴플레인하거나 클레임을 걸었을 때 먼저 효과적으로 서비스 회복을 시켜야 하고, 동일한 서비스 문제가 재발되지 않도록 조치하는 것이 중요하다.

① 재빨리 조치하라

고객이 시간과 노력을 들여 불평했다면, 고객은 레스토랑이 책임 있는 자세로 문제를 빠르게 해결하기를 기대한다. 고객 관점에서 효과적인 회복은 문제가 제기된 그 자리에서 바로 문제를 해결해 주는 것이며, 신속한 서비스 회복은 고객 만족도에 영향을 미친다. 서비스 회복을 즉시 또는 24시간 이내에 경험한 고객의 만족도가 그렇지 않은 고객의 만족도보다 훨씬 높다고 한다. 서비스 불평을 즉시 처리하려면 현장 직원에게 권한 위임이 되어 있어야 하며, 이를 위해서는 체계적인 서비스 회복 시스템이 필요하다. 체계적인 서비스 회복 시스템을 구축하는 방법은 다음 절에서 자세히 논의하도록 한다.

② 충분한 설명을 제공하라

서비스 불평을 한 후 고객은 서비스 문제가 발생한 원인이 무엇인지 알고 싶어하고 레스토랑이 서비스 문제에 대한 책임을 다하길 원하며 정중하게 사과받기를 기대한다. 이 상황에서 고객과 종사원의 커뮤니케이션이 중요하다. 레스토랑은 고객에게 서비스 문제가 발생한 상황과 이유를 정확하고 진정성 있게 설명하여 신뢰를 줘야 한다. 서비스 실패에 대해 충분한 설명과 정중한 사과가 제공된다면 금전적 보상 없이도 고객의 부정적 감정이 완화되고 고객 불만족을 감소시킬 수 있다.

③ 고객을 공정하게 대하라

고객은 서비스 회복 과정에서 공평하고 공정하게 대우받기를 기대한다. 고객이 원하는 공정성은 결과 공정성, 절차 공정성, 상호작용 공정성으로 구분할 수 있다. 결과 공정성outcome fairness은 고객이 불평을 처리한 뒤 얻는 금전적환불, 할인, 쿠폰 제공 등 또는 물질적식사 교환, 무료 식사나 음료 제공 등 보상 결과를 말하고, 절차 공정성procedure fairness은 불평 처리 절차나 규칙 등과 관련이 있다. 상호작용 공정성interactional fairness 은 불평고객을 응대하는 레스토랑 종사원들의 태도와 관련이 있다.

고객은 불평 수준에 맞는 적절한 보상과 대우를 받는 것이 공정하다고 느끼므로 서비스 회복에 대한 고객 기대 수준을 충족시키기 위해 노력해야 한다. 불만을 제기했을 때 현장 직원에 의해 문제가 빠르고 바람직하게 해결되기를 기대한다. 느리고 불편한 처리 과정이나 고객의 탓으로 돌리는 무책임한 태도, 그리고 변명으로 들리는 서비스 제공자의 설명 등은 고객을 오히려 더 화나게 만들 수 있으므로 서비스 회복 경험에 대한 만족도를 높이기 위해 고객이 공정하다고 생각하는 보상, 처리 과정, 종사원 태도 등에 대해서도 철저히 관리해야 한다.

④ 문제를 해결하라

음식이 잘못 나왔다거나 덜 익혀져서 나왔다면 바로 새로운 음식으로 교환해 주거나 추가 조리를 하여 문제를 해결한다. 서비스 문제의 심각성에 따라 비용을 환불해 주거나 때로는 해당 메뉴나 서비스보다 한 단계 더 높은 서비스로 보상해 주며 문제를 해결할 수도 있다. 문제를 해결하기 위한 적절한 보상은 표준화된 보상 기준을 가지고 처리할 경우 공정성 확보 및 비용을 절감할 수 있다. 보상 기준의 표준화는 다음 절의 서비스 회복 시스템 구축 과정을 참조한다.

⑤ 서비스 실패 원인을 파악하라

서비스 문제 발생 원인을 찾다 보면 사람의 문제인지, 서비스 절차의 문제인지, 아니면 시설 환경의 문제인지를 규명할 수 있으며, 왜 이러한 문제가 발생했는지 원인의 원인을 찾아봄으로써 문제의 근본 원인을 파악할 수 있다. 근본 원인을 제거하는 것은 동일한 문제가 재발하지 않도록 하고 서비스 품질을 개선하는 데 도움이 된다. 서비스 문제 원인을 파악할 때 많이 사용하는 분석 도구는 인과 관계 도표 또는 피

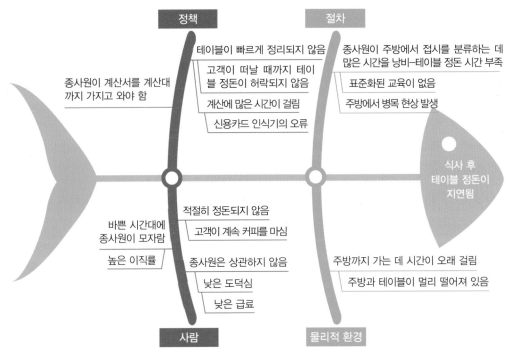

정책

테이블이 빠르게 정리되지 않음

고객이 떠날 때까지 테이블 정돈이 허락되지 않음

계산에 많은 시간이 걸림

신용카드 인식기의 오류

종사원이 계산서를 계산대까지 가지고 와야 함

절차

종사원이 주방에서 접시를 분류하는 데 많은 시간을 낭비–테이블 정돈 시간 부족

표준화된 교육이 없음

주방에서 병목 현상 발생

식사 후 테이블 정돈이 지연됨

바쁜 시간대에 종사원이 모자람

높은 이직률

적절히 정돈되지 않음

고객이 계속 커피를 마심

종사원은 상관하지 않음

낮은 도덕심

낮은 급료

사람

주방까지 가는 데 시간이 오래 걸림

주방과 테이블이 멀리 떨어져 있음

물리적 환경

그림 9–6 | 테이블 정돈이 지체되는 원인을 찾는 인과 관계 도표

쉬본 차트fishbone chart라고 한다. 그림 9–6에 소개된 것처럼 생선의 머리 부분에는 서비스의 문제를 적고 이 문제를 일으킬 수 있는 모든 원인들을 생선뼈 모양으로 적어 보는 것이다. 원인을 적고 나면 이 원인의 원인은 또 무엇인지 적어서 근본 원인을 찾다 보면 피상적으로 보이는 원인이 핵심이 아닐 수 있음을 알게 된다.

⑥ 고객 관계를 구축하라

마지막으로 고객과 강력한 관계를 형성하고 있는 레스토랑의 경우 서비스에 문제가 생겼을 때 고객은 불평을 훨씬 덜하고 서비스 문제를 더 잘 용서하는 경향이 있다. 서비스 실패 상황에서 강력한 고객 관계가 일종의 완충 역할을 해주기 때문인데, 평소에 충성고객을 확보하기 위해 노력한다면 고객 불평이 줄고 서비스 회복 처리도 수월해질 수 있다.

초일류 서비스 기업인 스타벅스는 불평고객의 서비스 회복을 위해 간단하지만 서비스 회복 개념이 잘 반영된 LATTE 법칙을 이용해 현장 종사원들의 불평고객 응대 스킬을 향상시키고 고객의 긍정적인 서비스 회복 경험을 강화하고 있다. 먼저 고객의

L	Listen	경청합니다.
A	Apologize	사과하고 질문합니다.
T	Take action	올바른 액션을 취합니다.
T	Thank	감사의 마음을 전합니다.
E	Ensure satisfaction	고객이 만족했음을 확인합니다.

그림 9-7 | 스타벅스의 LATTE 법칙

소리에 경청하라는 것이고, 정중하게 사과하고 문제를 정확히 확인한 후 올바르게 처리하며, 마지막으로 감사의 마음을 표하고 서비스 회복 과정도 만족스러운 서비스 경험이 되도록 노력하고 있다.

4) 서비스 회복 시스템 구축을 통한 고객 만족 관리

서비스가 잘못 제공되었을 때 서비스를 회복하는 방법은 두 가지가 있다. 첫째는 사례별 접근법case-bycase approach으로 불평고객 각각의 사례를 개별적으로 처리해 주는 방법이다. 고객의 상황이 모두 같지 않으므로 합리적인 처리 방법인 것 같으나 담당자마다 다른 기준으로 보상을 해준다면 오히려 불공평하다는 인식을 심어줄 수 있고, 사례마다 다르게 보상하다 보면 회복 처리 비용이 비효율적으로 집행될 수 있는 단점이 있다. 둘째는 체계적인 접근법systematic approach으로서 서비스 회복 기준을 명확히 설정하고 모든 종사원이 그 기준에 따라 고객 불평을 처리하는 것이다. 종사원들의 개인적인 성향 등으로 인해 보상이 달라지는 것을 방지할 수 있고 일관된 기준을 적용함으로써 불평고객들의 공평성에 대한 문제 제기를 사전에 방지할 수 있으며, 회복 비용도 절감할 수 있는 장점이 있어 사례별 접근보다는 효과적이다.

체계적인 서비스 회복 시스템을 구축하기 위해서는 점포에서 발생 가능한 모든 서비스 실패나 실수 등을 사전에 파악하여 보상 처리하는 기준을 미리 정해 놓고 적용하여야 하며, 서비스 실패나 실수 내용도 계속해서 업데이트해야 한다. 본 장에서는 외식 점포 현장에서 고객 불평을 효과적으로 처리할 수 있는 체계적인 서비스 회복

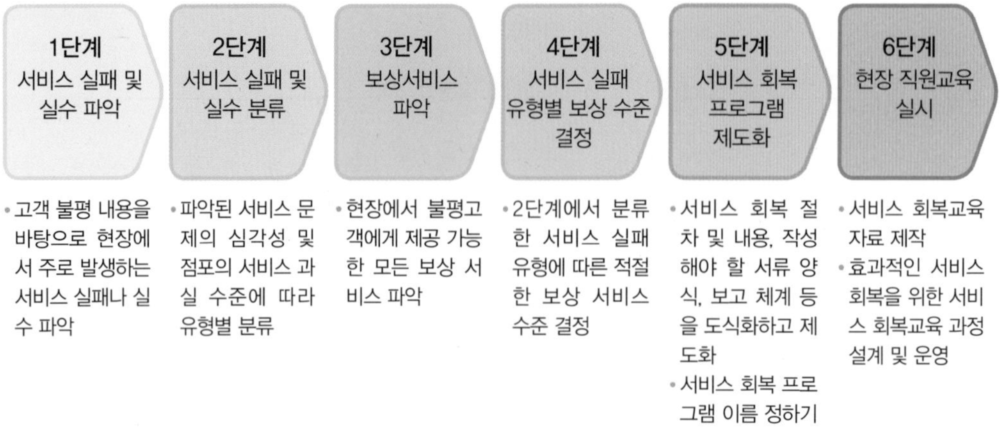

1단계	2단계	3단계	4단계	5단계	6단계
서비스 실패 및 실수 파악	서비스 실패 및 실수 분류	보상서비스 파악	서비스 실패 유형별 보상 수준 결정	서비스 회복 프로그램 제도화	현장 직원교육 실시
• 고객 불평 내용을 바탕으로 현장에서 주로 발생하는 서비스 실패나 실수 파악	• 파악된 서비스 문제의 심각성 및 점포의 서비스 과실 수준에 따라 유형별 분류	• 현장에서 불평고객에게 제공 가능한 모든 보상 서비스 파악	• 2단계에서 분류한 서비스 실패 유형에 따른 적절한 보상 서비스 수준 결정	• 서비스 회복 절차 및 내용, 작성해야 할 서류 양식, 보고 체계 등을 도식화하고 제도화 • 서비스 회복 프로그램 이름 정하기	• 서비스 회복교육 자료 제작 • 효과적인 서비스 회복을 위한 서비스 회복교육 과정 설계 및 운영

그림 9-8 │ 서비스 회복의 체계적인 접근

시스템을 개발하는 방법을 제시하고자 한다.

현장 중심의 서비스 회복 프로그램 개발을 위해서는 프로그램 개발 과정에 고객 접점에서 서비스하는 종사원들을 적극적으로 참여시키는 것이 중요하다. 현장 종사원들은 고객의 반응과 고객의 불평을 가장 가까이서 경험하는 사람이며 가장 신속하게 고객 불평을 처리해줘야 할 사람이기 때문이다. 그림 9-8에서 제시하는 프로그램 개발 절차에 따라 만들어진 서비스 회복 프로그램은 서비스 종사원들 직무교육 시 훌륭한 교육 자료가 될 수 있다.

(1) 1단계 : 외식 점포 내에서 발생하는 서비스 실패나 실수 파악

1단계에서는 자신의 레스토랑과 관련된 고객 불만 내용이나 고객의 소리, 방문 후기 등을 분석하여 외식서비스 제공 과정에서 발생했던 모든 서비스 실패나 실수 들을 파악한다. 기업에게 직접 불평하는 사람은 불만을 가진 고객의 4~5% 정도밖에 되지 않는다고 하니 레스토랑 점포에 접수된 고객 불평만으로 레스토랑의 서비스 실패와 실수를 완전히 파악하는 것은 한계가 있을 수 있다. 따라서 다양한 채널을 통해 고객의 소리를 듣고 현장에서 발생 되고 있는 서비스의 문제점을 찾도록 노력한다. 예를 들면, 점포 현장에 접수된 고객 불만이나 고객 인터뷰 자료, 그리고 온라인에 올라온 점포와 관련된 고객의 글, SNS에 올린 고객의 방문 후기 분석을 통해 발생 가능한 모든 서비스 실패나 실수를 정리해 본다. 다음은 레스토랑에서 많이 발생하는 고객 불평 사례를 몇 가지 제시했지만 무엇보다도 자신의 점포에서 발생하는 서비스 실패나 실수, 고객 불평 내용을 중심으로 정리하도록 한다.

- 불합리하게 느린 서비스 : 자리 안내, 음식 제공, 계산의 지연
- 서비스 종사원들의 실수 : 잘못 주문된 음식이나 음료, 음식을 엎지름
- 주방 종사원들의 실수 : 음식에서 이물질 발견, 제대로 조리되지 않음
- 관리 시스템 실수 : 예약 시스템의 오류, 전화 연결 불편
- 고객의 특별한 요구에 대한 대응 불만 : 개인적 질병이나 특별한 날로 인한 요청, 조리법에 대한 변경 요구, 서비스하는 방식 변경 요구 등
- 종사원들의 불친절한 태도 : 무관심, 무례함, 무시, 차별, 무성의
- 다른 고객으로 인한 불만 : 떠드는 아이, 음주고객, 불쾌한 언행을 보이는 고객
- 고객의 실수 : 고객이 잘못 주문하거나 제대로 말하지 않음

(2) 2단계 : 파악된 서비스 실패나 실수를 분류

1단계에서 정리된 외식서비스 실패나 실수를 '문제의 심각성 정도고/저 또는 고/중/저' 와 '서비스 문제의 책임 정도고/저'에 따라 분류한다. 예를 들면, 고객이 샐러드를 주문하면서 드레싱을 따로 가져와 달라고 했는데, 주방에서 샐러드에 드레싱을 뿌린 채 내오는 경우, 음식에서 이물질이 나와 고객의 치아가 부러진 경우 등은 서비스 문제의 심각한 정도의 차이가 있기 때문이다. 또한 서비스 문제가 발생하게 된 책임의 정도도 고객 실수가 더 큰 경우가 있는가 하면 종사원 실수로 음식이 잘못 나간 경

그림 9-9 | 디즈니의 고객 불평 분류 사례
출처 : 디즈니 S.T.A.R 프로그램 교육 자료.

우와 같이 레스토랑 책임이나 실수가 큰 경우가 있다. 서비스 실패를 분류하는 과정에서는 점포 책임자나 종사원들 간에 서로의 생각이 다를 수 있으므로 충분한 토의 과정을 거쳐 합의를 도출한다. 미국 디즈니의 경우 현장 종사원을 교육하기 위해 S.T.A.R.Smile, Thank, And Recover라는 이름의 서비스 회복 프로그램을 만들었으며, 서비스 문제의 심각성과 서비스 과실 책임 정도에 따라 그림 9-9와 같이 4가지 유형으로 고객 불평을 분류하고 있다.

(3) 3단계 : 불평고객에게 제공 가능한 보상 방법 파악

3단계에서는 서비스 회복 차원에서 불평고객에게 제공하는 모든 보상 서비스 종류를 나열해 본다. 단순히 말로 사과하는 것부터 잘못 나온 음식을 교환해 주거나, 음식값을 할인해 주거나, 아니면 무료 서비스를 제공하는 등 다양한 처리 방법이 있을 것이다. 다른 레스토랑에서 경험한 보상 서비스 등도 참고하여 최대한 서비스 회복을 위한 해결책으로 활용 가능한 보상 서비스를 정리한다. 서비스 회복 과정에서 흔히 제공하는 보상 서비스의 아래 예시를 참조하여 자신의 업장에서 제공 가능한 모든 보상 방법을 적어 본다.

- 잘못 나온 음식 교환
- 음식 교환 및 무료 음료 서비스
- 잘못 나온 음식 무료 서비스
- 테이블 식사비 할인
- 테이블 전체 식사비 무료
- 점장의 정중한 사과와 재발 방지 약속
- 다음번 방문에 사용할 수 있는 무료 또는 할인 쿠폰 제공 등

(4) 4단계 : 서비스 실패 유형에 따른 적절한 보상 서비스 수준 결정

2단계에서 분류한 서비스 실패 유형에 따라 고객 입장에서 '가장 합리적이고 기대 이상의 서비스 회복이라고 판단되는 보상 서비스'가 무엇인지 토의를 거쳐 결정한다. 서비스 문제의 심각성이 높을수록 회복 처리 과정에서 더 많은 금전적 보상과 진심 어린 처리 절차가 필요요할 것이다. 보상 서비스 수준이 고객이 기대했던 정도라면 당

연한 보상이라 생각할 가능성이 크므로 고객의 부정적 감정이 긍정적 감정으로 회복되기까지는 감동적인 수준의 서비스 회복 노력이 절대적으로 필요하다. 감동적인 서비스 회복 과정을 경험한 고객은 서비스 회복을 경험하지 않은 고객보다 충성고객이될 확률이 더 높기 때문이다.

(5) 5단계 : 서비스 회복 프로그램 제도 설계

현장에서 고객 불만이 발생했을 때 서비스 실패 유형별 적절한 보상 서비스를 매칭시킨 자료를 활용해 서비스 회복 처리 업무 절차를 표준화한다. 예를 들면, 고객 불만 처리 절차를 도식화하고 그 과정에서 현장 종사원이 작성해야 할 문서도 표준화한다. 서비스 회복 처리 양식에는 다음과 같은 내용이 포함될 수 있다.

- 매장 이름
- 날짜
- 고객 이름과 연락처
- 종사원 이름
- 서비스 회복 처리 내용
- 처리 금액서비스 실수로 인해 무료 또는 할인이 제공되는 경우 금액
- 서비스 실패나 실수가 발생한 상황에 대한 간단한 설명
- 종사원 서명

(6) 6단계 : 서비스 회복 교육 프로그램 교육 및 운영

위에서 개발된 내용을 책자로 만들어 매장 종사원들을 대상으로 한 서비스 회복 교육을 실시하고 운영한다. 효과적이고 신속한 서비스 회복이 왜 중요한지, 서비스 회복 절차 및 처리 방법, 그리고 현장의 다양한 서비스 실패 상황을 학습하며 적절하게 불평고객을 대응하는 방법을 훈련시킨다.

현장에서 처리된 자료가 수집되면 한 달 동안 어느 매장에서 가장 많은 서비스 실패가 발생했는지, 매번 반복해서 발생하는 서비스 실패나 실수는 무엇인지, 무료나 할인으로 제공된 서비스를 금액으로 환산했을 때 가장 많은 비용을 지불한 매장은 어디인지 등을 파악할 수 있다.

만약 주방에서 음식 조리가 잘못되어 무료로 제공한 식사가 많았다면 조리 종사원의 교육이 우선되어야 하고, 서비스 종사원의 불친절로 컴플레인이 자주 발생한다면 서비스교육이 더 중요할 것이다. 더 나아가 서비스 실패와 실수의 근본 원인을 파악하여 해결 방안을 찾는 데 많은 도움이 될 것이다. 처리된 자료는 주기적으로 분석하여 현장에 피드백함으로써 현장 직무 훈련on-the-job-training 자료로도 활용할 수 있다.

서비스는 처음부터 완벽하게 제공하려고 노력해야 하지만 불가피하게 발생하는 서비스 실패에 대해서는 효과적인 서비스 회복 전략을 구축하여 불평고객의 부정적 영향력을 줄여야 한다. 체계적인 서비스 회복 접근은 서비스 기업에 가져다 주는 이익이 매우 크며, 무엇보다도 모아진 자료 분석 결과를 지속적인 품질 개선 활동과 연계시킨다면 점포의 서비스 품질은 지속적으로 향상될 수 있으며 궁극적으로 고객 만족도와 충성도를 높일 수 있을 것이다.

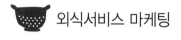
외식서비스 마케팅

Chapter

10

물리적
환경관리

학 습 목 표

1. 물리적 환경의 정의 및 중요성에 대해 설명한다.

2. 물리적 환경의 역할을 학습한다.

3. 물리적 환경과 고객과의 관계에 대해 이해한다.

4. 물리적 환경의 구성요소에 대해 학습한다.

5. 레스토랑 시설 설계 시 고려 요소에 대해 이해한다.

CHAPTER

10

고객들의 외식서비스 품질 평가 시 물리적 환경의 역
할이 중요해져 가고 있다. 본 장에서는 물리적 환경
구성요소의 이해를 바탕으로 고객에게 긍정적인 경
험을 제공하기 위한 레스토랑 시설 설계 방법에 대해
배운다.

1. 물리적 환경의 이해

1) 물리적 환경의 정의 및 중요성

서비스의 물리적 환경이란 기업과 고객 간 상호작용이 이루어지는 환경과 서비스를 이용하는 고객에게 보여지는 모든 유형적 요소를 말한다. 예를 들면, 레스토랑 간판 및 외관, 표지판, 주차장 등과 같은 외부 속성과 인테리어, 가구, 조명, 음악, 색상, 실내 장식, 안내 표지판과 같은 내부 속성으로 구성된다. 최근에는 인터넷 홈페이지, 애플리케이션, 가상 공간의 레스토랑 관련 서비스스케이프servicescape까지도 물리적 환경에 포함할 수 있다.

물리적 환경은 다른 외식업체와 차별화를 가능하게 하고 구매 전에 고객의 기대를 형성시키는 주요 단서로서의 역할을 하며 고객 만족과 서비스 품질 인식에 영향을 미친다. 또한 외식서비스를 이용할 때 레스토랑 공간에 일정 시간을 머물면서 서비스를 경험하기 때문에 레스토랑의 물리적 환경은 고객의 정서적인 기분이나 태도, 구매 만족, 그리고 구매 후 행동에 상당한 영향을 주게 된다. 특히, 요즘처럼 SNS 마케팅이 보편화되고 있는 가운데 인스타그래머블instagrammable한 또는 매력적인 물리적 환경이나 메뉴를 가진 레스토랑은 다른 광고 없이도 잠재 고객을 유인하는 데 큰 역할을 하기에 마케팅적으로 매우 중요하다.

레스토랑의 물리적 환경은 단순히 예쁘게 설계하는 것이 중요하기보다는 레스토랑 콘셉트에 맞게 설계 되어야 하며, 레스토랑의 성과를 극대화하기 위한 방향으로 전략적으로 설계되어야 한다. 예를 들어, 패스트푸드 레스토랑의 경우 고객들로 하여금 최대한 짧게 머물게 함으로써 좌석 회전율을 높이기 위해 로고는 붉은색과 노란색의 원색을 활용하고 푹신한 의자보다는 딱딱한 의자를 배치한다. 고급 레스토랑으로 갈수록 인테리어에 사용하는 색상은 무채색이 많으며 고객당 차지하는 공간이나 테이블의 크기 등이 넓고 의자나 식기 도구들도 매우 고급스럽다.

2) 물리적 환경의 역할

(1) 서비스 품질 인식에 영향

서비스의 무형성 때문에 고객이 서비스 품질에 대해 확신을 하지 못하는 경우가 많다. 이러한 경우 서비스 물리적 환경은 서비스 상품을 이해하거나 평가하는 데에 도움을 줄 수 있다. 물리적 환경은 고객에게 첫인상을 심어 주거나 고객의 기대를 설정하고 또한 서비스 품질의 예측 지표가 되는 등 다양한 역할을 한다. 특히, 물리적 환경은 서비스에 대한 경험이 전혀 없거나 적은 고객에게 더 많은 영향을 미친다. 고객은 레스토랑을 선택하는 데 있어 도움이 될 수 있는 유형적 단서를 물리적 환경을 통해 파악하기 때문에 서비스 제공자는 고객들의 이해와 의사 결정을 도울 수 있는 물리적 환경을 제공하는 것이 중요하다.

(2) 이미지 형성

물리적 환경은 무형의 서비스를 시각적으로 보여 주는 것이며, 브랜드 포지셔닝과 특정 이미지를 구축하는 데 중요하다. 제품의 패키지처럼 물리적 환경은 본질적으로 서비스를 포장해서 내부의 것을 외부적 이미지로 전달하는 역할을 한다. 레스토랑의 경우 레스토랑 분위기가 음식보다 구매 결정과 레스토랑 이미지에 직접적으로 영향을 줄 수 있다. 또한 색상, 조명, 음향, 실내 공기, 온도, 공간 배치, 가구 스타일, 향기 등은 서비스에 대한 고객 감정을 형성하는 데 도움을 준다. 예를 들면, 이탈리안 레스토랑 매드포갈릭Mad for Garlic의 경우 '와인'을 콘셉트로 하고 있기 때문에, 매장 입구에는 100여 종의 와인을 선보이는 와인셀러를 설치하고, 천장 라운드 타입의 레일에 와인잔을 걸어 놓았다. 최대 10명이 이용할 수 있는 룸은 마치 와이너리의 테이스팅룸이 연상되도록 꾸몄으며, 검은색 벽돌로 심플하면서도 세련된 분위기를 연출하였다. 이러한 인테리어로 와인을 콘셉트로 한 매장이라는 느낌을 고객에게 확실히 인식시키고 있다.

(3) 서비스 종사원과 고객의 행동에 영향

고객과 종사원의 상호작용은 물리적 환경 내에서 이루어지므로 물리적 환경이 고객뿐만 아니라 서비스 종사원의 행동에도 많은 영향을 미친다. 물리적 환경으로 인하여 서비스 종사원과 고객의 활동 흐름이 촉진되거나 억제될 수 있다. 잘 설계된 물리적 환경은 고객에게는 유익한 서비스 경험을, 종사원에게는 만족스러운 서비스 수행을 할 수 있도록 지원한다. 반면에 잘못된 물리적 환경은 고객과 종사원 모두에게 불만을 줄 수 있다. 특히, 서비스 종사원은 서비스 접점에서 고객과의 직접적인 커뮤니케이션과 같은 상호작용을 하기 때문에 고객의 감정에도 영향을 미칠 수 있다. 따라서 서비스 종사원이 동료 종사원들과 조화롭게 일을 하여 직무 만족도와 생산성을 높이도록 쾌적하고 생산적인 근무환경을 마련해야 한다. 예를 들어, 적당한 온도와 공기, 효율적인 홀이나 주방의 동선 배치, 종사원 유니폼 등이 근무환경에 영향을 미친다.

(4) 고객과 종사원의 사회화

물리적 환경으로 인해 고객과 종사원의 사회화가 이루어진다. 이는 고객과 종사원이 물리적 환경을 통해 그들이 어느 관계에 놓여 있는지 파악하도록, 그들에게 기대된 역할, 행동을 하도록 유도하는 것이다. 예를 들어, 종사원에 있어 물리적 환경으로 인해 자신의 지위를 인지하게 되며, 고객에게 물리적 환경의 설계는 자신의 역할이 무엇인가, 자신이 어느 부분에 있어야 하는가, 어떻게 행동해야 하는가 등을 암시한다.

(5) 차별화

고객은 다른 레스토랑과 차별화된 분위기를 가지는 레스토랑을 더 방문하고자 하고, 그 레스토랑을 방문한 고객의 만족도는 더 커질 것이다. 물리적 환경은 레스토랑을 포지셔닝하는 데 가장 중요하며 신규 고객을 끌어들이는 데 사용된다. 레스토랑은 물리적 환경을 통해 경쟁자와 차별화할 수 있으며, 이를 통해 의도적으로 레스토랑이 목표하는 세분화된 목표고객을 보여 줄 수 있다. 레스토랑의 경우 조명의 정도, 음악, 실내 장식 등의 분위기를 보면 가족을 주 고객으로 하는지, 연인이나 친구들을 주 고객으로 하는지를 판단할 수 있다.

2. 레스토랑 물리적 환경 디자인

1) 물리적 환경과 고객과의 관계

　그림 10-1은 레스토랑의 환경과 고객과의 관계를 '자극-유기체-반응 이론'을 기반으로 설명하고 있다. 공조 환경, 공간/기능, 신호, 상징 및 인공물으로 구성되어 있는 물리적 환경과 고객의 내적인지적, 감정적, 생리적 반응, 그리고 그 결과로 나타나는 고객 행동이 연결되어 있음을 보여 준다. '자극-유기체-반응 이론'에 따르면 살아 있는 생명체는 특정 환경에 노출될 때 환경 자극인테리어, 배경 음악, 조명, 실내 온도 등에 대해 인지적·감정적·생리적으로 반응하게 되고 이러한 반응이 주어진 환경하에서 고객들의 행동에 영향을 미치게 된다는 것이다. 또한 고객은 일반적으로 물리적 환경 차원에 반응하면서 접근 행동과 회피 행동의 두 가지 상반된 행동을 하게 되는데, 접근 행

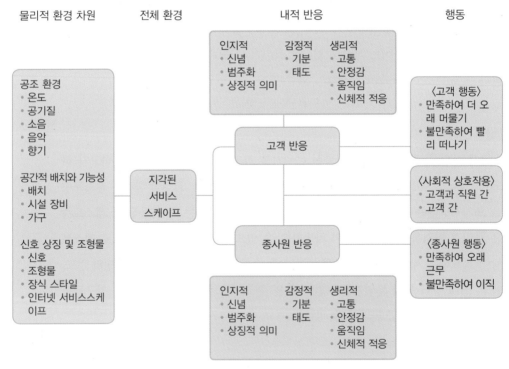

그림 10-1 ｜ 서비스 조직에서 환경-사용자 관계를 이해하기 위한 틀

출처 : Bitner(1992).

동approach에는 특정 장소에 더 오래 머물면서 더 많이 구매하려는 긍정적인 행동이 포함되며, 회피 행동avoidance은 그 자리를 빨리 떠나고 싶어하는 부정적인 행동을 포함한다. 따라서 레스토랑을 설계할 때는 고객 내적 반응에 긍정적인 영향을 줄 수 있는 물리적 환경을 설계해야 한다.

레스토랑의 물리적 환경은 고객을 유인하거나 방해하기도 할 뿐만 아니라 고객이 음식과 서비스를 더욱 즐길 수 있게 하고, 같은 공간에서 근무하는 종사원의 경우는 서비스를 효과적으로 수행하는 데 물리적 환경이 영향을 미칠 수 있다. 예를 들어, 고객은 넓고 출입하기 쉬운 주차장, 깨끗하고 세련된 인테리어, 은은한 조명 등으로 인해 식사를 더욱 즐길 수 있고, 종사원은 충분한 주방 공간, 적절한 휴게 시설, 그리고 쾌적한 온도와 공기 상태는 종사원의 직무 만족에 영향을 미치게 되고 조직 몰입을 높여 준다. 따라서 레스토랑의 물리적 환경은 고객과 종사원 요구 및 선호도에 부합하는 것이 매우 중요하다.

2) 레스토랑 물리적 환경 요소

레스토랑은 단순히 음식을 먹는 곳이 아니라 음식과 함께 차별화된 서비스를 경험하는 공간이기도 하다. 독특한 디자인은 그 레스토랑만의 독특한 서비스 문화를 만들어 낼 수 있으므로 레스토랑 디자인 시 고객 니즈를 바탕으로 메뉴와 시설 및 인테리어 디자인, 그리고 서비스 방식 등이 조화를 잘 이루어 경쟁사와 차별화되는 독특한 문화를 창조하는 것이 중요하다.

또한 외식사업은 수익 창출을 궁극적인 목표로 하기 때문에 초기 투자비가 가장 많이 발생하는 레스토랑 디자인 단계에서 운영의 효율성 및 효과성을 고려해야 한다. 고정비용주방기기, 가구 및 비품, 공사비 등과 운영경비효율적인 배치, 인체 공학적 디자인, 유지 보수 관리비, 수도 광열비, 식재료비 등를 감소시키고 동시에 운영상 효율성을 향상시켜 수익성을 확보할 수 있는 디자인이 중요하다.

레스토랑에서 제공하는 음식이나 서비스 등의 기본적인 요소 외에도 고객 경험에 영향을 미칠 수 있는 유형적 요소들을 잘 조합하여 오감을 자극하는 디자인도 중요하다. 색상, 음향, 조명, 실내 공조 환경, 마감재, 식사 공간 형태, 테이블 및 좌석 형태,

종사원 유니폼, 메뉴판 디자인, 외부 간판 같은 다양한 유형적 요소들이 레스토랑 서비스 품질 인식이나 브랜드 이미지, 서비스 경험에 영향을 미칠 수 있기 때문이다.

그림 10-1에 따르면 물리적 환경 요소는 공조 환경, 공간적 배치와 기능성, 그리고 신호, 상징 및 조형물로 구분되며, 공조 환경은 온도와 습도, 조명, 소음, 음악, 향기, 색상 등으로 구성되고 공간적 배치와 기능성은 가구와 시설 장비의 배치가 해당된다. 다음에서는 물리적 환경 요소들이 고객들의 내적 반응과 행동에 어떻게 영향을 미치는지 구체적으로 살펴보고자 한다.

(1) 공조 환경

레스토랑 고객의 전반적인 외식 경험에 영향을 미치는 요소 중 하나는 바로 식사 공간의 분위기이다. 레스토랑을 들어섰을 때 느껴지는 일반적인 무드mood나 톤tone은 색상, 조명, 음향, 환기, 가구나 식기의 표면 질감, 테이블 형태나 크기와 같은 요소들에 의해 만들어진다. 그중에서 공조 환경ambient condition은 색상, 조명, 음악, 소음, 향기, 온도와 습도 등과 같은 환경의 배경적 특성들을 말하며, 일반적으로 고객의 느낌, 사고, 반응 등에 영향을 미친다.

① 색상

붉은색, 주황색, 노란색과 같은 난색 계열들은 신진대사 속도를 향상시켜 소화 촉진, 신체 기능을 차분하게 하고 기운을 북돋우는 작용을 한다. 반면, 차가운 계열파란색, 녹색, 보라색 등의 색조는 소화를 더디게 하며, 음식이나 고객이 매력적으로 보이는 데 부정적인 효과를 초래한다. 레스토랑에서 색상을 사용할 때는 다음의 내용을 참고하도록 한다.

• 음식을 더욱 돋보이게 하기 위해서는 따뜻한 붉은색, 갈색, 주황색, 노란색 계열의 색을 사용한다.
• 빠른 고객회전이 필요한 패스트푸드나 테이크아웃 매장은 식사 공간에 붉은색 계열을 사용한다.
• 식사 공간에는 여러 색을 조화롭게 사용하되 고객의 혈색을 창백하게 보이게 하는 초록색이나 회색 계열의 색은 피한다.

- 작은 식사 공간, 룸, 소품 등을 크게 보이게 하려면 밝은색을 사용한다.
- 창문이 없는 식사 공간의 벽면이나 룸에는 붉은 계열의 색을 사용한다.
- 천정이 높은 식사 공간은 어두운 계열의 색을 사용하고, 특히 어두운 색 계열의 수평선을 이용한다.
- 좁고 긴 식사 공간이나 룸의 경우 좁고 긴 마지막 면에 따뜻한 계열 혹은 깊은 색조가 느껴지는 색을 사용하면 공간이나 룸이 보다 정사각형으로 보인다.
- 간판 등 눈에 잘 띄게 하고 싶은 것들은 밝고 선명한 색을 사용하되 반사광이 들어가는 색은 고객의 눈을 피곤하게 하므로 피한다.
- 벽면이나 바닥 색으로부터 소품이나 물체를 구분하기 위해서는 항상 적당한 색의 대비 효과를 유지한다.

② 조명

조명의 밝기는 식사 공간의 분위기와 고객 회전율에 큰 영향을 주기 때문에 레스토랑의 콘셉트에 따라 다른 조도를 사용해야 한다. 패스트푸드점의 경우 회전율을 높이기 위해 밝은 조명을 사용하고, 객단가가 높은 레스토랑은 프라이버시를 보호하고 오래 머물게 하는 간접 조명을 사용한다. 또한 주류를 파는 레스토랑의 경우 술이 마시고 싶어지는 어두운 조도를 사용할 경우 매출에 긍정적인 영향을 미칠 수 있다.

조명의 밝기는 고객이 메뉴판을 받았을 때 읽기 쉽고, 제공된 음식의 색들이 잘 보일 수 있는 정도의 광량이 필요하다. 반사광이 지나치게 현란한 조명은 피하고, 지나친 밝기는 실내 온도를 높일 수 있으며 고객의 프라이버시를 침해할 수 있어 사용을 제한한다. 형광등은 에너지 절약 및 가격 면에서 장점이 있으나 음식과 고객의 외양에 매력적으로 보이지 않아, 가급적 백열광을 이용하는 것이 좋다. 백열등은 사물을 돋보이게 하고, 조명의 강약 조절이 가능하여 시간대에 따라 분위기를 바꿀 수 있다.

조도는 조명이 대상 면에 도달하는 빛의 양을 말하는데, 레스토랑의 콘셉트에 따라 분위기를 만드는 조도가 다르다. 일반 음식점보다는 주점의 조도가 더 낮고, 커피를 마시는 공간의 조도보다는 와인을 마시는 공간의 조도가 낮은 것처럼 레스토랑의 콘셉트에 따라 적절한 조도를 선택하는 것은 전반적인 분위기를 형성하는 데 매우 중요하다.

저단가의 메뉴로 높은 테이블 회전율을 원하는 점포라며 형광등색 조명을 밝게 켤 경우 고객들은 빨리 먹고 빨리 자리를 뜨게 되는데, 이것은 백색의 밝은빛이 사람을 이성적으로 만들고 시간이 지나면 불안하고 초조하게 만들기 때문이다. 반면, 고단가, 저회전율의 고급 식당은 가급적 조명의 조도를 낮추고 조명의 색상도 태양광에 가까운 노란빛을 연출하는데, 조도가 낮을수록 사람들은 심리적으로 안정되기 때문이다. 따라서 조명은 메뉴 콘셉트와 단가, 서비스 방식 등 레스토랑 콘셉트를 잘 이해하고 핵심고객층을 잘 분석하여 결정하는 것이 좋다.

③ 음향

배경 음악의 경우 친숙한 음악일수록 머무는 시간이 짧다고 느낀다. 배경 음악 템포에 따라 고객의 식사 속도가 달라지므로 이를 잘 활용하면 고객 회전율을 조절할 수 있다. 쇼핑몰의 경우 손님이 별로 없는 오전에는 의도적으로 느린 클래식 음악을 틀어 고객들이 한가롭게 매장을 둘러보고 오랫동안 체류하도록 유도하는 반면, 붐비는 시간대에는 빠른 템포의 배경 음악으로 고객들의 걷는 속도와 고객 흐름을 빠르게 조절한다. 레스토랑에서도 배경 음악이 없을 때보다 빠른 템포의 음악을 들려 주었을 때 고객의 식사 속도가 빨라지는 것처럼 음향 요소를 적절히 활용하면 분위기와 고객 회전율에 영향을 미칠 수 있다.

공조 환경 중 소음은 요리하는 소리처럼 식욕을 자극하는 소음도 있지만 대체로 부정적인 영향을 미친다. 고객의 식사를 방해하는 정도의 소음은 불쾌한 경험을 만

그림 10-2 ｜ 레스토랑 분위기에 영향을 미치는 물리적 환경요소들

들기 때문에 소음을 흡수해 주는 인테리어 마감재나 장식품 등을 활용하여 조절한다. 레스토랑 분위기에 따라 적절한 인테리어 마감재를 선택하여 음향 상태를 조절하는 것도 매우 중요하다. 음향은 레스토랑 실내에 부드럽거나 소리를 흡수할 수 있는 벽재, 바닥재를 사용하는 경우 소리가 약해지고, 반대로 단단하거나 소리를 반사시키는 벽재 바닥재를 사용하면 음향 상태는 강해진다. 소음을 줄이기 위해서는 카펫이나 음향 타일, 식탁보 재료, 화분 등을 이용한다.

④ 환기

오감 중 후각은 기억력과 가장 밀접한 관계가 있다. 신선한 커피 향이나 빵 굽는 냄새는 고객들의 충동 구매를 자극하는 데 매우 효과적이지만, 기름 냄새와 같은 부정적인 냄새는 고객의 식사 경험에 부정적인 영향을 미치고 고객들을 빨리 떠나게 하는 요소가 되므로 적절한 환기 시설을 갖추어야 한다.

레스토랑에서 냄새와 온도는 환기 상태에 좌우되기 때문에 환기 시스템 설계가 매우 중요하다. 부정적인 냄새는 제거하고 레스토랑 내 긍정적인 향기가 나도록 환기 상태를 조절해야 한다. 또한 실내 공기가 탁한 경우 답답함을 느껴 오래 머물지 못하게 되고, 너무 더운 경우 생리적인 반응으로 땀이 나게 되고, 식사 공간이 너무 춥거나 외풍이 심한 경우도 고객은 불쾌감을 느끼게 되므로 환기구나 환풍기를 설치할 때 유의해야 한다.

(2) 공간적 배치와 기능성

① 식사 공간의 배치

고객의 욕구를 충족시키기 위해 식사 공간의 배치layout와 기능성functionality이 중요하다. 레스토랑 공간의 배치란 서비스 공간의 기기 및 테이블의 형태와 위치, 가구 스타일, 주방 공간의 조리기기의 크기와 배열 및 이들 간의 공간적 관계를 말한다.

식사 공간의 배치는 고객의 식사 경험을 자극하는 요소들에 직접적인 영향을 미치고 고객과 종사원 간 의사소통의 원활성 및 종사원들의 서비스 능률에 영향을 미칠 수 있다. 또한 식사 경험에 부정적인 효과를 줄 수 있는 요소들을 제거해야 한다. 예를 들면, 주방문 주변이나 화장실 입구 주변에 앉은 고객은 주방의 소음, 주방에서 새어 나오는 조명, 종사원들의 대화 내용, 끊임없이 문 여닫는 소리와 종사원의 움직임 등으로 부정적인 식사 경험을 할 가능성이 높기 때문이다.

식사 공간의 필요 면적은 적정한 매출 확보에 매우 중요한 요소이다. 충분한 좌석 수를 확보하지 못하거나 좌석 회전율이 너무 느릴 경우 적정한 매출 확보가 어렵다. 일일 예상 매출을 평균 객단가로 나누고, 피크 시간대에 몇 명의 고객을 받고, 어느 정도의 좌석 회전율을 달성해야 적정한 수익이 창출되는지를 확인하여 좌석 수를 결정한다. 식사 공간의 필요 면적은 레스토랑 콘셉트에 따라 다른데, 서비스 수준이 높은 고급 레스토랑일수록 고객당 차지하는 식사 공간은 넓어진다.

좌석 회전율이 높은 경우는 동일한 면적이나 좌석 수를 가지고도 고객 수용 능력을 극대화하고 고객의 대기시간을 단축하여 매출 향상 및 고객 만족도 증대에 기여한다. 좌석 회전율을 높이려면 음식 조리시간 단축을 위해 가공 식자재를 활용하거나 식사 공간을 밝은 조명과 색상을 활용하여 설계하며, 의자를 선택할 때도 오래 앉아 있으면 다소 불편한 의자를 의도적으로 사용할 수도 있다. 충분한 서비스 인력을 투입하여 서비스의 속도를 빠르게 할 수 있지만 이 경우는 인건비가 상대적으로 올라가는 단점이 있다.

② 테이블 형태와 크기

레스토랑의 공간 배치에는 테이블의 모양과 크기, 테이블 간의 간격도 포함된다. 공간의 면적이 테이블과 좌석 수를 결정하는 데 가장 중요하며 메뉴의 종류와 형태에 따라 테이블의 크기는 조정되어야 한다. 효과적인 공간 배치는 고객과 종사원이 더 쉽게 접근할 수 있도록 하고 긍정적인 고객 감정을 형성하여 고객 만족에 영향을 줄 수 있다.

테이블 형태는 원형, 사각 등 모양에 따라 다양하다. 원형 테이블은 고객에게 편안한 레스토랑 이미지를 전달하고, 고객과 고객 사이, 고객과 종사원 사이의 친밀감을 촉진시키는 역할을 한다. 반면, 사각형 테이블은 필요에 따라 테이블 조합이 용이하기 때문에 레스토랑 경영주들이 선호하는 형태이며 고객과 고객 사이, 고객과 종사원 사이의 친밀감 형성을 방해한다.

레스토랑의 콘셉트에 따라 테이블의 형태, 크기, 배치 등을 달리할 수 있다. 격식 있는 식당은 사각형 테이블을, 편안하고 자유로운 카페의 경우 원형 테이블을 더 선

그림 10-3 | 레스토랑 테이블 형태

호하고, 방문하는 고객의 그룹 규모에 따라서 커플 고객이 많다면 2인 테이블을, 3인 이상의 그룹으로 방문한다면 4인 테이블을 적절히 조합하여 만석률을 높인다. 점포에 맞는 최적의 테이블 믹스는 점포 매출에 중요한 영향을 미친다.

③ 기능성

기능성은 고객과 종사원의 목적 달성을 용이하게 하는 능력을 말한다. 이용의 편리성, 접근 용이성, 좌석의 편안함, 디자인의 심미성 등이 그 예이다. 고객들의 서비스 이용 경험을 강화시켜 줄 수 있어야 하고, 종사원이 업무를 수행하는 데 불편함이 없도록 설계되어야 한다.

공간적 배치나 기능성은 특히 고객들이 종사원의 도움을 못 받는 셀프서비스 환경에서 더욱 중요해진다. 고객 스스로 서비스를 알아서 이용해야 하므로 초보자도 쉽게 이용할 수 있을 정도로 서비스 과정을 단순하고 편리하게 설계해야 한다.

(3) 사인물, 심벌, 소품

레스토랑 내부와 외부에 부착된 사인물과 심벌은 고객들에게 그 장소에 대해 정보를 제공하고 커뮤니케이터의 역할을 한다. 예를 들어, '금연'이나 '물은 셀프'와 같이 행동 규칙을 알려 주고 비상구나 화장실 등을 알리는 표지판은 장소 정보를 알려 주는 역할을 수행할 수 있다.

깨끗한 흰색 테이블보와 은은한 조명을 갖추고, 고급 소재의 두껍고 세련된 디자인의 메뉴판을 갖춘 레스토랑은 높은 가격대의 고급 서비스를 제공하는 곳임을 쉽게 알 수 있다. 반면에 카운터 서비스, 멜라민 컵, 밝은 조명과 벽면에 메뉴판이 걸려 있는 경우 저렴한 레스토랑을 의미한다. 이는 심벌과 소품만으로도 레스토랑의 서비스 수준을 파악할 수 있을 만큼 물리적 환경이 상징적인 의미를 담고 있다고 할 수 있다.

그림 10-4 | 레스토랑 사인물 사례

　유명 레스토랑의 경우 레스토랑 내부에 유명 연예인이나 정치인의 친필 사인을 부착해 놓거나, 언론에 보도된 레스토랑 관련 기사 등을 액자에 담아 걸어 놓는 경우를 흔히 볼 수 있다. 이러한 소품들도 고객으로 하여금 레스토랑의 인지도나 유명도를 파악하게 하고 제공되는 서비스를 더 신뢰하게 만들기도 한다. 즉, 레스토랑의 사인물, 심벌, 소품 등은 레스토랑의 이미지를 형성하고 차별화하며 서비스 콘셉트를 전달하는 데 중요한 수단이 될 수 있다.

3. 레스토랑 주방 디자인

1) 주방 공간 디자인 3요소

　주방 공간은 주방에서 근무하는 조리사들을 고려해서 인체 공학적이면서 효율적이고 경제적인 설계가 필요하다. 주방 공간 설계 시 다음과 같은 내용을 고려하도록 한다.

- 인체 공학적 디자인 : 종사원 입장에서 편안하고 안전하게 설계된 작업환경은 종사원들의 생산성을 높여 주며, 인체 움직임의 범위를 고려하여 설계된 주방 기기/기구 배열 및 작업대 높이, 충분한 통로 공간, 능률적인 작업 공간 등의 설계가 필요하다.
- 효율적 디자인 : 초기 투자비가 약간 높더라도 작업에 소요되는 시간을 절약해 주

고 인건비 절감, 생산성 향상을 가져올 수 있는 기기를 선택하는 것이 바람직하며, 다용도 목적의 주방 기기, 사용하기 편리한 기기, 그리고 조리시간을 단축시킬 수 있는 기기 등이 비용을 절감해 주는 요소이다.

• 경제적인 디자인 : 특히, 유지 관리 비용이나 업그레이드시킬 수 있는 확장성을 고려하고 동선 단축 가능성 등을 고려하여 설계한다.

2) 주방 공간 설계 시 세부 고려 사항

• 세부 기능별 구역을 분리하고 작업 공간 내에서 필요한 재료, 도구, 기기, 저장고 등을 손닿기 쉬운 곳에 배치한다.
• 기능 구역 배치는 관련성이 가장 높은 구역들이 근접하도록 배치한다.
• 주방 내 작업의 흐름을 지도로 그려 보고 되도록 불필요한 동선이 발생하지 않도록 한다.
• 최종 조리가열 구역은 식사 공간과 가장 가깝게 배치하여 적온 배식이 가능하게 한다.

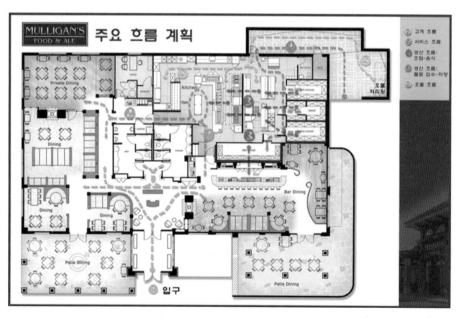

그림 10-5 | 레스토랑 공간 배치 사례

- 대량 조리 공간은 주방 뒷부분에 배치하고 주문 조리 공간은 식사 공간과 가까운 곳에 배치한다.
- 세정실은 별도의 구역으로 분리하여 소음과 화학 약품 냄새가 주방이나 식사 공간에 퍼지지 않도록 한다.
- 사람들이 지나거나 카트를 움직일 때 충분한 통로를 확보한다.
- 환기 시설이 필요한 기기들은 한곳으로 배치하여 하나의 덕트 시스템을 갖추면 비용 절감 효과가 있다.
- 주방 공간은 여러 개의 들어가고 나가는 문을 설치하여 종사원의 동선 효율성을 확보한다.
- 재료의 흐름, 종사원의 흐름, 오물쓰레기의 흐름 등이 자연스럽도록 설계한다.
- 주방 공간을 디자인할 때는 그곳에서 근무하는 종사원들의 조언을 많이 듣도록 한다.

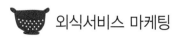

외식서비스 마케팅

Chapter

11

수요와 공급
능력 관리

 학 습 목 표

1. 외식서비스에서 수요와 공급 관리의 중요성에 대해 이해한다.

2. 공급능력에 고객 수요를 일치시키는 전략을 학습한다.

3. 고객 수요에 공급능력을 일치시키는 전략을 학습한다.

4. 대기 관리의 중요성과 관리 방법에 대해 학습한다.

5. 좌석 만석률과 회전율의 중요성에 대해 이해한다

6. RevPASH 지표를 활용한 레스토랑 수익 경영 관리 사례에 대해 배운다.

CHAPTER

11

레스토랑은 원한다고 해서 무한대로 매출을 늘릴 수 없다. 그 이유는 고객 수요의 변동성과 공급능력의 제약이 있기 때문이다. 본 장에서는 외식서비스 공급 제약 조건에 대한 이해를 바탕으로 고객 수요에 공급능력을 일치시키거나 공급능력에 고객 수요를 일치시키는 전략을 소개하며 레스토랑의 수익을 극대화할 수 있는 수익 경영 관리 도구를 소개한다.

1. 외식서비스 수요와 공급 관리

1) 무엇이 레스토랑의 수익을 제한하는가?

레스토랑이 운영되는 모습을 자세히 관찰해 보면 시간대에 따라, 요일에 따라, 계절에 따라 고객이 몰리는 시간대가 있고 한가한 시간대가 존재하는 것처럼 고객 수요의 변동이 심하다. 고객이 몰리는 시간대의 레스토랑은 아무리 많은 고객이 몰려도 여유 좌석이 없는 경우 고객을 받을 수가 없고, 매출 기회를 상실하게 되며, 고객은 긴 대기시간을 가지게 된다. 반대로 고객의 수요가 별로 없는 한가한 시간대에는 비어 있는 좌석이 많이 생기게 되는데, 좌석이 비어 있다는 것은 매출 발생은 없으면서 직원들의 인건비나 유지 관리비 등은 나가고 있으므로 어쩌면 비어 있는 좌석이 점포 운영에서 가장 비싼 비용이라고도 할 수 있다.

특히, 서비스의 소멸성, 생산과 소비의 동시성이라는 특성으로 인해 레스토랑에서는 고객의 수요에 대비하여 고객이 없는 시간대에 서비스를 미리 생산할 수도, 그리고 생산한 것을 저장해 둘 수도 없어 수요와 공급 관리의 어려움을 가진다. 이렇듯 레스토랑의 일 매출을 극대화하고 싶어도 고객 수요의 변동성과 공급능력(좌석, 인력 등)의 제약으로 수익 발생의 제한을 받게 되는 것이다. 따라서 레스토랑 경영주는 수요와 공급의 원리를 바탕으로 시간대에 따른 차별화된 마케팅 전략 및 운영 전략이 필요하다. 마케팅적인 측면에서 고객의 수요를 조정하거나 운영 측면에서 레스

😀 **복합몰 상권에 있는 레스토랑의 시간대별 차별화된 마케팅 타깃 사례**

• 11:00~12:00   관광객 또는 단체고객
• 12:00~13:00   일반손님, 직장인, 가족
• 1300~14:00   쇼핑고객, 늦은 점심손님, 간편식
• 14:00~18:00   Haapy Hour, 특별 쿠폰손님
• 1800~20:00   접대손님, 가족손님
• 20:00~22:00   늦은 저녁손님, 극장손님
• 22:00~24:00   심야손님, 와인손님

토랑의 공급능력을 조정하여 최대한으로 수요와 공급을 일치시키려고 노력함으로써
매출 극대화를 달성할 수 있다.

2) 외식서비스의 수요와 공급의 조화

레스토랑에서 수요와 공급능력을 조화시키는 효과적인 전략을 수립하기 위해, 공
급능력의 제약 조건과 기본적인 수요 패턴을 명확하게 이해할 필요가 있다. 서비스
공급능력을 제한하는 핵심 요인들은 시간, 인력, 장비, 시설 또는 이들의 조합이라
할 수 있는데, 레스토랑의 경우 이용 가능한 테이블과 좌석 수에 의해 주로 제약을
받는다.

레스토랑의 고객 수요는 변동이 심한 편으로 정확한 수요 예측이 어렵고 제한된
직원과 좌석을 가지고 있는 상황에서 너무 많은 고객이 한꺼번에 레스토랑을 방문한
다면 레스토랑은 그들이 설계한 고품질 서비스 표준을 고객에게 제대로 전달하지 못
하게 되고 서비스 품질 저하와 고객 불만족을 초래한다. 즉, 그림 11-1과 같이, 서비
스에 대한 수요가 레스토랑의 공급능력을 초과할 때 서비스를 받은 고객은 수요가
낮은 시기에 비해 시설의 과도한 사용, 혼잡, 업무 과부하로 인해 낮은 품질의 서비

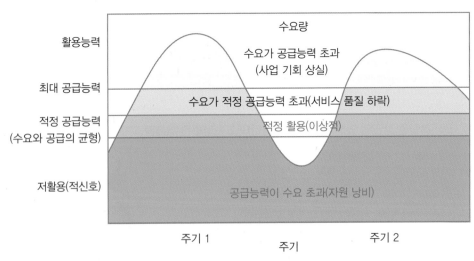

그림 11-1 | 공급능력과 수요변동

출처 : Lovelock & Wirtz(2011).

스를 받거나 어떤 고객은 서비스를 전혀 받지 못하고 돌아갈 수 있다.

반면에 수요가 적정 공급 수준에 미치지 못한다면, 서비스 종사원이나 좌석과 같은 공급 자원이 제대로 활용되지 못해, 결과적으로 생산성 및 수익성 저하로 이어지게 된다. 서비스를 받은 고객 입장에서는 대기시간 없이 서비스 종사원의 높은 관심을 받으면서 서비스 시설을 충분히 활용할 수 있기 때문에 탁월한 품질의 서비스를 받게 되지만, 고객이 너무 없는 매장은 매장을 이용하는 고객에게 품질이 낮은 레스토랑을 선택한 것에 대한 불안감이나 의구심을 가지게 할 수 있다.

이상적으로는 수요와 공급이 적정 수준에서 균형을 맞추는 것이며, 이런 경우 서비스 종사원에게는 업무 과부하가 없고 서비스 시설이 적절하게 사용되어 고객은 대기 없이 양질의 서비스를 제공받을 수 있다그림 11-1. 그러므로 탁월한 고품질의 서비스를 일관성 있게 제공하기 위해 레스토랑의 수요와 공급능력을 일치시키는 것이 중요하다.

레스토랑의 수요와 공급을 조화롭게 일치시키는 기본적인 전략으로는 마케팅 관점의 '수요 관리 전략'과 운영 관점의 '공급 관리 전략'으로 나눠 볼 수 있다. 수요 관리 전략은 일정한 공급능력에 맞춰 수요를 성수기와 비수기로 선택하게 하고 가격 변경, 광고 촉진, 대안 서비스 제공 등과 같이 수요를 관리하기도 한다. 고객들이 레스토랑의 마케팅 활동에 따라 기꺼이 서비스 이용 시간대를 바꾸려 한다면 서비스 수요 관리 전략이 제 역할을 할 수 있다. 그러나 5월 가족의 달 행사나 졸업식, 크리스마스 이브와 같은 특수 상황에서는 레스토랑의 마케팅 활동에 따라 서비스 수요가 다른 시간으로 옮겨지지 않을 수 있어 이런 경우에는 공급능력을 관리해야 한다.

반면 공급 관리 전략은 수요의 성수기와 비수기에 맞춰 고정된 공급능력을 조정하거나, 유연하게 하거나, 혹은 확대하려고 하는 것이다. 예를 들어, 파트타임 직원을 활용하거나 일시적인 시설과 서비스 시간 연장 등과 같이 서비스 공급능력을 조정하여 저수요와 과수요를 극복할 수 있다. 다음 절에서는 공급능력이 제한된 레스토랑이 어떻게 수요와 공급을 조절할 수 있는지 구체적으로 알아본다.

2. 수요 관리 전략

수요 관리 전략의 기본 방향은 마케팅을 통해 피크 타임에는 수요를 감소시키고 반대의 경우에는 수요를 증가시키는 것이다. 수요가 공급능력을 초과하는 기간에 고객이 수요가 낮은 시간대를 이용하도록 유도함으로써 균형을 이루게 할 수 있다. 또한 수요가 낮은 시간 동안에는 공급능력을 생산적으로 활용할 수 있는 프로모션을 통해 보다 많은 고객들을 유인 할 수 있다.

외식고객의 변동적인 수요를 관리하기 위해 수요 패턴을 명확히 이해하는 것이 필요하다. 왜 수요 패턴의 변동이 발생하는지, 그리고 특정 시점에서 각 세분 시장들의 수요가 어떻게 다른지 등을 이해해야 한다. 수요 패턴을 이해하기 위해 고객 수요 정보를 일별, 주별 그리고 월별로 모니터링하고, 만약 계절별로 변동 폭이 큰 경우에는 적어도 전년도에 수집된 정보와 비교하여 도표화 해본다. 외식업체는 하루 중의 시간 변동에 따른 수요 패턴 변화도 의미가 있다. 서비스 제공자가 고객의 수요 수준을 도표화했을 때, 일별시간에 따른 수요 변동, 주별일별 변동, 월별일별 혹은 주별 변동 또는 연도별월 혹은 계절에 따른 변동로 예측 가능한 주기를 발견할 수 있다. 어떤 경우는 예측 가능한 패턴이 모든 주기별로 발생할 수 있는데, 외식업체의 경우 월별, 주별, 일별 및 시간별로 변하는 수요를 예측할 수 있다. 만약 고객 거래에 관해 상세한 정보를 가지고 있는 경우 세분 시장별로 수요를 분석하여 수요 패턴을 파악할 수 있다. 예를 들어, 사무실이 밀집한 상권에 존재하는 외식업체의 경우 주중 점심시간에 손님들이 몰리고 주말에는 주중에 비해 손님들이 확연히 줄어든다. 예측 가능한 수요 패턴을 발견할 수 있다면, 근본적인 원인을 파악해야 한다.

주기적인 수요의 변동을 일으키는 요인으로는 기후의 계절적 변화, 급여 지급일, 공휴일, 학교의 방학과 개학 등이 있다. 팥빙수 전문점의 경우 계절적 요인으로 인한 수요 차이가 클 것이다. 예를 들어, 빙수 전문점 '설빙'의 경우 계절적 요인으로 인한 수요 감소를 예측하고, 겨울에도 즐길 수 있는 다양한 디저트 메뉴 등을 출시하였다. 불규칙적인 수요 변화의 원인으로는 날씨 변화, 자연재해, 전염병, 강제적인 사회적 거리 두기 조치 등 긴급 대처가 필요한 경우 등이다. 예를 들어, 조류 인플루엔자 독감의 유행으로 닭의 소비가 줄어 치킨 전문점의 매출이 급감할 수 있고, 바닷가 지역에서 콜레라가 발병하는 바람에 수산물 매출이 급감한 사례도 있다. 코로나19로 사회적 거리 두기가 시행되면서 모임이나 외식 수요가 급감해 외식업계의 매출이 하락하기도 했다.

1) 성수기의 수요 감소시키기

고객 수요가 가장 피크에 있을 때 레스토랑의 공급능력에 맞추어 다음과 같은 방안으로 수요를 감소시킬 수 있다.

첫째, 고객에게 수요가 높은 시기를 알려 줌으로써 다른 시간과 서비스를 이용할 수 있게 하여 고객은 붐비거나 서비스가 연기되는 것을 피할 수 있고 외식업체는 수요를 이동할 수 있다. 또 고객과의 커뮤니케이션을 증대하여 서비스받기에 편안한 시간 정보를 잠재 고객들에게 적절하게 전달하여 수요를 조절할 수 있다. 판매 촉진 캠페인을 이용하여 성수기 구매 또는 비수기 구매에 따라 고객에게 다른 서비스 편익이 제공됨을 전달할 수 있다.

둘째, 고객 서비스가 집중되는 성수기의 수요를 이동시키기 위해, 고객이 비수기 nonpeak time 서비스 사용 시간으로 변경할 경우 인센티브를 주는 것이다. 예를 들어, 저녁 6시 이후에 저녁 수요가 몰리므로 오후 5시에 일찍 방문하는 저녁 손님들에게는 점심 가격으로 저녁 식사를 제공하면 가격에 민감한 고객의 수요를 움직일 수 있다.

2) 비수기의 수요 증가시키기

고객의 수요가 레스토랑의 공급능력보다 적은 비수기의 경우 다음과 같은 방법으로 고객 수요를 증가시킬 수 있다.

첫째, 레스토랑에서 제공하는 서비스 상품을 변화시켜 수요를 창출한다. 계절에 따라, 주중 요일에 따라, 하루 중 시간에 따라 외식업체에서 제공하는 메뉴와 서비스 제공물의 성격을 달리하는 것이다. 이탈리안 레스토랑은 오후 시간대에는 티 카폐tea cafe 형태로, 저녁 9시 이후에는 와인바wine bar 형태로 운영할 수 있다. 사무실 근처 호프집에서 점심 메뉴를 제공하고 커피 전문점에서 간단한 점심 메뉴를 제공할 수 있다. 시장 세분화를 통해서 세분 시장 고객의 욕구를 충족시켜 줄 수 있는 다양한 서비스를 제공함으로써 최적 수요를 달성할 수 있다. 홍콩의 아이콘 호텔 로비에 위치한 '그린Green' 레스토랑은 아침에는 조식과 브런치 메뉴, 낮에는 런치 메뉴, 오후 3~5시까지는 애프터눈 티afternoon tea, 6시부터 저녁 메뉴, 9시 이후 바를 운영하는 방식으로 시장을 세분화하였다.

둘째, 수요의 가격 탄력성에 대한 명확한 이해를 바탕으로 수요가 낮은 기간에 가격을 할인하여 수요를 조절한다. 저수요와 과수요를 조절하기 위해 가격 차별화 전략 사용 시 유의해야 할 점은 낮은 가격에 익숙해지면 지속적으로 동일한 가격으로 해당 서비스를 이용하기를 기대할 수도 있다. 만약, 고객과의 커뮤니케이션이 불명확하여 고객이 할인에 대한 이유를 이해하지 못하였다면 성수기에도 동일한 가격을 기대할 것이다. 이 외에도 가격만을 사용하여 수요 관리를 할 때, 이는 오히려 외식업체 이미지에 부정적인 영향을 미칠 수 있으므로 조심스럽게 활용해야 한다. 가격 할인 이전에 높은 가격을 지불한 고객은 공정하지 못한 대우를 받은 것으로 느끼고 이로 인한 고객 불만이 높아질 가능성이 있다.

3. 공급 관리 전략

외식업체가 고객의 수요를 이동시킬 수 없다면 수요 변동에 적응하기 위해 공급을 변화시켜야 한다. 수요가 예측 가능하다면 공급능력을 수요 변화에 따라 변화시킬 수도 있고, 수요 예측이 불가능하다면 사용 가능한 공급 자원을 활용할 수도 있다. 성수기일 때 공급능력을 최대한 늘리는 반면, 비수기일 때 공급능력을 축소시켜 자원 낭비를 막는 것이다. 외식서비스의 공급능력 제약 요건에 해당 되는 시간, 인력, 장비, 시설을 조정하고, 일시적으로 늘어나는 고객 수요의 경우 공급능력을 일시적인 수요에 맞도록 확장할 수 있다. 하지만 공급능력의 지나친 확장은 서비스 품질 저하를 유발할 수 있으니 주의해야 한다.

1) 성수기 수요에 맞춰 공급능력 늘리기

첫째, 수요를 수용하기 위해 일시적으로 서비스 시간을 연장하는 것이 가능할 수 있다. 예를 들어, 외식 수요의 절정기에 해당되는 크리스마스에 외식기업은 영업시간을 연장하여 수요를 충족시킬 수 있다. 때때로 고객이 필요로 하는 테이블, 좌석을 일시적으로 늘리기도 한다. 뷔페 식당의 경우 주말에 일시적으로 늘어나는 뷔페 식당 고객 수요에 대응하기 위해 점심과 저녁 시간대에 2부제로 운영한다.

둘째, 피크 타임에는 사용 가능한 모든 공급능력인력과 시설을 가장 중요한 서비스에 집중시켜 서비스 품질을 유지하도록 한다. 이를 통해 최대 가용능력을 높이게 하고 수익성을 향상시킨다. 예를 들어, 레스토랑에서 '오늘의 메뉴'를 준비해 피크 타임 동안 조리 서비스 시간을 단축하고 회전율을 높일 수 있다.

셋째, 성수기 수요에 맞추어 파트 타임 직원을 고용한다. 가장 바쁜 시간대나 요일에 가장 많은 인력이 투입될 수 있도록 근무 시간표를 짜고, 평상시 가장 낮은 수요 수준으로 정직원을 배치하고, 수요의 변동에 따라 초과되는 수요의 경우 파트 타임 직원을 활용한다. 예를 들어, 레스토랑의 경우 고객이 몰리는 저녁 시간대나 주말의 점심 및 저녁 시간대에 가장 많은 파트 타임 직원을 배치한다. 어떤 업장의 경우는 고객이 붐비는 식사 시간대에 직원들에게 분할 근무제spilt shift, 예컨대 점심 교대 시간에 일을 하고, 몇 시간 동안 자리를 비웠다가, 붐비는 저녁식사 시간에 다시 돌아옴로 일할 것을 요구하기도 한다.

넷째, 만약 직원이 다양한 분야에 걸쳐 훈련cross-train이 되어 있다면, 교차 근무가 가능하기 때문에 필요로 하는 곳에 유연하게 인력을 전환 배치할 수 있다. 일부 패스트푸드점에서는 바쁜 시간대에 10명이 한 가지 과업예컨대, 감자튀김에만 종사하도록 하지만, 한가한 시간대에는 교차 훈련된 3명이 각각 다양한 업무를 수행하면서 고객 수요에 대응할 수 있다.

다섯째, 일시적인 수요가 있을 때 추가적으로 인력을 고용하기보다 전체 서비스에 대하여 아웃소싱outsourcing을 활용할 수 있다. 마지막으로 수요가 절정에 이른 기간 동안에만 추가적인 장비 및 시설을 임차rent하는 것도 가능하다.

2) 비수기 수요에 맞춰 공급능력 조정하기

첫째, 수요가 적은 시간에 인력을 줄이거나 레스토랑 영업을 중지하여 공급능력과 수요를 일치시킬 수 있다. 예를 들어, 외식업체에서 오후 3시부터 5시까지 식사 준비 시간이나 휴식 시간으로 정하고 손님을 받지 않기도 한다.

둘째, 기존의 시설과 장비를 조정하거나 이동하는 등의 창조적 개선을 통해 수요 변동에 맞출 수 있다. 예컨대, 회식이 많은 레스토랑에서는 전체 홀에 개폐가 가능한 사잇문이 있어 예약한 고객 명수에 따라 홀의 크기를 조정할 수 있다.

셋째, 비수기 기간 동안 업장의 장비 및 시설을 유지 관리하고 개보수 작업을 진행한다.

마지막으로 비수기 동안 직원들의 휴가를 제공하거나, 직원들의 교육 훈련을 위해 전략적으로 활용한다.

4. 외식서비스 대기 관리

위와 같이 수요와 공급을 조절하더라도 많은 레스토랑에서 고객 대기가 발생하는 것은 어쩔 수 없는 현실이다. 고객 대기가 발생하는 것은 서비스를 받으려는 고객은 많으나 서비스를 제공하는 시설, 특히 레스토랑의 좌석이 제한되어 있기 때문이다. 이러한 상황에서 고객들은 줄을 서서 대기한다. 대기는 불가피하게 발생하지만 모든 고객이 이런 상황을 이해하는 것은 아니다. 현대사회처럼 바쁜 세상에서 고객은 기다리지 않는 효과적이고 빠른 서비스를 찾게 된다. 대부분 고객은 대기 상황을 매우 부정적인 경험으로 인식하며 고객을 기다리게 하는 레스토랑에 불만족하거나 이탈하게 된다. 여러 연구에서도 고객들이 서비스를 받기 위하여 기다리는 대기시간을 효과적으로 관리하는 것이 고객 만족과 레스토랑 재방문에 중요하게 영향을 미친다고 했다. 레스토랑의 대기 관리의 중요성이 여기에 있다. 대기를 하면서까지 식사를 해야 할 만큼의 가치를 고객이 느끼지 못한다면 고객들은 다른 레스토랑을 찾을 것이다. 서비스 방법을 변화시켜 실제적인 대기시간을 줄이거나, 대기시간을 줄이지 못하는 경우는 최대한 대기시간을 짧게 느낄 수 있도록 고객의 인식을 조절하는 방법으로 효과적인 대기를 관리할 수 있다. 기다림을 효과적으로 관리하기 위해 레스토랑은 다양한 전략을 이용할 수 있다.

1) 다양한 대기 행렬 활용

고객이 기다려야 하는 상황이고 그들을 줄 세우는 것이 불가피할 경우 대기 행렬을 어떻게 형성하게 할 것인가를 결정해야 된다. 대기 행렬은 줄을 세우는 방법으로 다중 대기열, 단일 대기열, 순번 대기열 방식 등 3가지로 설명할 수 있다.

계산대나 키오스크가 여러 개인 패스트푸드 레스토랑에서 이용되는 다중 대기열 multiple queue의 경우, 고객은 레스토랑에 도착하여 어느 대기열에서 기다릴 것인가와 만약 다른 줄이 더 짧은 것으로 나타난다면 나중에라도 옮겨갈 것인가를 결정해야만 한다. 공항 출국 수속 시의 단일 대기열single queue의 경우, 선착순의 원칙을 따르기 때문에 대기시간의 공정성은 모든 사람들에게 보장된다. 이 시스템은 고객들이 기다리는 데 소요되는 전체 시간을 줄일 수 있다. 그러나 레스토랑이나 놀이공원의 경우 줄이 지나치게 길면 고객은 다른 곳으로 떠날 수 있다. 마지막 대안은 은행 창구처럼 번호표를 받거나 도착한 순서대로 등록하고 대기하는 경우인데, 대기하는 동안 편안

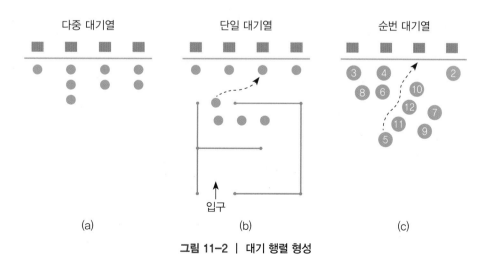

그림 11-2 | 대기 행렬 형성

하고 유쾌한 환경을 만들어 자유롭게 움직이며 구경하거나 쉴 수 있게 한다. 요즘은 스마트 대기 서비스 시스템을 이용하여 대기 현황 확인을 직접 확인하고 메신저를 통해 3분 전 알림 및 입장 알림 등의 안내 서비스를 받을 수 있다.

고객이 서비스를 받기 위해서 기꺼이 기다릴 수 있는 인내의 한계를 확인하고 고객이 기다리는 동안 시간을 즐겁고 빠르게 보낼 수 있도록 하는 것이 중요하다. 재미있는 사실은 고객 뒤에서 줄을 서는 고객의 수가 많을수록 그 고객은 서비스를 위해 대기할 가능성이 더 크다고 한다. 대기 시스템에서 공정성이 결여되면 고객 불만으로 이어질 수 있으니 유의해야 한다.

2) 예약 시스템 도입

레스토랑에서 대기를 완화하기 위해 예약 시스템으로 수요를 조절한다. 예약 시스템은 고객이 도착했을 때 단순히 바로 서비스를 이용할 수 있도록 하여 기다리는 시간을 감소시킨다. 예약을 함으로써 고객은 서비스를 받기 위해 기다릴 필요가 없으며, 레스토랑도 수요를 사전에 예측할 수 있으므로 수요 관리가 가능하고 서비스의 질을 유지하기가 쉽다. 그러나 예약 시스템이 갖는 근본적인 한계는 예약하고도 나타나지 않는 고객no-shows이 있다는 것이다. 예약 시간에 나타나지 않는 고객의 경우 가용 능력을 활용하지 못할 수 있다. 이런 위험을 줄이기 위해서 호텔이나 항공사에서는 미리 예약금을 받거나 또는 사전 통보 없는 예약 취소에 대해서는 벌금을 부과하여 예약 부도를 낮추려고 노력하고 있다. 또한 예약 부도를 감안해 여유 있게 예약을 받기도 한다. 그런데 초과 예약으로 인해 예약한 손님이 서비스를 못 받게 되면 고객 불만족과 고객을 상실할 수 있는 위험이 발생하게 된다. 그러므로 레스토랑은 정확한 수요 예측을 바탕으로 정교한 예약 시스템을 갖추어 초과 예약의 위험을 사전에 방지해야 한다.

고가 레스토랑이 아닌 경우 예약금을 받거나 신용 카드로 보증을 하는 것이 어려우므로, 레스토랑 고객의 예약 부도를 예방하는 간단한 방법은 전날 또는 예약 당일에 고객에게 전화를 걸어 예약을 다시 한 번 확인하는 것이다.

3) 대기 관련 정보 제공

서비스 대기의 혼잡한 정도를 고객에게 알려 주어 대기라인이 짧거나 덜 혼잡한 곳을 선택하여 서비스를 이용하도록 하는 방법이다. 체인 레스토랑의 경우 예약 및 대기 고객이 많은 혼잡한 점포와 그렇지 않은 점포를 사전에 알 수 있다면 고객은 대기를 피할 수 있는 레스토랑을 선택하여 방문할 수 있을 것이다.

4) 스마트 오더 시스템 도입

매장에서의 서비스 대기라인을 제거할 수 있는 스마트 오더 시스템을 활용한다. 스타벅스의 '사이렌 오더'가 그 대표적인 예로서, 모바일앱을 통해 편리하게 음료를 선택하고 결제할 수 있는 혁신적인 주문 시스템 도입으로 주문 대기시간을 단축할 수

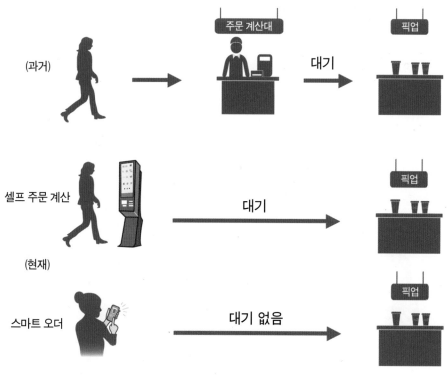

그림 11-3 | 스마트 오더

있다. 커피를 주문하면 스타벅스 커피 매장에서는 기다리지 않고 주문한 커피를 받을 수 있다. 특히, 바쁜 시간대에 '사이렌 오더'를 통해 주문 대기시간을 단축하는 만큼 고객 편의와 서비스 만족도가 더욱 높아질 수 있다.

아마존이 개발한 '아마존 고Amazon Go' 매장은 계산하려고 길게 줄 서서 기다리는 과정을 없앤 혁신적인 스마트 매장이다. 아마존 고 앱을 깔고 QR코드를 찍고 매장을 들어간 후 어떤 상품이든 가방에 넣어 매장을 나오면 구매한 상품 리스트와 결제 영수증이 스마트폰으로 전송된다. 아마존 특허는 '카메라'와 '마이크'가 핵심 요소이다. 아마존 고 앱을 켜고 매장 입구를 지나가게 되면 고객을 자동으로 인식한 후 매장 선반 위에 원하는 제품을 담아 계산을 하지 않고 매장을 나오면 자동으로 계산이 이루어진다. 매장 입구를 지나가면 아마존 계정으로 고객을 자동으로 인식하고 카메라와 센서로 어떤 물품이 선반에서 꺼내졌는지를 추적한다. 쇼핑 금액은 아마존 계정으로 청구된다.

수십 년 동안 서비스 경영에서 가장 골치 아팠던 대기 관리 문제를 정보 기술로 한 번에 해결한 사례로 매우 혁신적인 서비스라고 할 수 있다. 앞으로 미래 외식시장은 이러한 푸드 테크 기술을 활용한 서비스 운영 시스템이나 혁신적인 사업 모델들이 많이 등장할 것으로 기대된다.

5) 기다림에 대한 인식 관리

고객들의 대기에 대한 인식을 개선하면 실제로 대기시간을 감소한 것과 비슷한 효과를 볼 수 있다. 고객이 실제 기다린 시간보다 대기시간을 어떻게 느끼느냐 하는 것

그림 11-4 | 스마트폰을 보고 있는 사람들

이 더 중요하기 때문이다. 과거에는 아무것도 하지 않고 서비스를 기다려야 했으므로 고객의 기다림을 보다 생산적이고 즐겁게 만들 수 있는 다양한 아이디어들이 필요했었다. 그러나 지금은 고객들마다 가지고 있는 스마트폰으로 대기시간의 무료함을 달랠 수 있어 고객 불평이나 불만족이 많이 줄어들었을 것으로 보인다. 기다림의 심리학적 관점에서 몇가지 아이디어를 공유하면 다음과 같다.

(1) 대기시간 동안 서비스 관련 활동을 제공한다

무료한 시간은 무언가를 하는 시간보다 길게 느껴지며, 서비스 제공 이전의 기다림이 서비스 과정 중의 기다림보다 더 길게 느껴진다. 만약 기다리는 시간이 곧 받게 될 서비스와 관련된 활동들로 채워진다면, 고객은 서비스가 시작되었다고 느끼고, 이후 서비스의 경험을 향상 시킬 수 있다. 기다리는 동안 메뉴판을 제공하여 읽게 하고 미리 주문을 하도록 하는 것이 그 예이다. 또한 레스토랑 입구에 바bar를 설치하여 식사 전 대기하는 동안 술이나 음료를 먼저 주문하여 마시도록 함으로써 서비스가 시작되었다고 느끼게 하고 레스토랑 입장에서는 부가 매출을 올릴 수 있다.

(2) 고객의 걱정을 최소화한다

걱정은 고객이 기다림을 더 길게 느끼도록 만든다. 고객은 혹시 서비스 종사원이 자신을 잊지 않았나 하는 우려를 하거나 얼마나 더 기다려야 할지 모를 때 불안해 한다. 이처럼 고객이 대기시간 동안 걱정하고 불안해 한다면 서비스 품질에 부정적인 영향을 미칠 수 있으므로, 대기하는 중간에 고객을 안심시켜 줄 수 있는 간단한 안내서비스 순서를 확인해서 알려 주는 것 등나 세심한 배려기다려 주셔서 감사하다는 인사를 전하는 것 등이 필요하다.

(3) 고객에게 대기시간을 알려 준다

불확실한 기다림이 더 길게 느껴진다. 고객이 얼마나 더 오랫동안 기다려야 하는지를 모르고 있을 경우 고객의 걱정은 더 커지기 마련이다. 고객이 대기하고 레스토랑에 접수를 할 때 몇 사람이나 기다리고 있는지를 알려 줌으로써 불확실성으로 인한 걱정을 제거할 수 있다. 기다림에 대한 불확실성이 증가할수록 고객은 더 화를 내게 되며 불만족은 증가하게 된다. 고객에게 예상되는 대기시간을 알려주는 것은 긍정적으로 기다릴 수 있도록 도와주며 결과적으로 긍정적인 서비스 평가로 이어질 수 있다. 스마트 대기 관리 시스템을 활용하면 서비스의 순서와 예상 대기시간 등을 실시간으로 업데이트해 주어 편안하게 서비스를 기다릴 수 있다. 놀이 기구를 타기 위해 줄을 서면 서 있는 위치 위에 대기시간 안내 표지판이 걸려 있는 경우도 고객 서비스 차원에서 걱정을 줄여 주는 방법이다.

(4) 기다리는 이유를 명확히 설명한다

설명되지 않은 기다림이 더 길게 느껴진다. 기다리는 이유를 알지 못하는 고객은 무력감과 짜증을 느끼기 시작한다. 고객 입장에서 기다리는 이유를 알고 있을 경우 더 참을성 있게 기다릴 수 있다. 기다리는 이유를 설명해 주면 고객의 불확실성이 줄어들 뿐만 아니라 기다려야 하는 시간을 추정할 수 있도록 한다.

(5) 공정한 대기 시스템을 마련한다

불공정한 기다림이 더 길게 느껴진다. 고객은 자기보다 뒤에 도착한 사람이 먼저 서비스를 제공받고 자신은 여전히 기다리고 있을 때 더 길게 느낀다. 특히, 어떤 명백한 규칙이 없이 서비스를 제공하는 경우 불공정한 대기 현상이 쉽게 발생한다. 선착순의 규칙에 따라 운영되는 대기열 시스템을 이용하여 지각된 불공정성을 제거하는 것이 가장 바람직하다.

5. 수익 경영 관리 도구

1) 좌석 회전율과 만석률

일반적으로 레스토랑의 영업 성과를 측정하는 방법은 평균 객단가, 식재료비와 인건비율, 마진율, 그리고 좌석 만석률[13]과 좌석 회전율[14] 등으로 다양하다. 이번 장에서는 특별히 고객 수요와 공급능력을 일치시키는 노력이 레스토랑의 수익 증가에 매우 중요하다고 했는데 수익을 극대화할 수 있는 경영 관리 도구 몇 가지를 소개하고자 한다.

먼저 '좌석 만석률'과 '좌석 회전율'만 관리를 잘해도 점포의 매출과 이익을 쉽게 증대시킬 수 있다. 좌석 만석률은 식사 시간대를 기준으로 공급능력인 좌석 수 대비 고객이 점유하고 있는 좌석 수의 비율을 의미하고, 좌석 회전율은 같은 좌석에 몇 명의 고객이 서비스를 받았는가를 의미한다. 만약 레스토랑이 보유한 좌석 수가 100석이라면 보통 점심시간대12~1시에 매출을 극대화하는 방법은 그 시간대 빈 좌석이 없을 정도로 모든 테이블이 고객으로 꽉 차야 하고, 고객 식사 시간을 30분으로 최대한 단축할 수 있다면 점심시간대에 적어도 2회전이 가능하다.

수요가 높은 점심시간대에 비어 있는 좌석 없이 모든 테이블을 고객으로 채우는 것이 실제 가능할까? 현실적으로 불가능하다. 왜냐면 테이블당 좌석 수2인석, 4인석, 6인석 등와 방문하는 고객 수가 일치하지 않기 때문이다. 1인 또는 2인 고객이 4인 테이블을 점유하면 나머지 빈 좌석은 팔 수 없는 좌석이 되어 버린다. 따라서 방문하는 고객 그룹의 규모에 따라 테이블을 전략적으로 배치하거나 수요에 따라 테이블과 좌석을 효율적으로 재배치함으로써 빈 좌석의 발생을 최소화하는 노력이 중요하고, 또한 고객 수요가 몰리는 시간대에는 착석 후 음식이 나오는 시간을 최소화하여 고객 회전율을 최대한 높이는 전략이 필요하다. 만석률이 50%였던 레스토랑이 효과적인 테이블 믹스 전략을 통해 만석률을 90%까지 올릴 수 있다면 동일한 시간대의 매출은 40% 상승하게 될 것이며, 1회전하던 레스토랑이 점심시간에 2회전이 가능하다면 점심 매출은 2배가 늘어나게 된다. 실습으로 333페이지 그룹 활동 사례를 활용해 좌석 만석률과 대기 고객 수를 계산해 보고 창의적인 아이디어 제안을 통해 만석률을 향상시키는 방안을 모색해 본다.

---

13 좌석 만석률은 좌석의 가동률을 말한다(예, 4인석의 좌석뿐인 레스토랑에 2인 손님만 앉게 되면 좌석 만석률은 50%가 된다).

14 좌석 회전율은 1시간에 객석이 몇 번 회전하는가를 말한다.

2) 가용 좌석 시간당 수익 : RevPASH

선진국에서는 레스토랑의 성과를 '판매 가능한 좌석 시간당 수익'으로 측정하고 있다. 이는 단순히 좌석 점유율이 높다고 해서 수익이 높은 것이 아님을 뜻한다. 가용 좌석 시간당 수익 지표인 RevPASHRevenue per Available Seat Hour는 레스토랑의 성과를 판매 가능한 좌석 시간당 변수로 측정하여 평균 객단가뿐만 아니라 좌석 사용에 대한 정보까지 포함하므로 수요와 생산 가능한 공급능력이 효율적으로 이용되고 있는가를 파악할 수 있다.

표 11-1에서 알 수 있듯이 외식업체 A, B, C, D는 수용 능력 사용 정도와 객단가가 다르지만 RevPASH는 7.2달러로 모두 동일하다. 예를 들어, 흔히 좌석 회전율이 높은 외식업체 D의 경우 수용 능력 사용 정도가 90%에 달하지만 객단가는 8달러로 낮다. 외식업체 A의 경우는 수용 능력 사용 정도가 40%에 불구하지만 객단가는 18달러로 높아 외식업체 A와 D 모두 RevPASH는 같게 된다는 것을 알 수 있다. 이로써 좌석 회전율이 높은 것만으로 외식업체 수익이 좋다고 단정 지을 수 없음을 알 수 있다.

RevPASH를 구하기 위해서 특정 기간 동안의 수익을 좌석 수로 나누어 얻은 값을 영업시간으로 나눈다. 표 11-2에 제시된 예처럼, 좌석 수가 100개이고, 금요일 오후 6시에서 7시 사이에 매출 총이익이 84만 원일 때 이 시간의 RevPASH는 [840,000원÷(100 좌석 수×1시간)]=8,400원이 된다. 또 다른 예로 100개의 좌석에서 5시간 동안 385만 원의 매출 총이익을 올렸다면 이 레스토랑의 평균 RevPASH는 [3,850,000원÷(100×5)]=7,700원이다. 이 레스토랑의 영업시간당 평균 좌석 활용률을 살펴보자. 5시간 동안 300명의 고객이 이 레스토랑을 방문하였고 5시간에 공급

표 11-1 | 수용능력 사용 정도와 RevPASH와의 관계

레스토랑	수용능력 사용 정도	평균객단가	RevPASH
A	40%	$ 18	$ 7.2
B	60%	$ 12	$ 7.2
C	80%	$ 9	$ 7.2
D	90%	$ 8	$ 7.2

출처 : Kimes(1999).

표 11-2 | 가용좌석 시간당 수익(RevPASH)의 사례

영업시간	좌석 수	고객 수	객단가	총매출	식재료비	매출 총이익	영업시간당 RevPASH	영업 시간 당 좌석 활용률	고객당 수익
pm 5~6	100	0					0	0	
pm 6~7	100	80	15,000	1,200,000	360,000	840,000	8,400	80	10,500
pm 7~8	100	100	20,000	2,000,000	600,000	1,400,000	14,000	100	14,000
pm 8~9	100	100	20,000	2,000,000	600,000	1,400,000	14,000	100	14,000
pm 9~10	100	20	15,000	300,000	90,000	210,000	2,100	20	10,500
총계	500	300	14,000	5,500,000	1,650,000	3,850,000	7,700	60	12,833

평균 RevPASH

식재료비는 30%로 계산
매출 총이익=총매출-식재료비
영업시간당 RevPASH=매출 총이익÷(좌석 수×영업시간)
영업시간당 좌석 활용률=고객 수÷좌석 수
고객당 수익=매출 총이익÷고객 수

표 11-3 | 가용좌석 시간당 수익(RevPASH)을 증가하기 위한 비수기 시간대 활용사례

영업시간	좌석 수	고객 수	객단가	총매출	식재료비	매출 총이익	영업시간당 RevPASH	영업 시간 당 좌석 활용률	고객당 수익
pm 5~6	100	20	10,000	200,000	60,000	140,000	1,400	20	7,000
pm 6~7	100	80	15,000	1,200,000	360,000	840,000	8,400	80	10,500
pm 7~8	100	100	20,000	2,000,000	600,000	1,400,000	14,000	100	14,000
pm 8~9	100	100	20,000	2,000,000	600,000	1,400,000	14,000	100	14,000
pm 9~10	100	50	15,000	750,000	225,000	525,000	5,250	50	10,500
총계	500	350	16,000	6,150,000	1,845,000	4,305,000	8,610	70	12,300

평균 RevPASH

가능한 좌석 수는 500개레스토랑의 좌석 수 : 100개, 총 영업시간 : 5시간이므로 영업시간당 평균 좌석 활용률은 300명÷500좌석으로 나누어 60%로 계산된다.

만약, 여러분이 레스토랑 매니저라고 가정하고 이 레스토랑의 RevPASH를 높이기 위해서 할 수 있는 방법을 고민해 보자. 좌석 수가 100개인데, 빈 좌석을 고객이 채운다면 매출은 상승할 것이다. 표 11-2를 자세히 들여다보면 영업시간 중 5~6시 사이에 고객의 수가 0이다. 이 시간에 고객이 온다면 매출이 오를 것이다. 그리고 9시의 좌석 활용률을 다른 영업시간대와 비교해 보니 50%로 현저히 떨어진다. 그래서 저녁 5시에 방문하는 고객에게 할인하거나 9시에는 와인바와 같이 동일한 공간에서 새로운 서비스 상품을 판매한다면 전체 총매출 이익이 385만 원에서 430만 5,000원으로 늘어남을 표 11-3에서 확인할 수 있다. 결과적으로 비수요 시간대 고객을 유인하는 전략을 사용한 결과, 영업시간당 좌석 활용률이 60%에서 70%로 증가하였으며 레스토랑 평균 RevPASH는 7,700원에서 8,610원으로 증가함을 알 수 있다.

이같이, RevPASH는 영업시간당 수익이 높은 시간대와 그렇지 않은 시간대에 따라 수익을 최대화할 수 있는 방안을 강구하는 데 이용할 수 있다. 수요가 없는 한가한 시간대에는 많은 고객을 유인하거나 객단가를 높일 수 있는 전략이 요구되며, 수요가 많은 시간대에는 메뉴 가격을 올리거나 고객이 머무르는 시간을 줄여 회전을 빠르게 하는 전략이 필요하다.

수익 극대화를 위해 가용한 좌석관리

가용한 좌석시간당 수익(RevPASH : Revenue per Available Seat Hour)

$$= \frac{\text{전체 수익}}{(\text{좌석 수} \times \text{영업시간})}$$

$$= \text{고객당 수익} \times \text{시간당 좌석 활용률}$$

[그룹 활동] 레스토랑 만석률 향상을 위한 실습

다음의 A 레스토랑 사례를 활용하여 좌석의 만석률을 구해 보고 만석률을 높일 수 있는 방안을 논의해 보자.

- A 레스토랑 보유 좌석 수는 총 60석이며, 8인용 테이블 3개, 4인용 테이블 9개가 있다.
- 저녁 6시부터 A 레스토랑을 방문하는 고객 그룹의 순서는 다음과 같다.
  3명—3명—5명—2명—5명—2명—2명—4명—2명—3명—7명—2명—3명—2명—8명—7명

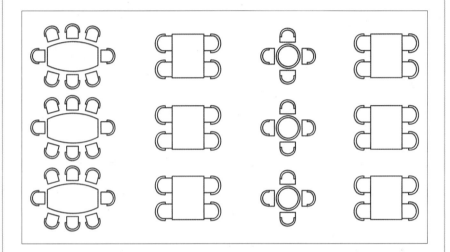

1) 고객이 도착한 순서대로 테이블로 안내하고 좌석 만석률과 대기 고객 수를 계산해 보자.
2) 만석률을 높일 수 있는 방법을 제안해 보자(테이블 교체 및 임시 좌석 사용 가능).
3) 제안한 방법의 만석률과 대기 고객 수는 얼마인가?

외식서비스 마케팅
Part 4

외식서비스
내·외부 마케팅과
미래

외식서비스 마케팅

Chapter

12

내부 마케팅
커뮤니케이션

학 습 목 표

1. 내부 마케팅의 개념을 이해한다.

2. 탁월한 서비스 제공을 위한 서비스 종사원의 중요성을 이해한다.

3. 서비스 문화의 중요성에 대해 이해한다.

4. 서비스 직원의 감정과 갈등 관리 방법에 대해 배운다.

5. 내부 마케팅을 실천하는 전략을 사례를 통해 이해한다.

CHAPTER

12

고객 만족을 위해 서비스 접점에서 고객과 직접 만나는 서비스 종사원은 매우 중요하다. 본 장에서는 내부 마케팅의 의미와 중요성을 이해하고 서비스 종사원을 동기 부여하기 위한 내부 마케팅 실천 전략에 대해 이해해보고자 한다.

1. 내부 마케팅의 개념 및 의의

외식업체에서 현장 서비스 직원들을 대상으로 하는 내부 마케팅이 중요하다는 인식이 점차 증대되고 있다. 현장 서비스 직원들이 고객에 대한 기업의 약속을 지킬 능력이나 의지가 없으면 고객들에 대한 외부 마케팅 활동은 아무런 의미가 없어지게 된다. 제3장 서비스 갭 모델에서 언급한 바와 같이 경영자가 기대하는 서비스 수준을 직원들이 실행하지 못할 때 서비스 성과 갭이 발생한다. 접점 직원이 서비스를 제공하는 과정에서 일어나는 서비스 성과 갭은 서비스 마케팅 믹스에서 '사람'이 문제가 되어 생긴 것이다. 외식업체에서 서비스 직원은 서비스 표준에 따른 서비스를 제공하고 외부 커뮤니케이션을 실제로 수행하는 역할을 담당하고 있다. 그런데 서비스 제공 과정에 있는 서비스 직원이 표준에 따른 서비스를 제공하지 못한다면 고객은 불만족하게 되고, 반대로 그들이 탁월한 서비스를 전달할 때 비로소 고객은 만족하게 된다. 그럼 서비스 직원들의 탁월한 서비스를 전달할 수 있도록 하려면 어떻게 해야 할까? 이에 대한 해결 방안이 내부 마케팅이다. 서비스 직원을 조직 내의 고객으로 인식하고 서비스 직원 만족을 위해 마케팅적으로 접근하는 것이다. 다시 말해, 외부고객 만족을 위해 내부고객인 직원을 먼저 만족시켜야 한다는 것이다. 구체적으로 내부 마케팅은 서비스에서 핵심이 되는 서비스 직원이 직무에 만족할 수 있도록 직무 환경을 조성해 주고 종사원이 고객 지향적인 인식과 태도를 갖도록 동기 부여하고 계발해 주는 모든 활동을 의미한다. 내부고객인 종사원의 욕구 충족이 외부고객에게 제공되는 서비스 품질의 개선으로 이어지고, 궁극적으로 외부고객 만족이라는 서비스 마케팅의 목표를 달성할 수 있게 된다.

2. 내부 마케팅의 중요성

내부 마케팅은 직원에 대한 동기 부여와 직원 만족을 통해 서비스 품질을 향상시켜 궁극적으로 서비스를 받는 고객의 만족을 목표로 한다. 직원이 고객에게 좋은 서비스를 제공할 것을 기대한다면 외식업체 역시 직원에게 알맞은 서비스를 제공해야 한다. 효과적인 내부 마케팅은 직원들을 만족하게 하고 다시 직원은 고객을 만족시킨다. 직원은 고객에게 제공되는 서비스 품질 인식과 외식업체의 브랜드 이미지를 형성하는 데 중요한 역할을 한다. 이때 서비스 직원의 역량과 이미지는 외식업체의 경쟁 우위뿐만 아니라 차별화의 중요한 원천이 된다.

🌚 스타벅스의 인간 중심 경영

스타벅스의 하워드 슐츠 회장은 스타벅스에서 가장 중요한 사람은 직원이고 고객은 그 다음이라고 하였다. 그는 고객과 가장 밀접하게 접촉하는 것은 바로 직원인 것을 인지하고 직원을 '파트너' 인간 중심의 경영을 실천하고 있다. 하워드 슐츠 회장은 직원이 행복해야 고객들에게 최선의 서비스를 제공할 것이라 믿고 회사의 매출과 영업 이익보다 직원과 고객을 먼저 생각함으로써 직원 및 고객의 감동을 이끌어 내는 것이다. 그의 마케팅 철학은 파트너의 참여를 증진시켜 고객의 만족을 이끌어 낼 수 있었다.

\# 59
스타벅스의 파트너십

1) 고객 만족을 위한 서비스 직원의 중요성

서비스 직원은 외식업체의 고객 만족 목표를 위해 실제로 서비스를 전달한다. 서비스 직원의 고객 지향적 행동은 고객이 서비스 품질에 대해 긍정적으로 평가하도록 한다. 외식업체가 약속한 대로 서비스를 제공하는 신뢰성과 신속한 서비스와 고객을 도우려는 의지를 표현하는 서비스의 신뢰성과 응답성은 전적으로 서비스 직원에 달려 있다. 예를 들면, 고객에게 서비스가 잘못 전달되었을 때 서비스 직원이 서비스 회복을 위한 조치를 즉각적이고 효과적으로 취한다면 고객은 서비스 품질을 높게 평가할 것이다. 고객의 레스토랑에 대한 신뢰는 서비스를 전달하는 개개인의 직원 능력에 전적으로 의존한다. 개별 고객이 필요로 하는 것을 제공하는 데 주의를 기울이고 경청하며 순응하고 융통성을 발휘하는 공감성은 서비스 직원의 고객 지향적인 서비스로 발현된다. 또한 서비스 직원의 외모나 복장은 서비스 시설과 함께 서비스 품질의 유형성에서 중요한 부분이다. 이는 외식업체의 입장에서 서비스 직원은 고객의 서비스 품질 인식에 직접적인 영향을 미치므로 직원은 외식업체 입장에서 또 다른 고객에 해당된다. 내부고객으로서의 서비스 직원은 고객과의 접점에 위치해 있으며, 서비스 직원의 만족 및 충성도가 고객의 만족과 충성도에 직간접적인 영향을 미친다는 점에서 매우 중요한 마케팅 대상이라고 할 수 있다. 외식업체는 외식서비스 생산자인 서비스 직원의 만족을 통하여 외부고객의 만족을 추구할 수 있다. 서비스 직원은 외식업체가 제공하는 상품의 차별화를 만들어 주고, 상품의 가치를 높여 고객의 반복 구매를 유도할 수 있어 매우 중요하다. 따라서, 서비스 표준에 따라 서비스 직원이 핵심적인 역할을 효과적으로 수행하여 고객에게 서비스가 전달될 수 있도록 하기 위해, 레스토랑은 현장 서비스 직원들을 대상으로 하는 내부 마케팅 전략을 수립하여야 한다.

2) 브랜드로서 서비스 직원의 중요성

고객의 시각에서 볼 때 고객과 직접 만나는 서비스 직원은 외식업체의 서비스 상품이자 외식업체 그 자체이다. 서비스 직원이 하나의 상품으로서 외식업체의 서비스를 유형화할 뿐만 아니라 마케팅 활동을 수행하기 때문이다. 그들은 고객에게 메뉴를 설명하고 적극적으로 판매를 권유하는 등 직접 또는 간접적으로 마케팅 기능을 수행한다. 외식업체의 이미지는 서비스 접점 과정에서 서비스 직원과의 상호작용에 의해 형성된다. 기업의 브랜드 이미지는 단지 제품을 판매하고 광고함으로써 구축되고 유지되는 것뿐만 아니라 함께 일하는 직원들에 의해서도 형성된다. 기업은 직원을 자사의 브랜드라고 간주하며, 직원 역시 각자가 고객 마음에 자사 브랜드 이미지를 구축하려고 노력해야 한다. 레스토랑의 직원들이 행동하고 말하는 모든 것이 기업에 대한 고객의 지각에 영향을 미칠 수 있기 때문에 휴식 시간이나 비번일지라도 언제나 조직을 대표하는 행동을 유지하는 것이 중요하다.

3. 서비스 문화

1) 서비스 문화의 중요성

서비스 제공에 대한 직원의 역할과 행동은 직원이 구성원으로 있는 조직문화에 의해 많은 영향을 받는다. 고객 지향적이거나 서비스 지향적인 조직의 중심에는 서비스 문화service culture가 자리잡고 있다. 서비스 기업은 특성상 고객들과 개별적으로 상호작용하는 직원들의 모든 행동들을 통제하기 어려우므로 직원의 생각, 가치, 태도, 행동 등에 영향을 미치는 서비스 문화에 의존할 수밖에 없으므로 고객 지향적이고 서비스 지향적인 강력한 서비스 문화가 중요하다. 서비스 문화란 '조직의 모든 구성원이 외부고객뿐만 아니라 내부고객에게 좋은 서비스를 제공하는 것을 중요한 규범이자 자연스러운 생활 방식으로 여기는 문화'를 말한다. 서비스 직원들이 서비스 마인드를 가지고 고객 지향적으로 행동하게 하고 다른 직원들도 함께 이들을 지원하게 하려면 서비스 문화를 구축하는 것이 필요하다. 강력한 서비스 문화를 구축하고 있다면 모든 직원을 직접적으로 통제하지 않고도 직원에게 고객 지향적인 사고를 갖도록 하여 좋은 서비스를 제공할 수 있다. 서비스 문화가 강한 외식기업의 직원들은 다양한 상황에 처해도 서비스 지향적인 가치나 규범이 명확하기 때문에 지침을 인식하고 일관성 있게 행동할 수 있다. 그러나 서비스 문화가 약한 외식업체의 직원들은 여러 가지 서비스 상황에서 어떻게 대응해야 하는지, 다양한 고객들에 대해 어떻게 반응해야 할지에 대한 공통적인 가치나 규범이 명확하지 않아 어려움을 겪는다. 예를 들어, 고객이 뜻밖의 요구를 했을 때 어떻게 해야 할지 몰라 고객을 오래 기다리게 하거나 준비가 되지 않은 모습들을 보여 주게 되어 고객들이 서비스 품질을 부정적으로 인식하게 된다.

서비스 문화를 갖추고 있다는 의미는 직원들이 서비스 지향적인 특징을 가지고 있는 것으로 대표된다. 서비스 지향성은 직원들이 고객에 대해 보다 많은 관심을 보이고 보다 유연하게 대응하여 고객의 요구에 적절하게 반응하려고 하는 것을 말한다. 또한, 서비스 전달 과정에서 실패가 발생했거나 예기치 못한 상황에서 스스로 적극적으로 노력하는 것을 뜻한다. 이러한 서비스 지향성은 직원들과 고객 간의 상호작용에서 고객의 서비스 품질에 대한 지각을 높게 해주고, 향상된 서비스 품질의 인식은 외식기업의 수익성으로 연결된다. 좋은 서비스는 서비스 문화를 창출하는 것에서부터 시작된다. 서비스 문화는 고객에 집중하는 조직을 창출하는 데 중요하며 기업 경쟁 우위의 원천이 된다.

2) 서비스 문화의 창조 및 유지

서비스 문화를 창조하는 것 외에도 서비스 문화를 유지하기 위한 활동도 지속되어야 한다. 서비스 문화를 창조하고 유지하는 측면에서 내부 마케팅이 중요한 수단이 될 수 있다. 내부 마케팅이 제대로 실천되고 강력한 서비스 문화를 구축하려면 상위 경영자의 지원과 함께 외부 마케팅 활동과 내부 마케팅 활동을 통합하여 모든 직원들이 적극적으로 참여하도록 유도해야 한다. 모든 관리자들이 외식기업의 사명뿐만 아니라 메뉴, 서비스 및 마케팅 커뮤니케이션을 이해하고 서비스 지향적인 관리 및 리더십교육 프로그램을 개발하도록 해야 한다. 그리고 모든 직원들에게 고객 지향적인 커뮤니케이션과 상호작용 기술을 교육시키고 지속적으로 정보와 피드백을 주도록 한다. 새로운 메뉴, 서비스, 그리고 마케팅 커뮤니케이션 등을 외부에 알려지기 전에 내부 직원들에게 먼저 제시될 필요가 있다. 이는 종사원들의 참여를 높이고 혼동을 줄일 수 있으며 내부 직원들의 통합과 결속력이 강화시킬 수 있다. 관리자들이 서비스 제공의 결정적 순간을 직접 통제할 수 없기 때문에 서비스 직원들의 생각이나 행동을 유도하는 기업의 가치와 규범에 대한 분위기를 조성함으로써 간접적으로 통제를 할 수 있다. 모든 관리자들이 지속적으로 직원들을 격려하고 공식적 혹은 비공식적 커뮤니케이션 경로를 유지하고 피드백을 제공한다면, 서비스 문화를 계속해서 유지 발전시킬 수 있을 것이다. 예를 들면, 우수한 서비스를 한 직원에게 표창이나 보상을 하면 직원의 태도에 긍정적인 영향을 미칠 것이다. 고객과의 커뮤니케이션에서 서비스에 대한 칭찬이나 불평들을 참고하면 서비스를 개선하고 발전시키는 데 유용하게 활용할 수 있는 정보가 된다.

4. 서비스 직원의 감정노동과 갈등 관리

고객과 직접 접촉하는 서비스 직원은 여러 역할을 수행한다. 역할을 수행하는 과정에서 하루에도 수많은 사람들을 상대하면서 서비스 직원은 긴장감, 피로감과 같은 감정적 스트레스를 겪는다. 예를 들면, 고객과의 접점에서 불쾌한 일이 발생했을 때 해결하는 과정에서 직원은 자신이 실제 느끼는 감정과 고객에게 표현하는 감정 간의 차이로 인해 스트레스를 받는다. 또한, 노동 집약적이고 대인 접촉이 많은 외식업체에서는 여러 종류의 갈등이 발생한다. 감정적 스트레스나 갈등은 고객과 서비스 접점 과정에서 일하는 직원이면 누구나 직면하는 문제이므로 서비스 직원이 갖는 감정 노동에 대해 조직적으로 갈등을 관리할 필요가 있다.

1) 감정노동의 관리

감정노동은 고객과의 직접적 상호작용과 관련된 직무에서 조직이 요구하는 감정을 만들어내기 위해 자신의 어조, 표정, 몸짓 등을 조절하려는 노력을 말한다. 예를 들어, 방문하는 고객에게 미소를 짓고 반기고 친근하게 인사하며 대화하는 것이다. 서비스 직원의 적절한 감정 표현은 서비스 품질과 고객 충성도에 긍정적으로 영향을 미치며 잘못된 감정 표현은 고객 불만의 원인이 된다. 이러한 감정노동의 중요성 때문에 기업은 직원들에게 많은 감정노동을 요구하고 고객에게 표현하는 방법을 지시하고 통제하려고 한다. 그러나 외식업체의 직무 특성(식사 수요가 집중될 때 많은 음식 주문량, 오랜 근무 시간, 촉박한 시간에 맞추어야 하는 빠른 서비스 등)이 감정노동의 스트레스를 더 확장시키기도 한다. 이러한 상황에서 고객이 무례한 요구를 하더라도 정중하고 예의 바르게 응대하도록 하는 업무 지침은 직원의 스트레스 강도를 더욱 증대시킨다. 그러나 서비스 직원이 기분이 좋지 않거나 건강 상태가 좋지 않더라도 고객은 친절한 서비스를 기대하기 때문에 외식업체 관리자는 레스토랑을 방문한 고객이 좋은 감정을 갖도록 서비스 직원에게 감정 표현을 지시하고 통제하도록 한다.

만약 정신적 또는 육체적으로 피로한 직원이 업무나 고객에 대한 관심이 저하되어

서비스 응대 시 고객에게 무례한 태도를 보이고 기계적으로 일을 처리한다면 고객은 서비스에 대해 불만족하게 되고 나아가 외식업체의 이미지에도 큰 타격을 입힐 수 있다. 따라서 감정노동이 많은 외식서비스의 경우 관리자는 서비스 직원의 감정적 스트레스 상황에 대해 잘 관리하는 것이 중요하다. 관리자는 직원의 감정적 스트레스 원인을 파악하고 그에 알맞은 관리 통제를 통해 이러한 상황을 미리 예방할 수 있다. 예를 들어, 근무 시간이 길어지면 피곤해지고 감정 조절이 어려워지므로 적절한 휴식이나 직무 순환과 같은 관리로 서비스 직원의 감정노동에 세심한 관심을 가져야 한다. 스타벅스커피 코리아는 감정노동이 높은 직원들을 위해 2011년 전 세계에서 처음으로 '파트너 행복 추진팀'을 설립하고 스타벅스 파트너의 행복과 복지를 최우선 목표로 하여 임직원들의 스트레스 해소를 돕고 있다. 그 예로, partner assistance program 운영을 통해 직무 스트레스, 조직 내 관계 갈등, 경력 개발, 시간 관리부터 개인적 문제를 상담하며 심리적 고충을 풀어 주고 있다.

2) 갈등 관리

서비스 직원은 레스토랑 관리자의 요구에 순응해야 하는 동시에 고객에게도 좋은 서비스를 제공하도록 요구되어진다. 즉, 고객과 접촉하는 서비스 접점 직원은 직무 수행 중 고객을 대신해서 조직에 고객의 요구를 전달하고 동시에 수많은 고객을 관리해야 하므로 기업과 고객을 연결하며 양자의 요구를 만족시켜야 한다. 이 과정에서 서비스 접점 직원은 불가피하게 역할에 따른 갈등을 겪게 되는데, 특히 개인과 역할 사이에서의 갈등, 조직과 고객 사이에서의 갈등, 고객 간 갈등에 직면하게 된다. 고객과 접촉하는 직원이 그들이 담당하는 직무에서 역할 갈등을 느낄 때 서비스 조직은 이러한 역할 갈등을 해결해야 한다.

(1) 서비스 직원의 개인-역할 갈등 (역할의 모호성)

서비스 직원은 그들에게 요구되는 역할과 자신의 개성, 자아 이미지 혹은 가치관 사이에서 갈등을 겪을 수 있다. 개인-역할 갈등은 직무에 따른 요구와 직원 자신의 성격, 신념, 가치관 사이에서 느끼는 갈등을 말한다. 서비스 직원은 직원 자신의 신념과 다르게 직무를 수행하기 위한 행동을 요구할 때 스트레스를 느낀다. 예를 들어, 직원의 개인 취향과는 다르게 직무에 적합한 복장과 헤어스타일을 바꾸어야 하거나 무례한 고객에게도 친절하게 행동하기를 요구받을 때 내적 갈등을 느낄 수 있다. 이러한 갈등을 줄이기 위해서는 채용 단계에서 직무 역할에 적합한 지원자를 고용해야한다.

직원들은 그들의 업무를 정확히 수행하는 데 필요한 정보를 가지고 있지 않을 때 역할 모호성을 경험한다. 즉, 성과에 대한 기대를 분명히 모르거나, 기대를 충족시킬 방안을 모르거나, 직무 행위의 결과를 모를 때 발생한다. 역할 모호성은 역할에 대한 정의와 과업에 대한 명세가 명료하지 못한 관리직에 보편적인 현상이나 하위직에서도 상급자가 정확한 지침을 주지 못할 때는 발생할 수 있다. 역할 모호성도 역할 갈등과 마찬가지로 직원의 스트레스를 유발할 뿐만 아니라 이직률 상승, 직무 만족 감소, 인적자원의 불충분한 사용 등과 같은 부작용을 남긴다. 이는 직원이 자신의 성과가 어떻게 평가나 보상되는지 모르고, 경영자의 기대가 분명하지 않기 때문에 발생한다. 따라서 하향적 의사소통, 교육 훈련 등을 통하여 역할 명료성을 확립해야 한다. 서비스 품질의 문제는 직원이 직무에 적합하지 않기 때문에 발생하므로 직원-직무 간 적합성을 높여야 한다.

(2) 조직-고객 갈등

조직-고객 갈등은 조직과 고객 사이에서 겪는 갈등으로 고객 중심적인 서비스 산업에서 가장 일반적으로 나타나는 갈등을 말한다. 예를 들면, 서비스 접점 직원은 조직이 정한 표준, 규칙 및 절차를 따르도록 되어 있지만 고객이 조직의 규칙에 어긋난 행동을 하거나 표준과 규칙이 고객 중심적이지 않은 경우나 고객이 과도한 요구를 하는 경우 직원은 표준을 따를지 혹은 고객의 요구를 충족시킬지를 선택해야만 하여 고민하게 된다. 직원의 갈등은 자신이 속한 조직이 정책적인 면에서 옳지 않다고 믿고 있거나 고객의 요구를 수용하고 직무를 잃어버릴 위험을 감수해야 할 때 또는 그 정책을 따라야 할지 결정해야 할 때 가장 커진다. 서비스 직원은 고객에게 친절해야 함과 동시에 효율적으로 서비스 생산성도 높여야 하기 때문에 스트레스를 받게된다. 이러한 갈등을 줄이기 위해서 직원에게 기업의 방침과 목표를 명확하게 이해시켜 갈등을 협상할 수 있는 권한을 주고 직원의 결정을 지지해야 한다.

(3) 고객 간 갈등

고객 간 갈등은 두 명 이상의 고객으로부터 서비스 요구를 받지만 공평하게 고객 모두를 만족시킬 수 없을 때 겪는 갈등을 말한다. 옆자리에서 큰 소리로 떠드는 고객, 시끄럽게 뛰어다니는 아이들을 내버려 두는 고객과 이를 통제하라는 다른 고객들의 요구는 양쪽 모두를 만족시킬 수 없는 갈등이 된다. 이는 패스트푸드 서비스와 같이 서비스 제공자가 차례로 고객에게 서비스 하거나 많은 고객이 동시에 서비스를 받는 경우에 흔히 발생한다. 차례로 고객에게 서비스하는 경우 고객 맞춤형으로 서비스를 제공하여 고객을 만족시킬 수 있지만 기다리고 있는 고객은 자신의 욕구가 적시에 충족되지 않기 때문에 불만족하게 된다. 동시에 많은 고객에게 서비스 하는 경우, 상이한 고객들로 구성된 집단의 욕구 전체를 충족시킨다는 것이 매우 어렵거나 불가능하다. 요즘은 카페에서 공부하는 사람들이 카페에 이야기를 하러 온 손님들에게 암묵적으로 침묵을 강요하는 분위기를 형성하여 다른 고객에게 불편한 감정을 느끼게 하는 등 카페 이용 고객 모두를 만족시키는 것이 쉽지 않다. 또한 대부분의 기업은 직원에게 만족스러운 서비스를 제공해야 하는 효과성과 동시에 정해진 시간 내에 비용을 절감하면서 서비스를 제공하는 효율성 모두 요구한다. 품질과 생산성 또는 효과성과 효율성 사이의 필연적인 상쇄 관계quality/productivity는 현장에 있는 서비스 직원을 압박한다.

5. 내부 마케팅 실천 전략

어떤 기업도 내부 마케팅 없이 고객을 만족시킬 수 없기 때문에 조직적으로 내부 마케팅 시스템을 제도화하고 내부 마케팅을 실천해야 한다. 서비스 직원이 양질의 서비스를 제공하고 고객 지향적인 방법으로 일을 수행하도록 동기를 부여하는 것은 내부 마케팅 활동의 중심이 될 수 있다. 종사원이 내부고객에 해당되며, 그들을 만족시켜 주는 주요한 수단으로서 서비스 직무를 하나의 상품으로 볼 수 있다. 고객에게 한 약속을 성공적으로 지키도록 서비스 직원을 훈련하고 동기 부여한다면 고품질의 서비스를 일관성 있게 전달할 수 있을 것이다. 성공적인 내부 마케팅을 위해서는 다음의 내용을 실천하여야 한다.

1) 서비스 역량과 서비스 성향을 갖춘 적합한 인재 채용

탁월한 서비스를 효과적으로 제공하기 위해서 외식업체는 서비스 직원을 고용하는 데 세심한 주의를 기울여야 한다. 이를 위해서는 먼저 직원의 서비스 역량과 서비스 성향이란 두 가지 보완적 능력이 필요하다. 서비스 역량은 직무를 수행하는 데 필요한 스킬 및 지식을 말하며 서비스 성향은 서비스 업무 수행에 대한 관심을 의미한다. 서비스 품질의 다차원적인 특성인 신뢰성, 공감성, 응답성을 고려할 때 직원의 서비스에 대한 태도는 서비스에 필요한 스킬과 더불어 중요하다. 또한 고객과 직접 접촉하는 직원과 지원하는 직원들의 존재 자체가 하나의 마케팅일 수 있음을 인식하고 서비스 직원의 역할에 대한 이해를 바탕으로 한 직무 정의가 필요하다. 직무 정의 이외에도 채용 절차, 경력 개발, 임금, 보너스 체계, 인센티브 제도 등이 내부 마케팅의 취지에 맞게 사전에 설계되어야 한다. 하지만 많은 레스토랑들이 내부 인력이 충분하지 않고 경쟁력 있는 보상 체계를 갖추고 있지 못해 우수한 서비스 직원을 채용하는 것이 쉽지 않은 것이 현실이다. 우수한 서비스 직원 확보가 어려운 레스토랑에서 어떻게 하면 효과적으로 우수한 직원을 모집할 수 있을까? 우선 직원들이 선호하는 직장을 만드는 것이 필요하다. 이를 위해 서비스 직원들에게 다양한 훈련 기회, 승진기회 등 매력적인 보상 계획을 제공하고 직원에게 자부심을 느끼게 해줄 수 있다.

2) 서비스 직원의 교육 훈련 및 경력 개발

서비스 역량과 서비스 성향을 갖춘 적임자를 채용하였다면 탁월한 서비스를 제공하기 위해 이들을 훈련시키고 개발해야 한다. 직원이 조직과 직무에 대한 능력을 개발하지 않고 서비스에 참여하거나 신규 직원을 교육 훈련 없이 현장에 투입하게 되면 실수가 발생할 수 있고 직원의 실수는 고객의 불만으로 이어질 수밖에 없다. 특히, 레스토랑에서는 파트 타이머와 아르바이트 직원의 비중이 많아 훈련 없이 미숙하게 고객을 응대하는 일이 자주 발생하고 이직률도 비교적 높은 편이다. 이러한 상황은 서비스 품질을 떨어뜨리고 직원들의 미숙한 서비스 문제가 자주 발생하면 고객을 잃을 수도 있다. 그러므로 종사원들에 대한 적절한 훈련이 무엇보다 중요하다. 실제로 종사원들에 대한 지속적인 훈련은 조직이 자신에게 관심을 기울이고 있다고 느끼게 하여 조직에 대한 충성심을 길러 주고 역할 모호성을 감소시켜 직무에 대한 자신감과 만족을 느끼게 하여 일관된 서비스 성과를 올릴 수 있다.

교육과 훈련은 현재의 직무에서 필요한 역량과 태도를 배양하고 동기 유발을 촉진시킬 수 있다. 교육과 훈련을 통해 서비스 전략을 이해하고 다른 직원과 고객과의 관계에 있어서 자신의 역할을 인식하며 마케팅 지향적인 태도를 개발해야 한다. 서비스 직원들의 커뮤니케이션, 판매, 서비스 기술 교육 프로그램을 개발해야 한다. 이를 통해 레스토랑은 좋은 서비스를 제공하는 유능한 직원을 얻고 서비스 성과도 향상될 수 있다. 예를 들어, 맥도날드 햄버거 대학은 전 세계의 맥도날드 매니저들에게 햄버거 표준 생산을 위한 정형화된 교육을 한다. 고객과 접촉하는 직원에게 커뮤니케이션 스킬, 고객과 친밀한 관계를 구축하는 방법을 교육하여 맥도날드의 서비스 기술과 서비스 문화를 배우게 한다. 이처럼 서비스 직원들의 커뮤니케이션, 판매, 서비스 기술의 개발을 통해 직원들의 마케팅 지향적인 태도를 육성하고 서비스 성과를 향상시킬 수 있다.

직원의 능력을 개발하기 위한 교육과 훈련은 직원의 업무 숙련도와 고객 접촉 정도에 따라 세분화할 수도 있다. 업무 숙련도가 낮은 종업원에게는 서비스 표준화와 매뉴얼 숙지에 대한 훈련을 중점적으로 하고 업무가 숙련된 종업원에게는 권한 위임을 하여 스스로 목표관리를 하게 한다. 또는 고객을 자주 접촉하는 직원에게는 고객 의식이나 태도 중시 교육 위주로 진행하여 직원의 업무 만족도와 서비스 품질 향상을 기대할 수 있다.

😀 BBQ 치킨 대학의 교육 훈련 프로그램

BBQ 치킨 대학은 전 세계 유일의 닭고기 교육 기관으로, 2000년 설립되어 매장 창업자와 BBQ 직원을 교육해 오고 있다. 프랜차이즈 사업의 본질은 교육 사업이라는 신념 아래 제너시스 BBQ 매장을 창업하려는 사람은 의무적으로 교육을 받아야 한다. 일반 매장 창업자는 2주 동안, 포장 및 배달 전문인 BSK(BBQ Smart kitchen) 매장 창업자는 1주 동안 합숙 교육을 받고 수료증을 받아야만 점포를 운영할 수 있다.

60
BBQ 치킨 대학
이야기

치킨 대학에 입소한 매장 창업자(가맹점주)들은 조리법, 매장관리, 자사 앱 및 배달앱 활용법, 매출 관리, 고객 응대뿐만 아니라 산업 안전, 보건, 노무 등 관련 법규에 이르기까지 매장 실무 전반을 숙달할 수 있게 교육받는다. 현장 교육용 매뉴얼을 바탕으로 한 체계적인 교육 시스템을 통해 치킨 조리에 대한 문외한도 기초부터 전문 지식까지 습득할 수 있도록 교육하며, 사례 교육과 오픈과 마감 시간에 맞추어 롤플레잉 방식을 통해 고객 문의 응대나 클레임 대응 등 매장 운영 시 발생할 수 있는 여러 상황에 직접 응해 보며 직원 스스로가 노하우를 터득하고 자신감을 쌓을 수 있도록 돕는다.

BBQ 직원 교육은 신입 사원을 대상으로, 4주간 식품 위생법, 가맹 사업법, 경영진 특강, 제품 조리 교육, OJT 교육을 실시하고 있으며 이를 통해 외식 전문가로서 기본적인 자질을 갖추게 된다.

😀 디즈니랜드의 서비스 직원 교육 사례

디즈니랜드는 계약 직원까지 체계적으로 철저하게 교육시키는 것으로 유명하다. 디즈니는 일단 직원을 선발할 때 1년 이상 2년 단위로 모집하며 교육을 통해 디즈니의 사업철학을 소개한다. 이를 통해 직원은 사업에 동화하며 디즈니는 직원이 흥미롭게 업무에 임할 수 있도록 그들에게 적합한 환경을 마련해 준다. 심지어는 청소 직원들의 교육에도 4일을 투자한다. 물론, 쓰레기를 청소하는 것에 대해서는 단 2시간이면 충분하지만 실질적인 교육은 그 외의 것에 있다. 대부분의 교육 동안 그들은 고객들이 질문을 했을 때 어떻게 응답하는지에 관하여 교육받는다. 이는 고객이 안내 담당 직원보다 청소 직원에게 질문하는 경향이 5배나 더 크다는 조사 결과에 근거하였다. 청소 직원들은 '어디에서 피자를 파는지', '7명의 난쟁이에 나오는 배역의 이름은 무엇인지' 등에 관한 응대법을 교육받는다. 이 외에도 높은 서비스 품질을 제공하기 위해서는 직원이 직무 수행을 위해 사용하는 도구나 기술이 적합해야 한다. 좋은 장비나 기술을 사용할 때 직원은 성과를 높일 수 있으며 높은 서비스 품질을 제공할 수 있게 된다.

출처 : 서비스 마케팅(Zeithaml, Gremler, Bitner, 2012).

3) 내부 커뮤니케이션의 활성화

  내부 마케팅 프로그램을 효율적으로 운영하기 위해서는 상위 경영자와 감독자의 역할이 매우 중요하다. 상위 경영자는 직원의 태도와 의지, 그리고 능력을 파악하고 서비스 전달에 대한 직원의 경험과 의견을 청취하며 이를 적극적으로 격려하고 유도할 필요가 있다. 직원들은 외부고객에 대한 서비스를 어떻게 개선시킬 것인가에 대한 중요한 정보 원천으로서의 역할을 수행할 수 있다. 또한 계획과 의사 결정에서 직원들의 공식적 또는 비공식적인 피드백을 받아 쌍방향 커뮤니케이션이 이루어져야 한다. 조직 내부의 활발한 의사소통은 내부 직원들을 통합하고 결속해 주는 역할을 수행할 수 있다. 이처럼 외식업체가 행하는 내부 커뮤니케이션은 수직적일 수도 수평적일 수도 있다.

(1) 효과적인 수직적 커뮤니케이션 창출

  수직적 커뮤니케이션은 관리자로부터 종사원으로 내려가는 하향적 커뮤니케이션과 반대로 종사원으로부터 관리자로 올라가는 상향적 커뮤니케이션이 있다. 외식업체는 서비스 종사원들에게 하향적 커뮤니케이션을 통해 성공적인 서비스 전달을 위한 정보, 도구 및 기술을 제공한다. 고객과 직접 만나는 서비스 종사원들은 언제, 그리고 왜 서비스 실패가 발생하는지에 대해 잘 알기 때문에 직원들이 새로운 아이디

😊 상향식 커뮤니케이션 활성화 성공 사례 : 아웃백 스테이크 하우스

아웃백 스테이크 하우스에서는 매장 직원을 아웃백커라고 부르며 직원들의 의견과 아이디어를 경영 전략과 운영 정책에 반영하였다. 실례로, 아웃백커들이 '스테이크 맛이 좋지 않다'라는 고객 의견을 경영진에 전달하였고, 이에 따라 기존에 공급하였던 냉동 고기를 냉장 고기로 바꾸었다. 직원의 아이디어로 탄생한 블랙 라벨 스테이크는 아웃백 시그니처 메뉴로 자리잡아 매출이 2016년에 비해 1000억 원 이상 증가하여 2020년에는 3000억 원의 매출을 기록하였다. 매출 증대뿐만 아니라 효과적인 상향식 커뮤니케이션으로 매장 직원들의 경영진에 대한 신뢰를 구축하게 되었다.

#61
아웃백 스테이크
하우스의 상향식
커뮤니케이션

어를 제안하도록 상향적 커뮤니케이션이 활성화되면 서비스 실패를 미연에 방지할 수 있고 서비스 약속과 서비스 전달 간의 간격을 좁히는 데 도움을 준다.

(2) 효과적인 수평적 커뮤니케이션 창출

수평적 커뮤니케이션은 외식 업체 내에 개방적이고 지원적인 내부 분위기가 형성되어서 고객의 기대와 실제 서비스 전달 간의 격차를 줄여 주는 데 효과가 있다. 수평적 커뮤니케이션을 위해서는 서비스 종사원이 업무 수행 시 다른 서비스 종사원의 서비스 내용을 인식하고 잘못된 서비스 방식에 대한 의견을 제시하며 종사원들 간에 조정을 통해 실수를 미연에 방지하도록 한다. 일선 직원들은 고객의 욕구에 대한 최신의 정보를 갖고 있으므로 계획 과정에 참여하여 의사 결정을 보다 효과적으로 구체화할 수 있다. 직원 입장에서는 의사 결정에 참여하면서 인정 욕구를 충족하고 동기 부여가 될 수 있다.

부서 간 수평적 커뮤니케이션을 증대시키기 위한 방안으로 교차 기능팀을 구성하여 종사원들로 하여금 자신들의 업무와 외부고객들의 요구사항을 맞춰 보도록 할 수 있다. 교차 기능팀은 여러 부서에서 사람들을 차출하여 고객들의 욕구를 파악하고, 이에 따라 본인이 속한 부서에서 해야 할 일에 대해 인지하도록 한다. 이러한 인식은 본인의 부서에 전달될 수 있기 때문에 수평적 커뮤니케이션이 이뤄질 수 있게 된다. 최근 식품산업에서 사내 벤처에 대한 혁신적인 투자가 이루어지고 있다. CJ 제일제당은 사내 벤처 프로그램을 통해 직급과 상관 없이 혁신적 아이디어를 사업화하여 '푸드 업사이클링'과 '식물성 대체육' 사업을 추진하고 있다. 농심은 사내 스타트업에 대한 활발한 투자를 하고 있으며, 직원의 아이디어를 통해 신제품을 출시하여 고객의 긍정적인 반응을 얻고 있다.

4) 권한 위임과 팀워크

외식업체는 적임자를 직원으로 선발하고 능력 개발을 위한 교육과 동시에 필요한 지원 시스템을 갖추는 것이 필요하다. 레스토랑 방문고객의 욕구를 잘 충족하기 위해서는 즉각적인 요구에 대응하거나 서비스 실패가 발생했을 때 빨리 시정 조치를 취해야 하는데, 이를 위해서 직원에게 권한 위임이 필요하다. 특히, 생산과 소비가 동시에 일어나는 서비스의 특성으로 인해 고객과 직접 접촉하는 서비스 직원들에게 일정한 범위 내에서 권한과 책임을 부여해야 한다. 그렇지 않으면 서비스 실패를 겪게 되어 고객을 잃거나 서비스 회복의 기회를 잃게 된다. 권한 위임은 직원들에게 의사 결정의 권한을 주는 것이지만 이것으로 충분하지 않다. 권한을 행사하기 위해 필요한 의사 결정을 할 수 있는 지식과 수단을 교육과 훈련을 통해 제공해야 직원들은 적절하게 서비스 문제를 해결할 수 있고 결과적으로 고객 만족을 이끌어 낼 수 있다. 그리고, 서비스 문제를 해결한 직원을 대상으로 적절한 의사 결정에 대한 인센티브를 주어야 동기 부여가 될 수 있다.

서비스는 단계별로 진행되므로 서비스 프로세스에 참여하는 모든 직원들의 팀워크가 좋아야 전체 서비스 운영이 효율적으로 되고 고객 만족이 높아진다. 동료 의식과 동료의 지원은 탁월한 서비스를 제공하려는 성향을 강화하고 서비스 조직의 팀워크를 촉진시킴으로써 직원의 서비스 제공 능력도 강화될 수 있다. 특히, 서비스 청사진에서 직원이 어떤 역할을 하는지 알고 누구를 지원해야 할지 안다면 팀워크는 더욱 촉진될 수 있다. 예를 들어, 팀워크를 위한 수평적인 기업 내 문화를 위해 기업 내에서 서열의 차이와 종사원들 사이의 이질감을 드러내는 간부 전용 식당이나 전용 주차장을 제거함으로써 동료 의식을 고양할 수 있고 고품질의 서비스 제공이 가능해질 수 있다.

5) 우수한 직원 유지를 위한 보상과 동기 부여

외부고객에게 탁월한 서비스를 전달하기 위해 현장 서비스 직원을 동기 부여하는 방법은 인적자원관리에서 활용할 수 있다. 고객 만족과 충성도를 유지하고 매출을 증가시키기 위해서 일부 서비스 직원의 의욕만으로 어렵다. 고객과 접촉하는 직원뿐만 아니라 직원 모두가 고객에게 만족을 제공할 수 있는 하나의 팀으로서 업무를 수행하도록 동기 부여하는 것이 중요하다. 외부고객들을 만족시키기 위해 외부고객을 잘 응대할 수 있는 능력을 지닌 종사원을 확보하고 유지하며 그들을 동기 부여하는 것이 중요한 문제로 부각되고 있다. 체계적으로 경력을 개발할 수 있는 조직 내 환경을 조성하는 것도 우수한 직원들에게 동기 부여가 될 수 있다. 예를 들어, 스타벅스는 각 나라별로 가장 우수한 커피 지식과 열정을 보유하는 대표 바리스타를 커피 대사 선발 대회를 통해 선발하고, 해당 국가의 스타벅스 커피 대사로 임명한다. 스타벅스 커피 대사는 임기 1년 동안 해당 국가의 스타벅스를 대표하는 커피 전문가로 다른 파트너들에게 전문 지식과 경험을 전파하고 교육 활동을 한다. 전 세계 스타벅스 전문가들과 교류할 수 있는 기회가 주어져 글로벌 커피 전문가로 성장할 수 있다. 던킨도너츠에서 근무하는 직원들은 '던킨 바리스타 챔피언십'에 도전하여 해외 커피 산지 투어의 기회를 가질 수 있다. 각 바리스타들은 매년 특정 과제에 맞게 고객에 추천하고 싶은 커피를 창작하여 심사를 받게 된다. 던킨도너츠는 바리스타 챔피언십을 통해 최상의 커피 맛을 찾을 수 있을 뿐만 아니라 현장에서 일하는 직원들에게 고품질 커피 전문가로서 역량을 키울 수 있도록 독려하고 있다.

적임자를 직원으로 선발하고 좋은 품질의 서비스를 제공하기 위해 교육하고 필요한 지원 시스템을 갖추는 것 외에 우수한 직원이 떠나지 않도록 해야 한다. 우수한 직원의 이직은 고객 만족, 직원 사기, 전반적인 서비스 품질에 부정적인 영향을 미치므로 기업은 회사의 비전 수립에 직원이 참여하도록 하거나 그들을 내부고객으로 대우하고 우수 직원에 대한 보상이 주어져야 한다.

직원마다 동기 부여하는 방법이나 만족되는 요인에 차이가 있다. 따라서, 외부고객 시장을 세분화하는 것과 유사하게 내부고객인 직원들을 동기 부여 요인과 만족 요인을 이해하고 세분화하여 보상 프로그램을 개발할 필요가 있다. 직원에 대한 개별적인 관심, 직원을 인정하고 존중하는 태도, 근무 계획과 의사 결정에 대한 직원들의 참여 유도 등은 직원들로 하여금 의지와 열정을 가지고 직무를 수행하도록 만든다. 또한, 레스토랑은 서비스 직원이 자신의 직무를 통해 적절한 경제적 보상과 경력 개발에 대한 기대감을 가지도록 하여 이직율과 결근율을 낮추고 생산성을 높일 수 있다.

⚫ 맥도날드의 사람 중심 기업 문화와 직원 역량 강화

맥도날드에게 가장 중요한 자원은 '사람'이다. '사람 중심' 기업 문화를 바탕으로 모든 직원에게 동등한 성장 기회를 제공하며 직원에게 안정적인 고용 환경을 제공하고 투자하는 것이 곧 고객에게 나은 경험과 최고의 서비스를 제공하는 것이라 믿는다. 이는 곧 회사가 발전할 수 있는 기회로 본다. 지난 2021년 11월, 한국의 맥도날드 점장 4인이 글로벌 맥도날드의 '레이 크록 어워드'를 수상하였다. '레이 크록 어워드(Ray Kroc Awards)'는 1990년 맥도날드의 창립자인 레이 크록의 이름을 따 제정된 상

62
맥도날드의
직원 중심 경영 철학

으로, 전 세계 100여 개국 3만 8천여 개의 맥도날드 매장 중 상위 1% 점장들에게 수여된다. 맥도날드의 '사람 중심' 기업철학을 바탕으로 매장 내 직원 역량 강화에 힘쓰며 고객과 직원 모두를 위한 매장 환경을 조성하는 데 기여한 직원에게 주어진다. 매년 우수 직원들을 대상으로 수상을 통해 동기 부여를 제공할 뿐만 아니라 레스토랑 크루부터 매니저, 점장, 본사 스태프에 이르기까지 직급별 체계적인 교육과 성장 프로그램을 제공한다. 또한, 다른 나라의 맥도날드 레스토랑에서 근무할 수 있는 '워킹 홀리데이' 프로그램을 운영하여 직원이 성장할 수 있는 또 다른 기회의 장을 제공한다. 세계 어디서나 똑같은 맥도날드의 음식과 서비스를 제공할 수 있도록 하는 것의 원천은 직원 한 사람의 내적 성장을 돕는 자기 성장의 기회를 제공하는 것이라 믿는다.

외식서비스 마케팅

Chapter

13

외부 마케팅
커뮤니케이션

학 습 목 표

1. 마케팅 커뮤니케이션 환경의 변화를 파악한다.

2. 마케팅 커뮤니케이션의 목표와 역할을 이해한다.

3. 마케팅 커뮤니케이션 믹스의 종류를 이해한다.

4. 외식 서비스에서 효과적인 마케팅 커뮤니케이션 전략을 배운다.

5. 다양한 디지털 마케팅 커뮤니케이션 방법을 사례를 통해 이해한다.

13

마케팅 커뮤니케이션 채널은 확장되고 디지털 방식
으로 빠르게 전환하고 있다. 본 장에서는 빠르게 변
화하고 있는 마케팅 커뮤니케이션 환경과 마케팅 커
뮤니케이션 믹스에 대한 이해를 바탕으로 외식 서비
스에서 효과적인 마케팅 커뮤니케이션 실천 전략에
대해 배운다.

1. 외부 마케팅 커뮤니케이션의 이해

서비스 마케팅 삼각형에서 외부 마케팅을 기업이 고객에게 어떤 서비스를 제공할 것인지 약속하는 것으로 정의하였고 내부 마케팅과 대비되는 개념으로 외부 마케팅으로 표현하였다. 일반적으로 외부 마케팅은 전통적 마케팅 커뮤니케이션 경로로서 광고, 판매 촉진, 인적 판매, 홍보 및 공중 관계, 온·오프라인 마케팅, 소셜 미디어 마케팅이 이에 해당된다. 또한, 제2장에서 설명된 마케팅 믹스 중에서 촉진으로 불리기도 한다. 기업이 마케팅 목표를 달성하기 위해서 끊임없이 고객과 커뮤니케이션하므로 촉진을 외부 마케팅 커뮤니케이션으로 부르기도 한다. 외부 마케팅 커뮤니케이션은 서비스가 고객에게 전달되기 이전에 고객과 서비스 내용을 의사소통하고 고객과 지속적으로 관계를 맺는 모든 활동을 의미하며 광고, 판매 촉진, 인적관리, 홍보 및 공중 관계가 이에 해당한다. 최근에는 전통적인 커뮤니케이션 도구뿐만 아니라 뉴 미디어소셜 미디어, 블로그, 모바일 등를 통해 기업이 만들어 낸 메시지를 전달할 수 있다. 오늘날의 고객은 과거의 한정된 정보 원천과 달리 좀 더 다양화된 마케팅 매체를 통해 커뮤니케이션을 한다. 예를 들어, 대부분의 신규 음식점은 오픈 시 광고 대신 고객에게 음식을 샘플로 주거나 시식하도록 하여 고객이 구전을 퍼뜨리도록 유도한다. 이 외에도 인스타그램, 유튜브, 페이스북 등 양방향 커뮤니케이션이 가능한 소셜 미디어를 통하여 고객이 다른 고객에게 신규 음식점 정보를 교환하므로 이를 통해 온라인 구전을 유도할 수 있다.

구체적으로 마케팅 커뮤니케이션은 고객에게 상품과 서비스 정보를 제공하고 호의적인 태도를 가지도록 설득하며, 고객 구매 의사 결정에 영향을 미친다. 달리 말하면, 고객이 필요와 욕구를 충족하기 위해 상품과 서비스에 대한 정보를 탐색할 때 기업이 제공하는 광고, 판매 촉진 등과 같은 마케팅 커뮤니케이션에 의해 선택하게 된다. 때로는 마케팅 커뮤니케이션에 의해 상품과 서비스를 구매하려는 욕구를 인식할 수도 있다.

본 장에서는 현재 빠르게 변화하고 있는 마케팅 환경에서 외식업체가 주목해야 할 마케팅 커뮤니케이션 환경의 변화와 마케팅 커뮤니케이션 믹스 및 실제 적용되는 사례에 대해 다룬다.

1) 마케팅 커뮤니케이션 환경의 변화

(1) 마케팅 커뮤니케이션 채널의 확장

마케팅 커뮤니케이션의 흐름이 광고 중심에서 최근에는 판매 촉진, 이벤트, 홍보, 직접 마케팅, POP, 인터넷, 소셜 미디어 등과 같이 다양한 커뮤니케이션 수단으로 확장되고 있다. 예를 들어, 외식업체가 새로운 메뉴 또는 브랜드를 런칭할 때 다양한 이벤트 및 홍보 수단을 활용해 다각적으로 판촉 활동을 진행한다. 오픈 기념 또는 신메뉴 출시 기념 특가 프로모션을 진행하고 이 프로모션을 뉴스나 블로그 및 SNS 등을 적극적으로 활용하여 잠재 고객들이 새로운 메뉴와 신규 브랜드에 관한 정보를 접할 수 있도록 한다.

(2) 세분화된 매체 시장과 디지털 매체의 부상

오늘날은 전통적인 미디어 매체인 TV, 라디오, 신문, 잡지뿐만 아니라 뉴 미디어인 인터넷, 모바일, 소셜 네트워크 커뮤니티 등으로 매체 시장이 세분화되었고, 뉴 미디어에서는 양방향 커뮤니케이션이 가능하게 되었다.

(3) 다양한 세대의 공존과 고객 시장의 세분화

우리 사회에는 베이비붐, X, Y, Z, 알파에 이르기까지 각기 다른 다양한 세대가 공존하고 있다. 마케터는 세대마다 상품과 서비스에 대한 기호와 태도가 다르므로 각기 다른 서비스와 고객 경험으로 대응해야 한다. 예를 들어, 소유보다 경험을 더 중시하는 Y세대는 상품 구매보다 주문형 서비스의 다양화와 구독 경제를 더 선호한다. 고객이 각기 다른 욕구를 가진 시장으로 세분화됨에 따라 대중 커뮤니케이션과 함께 고객에게 선별적으로 접근이 용이한 커뮤니케이션 수단을 통합적으로 운영해야 한다.

(4) 디지털 방식으로 전환

모바일, 인터넷, 소셜 미디어의 등장으로 외식산업은 혁신적인 변화를 겪었다. 맛집 평가 사이트와 온라인 예약 플랫폼은 서비스 품질과 가격을 투명하게 만들었다. 고객은 디지털 도구를 이용하여 음식점 방문을 계획하거나 예약하고 방문 이후에 레스토랑을 평가하고 추천한다. 이와 같이 레스토랑 방문 전과 방문 후 고객 여정에서 디지털 채널을 통한 디지털 광고가 활용되고 있으나 실제 고객 여정의 중간 과정에 해당하는 레스토랑을 방문하여 식사를 하는 부분은 온전히 디지털 영역이 아니다. 외식서비스 현장에서 서빙 로봇이 등장하고 있으나 아직은 고객의 반응이 미온적이다. 현재는 옴니 채널을 통해 제품과 서비스를 알리고 전달하면서 디지털화에 적응하고 있는 중이다.

😋 레스토랑 추천 및 예약 앱 : 캐치테이블

캐치테이블은 예약이 어려운 인기 레스토랑도 날짜, 시간, 인원에 따라 편리하게 예약할 수 있는 앱으로 캐치테이블에는 미쉐린 스타를 부여받은 하이엔드 레스토랑부터 신규 오픈해 트렌디한 레스토랑까지 다양한 레스토랑이 입점해 있다. 평소 즐겨먹는 음식 종류, 음식 가격대 선택, 테이블 형태, 편의시설, 분위기, 지역을 선택하면 개인 맞춤형으로 레스토랑을 추천 해준다. 미식 입문자들이 자신의 취향에 맞는 레스토랑을 추천받을 수 있

63
캐치테이블

는 큐레이션 콘텐츠부터 코어 미식가들이 자신의 미식 경험을 남기고 공유할 수 있는 미식 히스토리 관리 기능까지 제공하고 있다.

(5) 데이터베이스 마케팅

외식기업의 경쟁이 심화되고 고객의 욕구가 다양해지면서 표적 고객에게 개별적으로 접근하는 마케팅이 각광을 받고 있다. 고객의 정보를 정확히 파악하고 다양한 채널을 통해 고객과 개별적인 관계를 형성하며 고객의 커뮤니케이션 반응을 세분화하기도 한다. 온라인 환경에서 모든 웹사이트 방문자는 자신이 과거에 검색하거나 구매한 데이터를 기반으로 각기 다른 정보를 보게 된다. 기업은 고객의 과거 활동 및 구매 이력을 바탕으로 앞으로 어떤 상품과 서비스를 구매할 확률이 높은지를 예측하고 그에 맞춰 개별화된 서비스를 제안한다.

(6) 비대면 유통 채널

코로나19로 인한 사회적 거리 두기는 고객이 온라인 플랫폼과 비접촉식 상호작용에 의존하도록 했다. 대다수의 고객은 새로운 디지털 라이프 스타일에 익숙해져서 전자 상거래와 음식 배달앱에 의지했다. 외식업체는 레스토랑에 와서 식사하는 사람

😀 **데이터 베이스 마케팅 사례 : 마켓컬리의 개인화 서비스**

코로나19의 확산 이후 사회적 거리두기의 장기화와 공중위생에 대한 불안으로 식품유통의 온라인 침투화가 가속화되고 있다. 온라인 구매가 익숙치 않았던 50대 이상 소비자나 신기술 수용에 비적극적인 'late majority'의 고객이 증가하면서, 마켓컬리는 고객 데이터 인프라 구축에 더욱 힘을 싣고 있다. 세밀한 고객 행동 분석을 통해 고객에 따라 다른 상품을 노출하고 추천하는 앱 개인화 서비스를 제공한다. 또한 고객이 제품을 장바구니에 담아서 결제에 이르기까지의 과정을 모두 트레킹화하고, 고

64
마켓컬리의
개인화 서비스

객 경험 정책의 자동화를 통해 직원이 고객과의 상호작용할 수 있는 시간을 확보하여 고객 경험을 향상시키도록 한다. 이처럼 오프라인 공간(매장)을 대체하는 온라인 유통업체는 온라인 내에서 사용자의 특성을 이해하고 고민하는 과정을 통해, 단순히 오프라인 채널을 대체하는 데서 나아가 소비자 경험을 어떻게 제공할 것인가에 대한 구체적인 경험을 설계하는 것이 필요하다.

이 줄면서 생긴 손실을 메우기 위해 음식 배달을 늘림으로써 코로나 팬데믹에 적응했다. 일부 레스토랑에서는 '클라우드 주방' 또는 '유령 주방'으로 불리는 배달 주문만 받는 식당으로 전환했다. 코로나 팬데믹 위기가 끝난 뒤에도 비대면에 대한 수요는 지속될 것으로 예상된다.

2) 마케팅 커뮤니케이션의 목표와 역할

(1) 마케팅 커뮤니케이션의 목표

마케팅 커뮤니케이션의 목표는 고객의 구매과정 단계별로 달라진다. 구매 전 단계에서는 외식업체 선택에 대한 위험을 감소시키고 브랜드 이미지와 인지도를 증대시켜 브랜드 자산을 구축하도록 한다. 브랜드 자산은 정형화된 서비스 품질이 제공될 것이라는 확신을 심어주고 위험 부담을 낮추어 구매 가능성을 높여 준다. 소비 단계에서는 고객의 기대나 서비스 평가에 영향을 미치거나 서비스 절차에 대한 정보를 커뮤니케이션함으로써 고객 만족을 증대시킬 수 있다. 이러한 정보는 서비스를 제공하는 종사원이 우수한 서비스를 제공할 수 있도록 교육하거나 레스토랑의 물리적 환경을

통해 알려 줄 수 있도록 설계한다. 구매 후 단계 커뮤니케이션은 고객의 인지 부조화를 감소시켜 긍정적인 구전 커뮤니케이션을 장려하며 고객의 재방문 빈도를 높이는 데 목적이 있다. 서비스의 무형적인 특성으로 인해 구전에 의한 영향력이 크므로 인지 부조화를 감소시킬 수 있는 커뮤니케이션의 역할은 중요하다.

(2) 마케팅 커뮤니케이션의 역할

고객은 마케팅 커뮤니케이션을 통해서 외식업체를 알게 되므로 외식서비스에서의 마케팅 커뮤니케이션의 역할은 매우 중요하다.

① 정보 제공

마케팅 커뮤니케이션은 서비스에 관한 정보를 제공하는 역할을 한다. 상품과 서비스의 종류, 가격, 영업시간 등이 포함된다. 예를 들어, 신메뉴를 알리거나 새로운 프로모션이나 이벤트를 홍보하는 광고를 통해 정보를 제공한다. 외식업체는 직원의 서비스 전달 과정을 보여 주는 홍보 자료와 홈페이지를 통해 서비스 직원의 우수성을 강조하기도 한다.

② 상품 회상

고려상표 군은 고객이 구매 의사 결정을 하기 전에 고려 대상으로 떠올리는 상표들의 집합이다. 서비스 상품의 경우 고려상표 군이 제한적인 경우가 많기 때문에 일단 고객의 고려상표 군에 속하지 않으면 선택될 가능성이 희박하다. 따라서 외식업체는 고객의 주의와 흥미를 끌 수 있게 표적 고객이 자주 접하는 매체에 광고를 해야 한다. 예를 들어, 유명한 카페나 음식점 등을 여성 잡지의 기획 특집에 기사처럼 광고하는 경우가 많다. 또한, 고객이 배고프거나 식사 장소를 찾을 때 자연스럽게 외식업체가 떠오르게 하기 위해서 지속적인 광고를 하는 것이 필요하다. 커뮤니케이션 빈도를 높여서 고객이 광고를 접하는 기회를 많이 가지게 하여 고객의 기억에 남도록 해야 한다. 서비스와 연관 있는 이미지를 제공하여 생동감 있는 정보를 제공하는 것이 좋다. 광고에 나타난 특정 요소들은 브랜드의 회상 효과를 강화한다. 맥도날드의 경우 가족이 함께 운전하면서 메뉴를 정하는 상황에서 맥도날드 간판을 연상하는 광고 메시지를 전달하기도 했다.

③ 고객 설득과 구매 행동 유도

마케팅 커뮤니케이션은 고객을 설득하여 상품과 서비스에 관심을 유도하고 구매하도록 한다. 광고와 함께 쿠폰이나 프리미엄과 같은 판매 촉진 수단과 결합되어 사용되는 경우가 많다. 예를 들어, 고객과의 접촉이 많은 외식서비스의 경우 서비스 접점 직원의 친절함과 전문성도 하나의 커뮤니케이션 수단이 된다. 직원의 서비스가 고객을 만족하게 하고 재방문을 유도하는 역할을 한다.

④ 서비스의 포지셔닝

마케팅 커뮤니케이션은 고객에게 서비스 내용과 서비스를 통해 얻을 수 있는 혜택을 잘 인지하도록 서비스를 포지셔닝하는 것이다. 제공될 서비스에 대한 상세한 설명은 커뮤니케이션 매체를 통해 고객에게 전달하여 서비스 가치를 부가할 수 있다. 그리하여 마케팅 커뮤니케이션을 통해 신규 고객을 유인할 뿐만 아니라 기존 고객을 유지하고 밀접한 관계를 형성한다.

⑤ 차별화 단서의 제공

외식업체는 서비스 성과를 커뮤니케이션화하기 위한 구체적인 단서를 제공해야 한다. 서비스의 무형성은 고객에게 불안감을 높이는 요소일 수 있다. 따라서 물리적 환경 조성과 종사원의 우수한 서비스 제공 등과 같은 차별화 단서를 중심으로 커뮤니케이션함으로써 고객의 불안을 해소한다.

2. 통합 마케팅 커뮤니케이션의 이해

서비스 기업의 광고, 판매 촉진, 인적 판매, 홍보, 서비스가 제공되는 장소, 건물 자체 등은 마케팅 커뮤니케이션 수단이 될 수 있다. 마케터가 이용할 수 있는 커뮤니케이션의 수단은 매우 다양하지만, 마케팅 커뮤니케이션 믹스의 주요 요소는 광고, 판매 촉진, 인적 판매, 홍보 및 공중 관계Public Relations를 포함한다. 주요 마케팅 커뮤니케이션 믹스의 특징은 표 13-1과 같다. 마케팅 커뮤니케이션의 수단들은 각기 다른 특성을 지니고 있으므로 상품과 서비스의 특성, 시장의 특성, 제품 수명 주기 단계에 따라 개별화하여 사용되어야 한다. 외식업체 관리자는 커뮤니케이션 수단의 특성을 제대로 파악하여 적절한 마케팅 커뮤니케이션 믹스를 결정하는 것이 중요하다.

오늘날 외부 마케팅 커뮤니케이션 채널은 통합 마케팅 커뮤니케이션IMC, Integrated Marketing Communication으로 통합되는 추세이다. IMC는 브랜드에 관한 분명하고 일관성과 설득력 있는 메시지를 전달하기 위하여 외식업체의 여러 가지 커뮤니케이션 채널을 주의 깊게 통합하고 조정하여 커뮤니케이션 효과를 극대화하는 활동이다그림 13-1 참조. IMC는 광고, 판매 촉진, 인적 판매, PR 등 각각의 커뮤니케이션 요소들이 개별적으로 시행되었을 때 실행 목표가 상충되거나 중복 지출 등에 의해 비효율적인 부분이 발생할 수 있고, 시너지 효과를 내기 어렵기 때문에 여러 가지 커뮤니케이션

표 13-1 | 마케팅 커뮤니케이션 믹스의 특징

분류	판매 촉진	광고	인적 판매	홍보와 PR	뉴 미디어
정의	광고, 인적 판매, 홍보 및 공중 관계로 분류되지 않는 고객 자극의 촉진 활동	비용을 지불하고 비인적 매체를 통해 정보를 알리는 의사소통	판매를 목적으로 잠재 고객과 직접 대면하여 구매를 유도하는 활동	비용 지불 없이 대중에 대한 좋은 이미지를 창출하기 위한 활동	
목적	즉각적인 구매 행동 유발	상품과 서비스에 대한 메시지 전달	직접 접촉을 통한 구매 유도	기업이나 브랜드 이미지 제고	
종류	가격 할인, 샘플 쿠폰, 프리미엄 경품/경연 대회 단골고객 프로그램	TV, 인쇄, 인터넷, 옥외 광고, DM	인적 판매 고객 서비스 텔레마케팅	언론 보도자료 이벤트 전시 박람회	웹사이트, 모바일 블로그, SNS
범위	광범위	광범위	개별 고객	광범위	광범위+개별 고객
비용	비싼 편	보통	비싼 편	무료/유료	저렴 또는 보통
장점	인지도 향상 빠른 효과	신속, 통제 가능	탁월한 정보의 양과 질, 즉각적인 피드백	높은 신뢰성	높은 고객 참여도 빠른 확산, 높은 청중 선별력, 일대일 마케팅 가능
단점	경쟁사 모방 용이	효과 측정 어려움 정보 양의 제한	높은 비용 느린 속도	통제의 어려움 간접 효과/높은 비용	통제의 어려움 부정적 구전 수습 어려움

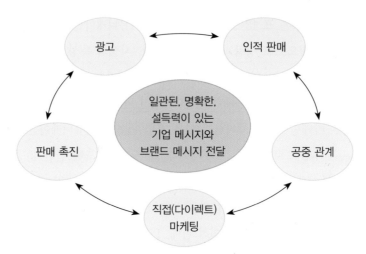

그림 13-1 | 통합 마케팅 커뮤니케이션의 목표

채널을 주의 깊게 통합하고 조정하여 커뮤니케이션 효과를 극대화하는 활동이다. 특히, 인터넷 이용과 디지털 기술의 급성장으로 인해 고객에게 영향을 미치는 모든 접점을 커뮤니케이션 채널로 다루어지기 시작하였다. IMC는 분명한 브랜드 메시지를 확실하게 하기 위해 모든 고객 접점의 경로를 주의 깊게 조정하는 것이다. 고객을 참여시켜 브랜드 메시지를 전달하고 고객의 브랜드 경험을 향상시키는 가장 적합한 방식으로 미디어들을 통합적으로 운영하는 것이다. 이처럼 다양한 마케팅 커뮤니케이션 수단을 효과적으로 활용하기 위해 각각의 고유한 특성을 고려하고 조화롭게 조정하는 IMC가 필요하며 통합적으로 운영되어 고객과의 관계를 구축하고 강화해야 한다. 대면 판매와 DM과 같은 전통적인 직접 마케팅 도구와 디지털 마케팅 도구들온라인, 모바일, 소셜 미디어이 충분히 IMC 프로그램에 녹아져야 한다.

3. 마케팅 커뮤니케이션 믹스

1) 광고

광고advertising는 광고주가 아이디어, 상품, 서비스에 관한 비인적 프레젠테이션non-personal presentation에 대해 비용을 지불한 모든 형태로 인쇄 광고, 방송 광고, 옥외 광고outdoor advertising 등이 있다. 장기적으로 브랜드 이미지를 형성하고 단기적으로 구매를 자극하고 메시지의 반복이 가능하며 많은 고객에게 접근이 가능하다. 그러나, 비인적 및 일방통행의 커뮤니케이션이고 비용이 많이 든다. 광고는 짧은 시간에 동시에 다수의 고객에게 접근하여 서비스 정보를 제공하고 고객을 설득하며 회상하도록 하여 궁극적으로 구매 행동을 유도한다. 특히, 광고를 이용하여 서비스의 무형성을 감소시켜 고객의 위험 부담을 낮추어 주고 추상적인 서비스를 고객의 마음속에 포지셔닝하고 브랜드 자산을 구축하는 데 중요한 역할을 한다. 반면, 광고 효과가 매출로 연결되기에는 시간이 오래 걸리는 단점이 있다. 반면, 최근 활발히 사용되고 있는 인터넷 광고는 무제한적으로 정보를 교환할 수 있는 특징을 갖는다. 일대일 마케팅이 가능한 데이터베이스 마케팅을 기초로 하여 고객 개별 마케팅을 살리면서 저렴한 마케팅 비용으로 각광을 받고 있다.

65
스토리텔링 광고 사례

맘스터치(엄마를 찾아서)

2) 판매 촉진

판매 촉진sales promotion은 상품 또는 서비스의 구매를 촉진하기 위한 단기적 자극 수단으로 고객의 심리적 불안감에 대한 보상으로 비용을 줄여 주어 첫 방문을 유도하는 활동이다. 판매 촉진은 단기 매출 향상과 장기적 시장점유율 확립에 도움이 되며, 특히 광고와 인적 판매에 함께 활용될 때 가장 효과적이다. 신제품을 사용해 고객을 유인하거나 경쟁사로부터 고객을 유인할 수 있으며 충성도 있는 고객에 대한 보상으로 고객과의 관계 구축에 도움이 된다. 광고 효과가 매출에 영향을 미치기 위해서 오랜 시간이 걸린 반면에 판매 촉진은 매출에 단기적이고 즉각적인 영향을 미친다. 서비스 브랜드 수가 늘어남에 따라 외식업체 브랜드 간 차이점을 찾기가 어려워졌다. 특히, 가격 경쟁이 심한 패스트푸드의 경우 브랜드 전환이 언제라도 발생할 수 있다. 이때 쿠폰이나 할인 혜택과 같은 판매 촉진이 효과를 발휘한다. 그런데 가격할인이 자주 이루어지면 고객은 브랜드에 대해 긍정적이지는 않지만 반복적으로 구매하게 된다. 이런 경우 반복 구매로 인해 충성도처럼 보이지만 의사 충성도(가식적 충성도)spurious loyalty이므로, 경쟁사가 비슷한 판매 촉진을 쓸 경우 바로 브랜드 전환이 일어날 수 있다. 따라서 일시적인 효과뿐만 아니라 장기적으로 충성고객 확보도 할 수 있도록 판매 촉진을 수행해야 한다. 판매 촉진의 유형은 가격 지향적 판촉과 비가격 지향적 판촉으로 구분된다.

(1) 가격 지향적 판촉 : 가격 할인

가격 지향적 판촉은 가격 할인price offs이 대표적이다. 예를 들어, 비교적 수요가 적은 월요일에 가격 할인을 실시하면 수요의 분산 효과를 기대할 수 있다. 그러나, 가격 할인할 때까지 구매하지 않고 기다렸다가 할인 시기에만 구매하는 고객이 생길 수 있기 때문에 할인된 가격이 준거 가격이 되지 않도록 주의하는 것이 필요하다.

(2) 비가격 지향적 판촉

외식업체는 가격 할인 이외에도 다양한 비가격 지향적 판촉을 실시한다. 비가격 지향적 판촉에는 샘플, 쿠폰, 프리미엄, 경품 제공과 경연 대회, 단골고객 프로그램 등이 있다.

① 샘플

고객에 무료로 서비스를 경험할 수 있는 기회를 주는 샘플sample은 서비스의 무형성에서 기인하는 구매의 위험을 감소시킬 수 있다. 샘플은 신제품을 소개하는 가장 효과적인 방법이기는 하나 비용이 많이 든다. 예를 들어, 패스트푸드점에서 무료 음료수를 제공하거나 샐러드를 무료로 제공한다면 신규 고객을 확보할 수 있다. 즉, 샘플을 통해 신뢰를 가지게 된 잠재 고객은 매장을 재방문하게 된다. 이처럼 샘플 제공은 신제품을 소개하고 신규 고객을 확보하는 데 가장 효과적이기는 하나 비용이 많이 든다.

② 쿠폰

샘플과 함께 많이 사용되는 비가격 지향적 판촉으로 쿠폰coupons이 있다. 쿠폰은 일정 비율이나 일정 액수의 가격 할인, 무료 음료수 같은 부수적인 서비스의 제공으로 고객을 유인하는 방법이다. 쿠폰은 단기간에 매출을 자극할 수 있지만 장기적으로는 기업의 이미지와 브랜드 자산을 훼손할 우려가 있기 때문에 자주 사용하는 것은 좋지 않다.

③ 프리미엄

프리미엄premiums은 서비스를 구매한 고객에게 무료로 특정 서비스나 사은품을 제공하는 것이다. 예를 들어, 패스트푸드의 일반적인 종이컵 대신 촉진용 무료 유리잔을 제공한다. 프리미엄은 충성고객에 대한 보상으로 충성도를 더욱 높이기 위한 방법으로 쿠폰과 달리 기업 이미지에 부정적인 영향을 주지 않는다.

④ 경연 대회와 경품

경연 대회contest와 경품sweepstakes은 고객에게 복권이나 제비뽑기 같은 기회를 제공하는 것으로 서비스에 대한 관여도를 높이고 서비스를 즐겁게 이용할 수 있도록 계획된다. 많은 외식업체들이 신규 매장이나 신메뉴 런칭 시 'SNS 댓글 달기/공유하기' 이벤트를 적극 활용하고 있다. SNS를 통해 신메뉴 홍보에 기여하는 고객들을 추첨하여 해당 메뉴를 제공해 주는 이벤트는 고객들의 호응을 얻게 되고 경품을 통해 경험한 이후 재방문이나 재구매로 이어질 수 있다.

⑤ 단골고객 프로그램

가격 할인이나 쿠폰과 같은 판촉은 단기적으로 브랜드 전환을 유도하지만 브랜드 충성도를 형성하지 못한다. 이를 보완하는 방법으로 단골고객 프로그램frequent customer program이 개발되었다. 단골고객 프로그램은 일정한 기간 동안 반복적으로 구매하는 고객에게 추가적인 서비스를 제공하여 보상함으로써 재구매율을 증가시키고 브랜드 충성도를 더 높이는 것이다. 예를 들면, 스타벅스에서 커피 12잔을 마시면 무료 커피 1잔이 제공되고 우수 고객은 엑스트라 1샷을 무료로 추가할 수 있고 생일 무료 쿠폰 혜택을 받는다.

3) 홍보와 공중 관계

공중 관계PR, Public Relations는 대가를 지불하지 않고 TV, 라디오, 신문, 잡지, 인터넷, 소셜 미디어 등 비인적 매체를 이용하여 서비스에 관한 소식을 고객에게 전달하는 활동이다. 음식 전문 기자가 쓰는 지역 음식점 신문 기사, 신메뉴 런칭 행사나 푸드 페스티벌 같은 뉴스 기사를 예로 들 수 있다. 또는 환경 보전, 지역 사회 지원, 사회 봉사 등 사회에 기여하는 자사의 뉴스를 통해 회사에 대해 호감을 갖게 할 수 있다. 고객은 대중 매체를 통해 접한 뉴스를 대체로 객관적이며 정확하다고 인식하며 외식업체에 대해 덜 경계하게 되고 더욱 친밀하게 느끼게 된다. 판매 촉진과 달리 큰 비용을 지출하지 않으면서 고객의 신뢰를 얻고 외식업체의 긍정적인 이미지를 구축할 수 있다. 그러나 기업이 직접 펼치는 마케팅 활동과 달리 홍보publicity 내용에 대한 통제가 어려워 부정적 홍보 내용인 경우 큰 피해를 볼 수 있다. 대중에게 호감을 주는 활동을 홍보할 뿐만 아니라 비우호적인 소문을 해명하거나 좋지 않은 사건을 뉴스의 확대를 방지하는 위기 관리risk communication도 PR이 담당해야 한다.

4) 인적 판매

인적 판매는 고객과 일대일로 커뮤니케이션을 하는 대인 커뮤니케이션에 해당된다. 인적 판매는 판매원이 기업을 대표하여 고객과 직접 대면하며 자사의 서비스를 구매하도록 설득하는 커뮤니케이션 활동이다. 외식서비스가 일어나는 현장에서는 서비스 종사원이 판매원의 역할을 하기도 한다. 서비스 종사원과 고객 간의 쌍방향의 커뮤니케이션을 통해 고객의 특정 요구에 유연하게 대응할 수 있고 즉각적인 피드백을 얻을 수 있다. 서비스 종사원은 고객 만족과 재구매에 결정적인 역할을 하고 장기적인 관계 유지에 도움을 준다. 인적 판매의 단점은 유능한 종사원의 확보 및 교육, 훈련에 많은 비용이 든다는 것이다.

4. 외식서비스에서 효과적인 마케팅 커뮤니케이션 전략

서비스는 일반 유형재와 달라서 커뮤니케이션 전략 수립에 있어서 차별적인 접근과 이해가 중요하다. 외식서비스는 유형적인 음식만 제공되는 것이 아니고 무형적인 행위가 함께 수행되기 때문에 외식업체 입장에서는 외식서비스 가치를 고객에게 제대로 전달하기 어렵고, 고객 입장에서도 그 가치를 평가하기 어렵다. 고객 입장에서 여러 레스토랑 각각의 차이점이 무엇인지, 그리고 어느 정도의 수준을 기대하면 될지 정확하게 알지 못하는 경우가 많다. 따라서, 마케터는 고객에게 서비스의 특징이나 장점, 그리고 효용 가치에 대해 정확하고 분명하게 커뮤니케이션해야 한다. 서비스 무형성 외에도 생산과 소비의 비분리성, 이질성, 소멸성도 고객과의 커뮤니케이션을 어렵게 만들 수 있다. 이러한 서비스의 특성을 극복하거나 잘 반영하여 효과적으로 커뮤니케이션할 수 있는 방법은 다음과 같다.

1) 구전 커뮤니케이션 네트워크를 개발하라

앞서 언급했듯이, 서비스의 무형성으로 인해 서비스의 효용 가치를 판단하기 어렵기 때문에 고객은 상품 구매 시 위험 부담을 느낀다. 고객이 위험 부담을 많이 느낄수록 구전 정보에 의존하는 경향이 높다. 구전 커뮤니케이션은 사람들의 입에서 입으로 전해지는 비공식적 전달 과정이다. 구전에 의해 전파되는 정보는 광고와 같은 상업 정보와 비교하여 높은 신뢰성을 가지며 소집단 커뮤니케이션 형태를 띠어 수신자에게 미치는 영향력이 크다. 인터넷과 소셜 미디어를 통해 상품의 품질과 가치를 정확하게 파악할 수 있는 완전 정보 시대의 소비자는 더 이상 브랜드에 의존해 상품을 구매할 필요가 없고 바로 다른 사람의 의견을 물어보고 의사 결정을 내린다. 고객이 검색을 통해 상품과 서비스를 판단하기 때문에 실제적으로 유의미한 서비스가 제공되어야 구전 커뮤니케이션이 가능하다. 구전의 영향력은 매우 강력하기 때문에 마케터는 고객 간의 구전 네트워크가 형성될 수 있는 커뮤니케이션을 개발해야 한다.

2) 실행 가능한 것을 약속하라

서비스 커뮤니케이션은 고객의 서비스에 대한 기대를 형성하는 데 매우 중요한 역할을 한다. 커뮤니케이션은 기존에 가지고 있던 서비스 인식을 강화하거나 변화시켜 새로운 기대를 가지게 할 수 있다. 고객은 서비스에 대해 기대한 것과 지각한 것을 비교하여 고객 만족을 결정하기 때문에 외식업체는 약속을 지키도록 해야 한다. 서비스에 대한 약속은 고객의 기대를 증가시키고 결국에는 약속을 제대로 지키지 못한다면 고객은 불만하게 된다. 과도한 약속은 고객 불만으로 이어지고 불만족한 고객은 다른 사람에게 자신의 부정적인 경험을 이야기하게 된다. 과도한 약속은 제공하는 서비스에 대한 정확한 이해가 부족하거나 서비스에 대한 수요 예측을 잘못하여 서비스 품질이 저하되기 때문에 발생한다. 서비스 전달 과정과 서비스 제공자의 실제 역할에 대한 이해가 부족한 상태에서 개발된 마케팅 커뮤니케이션은 현실적으로 불가능한 서비스가 될 수 있다. 서비스 종사원들이 현장에서 지키지 못할 약속을 하는 것은 외식업체와 고객 간의 장기적인 관계를 훼손하므로 반드시 실현 가능한 서비스를 약속해야 한다. 이를 위해서는 서비스 전달의 실제 가능 수준을 파악하고 고객이 실제로 받게 될 서비스를 정확하게 반영하여 커뮤니케이션을 진행해야 한다.

3) 약속한 서비스를 달성하도록 노력하라

서비스 약속을 제대로 관리하지 못할 때 외부 커뮤니케이션을 통해 외식 업체가 약속한 서비스와 실제 서비스 전달 과정 사이에서 차이가 발생한다. 이는 달성 가능한 약속을 하는데 필요한 정보를 갖고 있지 못하거나 갖고 있더라도 이를 적절하게 통합하지 못하기 때문이다. 고객에게 약속한 서비스를 제대로 전달하기 위해서 서비스 전달이라는 목적을 위해 부서 간 상호 조정이 필요하다. 이러한 부서 간 내부 마케팅 커뮤니케이션이 제대로 이루어지지 않을 경우 탁월한 품질의 서비스를 제공하기 어려워진다. 서비스를 직접 담당하는 운영부서의 의견은 배제된 채 마케팅부서가 외부에 서비스를 약속하는 경우 제대로 된 서비스가 현장에서 전달되지 못할 것이다. 서비스 커뮤니케이션은 단순히 고객과의 소통을 제공하는 것뿐만 아니라 서비스 전달 과정에서 참여하는 종사원을 교육하고 동기 부여하는 것도 포함해야 한다.

4) 고객 기대를 관리하고 고객을 교육하라

고객은 서비스 생산 과정에 일정한 역할을 가지고 참여하게 되며, 이에 따라 효과적인 서비스가 생산될 수 있다. 그러나 대부분의 고객은 서비스 자체에 대해 경험이 없거나 서비스 과정 자체를 새롭게 느낄 가능성이 높다. 고객에게 어떻게 서비스가 제공되는지, 서비스 전달 과정에서 고객의 역할이 무엇인지, 그리고 서비스를 어떻게 평가할 수 있는지에 대해 명확하게 이해하지 못할 경우 고객은 불만족하게 되고 잘못된 책임을 외식업체의 탓으로 돌릴 수 있다. 비록 고객 자신으로 인해 발생한 문제였다 하더라도 고객은 불만족하고 외식업체를 탓하게 되므로 서비스 내용, 서비스 전달 방법, 서비스 생산 과정에 공동으로 참여하는 방법에 대해 고객 교육을 실시한다. 즉, 서비스 전달과 관련된 표준이 어떠한 것인지 분명히 알려주어 고객이 서비스 전달이 제대로 이루어졌다는 사실을 인지할 수 있도록 한다. 예를 들어, 비대면 서비스가 늘어나면서

그림 13-2 | 커피에 반하다 주문 키오스크

출처 : https://www.samsung.com/sec/
business/insights/case-study/reference-
Kiosk

주문 키오스크 설치가 늘어나는 매장에서 터치스크린을 사용하는 방법과 주문 이후 음식을 제공받는 절차에 대해 알려 주어 서비스 만족을 높이도록 한다.

5) 유형적인 근거를 제시하라

66
버거는 천천히
만들어져야 합니다

서비스는 무형적인 특성을 가지고 있기 때문에 고객의 기억에 남기 위해서는 물리적인 단서와 유형적인 증거를 통해 커뮤니케이션하는 것이 효과적이다. 무형의 서비스를 마치 눈에 보이는 것처럼 설명하면 고객이 서비스 내용을 보다 쉽게 이해할 수 있고 동시에 사용해 보고 싶은 마음이 커지게 된다. 예를 들어, 피자가 만들어지고 포장되는 것과 직원이 피자를 배달하는 모습을 광고에서 보여 주어 서비스 프로세스의 무형성을 감소시킬 수 있다. 또한, 고급 레스토랑은 광고를 통해 세련된 식사 공간을 보여 줌으로써 최상의 서비스를 제공한다는 약속을 전달할 수 있다. 이는 목표고객으로 하여금 서비스에 대해 시각화하고 상상하게 만드는 효과가 있다. 맥도날드의 로널드나 KFC의 흰 수염 할아버지처럼 회사를 나타내는 유형성의 상징을 사용하여 브랜드 인지도를 높일 수도 있다. 이처럼 서비스를 특정 이미지를 지닌 사람과 연관시켜 서비스에 대한 신뢰성을 높일 수 있다.

출처 : 맥도날드 홈페이지.

6) 서비스 경험을 이야기로 전하라

스토리텔링을 활용하면 서비스를 가장 효과적으로 전달할 수 있다. 서비스 상품의 특징이나 장점을 단순히 나열하는 것보다 서비스를 이용했을 때의 고객의 경험이나 현실감 있는 스토리를 전하는 커뮤니케이션이 무형의 서비스를 알리는 데 더욱 효과

그림 13-3 | 맥도날드 가족 광고

출처 : https://www.youtube.com/watch?v=iyoj-QDjOhI

적이다. 예를 들어, 맥도날드의 햄버거의 특징을 소개한 커뮤니케이션보다 맥도날드 매장을 방문하는 가족과 아이들의 행복한 모습을 이야기로 보여 주는 것이 더 효과적일 수 있다. 특히, 서비스의 특징을 한마디로 전달하기 어렵거나 고객이 이해하기 힘든 경우에 스토리텔링은 더 효과적일 수 있다.

7) 광고에 서비스 직원이나 만족한 고객을 등장시켜라

서비스는 고객과 직원이 함께 생산하고 소비하는 것이므로 서비스 직원의 행동 자체가 고객이 구매하는 서비스가 된다. 고객에게 서비스를 제공하기 전에 직원이 먼저 서비스에 대해 충분히 이해하고 직원이 업무를 잘 수행하도록 상품과 서비스의 고유성을 알려주어야 한다. 광고를 통해 자사 서비스 직원에게 이를 알려 줄 수 있다. 또한, 서비스를 공급하는 직원이 친밀하게 상호작용하면서 서비스에 만족한 고객이 등장하는 모습을 광고에서 보여 준다면 고객은 생생한 서비스 현장을 보다 구체적으로 보게 되어 안심이 될 것이다. 열심히 일하는 동료 서비스 직원이 광고에 등장한 모습은 직원들에게 일에 대한 열정이

그림 13-4 | 만족한 고객과 직원이 함께하는 광고

나 회사에 대한 자부심을 느끼게 해준다.

8) 경험 속성을 탐색 속성으로 만들어라

경험 속성을 가진 외식서비스는 고객을 레스토랑으로 유인하고 외식서비스 상품을 체험시키고 판매하기 위한 커뮤니케이션이 중요하다. 처음 가본 여행지에서 식사를 할 때 주변의 맛집을 검색하고 찾아가게 된다. 이미 레스토랑을 다녀간 사람들의 평가를 확인하면 그 레스토랑의 음식 맛이나 서비스 수준을 판단할 수 있기 때문이다. 이처럼 직접 경험해 보기 전에는 알 수 없는 서비스의 경험 속성들을 탐색 가능한 속성으로 바꾸어 주는 것은 경험 속성이 많은 외식서비스 선택에서 영향력이 크다.

9) 수요와 공급을 관리하라

광고는 고객에게 성수기와 비수기에 대한 정보를 제공해 소멸성을 줄일 수 있다. 성수기 또는 피크 타임에 대한 정보를 제공하면 고객은 피크 타임의 수요를 줄이게 되고 외식업체는 비수기의 특별 할인 광고를 통해 새로운 수요를 창출할 수 있다. 예를 들어, 맥도날드에서는 10시 30분부터 오후 2시까지 맥런치 세트를 개발하여 저렴하게 할인하여 판매하는 프로모션을 진행하여 피크가 아닌 시간에 고객이 방문하도록 유도하고 있다.

5. 디지털 마케팅 커뮤니케이션

커뮤니케이션 기술의 발전은 외식업체와 고객이 서로 의사소통하는 방법을 새롭게 변하도록 하였다. 디지털 시대에서 고객은 마케터가 제공하는 정보에 의존하지 않고 스스로 정보를 찾기 위해 인터넷을 사용하고 디지털 이전 시대의 고객보다 더 많은 정보를 가지고 있다. 새로운 마케팅 커뮤니케이션 사회에서는 대규모 시장이 세분화됨에 따라 보다 작은 집단의 고객과 긴밀한 관계를 구축하는 방향으로 마케팅 전략이 바뀌고 있다. 인터넷 이용과 디지털 기술의 급성장으로 인해 인터넷을 기반으로 하는 디지털 마케팅이 기존의 마케팅 믹스와 통합되어 사용되고 있다. 디지털 마케팅은 온라인, 소셜 미디어, 모바일 경로를 이용하여 주의 깊게 표적화된 개인 고객과 직접적이고 친밀하고 개인적인 상호작용을 통해 직접적으로 고객에게 서비스를 알리고 판매한다. 다시 말해, 웹사이트, 모바일앱이나 소셜 미디어를 통해 고객과 직접 소통하며 고객을 참여시키고, 개인화된 고객 관계를 구축하여 브랜드 옹호를 강화하고 브랜드 충성도를 높인다. 디지털 마케팅은 고객이 과거에 검색하거나 구매한 데이터를 기반으로 추천과 이용 후기까지 많은 양의 정보를 제공한다. 고객은 쉽고 편리하게 언제 어디서나 무제한의 상품과 구매 정보를 제공받고 바로 주문을 할 수 있는 웹사이트나 앱으로 소통할 수 있다.

1) 온라인 마케팅 커뮤니케이션

인터넷을 통한 온라인 마케팅은 기업 웹사이트, 온라인 광고와 홍보, 이메일, 온라인 동영상, 블로그를 사용한다. 인터넷을 통한 메시지는 웹사이트에 광고를 통해 전하는 커뮤니케이션 방식이다. 외식업체 웹사이트를 통해 메뉴와 서비스에 대한 정보를 상세히 전달할 수 있을 뿐만 아니라 인기 있는 웹사이트와 연결하여 고객을 유인할 수도 있고, 방문하는 고객의 검색기록과 고객 정보는 추후 관계 마케팅의 기반이 될 수 있다. 온라인 마케팅 커뮤니케이션 중 가장 활발하게 사용되어지는 온라인 광고에 대해 살펴보자.

(1) 온라인 광고의 특징
쌍방향 커뮤니케이션 : 전통적인 TV, 라디오, 인쇄 광고와는 달리 인터넷 광고는 쌍방향 커뮤니케이션이 가능하다.

- 일대일 마케팅 : 인터넷 광고는 다수에게 획일화된 정보가 아니라 개별화된 메시지를 수신자 개개인에게 전달할 수 있는 일대일 마케팅이 가능하다. ICTInformation and Communications Technologies의 발전으로 개별 고객의 거래 내역과 온·오프라인상의 행적을 추적하여 빅데이터를 축적할 수 있게 되면서 개인화된 광고를 제공하기가 쉬워졌다.
- 시간과 공간의 자유 : 하루 24시간 언제라도 어디에서든지 광고를 접할 수 있다.
- 즉각적인 구매 유도 : 매체 광고에 노출되는 시점과 구매 시점 사이에 시간적 차이가 있는 반면, 인터넷에서는 상품 검색 이후 구매까지 과정이 비교적 짧아질 수 있다.
- 데이터베이스 마케팅 : 인터넷은 광고의 수신 여부, 제공하는 광고에 대한 반응과 내용 등이 기록되고 측정되어 데이터베이스 마케팅의 기초가 된다.
- 자유로운 스폰서십 : 인터넷에서는 누구나 매체 개설이 가능하고 자신의 홈페이지에 스폰서를 자유롭게 유치할 수 있다.

(2) 온라인 광고의 형태

온라인 광고의 형태는 크게 푸쉬형과 풀형으로 구분된다. 푸쉬push형 광고는 인터넷 사용자에게 광고를 밀어내기 식으로 전달하는 것으로 배너 광고, 콘텐츠 광고, 팝업 광고, 이메일을 통한 광고 등이 있다. 반면에 풀pull형 광고는 사용자가 광고를 보러 오도록 하는 것으로 주로 만들어 놓은 홈페이지를 방문하는 사용자에게 광고를 하는 것이다.

① 배너 광고

배너 광고는 디스플레이 광고의 대표적 유형으로 인터넷 사용자의 스크린 어디에서든 볼 수 있으며, 현재 브라우징하고 있는 정보와 연관되어 있는 경우가 많다. 주로 정보를 찾아 주는 검색 엔진, 뉴스를 제공하는 매스 미디어, 엔터테인먼트 사이트 등에 광고를 실어 광고물을 클릭하면 광고주 사이트로 이동하게 만들거나 클릭 외에 광고로 게임 참여, 정보 제공, 설문 조사, 이벤트 참여 등을 실시하여 고객 참여를 높이기도 한다.

② 콘텐츠 광고

콘텐츠 광고는 사용자들이 주로 방문해 많은 시간을 보내는 정보나 콘텐츠를 이용하여 광고를 하는 것으로 특정 사이트에 대해 스폰서를 제공하는 협찬 광고와 동일한 개념이다.

③ 팝업 광고

팝업 광고는 인터넷에서 정보를 얻는 순차적인 과정의 틈새를 이용하여 광고를 내보내는 것이다. 예를 들어, 네이버에서 특정 정보를 찾으면 검색 내용이 나타나기까지 특정 상품 광고가 등장하도록 하는 것이다. 정보를 얻기 위해 기다리고 있을 때 고객의 관여도가 높은 상태라 이때 보여지는 광고의 효과가 크다.

④ 이메일 광고

이메일을 통한 광고는 direct mail과 같이 광고주가 이메일을 통해 광고 메시지를 전달한다. 표적 고객에게 서비스에 대한 설명이나 구매 정보를 제공하는 것이기는 하나 사용자가 부정적인 감정을 유발할 가능성도 높다.

⑤ 검색 엔진 광고

검색 엔진 광고는 광고주가 원하는 키워드로 사용자가 검색했을 때에만 광고를 보냄으로써 광고주의 서비스를 이용할 가능성이 높은 잠재 고객을 타깃하기에 효과적이다. 검색 엔진 광고는 기존의 온라인 광고보다 브랜딩 효과가 뛰어나며 비용 대비 효과가 가장 높은 마케팅 커뮤니케이션 수단이 되고 있다.

⑥ 홈페이지 광고

홈페이지 광고는 기업의 홈페이지를 통해 상품이나 서비스에 대한 정보를 자세하게 전달한다. 홈페이지를 통한 광고를 할 때 경품을 제공하거나 인기 있는 사이트와 연결하도록 하여 고객들을 유인하기도 한다. 방문하는 고객들의 정보를 파악하는 것이 중요하고 그들과 상호작용할 수 있는 홈페이지를 설계하는 것도 필요하다.

2) 뉴 미디어 마케팅 커뮤니케이션

블로그, 소셜 미디어, 모바일을 활용한 마케팅도 인터넷을 통해 온라인에서 이루어지지만 각각의 특수성을 가지고 있다.

(1) 블로그

블로그blogs는 일반인이 특정 관심사에 따라 자유롭게 칼럼, 에세이, 취재 기사 등을 게시하는 온라인 저널이다. 블로거blogger라고 불리는 블로그 운영자들은 특정 영역에 관심을 갖고 있으며, 특정 분야에서만큼은 전문가로 통하기도 한다. 블로그는 인터넷상에서 새로운 형태의 사회적 상호작용을 발달시켜 왔고, 최근에는 많은 블로거가 트위터, 인스타그램과 같은 소셜 네트워크를 사용하여 블로그를 홍보하며 좀 더 범위를 넓히고 있다. 대부분의 마케터들은 파워 블로거와 협업하여 신제품 소식을 알리거나 고객 대상 이벤트를 실시하기도 하고, 기업 자체의 블로그를 운영하면서 블

😀 뉴미디어를 활용한 바이럴 마케팅

SNS에 길들여진 30대 이하 세대들은 더 이상 TV를 보지 않는다. TV를 통한 고전적인 마케팅의 시대는 저물었고 SNS와 입소문을 통한 마케팅이 떠오르고 있다. 바이럴 마케팅은 소비자들 사이에서 온라인 플랫폼을 타고 바이러스처럼 빠르게 전파된다고 해서 이름 붙여졌다. 대표적으로, SNS상에서 비빔면의 글자 형상을 따라 "네넴띤"이라고 불린 팔도 비빔면이 '괄도 네넴띤'이란 이름으로 제품을 출시해 뜨거운 반응을 얻은 사례가 있다. 바이럴 마케팅은 소비자들의 이목을 집중시킬 뿐만 아니라 매출 상승 효과로 많은 유통기업에서 적극적으로 활용하고 있다. 나아가 바이럴 마케팅을 위한 마케팅의 일환으로 센스있고 재밌는 영상제작을 통해 새로운 유행을 만들어내기도 한다. 던킨도너츠는 배달 애플리케이션 '배달의 민족'과의 협업으로 '배달의민족ㅋㅋ도넛'을 출시하며 바이럴 영상을 제작해 홍보하였고, 굽네치킨은 1020세대에서 큰 인기를 누리고 있는 아이돌 그룹 아스트로의 '차은우'를 앞세워 '굽네 치트킹 ASMR영상'을 만들었다. 2022년 1월 기준 약 63만회의 영상 조회수를 기록하며, 기존의 홍보영상보다 압도적인 반응을 이끌어냈다.

\# 67
TV 떠나는 '1030',
주목받는 '바이럴
마케팅'

\# 68
굽네치킨 치트킹
유튜브 광고

로그를 기업 홍보 활동의 주요 플랫폼으로 사용하고 있다. 마케터는 블로그와 커뮤니티를 수시로 모니터하며 온라인상의 평판을 관리하고 이를 시장 조사 및 피드백의 일환으로 활용할 수도 있다.

(2) 모바일 플랫폼

69
모바일 플랫폼
활용 광고

사람과 사람을 연결하던 인터넷이 기기와 컴퓨터도 연결하는 사물 인터넷으로 진화하였다. 사물에 센서를 부착해서 인터넷을 통해 실시간으로 정보를 주고받을 수 있다. 기업은 모바일 플랫폼을 통해 점점 더 고객과 연결되고 있다. 기업은 고객의 모바일폰, 스마트폰, 태블릿 등 모바일 디바이스를 통해 항상 대기하고 있는 고객에게 마케팅 정보를 제공하고, 고객은 모바일 광고를 통해 방문하는 장소에서 쿠폰이나 할인을 제공 받을 수 있다. 마케터는 모바일앱과 같이 간단하고 사용하기 쉬운 디지털 플랫폼을 통해 상품과 서비스를 마케팅하고 고객과 정보를 공유하면서 고객 경험을 향상시킨다. 예를 들어, 전단지를 보고 음식을 배달시키던 습관은 배달의 민족이나 요기요 같은 모바일앱 연결을 통한 배달 방식으로 바뀌었다. 구글 검색이나 구글 지도를 사용하여 휴대 전화에서 '내 주변 커피'를 검색하는 사람들에게 던킨도너츠 '가장 빠른 커피 찾기'라고 표시하는 모바일 광고에 노출되게 한다. 그 광고를 클릭하면 근처 던킨도너츠의 위치 지도와 대기시간이 표시된다. 이와 같이, 기업 브랜드를 고객의 중요한 순간 및 이벤트와 연결하는 실시간 마케팅 기회를 가질 수 있다. 특히, 스마트폰 앱 내 광고를 상품 정보를 얻는 주요 원천으로 활용하고 있으며, 모바일 광고 시장은 매우 빠른 속도로 성장하고 있다. 예를 들어, 망고 플레이트와 같은 맛집 검색 모바일앱들은 방문자들로 하여금 자신의 경험을 리뷰로 쓰게 하거나 경험이 많은 미식가들에게 질문을 할 수 있는 서비스를 제공하고 있다.

(3) 유튜브

유튜브Youtube는 동영상 공유 서비스로 24시간 내내 동영상들이 유튜브에 업로드되고 시청되고 공유된다. 최근에는 동영상 시청을 통해 정보를 탐색하는 경향이 두드러지면서 유튜브 활용도가 높아지고 있다. 유튜브 영상 in stream 광고, 유튜브메인 페이지의 배너 광고, 특정 키워드 검색 시 나타나는 추천 영상 광고 등이 유튜브에서 가능한 광고이다. 또는 다수의 구독자를 가진 인기 유튜버와 제휴를 맺고 협찬 제품의 후기 영상을 업로드하는 인플루언서 마케팅을 수행하기도 한다.

😲 유튜브 '네고왕'을 활용한 마케팅

유튜브 채널인 '네고왕'은 한 편당 15분 내외로 연예인이 시민 대표로 소비자 후기를 모아 본사에 소비자 요청 사항을 '네고(negotiation · 협상)'하러 가는 내용으로 2020년 10월 기준 누적 조회 수 3300만회를 돌파할 정도로 화제가 되고 있다. '네고왕'에 출연한 업체는 마이너스 수익을 내거나 접속자 폭주로 홈페이지 관리에 어려움을 겪는 경우가 많지만 '네고왕'에 출연하는 이유는 코로나 19로 침체된 상황 속에서 브랜드 홍보와 함께 문자

#70
유튜브 활용 마케팅

보다 영상에 익숙한 유튜브의 주 시청자 층인 MZ 세대를 공략할 수 있기 때문이다. 제네시스 BBQ의 경우 가맹점주 중개 수수료 부담을 줄이기 위해 배달앱 대신 사용할 수 있는 BBQ 자사 앱으로 수요층을 유도하는 효과를 누렸다. '네고왕'을 통해 고도화된 가격 할인 마케팅 전략을 펼치며 동시에 재미 요소를 통해 예능 프로그램으로 광고 효과를 누린다고 할 수 있다.

(4) 소셜 네트워크 서비스

오늘날 많은 사람이 페이스북Facebook에서 친구가 되고 트위터Twitter로 안부를 묻고 유튜브Youtube에서 오늘 가장 인기 있는 동영상을 보고 인스타그램Instagram에서 사진을 공유한다. 소셜 네트워크 서비스SNS, Social Network Service가 인기를 얻게 되면서 기업은 트위터, 페이스북, 인스타그램 계정을 통해 고객과 커뮤니케이션을 시도하면서 트위터, 페이스북, 인스타그램 등이 기업 홍보 매체로 사용하고 있다. 공통의 관심사를 가지고 자발적으로 모인 SNS 이용자들은 서로 공감하면서 긍정적인 경험을 쌓아가며 브랜드 이미지를 형상화하고 있다. 기업은 SNS에서 고객과 대화를 시작하고 참여하고, 고객 피드백을 듣고 맞춤형 브랜드 콘텐츠를 만들어 언제 어디서나 고객에게 접근할 수 있다. 인터넷상에서 새로운 형태의 사회적 상호작용을 발달시켜 개별 고객 및 고객 커뮤니티와 서비스에 대한 정보를 공유하고 사용을 촉구할 수 있다. 고객은 소셜 미디어에서 언제 어디서나 쉽게 접근할 수 있고, 즉각적인 고객 서비스를 받기를 원한다. 고객이 브랜드와 또는 고객들끼리 관계를 맺을 수 있도록 참여를 이끌거나 커뮤니티를 만드는 데 적합하다. 또한, 소셜 미디어의 이용은 무료이거나 저렴한 경우가 많아 비용 효과적이며, 서비스 경험을 형성하고 공유하는 데 다른 어떤 경로보다 고객을 더 잘 참여시킬 수 있다. 최근에는 소셜 네트워크 커뮤니티에서 영향

력이 큰 인플루언서를 찾아 이들의 영향력을 마케팅에 활용해 잠재 고객들과 소통하는 인플루언서 마케팅도 활발하게 이루어지고 있다. 그러나 SNS 커뮤니티 구성원들은 직접적으로 구매를 설득하거나 유도하는 마케팅 활동을 반기지 않으므로 자연스럽게 네트워크의 일부가 되기 위한 창조적인 방법을 지속적으로 개발해야 할 것이다.

3) 디지털 마케팅의 미래

(1) 메타버스 마케팅

메타버스는 가상을 의미하는 'meta'와 현실 세계를 의미하는 'universe'를 합성한 용어로, 가상현실 기술AR, VR, MR, XR 등을 혼합한 3차원 가상 세계를 의미한다. 정치, 문화, 사회, 경제 등 다양한 분야에서 메타버스를 활용한 콘텐츠가 증가하고 있다. 기업들은 가상 세계와 현실 세계를 연계하는 메타버스를 통해 MZ세대와 소통하고 가상 공간에서 고객과 생동감 있는 상호작용 경험을 통해 브랜드 친밀감을 향상시키고 있다. 특히, 메타버스 주 이용자인 알파세대와 Z세대를 공략한 마케팅을 통해 잠재적인 고객층을 확보하여 평생 고객 가치LTV, Life Time Value를 실현하고 있다.

71
이디야, 스타벅스,
쉐이크쉑 메타버스
플랫폼 활용

외식기업에서 브랜드 인지도를 높이기 위해 메타버스 플랫폼을 활용한 마케팅이 활발히 이루어지고 있다. 네이버가 운영하는 '제페토' 메타버스 플랫폼을 통해 업체들은 다양한 콘텐츠와 프로모션으로 소비자들에게 색다른 경험을 제공하고 있다. 이디야는 업계 최초로 제페토 플랫폼을 통해 시공간을 초월한 브랜딩 경험을 제공하기 위해 가상 매장을 오픈하였고, 동기간 제페토 월드 맵 방문자 수 1위를 차지하며 인기를 증명하였다. 스타벅스는 제페토와 협업하여 가상 공간에 매장을 구현하였고, 오프라인에서 사용 가능한 쿠폰을 증정하는 이벤트를 통해 물리적 공간을 넘나드는 마케팅을 선보였다. 쉐이크쉑은 메타버스 내 시식회 이벤트를 진행하여 소비자의 다양한 경험을 제공하였다. 치킨 프랜차이즈와 패스트푸드 기업을 포함한 여러 외식 업체들이 메타버스 플랫폼을 통해 소비자들에게 새롭고 즐거운 경험을 제공하며 긍정적인 반응을 얻고 있는 추세이다.

🌀 디지털 경험 마케팅 사례

맥도날드의 VR 체험 마케팅

스웨덴 맥도날드에서는 스웨덴의 Sprtlov(아이들이 스키를 타는 스포츠 휴가)를 맞이하여 VR 헤드셋을 만들 수 있는 해피밀을 출시하였다. VR 헤드셋은 점선을 따라 조립한 후 렌즈를 끼우고 스마트폰을 삽입하면 쉽게 완성할 수 있다. 3차원의 새로운 디지털 경험을 제공함으로써 오프라인 매장 방문의 경험을 확장하고 브랜드에 대한 선호를 형성하는 좋은 사례가 되었다.

72
VR 체험 마케팅

모바일 앱을 통한 Pizza Tracker 서비스

우리가 흔히 알고 있는 피자 프랜차이즈 기업 도미노 피자. 그들은 자신들이 "피자를 판매하는 e-커머스 기업"이라 소개하기 시작했다. 어떻게 가능한 일이었을까? 1960년대 작은 피자가게로 시작한 도미노피자는 업계 최초 배달 서비스를 시작하면서 전 세계 1만 6천개 매장과 29만명의 직원을 보유한 세계적인 피자 프랜차이즈로 성장했다. 그러나 빠른 배달서비스에 치중한 나머지 피자 본연의 맛에 소홀하게 되었고 소비자들 사이에서 혹평에 시달리다 2000년대에 들어 점점 브랜드 가치가 떨어지게 되

73
도미노 피자의
Pizza Tracker 서비스

었다. 이후 맛과 서비스를 개선하는데 집중했고, 특히 배달 서비스에 대한 불편함을 개선하기 위해 자체 D2C 플랫폼인 'Domino's Anywhere'을 2015년에 런칭하였다. 또 'Zero Click'이라는 모바일앱을 통해 클릭하고 10초 후 미리 저장해둔 피자를 자동으로 주문할 수 있도록 하는 서비스를 제공하였다. 도미노 홈페이지를 통해 온라인 주문 진행상황을 확인할 수 있는 'Pizza Tracker'서비스도 적용하는 등 온라인 고객 서비스 구축을 강화하여 브랜드 이미지를 탈바꿈하였다. 그 결과 2017년 전 세계 피자 프랜차이즈 기업 1위를 차지하게 되었다. 최근에는 호주 도미노 피자에서 미국 육군 탐사로봇 유닛의 주행장치를 기반으로 설계한 자율 주행 배달 차량 'Dru' 서비스를 시작하였다. 이처럼 도미노 피자는 디지털 기술을 통해 기존에 없던 고객경험과 가치를 제공하고 오프라인과 온라인을 잇는 통합적인 경험 설계를 통해 고객의 니즈를 충족하고 있다.

(2) 옴니채널 마케팅

옴니채널 마케팅은 매장, 온라인, 모바일 쇼핑을 통합하는 끊임없는 교차 채널 seamless cross channel에서 구매 경험을 창출하도록 하는 것이다. 고객은 브랜드 경험이 아닌 고객 경험으로 기업을 평가하기 때문에 기업은 고객의 다양한 터치 포인트를 파악하여야 한다. 또한, 고객 경험이 온·오프라인 환경에 상관없이 동일한 경험을 느낄 수 있도록 옴니채널 서비스를 제공하여 고객의 신뢰감과 충성도를 구축

할 수 있다. 세계적 기업인 아마존은 O2O를 넘어 온라인과 오프라인 채널을 결합한 O4O 서비스를 고객에게 제공하여 옴니채널 마케팅을 잘 실천하고 있다. 아마존 고 Amazon Go는 세계 최초 무인 슈퍼마켓으로 앱을 통해 카트에 담은 상품이 자동으로 결제되는 시스템이다. 스타벅스는 사이렌 오더 서비스를 론칭하여 오프라인 채널_{매장}과 온라인 채널_앱이 자연스럽게 끊임없이 이어지는 디지털 마케팅을 실현하고 있다. GS 편의점은 '나만의 냉장고' 앱과 매장을 통합하여 1+1, 2+1 등 행사로 추가 증정되는 상품을 앱에 저장해 두면 자신이 원할 때 매장에서 수령할 수 있도록 편의성을 갖춘 옴니채널을 제공하고 있다.

😀 옴니채널을 통한 고객 경험 강화

오프라인과 온라인을 연결하는 통로인 옴니채널 서비스의 규모는 점차 성장하고 있다. 디즈니(Disney)는 모바일 반응형 웹사이트를 구축하여 레스토랑 예약, 공원 내 관광명소 입장 대기 등을 관리할 수 있는 기능을 제공한다. 또한 사이트 내 'Magic Band'라는 프로그램은 호텔방 열쇠를 대신하거나 식사 주문 시 결제 용도로 사용할 수 있으며, 디즈니 캐릭터와 함께 찍은 사진을 저장할 수 있는 기능을 통해 고객의 경험을 더욱 강화한다. 미국의 대표적인 패스트 캐주얼 fast casual 레스토랑인 치폴레(Chipotle)는 자사 어플리케이션을 통해 고객이 음식을 미리 주문하고 도착했을 때 바로 식사가 이루어질 수 있도록 한다. 또한 자주 주문하는 메뉴를 저장해 주문 단계를 간소화하며, 스마트폰을 통해 언제 어디서나 매장에 방문하기 전 쉽게 주문할 수 있다는 점은 온라인과 오프라인의 연결성을 더욱 강화하였다.

\# 74
디즈니와 치폴레의
옴니 채널 마케팅

\# 75
옴니채널 3.0 시대를
맞는 마케터의 자세

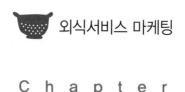

외식서비스 마케팅

Chapter

14

외식서비스 마케팅의 미래 전략

학 습 목 표

1. 통합 서비스 마케팅의 성과에 대해 이해한다.

2. 다점포 외식사업으로의 성장과 과제에 대해 학습한다.

3. 외식서비스 디지털화의 필요성에 대해 이해한다.

4. 스타벅스 사례를 통해 서비스 디지털화 전략에 대해 이해한다.

14

탁월한 서비스 제공의 결과는 높은 고객 만족도이고, 고객 만족을 통해 외식기업의 수익과 점포 수가 늘어나면서 기업은 성장하게 된다. 다점포 및 다브랜드 개발을 통한 사업 확장은 외식사업자에게 또 다른 경영 이슈와 도전을 제공한다. 또한 코로나19로 마켓 5.0 시대가 예상보다 빨리 도래하면서 외식기업의 디지털화도 불가피할 것으로 보이나 기술의 활용은 궁극적으로 고객의 서비스 경험 강화에 있다는 사실을 강조한다.

1. 통합 서비스 마케팅의 성과와 미래

1) '성장'은 '전략'이 아니라 '결과'이다

외식사업의 목표는 종사원 만족과 고객 만족을 통해 궁극적으로 사업자 이익을 추구하는 것이라고 했다. 이는 모든 서비스 기업에 적용되는 말로 적정 매출과 이익을 달성하기 위해서는 종사원의 만족도와 고객 만족도 달성이 선행되어야 함을 강조한다.

또한 우리는 고객 만족 달성을 위해 고객이 원하는 서비스를 정확히 알고 현장에서 제대로 된 서비스고품질 서비스가 제공되도록 철저히 품질관리를 해야 한다고 배웠다. 특히, 현장에서 서비스가 제대로 전달되기 위해서는 고객 접점에서 종사원들의 역할이 매우 중요하므로 기업은 직원 만족도를 높이기 위한 노력을 먼저 해야 하고, 외부 마케팅을 통해 고객에게 약속한 서비스가 현장에서 그대로 제공되는지 철저히 관리해야 한다고 했다.

이러한 고객 만족도를 높이는 외식서비스 품질관리 활동의 결과는 바로 외식사업의 매출과 이익 증가로 연결되고, 벌어들인 수익으로 신규 점포를 오픈하면서 외식사업의 점포 수는 늘어나게 된다. 점포가 늘어난다는 것은 사업이 '성장'하고 있다는 것을 의미하는데, 본 서에서 일관되게 강조하고 있는 '외식서비스 마케팅' 원리는 '성장growth'이 '마케팅 커뮤니케이션 외부 마케팅'을 잘하거나 '전략strategy'을 잘 세워서 얻어지는 것이 아니라 고객의 요구사항을 경쟁사보다 더 잘 충족시켜줌으로써 달성되는 고객 만족 '결과물outcome'이라는 것이다.

선택할 상품이나 서비스 대안이 너무 많은 요즘은 불만족해서가 아니라 다양한 서비스를 경험하고자 하는 고객 성향으로 인해 브랜드를 쉽게 전환하는 고객들이 많아지고 있어 충성고객 확보는 더욱 어려워지고 있는 것이 현실이다. 따라서 여러 분들이 제공한 서비스에 대해 고객이 만족했다 할지라도 이들이 모두 단골고객, 충성고객이 되는 것은 아니라는 사실을 기억해야 한다.

우리가 알고 있는 명품 브랜드들 모두가 처음에는 작은 점포에서 시작해 창업철학과 사업 비전 및 사명을 수십 년간 일관되게 지켜 오면서 명품 브랜드가 되었듯이 외식사업의 진정성을 가지고 기본에 충실한 영업을 하며 고객 마음을 얻어 간다면 고객들은 여러분의 브랜드에 애착을 느끼고 사랑에 빠지게 될 것이다. 평범한 것에 부가가치를 더해 비범한 것을 만드는 것이 브랜딩이다. 평범한 외식서비스가 특별하게 느껴지도록 작고 사소한 것에 창의적인 아이디어를 더해 매일 만나는 고객들이 늘 감동하는 외식서비스를 제공할 수 있어야 할 것이다.

창의적이고 독특한 상품 및 프로세스 개발, 신규 브랜드 개발, 서비스 마케팅 아이디어 등은 개방된 조직문화에서 오는 것으로, 외식업 경영주들은 자신이 외식사업을 해야 하는 이유를 명확히 하고 고객 지향적인 경영철학을 바탕으로 한 차별적인 '서비스 기업문화'를 만들어 가는 데 노력해야 할 것이다. 종사원 감시를 통해 성과를 관리하는 것이 아니라 종사원의 자발적인 행동으로 최고의 고객 서비스를 제공하게 만드는 것이 리더가 해야 할 일임을 기억해야 한다. 이것이 일반 제조 상품을 마케팅하는 것과 서비스 상품을 마케팅하는 것의 근본적인 차이이다.

2) 다점포 외식사업으로의 성장과 과제

(1) 다점포 운영을 통한 외식사업 확장

처음에는 작은 구멍가게로 시작했던 외식사업이 높은 수익이 발생하면서 여러 개 또는 수십 개 점포를 운영하게 된다면 외식사업은 더 이상 개인이 하는 자영업이 아니라 외식기업으로 성장하고 발전할 수 있는 비전을 가질 수 있다. 사업을 확장하는 방식은 개인의 자본으로 여러 개 점포를 직접 운영하는 직영점 형태의 '다점포 체인사업'이 있는가 하면, 자금을 투자할 여력이 있는 다수의 가맹점주와 계약을 맺고 일정 기간 본사의 브랜드와 점포 운영 기법을 사용하여 영업을 할 수 있는 권리를 파는 '가맹사업프랜차이즈' 형태가 있다.

직영점 체인으로 운영할 경우 점포와의 커뮤니케이션이 원활하고 본사의 경영 방침이 그대로 전달되어 품질 유지, 브랜드 이미지 관리가 용이하며 통제하기가 쉬운 장점이 있는 반면, 높은 투자비에 따른 손실 위험과 직원들의 대리인 문제agency problem가 발생하기 쉽고 자본력과 필요 인적자원 확보로 점포 확장 속도가 느린 단점이 있다.

표 14-1 | 직영점 체인과 가맹점의 비교

특징	직영점 체인	가맹점
점포 운영자 직위	지배인(manager)	대표(representative)
계약관계	직원으로서 복종	계약에 의한 파트너 관계
체인본부의 경제성	이익	수수료, 로열티
점포 운영자 보상체계	급여, 승진, 인센티브	순수익
체인 운영자의 영향력	권한에 의한 영향력 행사	설득에 의한 영향력 행사

반면, 가맹사업은 독자적인 서비스 상품 또는 판매 및 경영 기법을 개발한 가맹 본부외식기업가 상호, 판매 방법, 매장 운영, 광고 방법 등을 결정하고 가맹점으로 하여금 그 결과 지도에 따라 운영하도록 하는 사업인데, 가맹 본부와 가맹점 양자 간의 책임과 의무를 계약서에 서술하고 계약 기간 동안 브랜드 사용권을 허락한다. 모든 가맹점주들은 독립된 경영권을 가지고 있으나 고객들이 보기에는 하나의 브랜드, 하나의 기업으로 인지하기 때문에 양자 간에 강력하고 지속적인 협력 관계가 존재해야 일관된 점포 운영을 할 수 있다.

가맹 본부 입장에서는 자신의 자본 없이도 짧은 시간에 사업 확장이 가능하고, 점포 수가 늘어나면 구매력buying power이 높아져 가격 경쟁력이 생기며, 독립된 경영권을 가진 가맹점주들의 헌신적인 사업 참여로 높은 성과를 얻을 수 있다는 장점이 있다. 하지만 경영권 독립으로 인해 본사의 가맹점에 대한 직접적인 통제가 어렵고, 양자 간 사업 목표나 관심사의 차이에서 오는 갈등이 늘 존재하며, 가맹점 하나의 잘못과 실수가 브랜드 이미지를 실추시킴으로써 전 가맹점의 매출에 부정적인 영향을 미

표 14-2 | 가맹사업의 장점과 단점

구분	가맹 본부의 입장	가맹점의 입장
장점	• 사업 확장 • 구매력 증대 • 가맹점의 기여 • 동기 부여와 기여 • 편리한 운영	• 확립된 콘셉트 • 성공을 위한 효과적 도구 제공 • 기술 및 경영 지원 • 표준화와 품질관리 • 위험 부담의 최소화 • 광고와 판촉 효과 • 독립적 사업 기회와 성공 • 경영 노하우 습득

칠 수 있다는 단점도 있다.

특히, 모든 점포에서 일관된 서비스 품질을 제공하기 위해서는 점포를 운영하는 모든 과정을 표준화, 매뉴얼화, 시스템화하는 것이 성공의 필수 요건이며, 가맹 본부의 지속적인 신상품 개발 및 마케팅 지원 등이 수반되지 않는다면 쉽지 않은 사업 형태이다. 가맹점주 입장에서도 직접 창업하는 것보다 가맹사업에 참여함으로써 얻는 혜택도 많다. 가맹사업 성공을 위해서는 가맹 시스템 구축과 경영에 대해 별도의 심도 있는 학습이 필요하다.

(2) 다브랜드 개발을 통한 사업 확장

외식사업은 타 업종보다 창업 투자 규모를 작게 하여 투자 위험성이 적고 레스토랑 콘셉트 개발 및 차별화가 용이하여 동일한 상권이라도 핵심고객target market을 달리한 다양한 브랜드의 레스토랑을 얼마든지 오픈할 수 있다. 모든 상품과 브랜드는 시장에 출시된 이후 성장기, 성숙기, 쇠퇴기를 지나는 라이프 사이클을 가지고 있기 때문에 하나의 사업 브랜드로 지속적인 사업 확장을 기대하는 것은 한계가 있다. 따라서 많은 외식기업들은 다점포 전개와 함께 다양한 레스토랑 콘셉트의 브랜드 개발을 통해 사업 확장의 기회를 적극적으로 찾고 있는 것이다.

외식산업이 선진화될수록 다多브랜드를 보유한 기업의 수가 늘어나는 것이 일반적인데, 국내 대형 외식기업들도 다브랜드 전략을 통해 사업을 확장하고 있다. 그러나 상당수의 신규 브랜드들은 시장에 나온 지 얼마 되지 않아 사망 선고를 받고 시장에서 사라지기도 한다. 신규 브랜드 하나를 론칭하기까지 엄청난 비용이 들어간다는 사실을 감안하면 대형 외식기업들도 눈에 보이지 않는 높은 수업료를 내고 있다고 보인다.

제7장에서 언급했듯이 지속 가능한 브랜드는 존재의 이유구매의 이유가 확실하다는 공통점이 있다. 신규 브랜드나 상품을 마구잡이로 개발하는 것이 중요한 것이 아니라 하나를 개발하더라도 독특하고 차별화되는 콘셉트의 브랜드를 개발하도록 노력해야 할 것이다. 외식업계의 미다스 손으로 불리는 CNP 기업은 독특한 콘셉트의 식음료 브랜드를 끊임없이 개발하고 있으며, 브랜드마다 존재의 이유가 명확하고 고객의 기대 수준 이상을 충족시키는 혁신적인 메뉴와 서비스를 제공함으로써 꾸준히 성장하고 있는 기업이다. 이들이 운영하고 있는 브랜드는 홈페이지를 참조한다.

그림 14-1 | CNP가 운영 중인 브랜드 사례

출처 : CNP 홈페이지.

76
CNP 홈페이지

77
[브랜드/마케팅]
새로워야 통한다,
CNP를 주목!

(3) 다점포 운영의 도전 과제

점포 하나를 운영할 때와 여러 개의 점포를 동시에 운영할 때 경영주 및 점포/지역 매니저에게 요구되는 역할이나 핵심 역량과 당면하게 되는 경영 이슈들이 매우 다르다. 고객 입장에서 동일한 브랜드의 여러 점포를 이용할 때 가장 중요한 것은 어느 점포나 동일한 서비스 품질을 기대할 것이며, 기업 입장에서도 모든 점포에서 일관된 서비스 품질이 제공되도록 운영 관리하는 것이 중요하다. 하지만 여러 점포가 물리적으로 넓게 퍼져 있는 경우 지역적으로 구분하여 관리하게 되는데, 이때는 조직의 형태가 매우 복잡해지고 지역의 특성에 따라 전략적 의사 결정이 필요하며, 무엇보다도 지역 단위 다점포 성과의 합이 개별 점포의 성과보다 더 중요할 수 있다.

다점포 운영 시 조직의 형태는 매우 다양할 수 있다. 단일 점포 운영의 경우 창업자가 오너이자 경영자로서 역할을 감당하며 점포 운영과 관련된 세부적인 업무를 모두 직접 챙겨야 하나 다점포 운영의 경우 직영점 체인 형태, 파트너십 형태, 프랜차이즈 형태 등의 사업 형태에 따라 매우 다양하고 복잡한 조직 체계를 가진다. 따라서 다점포 운영의 성과를 극대화하기 위해서는 다점포 전개 속도 및 점포 수에 따라 전략적인 조직 구조 결정이 필요하며, 다점포 운영 시스템과 관리 역량을 구축하는 것이 바람직하다. 또한 최고 경영자의 탁월한 리더십과 자원의 효율적 배분, 인적자원 및 조직 관리 능력이 점포 운영 능력보다 더 중요하다.

2. 외식서비스의 디지털화와 고객 경험 관리

1) 마켓 5.0 시대에 최우선 과제는 철저한 디지털화

78
6분만에 알아보는
마켓 5.0에 대한
8가지 사실

코로나19로 인해 서비스 산업의 디지털화 필요성이 높아지고 있다. 디지털 시대로의 전환은 이미 예견되어 있었으나, 팬데믹이 그 변화를 앞당겼을 뿐이다. 디지털 기술의 가속화, 언택트의 일상화로 인해 마켓 5.0 시대가 도래하였고, 서비스의 디지털화를 미리 준비해 오던 기업의 성과는 급상승하였고, 여러 이유로 미루고 있던 기업들의 매출은 급락하는 현상이 나타나고 있다.

『마켓 5.0』의 저자 필립 코틀러는 마켓 5.0을 'AI, 로봇 공학, 메타버스 등 차세대 기술을 더 인간답게, 인간을 위한 방식으로 활용해 고객 경험의 가치를 높이는 것'이라고 말한다. 예전에는 기술적 한계로 인해 불가능했던 서비스가 이제는 모두 가능하기 때문이다. 따라서 미래 기업의 최우선 과제는 철저한 디지털화라고 강조하고 있으며, 새로운 기술을 활용하는 목적은 철저하게 매력적인 고객 경험을 만들기 위함이어야 한다고 주장한다. 외식서비스 기업들의 고민도 커져가는 것이 사실이나, 온on, 연결택트 시대에 서비스의 디지털화는 선택이 아닌 필수라고 할 수 있다.

2) DX의 핵심은 디지털화를 통한 고객 관리 및 고객 경험 강화

디지털 트랜스포메이션DX, Digital Transformation은 디지털 기반으로 고객 경험, 운영 관리 프로세스, 비즈니스 모델 등을 변화시키는 경영 전략을 의미하는데, DX의 핵심은 온라인, 디지털 기반에 최적화된 비즈니스 시스템 운영 및 마케팅으로 고객 경험CX을 강화하는 것이다. 2019년 맥킨지McKinsey 조사 결과에 따르면 디지털 트랜스포메이션을 시도한 기업들은 많으나 실제 성과를 거둔 기업들은 3% 정도였다고 한다. DX에 성공한 기업들은 수익 및 비용 구조의 효율성 향상으로 큰 성과를 내었고, 다른 기업들은 동일한 투자를 했지만 전략 및 실행의 문제로 기대했던 성과를 얻지 못하고 있다고 보고했다. 또한 성공적인 디지털 트랜스포메이션은 비즈니스 및 운영 모델의 전면적 변화가 아니라 디지털 기술의 유연한 적용을 통해 새로운 방식으로 고객의 문제를 해결하는 것이 중요하며, 기존 비즈니스 모델에 데이터 분석, 모바일 등 다양한 디지털 요소들을 추가함으로써 고객 중심의 가치를 창출하고 지속적으로 서비스를 혁신 하는 것이 중요하다고 할 수 있다.

3) 외식산업은 고객의 디지털 수요가 가장 낮은 편

대면 서비스가 중요한 외식산업은 타 산업 군에 비해 외식기업 및 고객들의 디지털화 준비 상태가 매우 낮은 것이 특징이다. 금융서비스의 경우는 거의 모든 세대 고객들이 인터넷 뱅킹, 모바일 뱅킹 서비스로 전환했고 디지털 서비스에 대한 이용 만족도도 높은 반면, 외식산업은 고객의 인적 서비스에 대한 수요가 높아 디지털화의 필요성이 낮은 것이다. 지금까지 외식기업들이 활용하고 있는 디지털 서비스는 디지털 광고, 콘텐츠 마케팅, 디지털 채널 등 인터넷 활용 수준 정도에 머물러 있는 경우가 대부분이지만, 팬데믹 발생 이후 로봇 공학, IoT, AI, 푸드 프린팅 등의 기술에 대한 수요가 점차 늘어나면서 디지털 기반의 혁신적인 서비스들도 많이 등장할 것으로 예상되나 실제 기업의 성과로 연결되기 위해서는 전략과 실행이 중요하다. 또한 외식사업 운영의 비효율성을 제거하기 위한 외식기업의 디지털화의 수요는 점차 늘어날 것으로 예상된다.

4) DX를 통한 고객 충성도 및 생산성 향상

79
'도미노피자' 주가
상승률 왜 애플, 아마
존보다 더 높을까?

외식업계에서 스타벅스와 도미노피자의 디지털 혁신은 대표적인 성공사례로 꼽힌다. 이제 더 이상 커피나 피자만을 판매하는 기업이 아닌 IT 기업으로 업의 본질까지 변화시켰으며, 데이터와 새로운 기술을 활용해 커피 시장과 피자 시장을 리딩하고 있다. 스타벅스 코리아의 매출은 2008년 1700억 원에서 2019년 1조 8695억 원으로 가파르게 성장해 왔으며, 2019년 국내 외식 분야 매출 1위를 기록했다. 다른 경쟁사와 비교해 압도적인 매출을 자랑함으로써 확고한 업계 1위이며, 파리크라상 같은 기존 외식 브랜드를 제치고 커피 하나로 매출 1위를 달성한 것은 그 중심에 엄청난 충성고객이 있음을 알 수 있다.

도미노피자의 주가는 지난 10년 동안 30배 이상 폭등했는데, 아마존, 애플 주가 상승률보다 높은 실적을 기록했다. 드론, 무인 배달 로봇, 자율 주행 차량 등 IT 기업 버금가는 주문 배송 시스템의 도입으로 고객에게 새로운 경험을 제공한 것이 성공의 핵심이며, 2003년 업계 최초 온라인 주문 시스템을 구축한 이후 고객이 피자를 주문하는 방법만 무려 36가지스마트워치, AI스피커, 자동차 등에 달한다고 한다. 새로운 기술을 활용해 고객에게 주문과 결제의 편리성을 제공함으로 고객 충성도를 높인 결과라고 할 수 있다.

결론적으로 기술이 발전해도 그 기술은 고객 만족을 위한 혁신적인 서비스 개발을 위해 사용되어야 하고 고객에게 독특한 서비스 경험을 제공함으로써 고객 충성도와 서비스 생산성을 향상하는 것이 변하지 않은 성공 원리임을 다시 한 번 확인할 수 있다.

5) 스타벅스의 DX 성공 사례

스타벅스는 이미 2008년부터 고객 커뮤니케이션 및 매장 내 고객 경험 강화를 위해 DX를 시작했다. 2008년 지나친 매장 확대로 인한 경쟁력 감소와 금융 위기를 겪으면서 매출 급감으로 경영상 어려움에 직면했을 때 위기 극복을 위한 솔루션으로 디지털 플라이휠digital flywheel 전략을 수립했고, 커피를 주문하고 즐기는 모든 단계에서 모바일 주문 시스템 도입으로 고객 대기시간 절감 등 고객 편의성을 획기적으로 증대함과 동시에 매장의 효율적 운영을 통해 비용 절감 및 수익 증대를 가져왔다.

디지털 플라이휠 전략은 판매량 증가를 위해 알고리즘과 자동화를 통해 언제 어디서나 보상reward과 개인화된 서비스, 효율적인 주문, 간편 결제를 가능하게 하는 전

80
스타벅스는 어떻게 디지털트랜스포메이션에 성공했을까?

그림 14-2 | 스타벅스의 디지털 플라이휠 전략
출처 : 디지털 트랜스포메이션 홈페이지.

략이다. 마이 스타벅스 리워드는 스타벅스 카드와 함께 고객 충성도와 혜택을 강화하며 음료를 주문할 때마다 포인트인 별star이 한 개씩 쌓이는 방식으로, 회원 등급이 높아지면 가격 할인이나 쿠폰 혜택에 제공된다. 또한 구매 이력과 장소, 날짜와 시간을 결합해 매장을 방문하는 고객에게 개인화된 상품 및 서비스를 제안하고, 커피 배달 서비스, 음악 스트리밍 서비스 등 다양한 업체와의 협력으로 새로운 서비스를 지속적으로 추가하며 스타벅스 내 매장 경험을 강화시켰다. POS와 회계 애플리케이션, 모바일앱, 모바일 주문 결제 시스템 등 다양한 기술 플랫폼을 클라우드로 통합하여 고객 데이터 및 운영 데이트를 통합 분석하였고, 보다 간편하고 개인화된 즉각적인 고객 경험을 제고함으로써 고객들이 커피를 구매하는 전 과정에 온·오프라인의 끊김 없는seamless 스타벅스만의 고객 경험을 향상시켜 지속적인 구매 유도로 확고한 충성고객을 확보할 수 있었다.

스타벅스 서비스의 디지털화의 목표는 차별화된 고객 경험CX, UX 설계를 통한 고객 만족의 실현이다. 어떻게 하면 세상에서 가장 편하고 빠르게 커피를 주문하고 계산할 수 있을까? 라는 매장 방문고객의 단순한 소원을 들어주기 위해 DX를 활용했을 뿐이다.

팬데믹이 가져온 변화도 엄청나지만 앞으로의 외식사업 환경은 우리의 예상보다 훨씬 더 빠르게 변화할 것이다. 그럼에도 불구하고 인력, 기술, 정보 등 모든 자원을 잘 활용해 항상 고객 기대를 뛰어넘는 혁신적이고 감동적인 서비스를 제공하려고 노력한다면 지속 가능한 외식기업을 만들 수 있다고 확신한다.

혁신적이고 감동적인 서비스란 고객에게 '늘 새롭거나, 뻔하지 않거나, 특별하거나, 매력적이거나, 신뢰가 가거나, 희망과 감동과 웃음을 주거나, 개념 있거나, 방문 시 기대감을 가지게 하거나, 대체 불가능하거나, 다른 사람들에게 추천하고 싶은 그런 서비스'를 말한다. 여러분의 브랜드는 진정 혁신적이고 감동적인 브랜드인가? 스스로 질문해 보고 객관적으로 평가해 보자.

번호	제목	URL
# 01	2021년 식품소비행태 조사 결과 발표자료	https://www.krei.re.kr/krei/researchReportView.do?key=64&pageType=0104&biblioId=529220
# 02	2021년 식품외식통계(국내편)	https://www.atfis.or.kr/fip/front/M000000298/board/list.do
# 03	서울먹거리마스터플랜	https://www.seoulnutri.co.kr/seoul-biz/60.do?categorySeq=
# 04	국내 외식산업관련 통계보고서	https://www.atfis.or.kr/fip/front/index.do
# 05	韓 외식업체, 인구 1만명당 125.4개…홍콩 6배 '많아도 너무 많다'	https://bizn.donga.com/home/3/all/20181217/93331999/2
# 06	2021년 식품소비행태조사 결과 발표자료	https://www.krei.re.kr/krei/researchReportView.do?key=64&pageType=0104&biblioId=529220
# 07	2021년 국내외 외식 트렌드 보고서	https://www.atfis.or.kr/fip/front/M000000216/board/view.do
# 08	수백당 홈페이지	http://soobackdang.com
# 09	기장끝집 홈페이지	http://xn---ok0b84b331bu5b.com/index.html
# 10	스타벅스 'YES or NO, 샌드위치'…고객이 푸드 개발 참여 "이번엔 샌드위치다!"	https://m.moneys.mt.co.kr/article.html?no=2021083113538093912#_enliple
# 11	마이셰프, 유튜버 '허챠밍' 협업 밀키트로 MZ세대 공략 나서	http://www.newstap.co.kr/news/articleView.html?idxno=137081
# 12	지구인컴퍼니 언리미트 홈페이지	https://unlimeat.com
# 13	내 주변 채식식당 어디? 948곳 온라인 공개	https://mediahub.seoul.go.kr/archives/2000171
# 14	한 가게에 간판 10개…多브랜드 배달점 떴다	https://www.mk.co.kr/news/economy/view/2021/03/196207/
# 15	커피에 반하다 홈페이지	https://coffeebanhada.com/main/franchise/cuban24.php
# 16	'커피시장 넘사벽' 스타벅스, 매출 첫 2조 돌파	https://www.hankyung.com/economy/article/2021121479601

번호	제목	URL
# 17	"커피 시장 압도적 1위"…한국인 스타벅스서 한해 2조원 긁었다	https://www.mk.co.kr/news/business/view/2021/03/281770/
# 18	버거킹 '독퍼'(dogpper)	http://www.bigtanews.co.kr/news/articleView.html?idxno=3406
# 19	커피업계의 원격 주문 서비스	https://biz.chosun.com/site/data/html_dir/2020/01/08/2020010802975.html
# 20	도미노의 딥택트(Deeptact): 아날로그 콘택트+디지털 언택트	https://www.foodbank.co.kr/news/articleView.html?idxno=59949
# 21	명품 브랜드를 입은 카페 & 레스토랑	https://www.exclosetshop.com/trendnews/?q=YToxOntzOjEyOiJrZXl3b3JkX3R5cGUiO3M6MzoiYWxsIjt9&bmode=view&idx=7067183&t=board
# 22	레스토랑 메뉴의 밀키트화	https://www.thinkfood.co.kr/news/articleView.html?idxno=90611
# 23	베인앤드컴퍼니가 제시한 소비자 추구 가치	https://www.bain.com/insights/eov-b2c-infographic/
# 24	3D 프린팅을 활용한 메뉴 개발	http://economy.chosun.com/client/news/view.php?boardName=C05&page=5&t_num=13609704
# 25	고객 의견을 반영한 F&B 제품	http://www.segye.com/newsView/20211214515021?OutUrl=naver
# 26	엘 블리의 메뉴 개발 과정	https://uxdesign.cc/how-elbulli-turned-dining-into-an-experience-38f1c015e9f6
# 27	불황기 음식점 전략: 가격 경쟁력과 초가성비	https://biz.chosun.com/site/data/html_dir/2018/12/11/2018121101008.html
# 28	푸도그라피	https://www.youtube.com/watch?v=dvPTG1he2Mo
# 29	콘노트 호텔: 셰프의 테이블	https://www.the-connaught.co.uk/restaurants-bars/the-chefs-table/
# 30	제플슈츠	https://www.youtube.com/watch?v=FnpyKM2_UJM&t=13s
# 31	환경 보호를 실천하고 싶은 고객들을 위한 서비스 플로우	https://www.facebook.com/watch/?ref=saved&v=756940088341279
# 32	혁신적 외식서비스 공간 : 누데이크	https://www.instagram.com/nu_dake/?hl=ko
# 33	르 프티 세프	https://www.youtube.com/watch?v=iHAFGaOFuPw
# 34	VR 적용 레스토랑	https://www.sublimotionibiza.com

번호	제목	URL
# 35	스토리보드의 활용	https://www.nngroup.com/articles/storyboards-visualize-ideas/
# 36	공차 리브랜딩	http://sampartners.co.kr/portfolio-item/gongcha
# 37	MZ 이코노미	http://economychosun.com/client/news/view.php?boardName=C00&page=1&t_num=13610829
# 38	"MZ 세대 놓치면 퇴출"…업종 · 국경 넘어 뉴노멀 제시	http://economychosun.com/client/news/view.php?boardName=C00&t_num=13610830
# 39	[MiZi 탐험] MZ세대 20명의 이야기를 함께 들어볼까요	https://youtu.be/sCRftw3NlEQ
# 40	[트렌드인사이트] 가상현실공간 '메타버스'(Metaverse)를 주목하라	http://www.foodnews.news/news/article.html?no=429381
# 41	The Fabulous Mayfair Restaurant With The Breathtaking Interiors · Sketch	https://secretldn.com/sketch-beautiful-mayfair-restaurant
# 42	컨버스×헬리녹스, 커스터마이징 서비스 오픈	http://m.apparelnews.co.kr/news/news_view/?idx=192619?cat=CAT119
# 43	나뚜르 마이케이크하우스 홈페이지	http://www.natuur.co.kr/special_store/flag_menu.asp
# 44	빙그레 바나나맛 우유 #채워 바나나 캠페인	https://youtu.be/CwIX1AqFOmw
# 45	동원F&B의 맛의 대참치 캠페인	https://youtu.be/cPJiPphm8tg
# 46	"돈쭐 내자"… 소비자 지갑 여는 '친환경 기업'	https://moneys.mt.co.kr/news/mwView.php?no=2021050717538095528
# 47	희스토리푸드 홈페이지	http://heestoryfood.co.kr
# 48	남다른감자탕 홈페이지	https://namzatang.com/main.html
# 49	닥터키친 홈페이지	https://doctorkitchen.co.kr
# 50	최태원 "진짜 같네" 놀란 이 음식… 입소문에 백화점도 뚫었다	https://www.mk.co.kr/news/economy/view/2021/11/1043923
# 51	UFO 버거 홈페이지	https://ufofnb.co.kr
# 52	대박 상품 비결 중 강렬한 '네이밍'이 한 몫해	https://m.moneys.mt.co.kr/article.html?no=2016080810298085095#_enliple

번호	제목	URL
# 53	인플루언서로 변신한 커널 샌더스 할아버지…KFC의 기발한 패러디 마케팅	https://biz.newdaily.co.kr/site/data/html/2019/04/15/2019041500136.html
# 54	잘 나가던 버거킹, 로고를 왜 바꿨을까?	https://ditoday.com/잘-나가던-버거킹-로고를-왜-바꿨을까
# 55	맥도날드의 징글은 어떻게 탄생했나?	https://www.youtube.com/watch?v=2pimybsenPM
# 56	더우니까 더 뜨겁게, 더 맵게… 이열치열 라면시장 매운맛 전쟁	http://info.mk.co.kr/index.php?TM=I4&MM=G1&UID=182
# 57	고추장 매운맛 표준표기법 확정(종합)	https://www.yna.co.kr/view/AKR20100401059500002
# 58	'100만 고객이 스타벅스 바꿨다'… 마이 스타벅스 리뷰 응답수 100만 건 돌파	https://www.asiae.co.kr/article/2017022316242982414
# 59	스타벅스의 파트너십	https://abit.ly/starbucks_
# 60	BBQ 치킨 대학 이야기	http://www.ckuniversity.com
# 61	아웃백 스테이크 하우스의 상향식 커뮤니케이션	https://abit.ly/outback
# 62	맥도날드의 직원 중심 경영 철학	https://abit.ly/employee
# 63	캐치테이블	https://abit.ly/catchtable
# 64	마켓컬리의 개인화 서비스	https://abit.ly/kurly
# 65	스토리텔링 광고 사례	https://abit.ly/momstouch
# 66	버거는 천천히 만들어져야 합니다	https://abit.ly/youtube_mcdonald
# 67	TV 떠나는 '1030', 주목받는 '바이럴 마케팅'	https://abit.ly/viral_marketing
# 68	굽네치킨 치트킹 유튜브 광고	https://abit.ly/youtube_goobne
# 69	모바일 플랫폼 활용 광고	https://abit.ly/platform
# 70	유튜브 활용 마케팅	https://abit.ly/youtube_ad

번호	제목	URL
# 71	이디야, 스타벅스, 쉐이크쉑 메타버스 플랫폼 활용	https://abit.ly/metaverse_food
# 72	VR 체험 마케팅	https://abit.ly/mcdonald
# 73	도미노 피자의 Pizza Tracker 서비스	https://abit.ly/domino
# 74	디즈니와 치폴레의 옴니 채널 마케팅	https://abit.ly/omnichannel
# 75	옴니채널 3.0 시대를 맞는 마케터의 자세	https://abit.ly/marketer
# 76	CNP 홈페이지	http://www.cnpcompany.kr/brand1.html
# 77	[브랜드/마케팅] 새로워야 통한다, CNP를 주목!	https://bemyb.kr/contents/?q=YToxOntzOjEyOiJrZXl3b3JkX3R5cGUiO3M6MzoiYWxsIjt9&bmode=view&idx=7424256&t=board
# 78	6분만에 알아보는 마켓 5.0에 대한 8가지 사실	https://youtu.be/rOkrt0vh1no
# 79	'도미노피자' 주가상승률 왜 애플, 아마존보다 더 높을까?	https://www.chosun.com/site/data/html_dir/2020/08/28/2020082800897.html
# 80	스타벅스(Starbucks)는 어떻게 디지털트랜스포메이션에 성공했을까?	https://digitaltransformation.co.kr/스타벅스starbucks는-어떻게-디지털트랜스포메이션에-성/

서적

강기두(2018). 서비스마케팅(제4판). 북넷.

강경희 · 신호진(2017). 디자인씽킹 컨셉노트. 성인당.

권민(2011). 아내가 창업을 한다. 유나타스브랜드.

김광재 · 김용세 · 김현수 · 박광태 · 박근완 · 양인석 · 이강윤 · 이상원 · 임호순 · 현소영(2011). 지식경제 시대의 서비스 사이언스. 생능출판사.

김근배(2014). 끌리는 콘셉트의 법칙. 중앙Books.

김기영 · 함형만 · 엄영호 · 김이수(2006). 메뉴경영관리론. 현학사.

김민주 옮김(2006). 깨진유리창 법칙(마이클 레빈 지음). 흐름출판.

김영갑(2017). 외식사업 메뉴경영론. 교문사.

김영갑 · 김문호(2011). 미스터리쇼핑. 교문사.

김영갑 · 채규진 · 김선희(2015). 음식점 성공창업을 위한 외식사업창업론. 교문사.

김영갑 · 홍종숙 · 김문호 · 한정숙 · 김선희 · 박상복(2009). 외식마케팅. 교문사.

김정명 옮김(2002). 상품 개발력을 기른다(이와마 히토시 지음). 지식공작소.

김철원 · 김태희(2012). 외식산업의 이해. 한국방송통신대학교출판부.

김태희(2009). 해외 우수 한식당 인증제도 최적운영모델 개발 용역보고서. aT농수산물유통공사.

김해룡 · 안광호(2021). 서비스마케팅(제3판). 학현사.

박재현(2019) 마마무 과정 강의자료.

배성환(2018). 서비스 디자인 씽킹. 한빛미디어.

샘파트너스 · 이연준 · 윤주현 옮김(2020). 브랜드, 디자인, 혁신 (Eric Abbing 지음). 싱굿.

서민교(2014). 프랜차이즈 경영론. 벼리커뮤니케이션.

서비스경영연구회 옮김(2000). 서비스 수익모델(James Heskett 지음). 삼성경제연구소.

서비스경영연구회 옮김(2014). 지속가능시대의 서비스경영(제8판). McGrawHill.

서용구 · 구인경(2015). 브랜드 마케팅. 학현사.

안종범 · 김미혜 · 김성태 · 왕채연 · 진흥연(2020). 서비스품질개선 프로젝트 결과보고서. 경희대학교 외식경영학과 외식 서비스마케팅 수업.

외식경영연구회 옮김(2010). 레스토랑 창업 노하우(로라 알듀서, 린다 앤드류스, 샤론 풀렌 지음). 백산출판사.

월트디즈니 S.T.A.R 프로그램 교육자료.

유니타스브랜드(2013). 브랜드 경험. 유니타스브랜드 시즌 2.5 Vol.33.

윤영호 옮김(2020). 진정성의 힘(James H. Gilmore, B. Joseph Pine II 지음) . 21세기 북스.

윤지영 · 주나미 · 백재은 · 배현주(2003). 단체급식워크북. 교문사.

이동우(2009). 참을 수 없는 고객의 가벼움. DBR. 34(6월호).

이봉원 · 정민주 옮김(2013). 서비스디자인 교과서(Marc Stickdorn, Jakob Schneider 지음). 인그라픽스.

이원주(2017). 공감을 디자인하라. 미래와 경영.

이용기 옮김(2018). 서비스마케팅(K. Douglas, Hoffman, John E. G., Bateson 지음). 한경사.

이유재(2019). 서비스마케팅(6판). 학현사.

이유종 · 오동우 · 주종필 옮김(2014). 혁신 모델의 탄생 (Vijay Kumma 지음). 틔움.

이진원 옮김(2021). 필립 코틀러 마켓 5.0(Philip Kotler, Hermawan Kartajaya, Iwan Setiawan 지음). 길벗.

이훈영(2015). 마케팅조사론. 청람.

이훈영 · 박기용(2012). 외식산업마케팅. 청람.

임은성(2021). 커피전문점의 무인화와 ESG. 한국프랜차이즈학회 2021 추계학술대회 발표자료.

장용원 옮김(2017). 시장을 통찰하는 비즈니스 다이어그램(James Kalbach 지음). 프리렉.

장혜자 · 윤지현 · 김태희(2004). 식음서비스 시설개론. 시그마프레스.

전인수 · 배일현 옮김(2013). 서비스마케팅(Zeithaml, Bitner & Gremler 지음). 청람.

정경 · 김경임 (2010). 실무종사자를 위한 메뉴관리 & 기획. 파워북.

정연승 옮김(2021). Kotler의 마케팅 입문(Gary Armstrong, Philip Kotler, Marc Oliver Opresnik 지음). 교문사.

최창일(2006). 끌리는 상품은 기획부터 다르다. 더난출판.

표현명 · 이원식(2012). 서비스디자인 이노베이션. 인그라픽스.

하지철(2010). 마케팅조사 실무노트. 이담.

한국농촌경제연구원(2021) 2021년 식품소비행태조사 결과발표자료.

한국농수산식품유통공사(2021) 2021년 식품외식통계(국내편).

한국농수산식품유통공사(2021) 2021년 국내외 외식트렌드 보고서.

한국농수산식품유통공사(2021) 2022 식품 · 외식산업전망대회 발표자료.

황용철 · 김동훈(2011). 이론과 사례 중심의 New 서비스 마케팅. 청목출판사.

Aaker D. A.(1996). Building Strong Brands. The Free Press. New York, NY.

BCFN(2012). Eating in 2030 : trends and perspectives.

Clark, G., Johnston, R., & Shulver, M.(2000). Exploiting the service concept for service design and development. In: New Service Design (Eds, Fitzsimmons, J, Fitzsimmons, M), Sage, Thousand Oaks, CA, USA.

Kasavana, M. L., Smith, D. I. (1982). Menu Engineering: A practical guide to menu analysis, Hospitality Publications.

Lovelock, C., Wirtz, J.(2011). Service marketing. . Pearson, New York, NY, USA.

Mariampolski, H.(2005). Ethnography for Marketers: A Guide to Consumer Immersion. SAGE Publications, Inc.

McDaniel, C., Lamb, C., & Hair, J. F.(2007). Marketing, South-Western College Pub. Cincinnati, OH, USA.

Meiren, T.(1999). Service engineering: systematic Development of New services, In: Productivity and Quality management Frontiers (Eds, Werther, W, Takala, J, & Sumanth, D,) MCB University Press, Bradford. UK.

Muller, C.(2013). The leader of managers-Leading in a multi-unit, multi-site, & multi-concept world. Heuristic Academic Press. Boston, MA. USA. Heuristic Academic Press, Boston, MA. USA.

Oliver, R. L.(2010). SATISFACTION: A behavioral perspective on the consumer(2nd Ed). M.E.Sharpe.

Parasuraman, A.(2011). Service Productivity, Quality and Innovation : Implications for Service Design Practice and Research, Service Science Factory Presentation, Maastricht University, Netherlands.

Rust, R. T., & Oliver, R. L.(1994). "Service Quality Insights and Managerial Implications from the Frontier," in Service Quality: New Directions in Theory and Practice (Thousand Oaks, CA: Sage, 1994), pp.1~19.

Shostack, G. L.(1984). Service Design in the Operating Environment, In: Developing New Services(Eds, George WR & Marshall C). American Marketing Association. Chicago, IL, USA.

Zeithaml, V. A., Bitner, M. J., Gremler, D. D.(2013). Service Marketing. (6th ed). McGraw Hill, New York, NY. USA.

논문

김태구 · 이규희(2010). 호텔의 서비스 혁신성 및 경영성과 선행요인으로서 사회자본과 지식공유 -기업의 자원기반관점-. 관광학연구, 34(7), 13~36.

안관영(2011). 서비스업 종사자의 직무특성이 창의성 및 점진적 혁신에 미치는 효과. 서비스경영학회지, 12(2), 171~195.

최성익(2015). 서비스 디자인 방법론에서 맥락에 따른 민족지학 관찰 프레임워크 분석을 통한 통합 모델 제안. 디지털디자인학 연구, 15(3), 657~666.

Almquist A, Senior J, Bloch N. (2016). The elements of value. Harvard Business Review, 1~9.

Baloglu, S.(2002). Dimensions of customer loyalty: separating friends from well wishers. The Cornell Hotel and Restaurant Administration Quarterly, 43(1), 47~59.

Bitner, M. J., Ostrom, A. L., Morgan, F. N.(2008). Service Blueprinting: A Practical Technique for Service Innovation. California Management Review 50(3), 66~94.

Heskett, Jones, Loveman, Sasser Jr., & Schlesinger(2008). Putting the Service-Profit Chain to Work. Harvard Business Review, July-August.

Kano, N., Seraku, N., Takahashi, F., Tsuji, S. (1984). Attractive quality and must-be quality. The Journal of the Japanese Society for Quality Control. 41, 39~48.

Liu, Y., & Jang, S.(2009). Perceptions of Chinese restaurants in the U.S.: What affects customer satisfaction and behavioral intentions?, International Journal of Hospitality Management, 23(3), 338~348.

Parasuraman, A., Zeithaml, V. A., & Berry, L. L.(1988). SERVQUAL: A multiple-item scale for measuring consumer perceptions of service quality. Journal of Retailing, 64, 13~40.

Reichheld, F.(2003). The one number you need to grow. Harvard Business Review. December, 1~11.

Scheuing, E. E., Johnson, E. M.(1989). A proposed model for new service development. Journal of Service marketing (2), 25~34.

Singh, J.(1990). A typology of customer dissatisfaction response styles, Journal of Retailing, 66, 57~99.

Smith, A. K., Bolton, R. N., Wagner, J.(1999). A model of customer satisfaction with service encounters involving failure and recovery. Journal of marketing research, 36(3), 356~372.

Spraragen, S. L.(2008). Service Blueprinting: When Customer Satisfaction Numbers are not enough. International DMI Education Conference.

웹사이트

굽네치킨(2019). 이게 얼굴맛집이야 치킨맛집이야 차은우가 알려주는 굽네치킨 업그레이드 치트키. Available from: https://abit.ly/youtube_goobne

기장끝집 http://기장끝집.com

나뚜르 http://www.natuur.co.kr

남다른감자탕 https://namzatang.com/main.htm

뉴시스(2022). "레스토랑 예약앱 '캐치테이블', 출시 1년만에 월이용자수 128만명". Available from: https://abit.ly/catchtable

닥터키친 https://doctorkitchen.co.kr

더퍼스트(2019). 상생협력 넘어 고객만족으로 '2019 던킨 바리스타 챔피언십' 결선 종료. Available from: https://www.thefirstmedia.net/news/articleView.html?idxno=50122

디지털 인사이트(2021). 옴니채널 3.0 시대를 맞는 마케터의 자세. Available from: https://abit.ly/marketer

디지털 타임스(2017). "그 어렵다는 걸 2분만에 뚝딱"몸값 2억 AI로봇 바텐더. Available from: http://www.dt.co.kr/contents.html?article_no=2017013102100251788001

디지털트랜스포메이션(2016). 스웨덴 맥도날드 해피밀 VR세트 출시 – HAPPY GOGGLES – Available from: https://abit.ly/mcdonald

디지털트랜스포메이션(2020). 마켓컬리의 마케팅. Available from: https://abit.ly/kurly

디지털트랜스포메이션(2020). 피자를 배달하는 이커머스 기업, 도미노피자의 디지털 탈바꿈 전략. Available from: https://abit.ly/domino

디지털트랜스포메이션(2022). 옴니채널(OMNI CHANNEL)을 통한 고객경험향상 기업 사례 7개. Available from: https://abit.ly/omnichannel

매일경제(2014). 신메뉴 개발의 노하우: 송흥규 교수의 메뉴 개발과 관리. Available from: https://www.mk.co.kr/news/home/view/2014/08/1085313/

매일경제(2020). 올라온 영상마다 대박…너는 누구냐–피자·치킨 반값…'네고왕'에 빠진 외식업계. Available from: https://abit.ly/youtube_ad

맥도날드(2021). 함께 할수록 더 즐거운 맛! 빅맥 & NEW 빅맥 베이컨(TVC 30's). Available from: https://www.youtube.com/watch?v=iyoj-QDjOhl

맥도날드(2022). 100% 순쇠고기, 더블 빅맥&빅맥 BLT 출시(TVC 30s). Available from: https://abit.ly/youtube_mcdonald

머니S(2021). 맘스터치, 새 광고 캠페인 '엄마를 찾아서' 공개. Available from: https://abit.ly/momstouch

머니S(2021). 외식 프랜차이즈 업계, 라이브커머스 방송으로 효과높아. Available from: https://n.news.naver.com/article/417/0000701592

미국마케팅학회(American Marketing Association) www.ama.org

미국레스토랑협회 www.restaurant.org

배달의 민족(2021). [우아한인터뷰] 배민쇼핑라이브 총괄PD '장혜은'님. Available from: https://abit.ly/platform

비욘드포스트(2021). 한국맥도날드 점장 4인, 글로벌 맥도날드의 '레이 크록 어워드' 수상 영예. Available from: https://abit.ly/employee

빙그레 http://www.bing.co.kr

서울특별시 www.seoulnutri.co.kr

수백당 http://soobackdang.com

스케치런던 인스타그램 https://www.instagram.com/sketchlondon/

시사저널e(2019). TV 떠나는 '1030' …주목받는 '바이럴 마케팅'. Available from: https://abit.ly/viral_marketing

식품외식경영(2021). 가상현실공간 '메타버스'(Metaverse)를 주목하라. Available from: http://www.foodnews.news/news/article.html?no=429381

식품외식경제(2021. 08.10). 아웃백, 상품력 강화·고급화·딜리버리 도입 https://www.foodbank.co.kr/news/articleView.html?idxno=61761 (Retrieve :2021.12.14.)

식품의약품안전처 www.mfds.go.kr

아이티 동아(2018). [CEO 열전: 하워드 슐츠] 스타벅스의 미래를 위한 슐츠 회장의 세 가지 전략. Available from: https://abit.ly/starbucks_

외식산업정보포털 The 외식 www.atfis.or.kr

외식산업진흥법 www.law.go.kr

이코노미조선(2020). 식품 산업의 판도 바꾸는 '3D 푸드 프린터': 초콜릿부터 고기까지 음식을 출력한다. Available from: http://economychosun.com/client/news/view.php?boardName=C05&t_num=13609704

이코노미조선(2021). 미래 비즈니스 바꾸는 新인류 'MZ 세대' https://biz.chosun.com/industry/2021/05/31/57JHHZF4FBFCLGEKGKJI3IQ2VU/

제너시스치킨대학. Available from: http://www.ckuniversity.com/

조선비즈(2007.03.23). '경영학의 아인슈타인' 역발상 경영을 외치다. Available from: https://biz.chosun.com/site/data/html_dir/2007/03/23/2007032300292.html

중앙일보(2021). "아웃백커들과 지켜온 아웃백 웨이, 프리미엄 다이닝의 원동력". Available from: https://abit.ly/outback

지구인컴퍼니 https://unlimeat.com

커피에 반하다 https://coffeebanhada.com/main/franchise/cuban24.php

특허정보검색서비스 www.kipris.or.kr

특허청 www.kipo.go.kr

한경뉴스(2020). 스타벅스코리아, 글로벌 커피리더 '제16대 대한민국 커피대사' 선발. Available from: https://www.hankyung.com/news/article/2020021207933

한국농촌경제연구원 www.krei.go.kr

한국마케팅학회 www.kma.re.kr

한국맥도날드. Available from: https://www.mcdonalds.co.kr/kor/story/people/work.do

한스경제(2021). 본격적인 메타버스風..식품가, 가상세계에 빠졌다. Available from: https://abit.ly/metaverse_food

해럴드 경제(2015). 낙하산 탄 샌드위치, 제플슈츠를 아시나요? Available from : 해럴드 경제. Available from: http://jj.heraldcorp.com/view.php?ud=20150115000908

행정자치부(2017). 사례로 배우는 정부3.0 국민디자인단 매뉴얼. Available from: www.kidp.or.kr

희스토리푸드 http://heestoryfood.co.kr

Cold pizza no more: Domino's reengineers the delivery car. Los Angeles Times 2015. 10.22. Available from: http://www.latimes.com/business/la-fi-dominos-pizza-vehicle-20151022-story.html

Continuum (2010). https://www.continuuminnovation.com/en/who-we-are/about-us

31 volts service design(2008). One line of Service Design by marc Fontejin. http://www.31v.nl/2008/03/one-line-of-service-design/

Designlog(2021). 버거킹 20년 만의 리브랜딩, 대담하고 심플한 로고 공개. http://www.designlog.org/2512811

Designthinker group. Available from: http://www.designthinkersgroup.com IDEO. Available from:https://www.ideo.com

Delivani I(2021). Rambience Restaurant Management Design for Stakeholder Dynamics. Available from: https://papers.ssrn.com/sol3/papers.cfm?abstract_id=3852683

Dezeen(2021). Burger king reveals simplified logo as part of first rebrand in 20 years. Available from: https://www.dezeen.com/2021/01/09/burger-king-logo-rebrand-jones-knowles-ritchie/?li_source=LI&li_medium=bottom_block_1

Fox 5 News(2017). Parents praise Chick-fil-A's 'Pay and Park' valet service. Available from: http://www.fox5atlanta.com/news/231877308-story

Frontier service design(2010). About Service Design. http://www.frontierservicedesign.com/about-us/

Gocki, M.(2014). How to Create a Customer Journey Map. UX mastery. Available from: uxmastery.com/how-to-create-a-customer-journey-map

Hospitality school. Types of menu in hotel & restaurant. Available from; http://www.hospitality-school.com/types-menus-restaurant

IQ matrix. HOW TO SOLVE PROBLEMS USING THE SIX THINKING HATS. Available from: http://blog.iqmatrix.com/six-thinking-hats

KFC Instagram https://www.instagram.com/kfc/

Live|work(2009). What we do. Available from: https://www.liveworkstudio.com

Mifli M.(2000). Menu Development and analysis. Fourth International Conference "Tourism in Southeast Asia & Indo-China: Development, Marketing, and Sustainability" Hotel Online. Available from: http://www.hotel-online.com/Trends/ChiangMaiJun00/MenuAnalysisMifli. html

NoCamels Team(2015). Perfecting 'Foodography': Tel Aviv Restaurant Offers Instagram-Ready Dishes. Available from ; http://nocamels.com/2015/05/foodogrphay-tel-aviv-restaurant- instagram-ready-dishes

OECD Korea www.oecd.org/korea

Projection Mapping Central. Le Petit Chef: Projection Mapping on your Dinner Plate!. Available from: http://projection-mapping.org/le-petit-chef-projection-mapping-on-your- dinner-plate

Restaurant customers to gain from latest technology. Available from: http://techandscience.com/ techblog/ShowArticle.aspx?ID=4632

Skullmapping. Avaliable from: http://www.skullmapping.com

Service design platform(2015). 방법론: 에스노그라피. Available from: http://servicedesignplatform.com/archives/397

The Telegraph(2016). Useless robot waiters fired for incompetence in China. Available from: http://www.telegraph.co.uk/technology/2016/04/11/useless-robot-waiters-fired-for- incompetence-in-china/

Tice C(2012). How restaurants are using technology to deliver better customer service. Forbes. Available from: http://www.forbes.com/sites/caroltice/2012/12/07/how-restaurants-are- using- technology-to-deliver-better-customer-service/#59ce0402626d

UK design coucil. A study of the design process. Available from: http://designcouccil.org.uk/sites/default/files/asset/document/Elevenlessons_Design_Council%20(2).pdf

Vaporization. Flavoring Food with Pure Aromatic Vapor. Available from; http://www.molecularrecipes.com/molecular-gastronomy/vaporization-flavoring-food-pure-aromatic- vapor

저자 약력

김태희
미국 Kansas State University, Restaurant Management 박사
현재 경희대학교 호텔관광대학 외식경영학과 교수

윤지영
미국 Oregon State University, Foodservice Management 박사
현재 숙명여자대학교 문화관광외식학부 교수

서선희
미국 Kansas State University, Restaurant Management 박사
현재 이화여자대학교 식품영양학과 교수

[개정판]
외식서비스 마케팅
외식사업 성공원리와 실제

2022년 4월 20일 개정판 발행
2017년 9월 28일 초판 발행

지은이 김태희·윤지영·서선희 | **펴낸이** 유제구 | **펴낸곳** 파워북
주소 경기도 고양시 일산동구 호수로 358-25 동문타워2차 529호 | **전화** 02-730-1412 | **팩스** 031-908-1410
등록 1997. 1. 31. 제2014-000067호
ISBN 978-89-8160-490-5 (93590) | 값 25,000원

* 잘못된 책은 바꿔 드립니다.
불법복사는 지적 재산을 훔치는 범죄행위입니다.
저작권법 제 125조의 2(권리의 침해죄)에 따라 위반자는 5년 이하의 징역 또는
5천만 원 이하의 벌금에 처하거나 이를 병과할 수 있습니다.